Dietmar Zobel

TRIZ FÜR ALLE

TRIZ FÜR ALLE

Der systematische Weg zur erfinderischen Problemlösung

Doz. Dr. rer. nat. habil. Dietmar Zobel

Mit 65 Bildern und 10 Tabellen

4., vollständig überarbeitete und erweiterte Auflage

Bibliografische Information Der Deutschen Bibliothek

Die Deutsche Bibliothek verzeichnet diese Publikation
in der Deutschen Nationalbibliografie;
detaillierte bibliografische Daten sind im Internet über
http://www.dnb.de abrufbar.

Bibliographic Information published by Die Deutsche Bibliothek

Die Deutsche Bibliothek lists this publication
in the Deutsche Nationalbibliografie;
detailed bibliographic data are available on the internet at
http://www.dnb.de

ISBN 978-3-8169-3424-0

4., vollständig überarbeitete und erweiterte Auflage 2018
3., durchgesehene Auflage 2012
2., durchgesehene Auflage 2007
1. Auflage 2006

Bei der Erstellung des Buches wurde mit großer Sorgfalt vorgegangen; trotzdem lassen sich Fehler nie vollständig ausschließen. Verlag und Autoren können für fehlerhafte Angaben und deren Folgen weder eine juristische Verantwortung noch irgendeine Haftung übernehmen.
Für Verbesserungsvorschläge und Hinweise auf Fehler sind Verlag und Autoren dankbar.

© 2006 by expert verlag, Wankelstr. 13, D-71272 Renningen
Tel.: +49 (0) 71 59-92 65-0, Fax: +49 (0) 71 59-92 65-20
E-Mail: expert@expertverlag.de, Internet: www.expertverlag.de
Alle Rechte vorbehalten
Printed in Germany

Das Werk einschließlich aller seiner Teile ist urheberrechtlich geschützt. Jede Verwertung außerhalb der engen Grenzen des Urheberrechtsgesetzes ist ohne Zustimmung des Verlags unzulässig und strafbar. Dies gilt insbesondere für Vervielfältigungen, Übersetzungen, Mikroverfilmungen und die Einspeicherung und Verarbeitung in elektronischen Systemen.

Vorwort zur 4. Auflage

TRIZ, die *Theorie zum Lösen Erfinderischer Aufgaben*, hat in den letzten Jahren zunehmend an Bedeutung gewonnen. Ausgehend von den Ideen des genialen *G. S. Altschuller* hat sich TRIZ zu einer weltweit anerkannten Methode entwickelt. Ursprünglich als reine Erfindungslehre konzipiert, basierend auf der Verbindung von Systemanalyse, widerspruchsorientiertem Herangehen, Mustern aus der Patentliteratur und gerichtetem Analogisieren, wird TRIZ inzwischen auch auf nicht-technischen Gebieten angewandt, so in der Werbung und im Management.

Die Suche nach neuen Ideen verläuft auch heute noch meist nach dem Prinzip „Masse statt Klasse". Versagen herkömmliche Optimierungsversuche im gegebenen System und sind deshalb hochwertige, ganz neue Lösungen gefragt, so ist dieses Vorgehen völlig ungeeignet. Die Lage ist dann meist durch einen unlösbar erscheinenden Widerspruch gekennzeichnet: Etwas muss *heiß und zugleich kalt, offen und dennoch geschlossen, anwesend und zugleich abwesend* sein. Mit den üblichen Lösungsversuchen, die auf einen Kompromiss gerichtet sind, ist es dann nicht mehr getan, denn aus *heiß* und *kalt* darf keineswegs *lau* werden. TRIZ unterscheidet sich von den klassischen Methoden (z. B. Brainstorming, Semantische Intuition, „6-3-5", Visuelle Konfrontation, Synektik u. a.) dadurch, dass die üblicherweise praktizierte Suche nach einem *Kompromiss* durch das zielgerichtete Arbeiten an einer *erfinderischen Widerspruchslösung* ersetzt wird. So entstehen zwar wenige, dafür aber hochwertige, gleichsam bereits vorgeprüfte Lösungsideen. Im Buch werden zahlreiche Beispiele aus der Praxis behandelt. Dabei bin ich auf eigene Entwicklungsarbeiten zur Methodik sowie auf meine praktischen Erfahrungen als Erfinder näher eingegangen.

Nachdem in den ersten drei Auflagen kaum Veränderungen vorgenommen wurden, habe ich diese vierte Auflage gründlich überarbeitet. Völlig neu sind die Kapitel 6. 5 und 6. 6. Im Kapitel 6. 5 werden methodisch begründete und an einem Beispiel demonstrierte Vorschläge zum Einbeziehen der Morphologischen Tabelle in *Altschullers* Algorithmus zum Lösen Erfinderischer Aufgaben („ARIZ") vorgelegt. Im Kapitel 6. 6 wird der besondere Wert einer meist vernachlässigten Stufe des ARIZ, des „Operators AZK" (**A**bmessungen, **Z**eit, **K**osten), anhand eigener Experimente und daraus resultierender „Von Selbst"-Lösungen erläutert.

Herrn Dipl.-Ing. *Horst Th. Nähler* danke ich herzlich für seine freundliche Hilfe beim Aktualisieren des Kapitels 6. 4.

Dietmar Zobel

Lutherstadt Wittenberg, im April 2018

Inhaltsverzeichnis

1 Einführung 1

2 ARIZ und TRIZ in ihrer ursprünglichen Form 5

2.1 Die methodische Ausgangssituation 5
2.2 Idealität, Widerspruchsdialektik, Lösungsprinzipien 12
2.3 Das heuristische Oberprogramm ARIZ 68 26
2.4 Die 35 „klassischen" Lösungsprinzipien nach *G.S. Altschuller*............... 35

3 TRIZ-Werkzeuge in moderner Ausprägung 108

3.1 Der ARIZ 77 als systematische Abfolge aller Arbeitsschritte 109
3.2 Die Innovationscheckliste: Systemanalytischer Teil des ARIZ 114
3.3 Vier Separationsprinzipien: Unvereinbares vereinbar gemacht 117
3.4 Gesetze der Technischen Entwicklung, Historische Methode............... 121
3.5 Die 40 Innovativen Prinzipien, Zuordnung und Auswahl 131
3.6 Die Stoff-Feld-Darstellung als maximal mögliche Abstraktion 145
3.7 Standards zum Lösen von Erfindungsaufgaben 147
3.8 Das Modell der kleinen intelligenten Figuren („Zwerge-Modell") 154
3.9 Naturgesetzliche Effekte 156

4 Quellen und Vorläufer der *Altschuller*- Methodik 169

5 TRIZ - eine universell einsetzbare Methode 181

5.1 TRIZ als Branchen übergreifende Methode 181
5.2 TRIZ als universelle Denkstrategie 184

6 Methodische Erweiterungen und praktische Beispiele 199

6.1 Stufenweises Arbeiten? Arbeiten mit Einzelwerkzeugen? 199
6.2 Widerspruchsformulierungen für eine erfolgreiche Patentanmeldung... 200
6.3 Rationelles Bewerten mithilfe des widerspruchsorientierten Denkens ... 203
6.4 Methodische Variationen, Software, neuere Entwicklungslinien 206
6.5. Die Morphologische Tabelle als Universalwerkzeug 225
6.6 Der AZK-Operator in seiner systemischen Doppelfunktion 238
6.7 Der ARIZ 77, demonstriert an einer Erfindungsgenese......................... 249
6.8 Das TRIZ-Denken im Schnellverfahren... 265
6.9 „Von Selbst": Hohe Schule des Systematischen Erfindens 267

7 Zusammenfassung... 297

8 Literatur.. 299

9 Sachwörterverzeichnis 308

10 Anhang... 313

1 Einführung

Die zahlreichen Bücher zum Thema *Kreativität* lassen sich unter mindestens zwei Gesichtspunkten betrachten. Zunächst einmal unterscheidet sich ihr Inhalt in methodischer Hinsicht. Von den meisten Autoren werden nur die klassischen Kreativitätsmethoden behandelt, von einigen nur die modernen widerspruchsorientierten Methoden. Ferner gibt es Autoren, die sorgfältig mit der jeweiligen Literatur zur Sache umgehen, neben solchen, welche die Literatur nur bruchstückhaft oder gar nicht zitieren – und dies unabhängig von ihrer methodischen Orientierung.

Der erste Gesichtspunkt ist bemerkenswert, weil die meisten Vertreter der konventionellen Kreativitätsmethoden die modernen widerspruchsorientierten Methoden – insbesondere TRIZ – gar nicht kennen, und demzufolge auch nicht behandeln. Bei einigen Autoren hat man hingegen den Eindruck, dass sie zwar irgendwann einmal etwas von TRIZ gehört haben, sich aber vor einer näheren Beschäftigung mit dem (für sie möglicherweise schwierigen?) Thema scheuen.

Der zweite Gesichtspunkt betrifft – unabhängig von den behandelten Methoden – eine Grundfrage, die sich jeder Autor stellen sollte: Wie halte ich es mit der Literatur zu meinem Thema? Auf der einen Seite der Skala finden wir die Kompilatoren, die – mit oder ohne Zitat – keine Quelle auslassen, so dass der nicht ganz unberechtigte Eindruck entsteht, der betreffende Autor habe nichts Eigenes zu bieten:

„Er exzerpierte beständig, und alles, was er las, ging aus einem Buche neben dem Kopf vorbei in ein anderes".

G. Chr. Lichtenberg

Die andere Seite der Skala wird besetzt von jenen jung-dynamischen Autoren, die so tun, als gäbe es überhaupt keine Literatur zum Thema. Andere verfügen zwar über die schöne Fähigkeit des Lesens, machen aber keinen rechten Gebrauch davon, und glauben am Ende selbst, sie seien absolut originell und hätten sich alles ganz allein ausgedacht. Ein kurzer Gedankenaustausch zum Thema, den ich mit freundlicher Erlaubnis der Autorin des betreffenden Buches hier einfüge, beleuchtet die doch recht differenten Standpunkte. Bezug nehmend auf *„Die Ideenmaschine"* (Schnetzler 2004) schrieb ich am 5. Januar 2005:

„Sehr geehrte Frau Schnetzler,

nach Lektüre ihres hoch interessanten Buches möchte ich Ihnen zunächst einmal zu der Konsequenz gratulieren, mit der Sie die Ideen von E. de Bono, Ch. Clark, H. Geschka, W. Gilde, W.J.J. Gordon, J.P. Guilford, M. Knieß, K. Linneweh, A. Osborn, B. Rohrbach, G.R. Schaude, H. Schlicksupp, P. Schweizer, G. Ulmann und anderen zu einem offensichtlich erfolgreichen, marktgängigen System weiter entwickelt haben. Etwas gewöhnungsbedürftig ist für mich Ihr Umgang mit der Literatur, insbesondere nachdem ich Ihr Statement dazu auf S. 213 gelesen und die Webadresse angeklickt hatte. Im Buch behaupten Sie zwar nicht expressis verbis, dass alles ganz allein von Ihnen stammt, der harmlose Leser wird jedoch durch die Art der Darstellung in diesem Glauben gelassen...."

Die Antwort vom 10. Januar 2005 lautete:

„Guten Tag Herr Dr. Zobel,

besten Dank für Ihre ausführliche Rückmeldung zur „Ideenmaschine". Ich bin immer erfreut, Feedback und Anregungen zu erhalten. Die von Ihnen genannte Literatur ist mir, abgesehen von der Arbeit von de Bono, gänzlich unbekannt. BrainStore kam von einer ganz anderen, vielleicht auf den ersten Blick naiven, Seite an die Thematik heran. Wir haben uns nicht mit anderen Ideenentwicklern und deren Theorien befasst, sondern auf ein klares Kundenbedürfnis hin eine eigene Methodik entwickelt. Dass diese Methodik sich teilweise mit den Erkenntnissen der von Ihnen genannten Autoren überschneidet oder trifft, nehme ich als Kompliment bzw. Unterstützung unserer Methodik entgegen...."

Zur Erläuterung sei eingefügt: *BrainStore* arbeitet als modifiziertes Brainstorming nach dem Prinzip *„Eine Masse von Ideen sammeln, dann Auswahl treffen in der Erwartung, dass sich ein Goldkörnchen findet".* In der Ideenfindungsphase werden Dutzende von – überwiegend freien – Mitarbeitern eingesetzt. Der zitierte Gedankenaustausch zum Thema sei nicht kommentiert; er ist selbsterklärend.

Im vorliegenden Buch zur Theorie des erfinderischen Problemlösens („TRIZ") wird ein Leitfaden für die praktische Anwendung der Theorie unter Einsatz überwiegend selbst ermittelter sowie eigener erfinderischer Beispiele geliefert. Zunächst werden die klassischen Kreativitätsmethoden kurz gestreift, da sie z.T. den Ausgangspunkt der methodischen Arbeiten von *G.S. Altschuller* bildeten. Auch werden die bei einigen der bisher gebräuchlichen Methoden bereits erkennbaren Ansätze zum systematisch-analogisierenden, zum Umkehr- sowie zum widerspruchsorientierten Denken im Sinne von TRIZ-Vorläuferideen behandelt. Dieses Kapitel wird ergänzt durch eine Sammlung von überwiegend klassischen Literaturquellen. Ansätze zum „TRIZ-gemäßen" Denken finden sich in der Literatur bereits erstaunlich früh, wobei neben *Goethe* ganz besonders *Lichtenberg* hervorsticht. Auch die geradezu visionären Aphorismen von *Karl Kraus* zum Umkehrdenken, einem wesentlichen TRIZ-Element, sind inzwischen mehr als hundert Jahre alt. Der dialektisch geprägte Kern des Systems findet sich bei *Hegel*, der den Widerspruchsgedanken in Form des Spannungsdreiecks *These-Antithese-Synthese* als generelles Grundmuster in das philosophisch-wissenschaftliche Denken einführte. Das eigentliche Denkschema ist noch älter, es geht auf die Zeit der Spätrenaissance zurück: *Francis Bacon* gilt als Vater der induktiven Vorgehensweise. Auch TRIZ basiert letztlich auf der souveränen Nutzung des induktiv-deduktiven „Denkverbundnetzes": Praxisbeispiele werden untersucht, um die ihnen zugrunde liegende Theorie zu erkennen; von dieser Theorie ausgehend werden dann vermeintlich ganz andere Praxisbeispiele als ebenfalls mittels dieser Theorie erklärbar behandelt. Hinzu kommen Beispiele aus dem Bereich der bildenden Kunst. Insbesondere Karikaturen zeigen uns, dass die TRIZ-Prinzipien überall gelten – nicht nur im Bereich der Technik, in dem sie gefunden wurden.

G.S. Altschuller, der geniale TRIZ-Schöpfer, hat stets auf die ihm aus der Literatur und dem allgemeinen Wissensfundus bekannten Vorläuferideen hingewiesen. In all seinen Schriften zeigt sich *Altschuller*s besonderes Interesse an ideengeschichtlichen Fragen. Allerdings waren seine Informationsquellen unter den restriktiven sowjetischen Bedingungen vergleichsweise unvollständig, auch endete *Altschuller*s eigene aktive Arbeit an seinem System etwa um 1985. Ich hielt es deshalb nach jahrzehntelanger Beschäftigung mit dem System für reizvoll, den Quellen intensiver nachzuspüren, wobei die Verbindung älteren Gedankengutes mit der TRIZ-Anwendung besonders wichtig ist. Somit dient die in vorliegendem Buch gewählte Art der Darstellung überwiegend praktischen Zwecken. TRIZ ist eben keine „neue amerikanische Methode" – wie so mancher heute zu glauben scheint – sondern eine für den erfinderischen Praktiker geschaffene Philosophie mit klassischen Wurzeln, die vorteilhaft branchenübergreifend angewandt werden kann.

In den dreißiger Jahren des vorigen Jahrhunderts studierte mein Vater an der Universität Jena. Er erzählte mir, dass der Leitspruch eines von ihm besonders geschätzten Botanik-Professors lautete:

„Der geschichtslose Mensch ist ein Kind oder ein Narr".

Das Zitat ermahnt uns zum äußerst verantwortungsvollen Umgang mit geschichtlichen (hier: ideengeschichtlichen) Quellen. Andererseits weist uns beispielsweise der Cartoonist *Scott Adams* darauf hin, dass es in der Praxis wohl unmöglich ist, völlig ohne – wenn auch meist unbewusst übernommene – Ideen anderer Autoren auszukommen. Lesen wir, was uns der Vater des *Dilbert*-Prinzips diesbezüglich zu sagen hat:

„In der Welt wird über zahllose Ideen diskutiert, von denen ich keine Ahnung habe. Viele von Ihnen werden in diesem Buch Ideen und Gedanken entdeckt haben, von denen Sie sicher sind, dass ich sie bei anderen Autoren (außer den in diesem Buch erwähnten) geklaut habe....... Manche der Dinge, die ich schreibe oder zeichne, gehen in der Tat auf andere Autoren oder Cartoonisten zurück. Doch das geschieht meist unbewusst. Alle Schriftsteller tun das. Wenn mir bewusst ist, dass ich mich auf den Gedanken eines anderen Autors beziehe, kann ich die Sache im Normalfall so weit verändern, dass niemand dem geistigen Diebstahl auf die Spur kommt. Meine echten Plagiate bleiben üblicherweise unentdeckt. In der überragenden Mehrheit der Fälle, in denen Sie eine auffallende Ähnlichkeit zwischen einer meiner Arbeiten und der eines anderen Schriftstellers oder Cartoonisten entdecken, beruht das meist auf purem Zufall oder einer Grundidee, die von Anfang an nicht sonderlich kreativ war"
(Adams 2000, S. 249)

Es könnte nun das Missverständnis entstehen, dass *G.S. Altschuller* nur eine Zusammenfassung älteren Gedankengutes vorgenommen hat. Das ist jedoch ganz und gar nicht der Fall, wie im folgenden Kapitel gezeigt werden kann. Ich erwähne dies mögliche Missverständnis nur deshalb, weil im Gespräch mit voreilig-nervösen TRIZ-Neulingen oft genug nach wenigen Sätzen der Erläuterung zu hören ist: *„Wieso soll das etwas Neues sein? Das kenne ich längst, das ist doch alles ganz selbstverständlich".* Der Grund für derart nassforsche Äußerungen scheint mir in der Natur des zur Oberflächlichkeit neigenden Menschen zu liegen. Oft genug begnügt er sich mit Schlagworten, die ihm – einmal gehört – zu signalisieren scheinen, er brauche nun nicht mehr weiter nachzudenken. Einigermaßen rätselhaft ist ohnehin, dass sich der Mensch noch immer für ein höheres Wesen hält, auch wenn es um seine doch eher bescheiden ausgeprägte Lern- und Urteilsfähigkeit geht. Der österreichische Nobelpreisträger und weltberühmte Graugans-Verhaltensforscher *Konrad Lorenz* ist zu folgenden interessanten Feststellungen gelangt:

„Gedacht ist nicht gesagt,
gesagt ist nicht gehört,
gehört ist nicht verstanden,
verstanden ist nicht einverstanden,
einverstanden ist nicht gekonnt,
gekonnt ist nicht angewandt,
angewandt ist nicht beibehalten".

Seien wir selbstkritisch genug, diesen Sachverhalt anzuerkennen. TRIZ ist gewöhnungsbedürftig. Gehen Sie nicht hektisch vor. Bringen Sie ein wenig Geduld auf, Sie werden dafür später reichlich belohnt. Alle Kapitel, auch wenn sie anscheinend nicht direkt zur Sache gehörende Gesichtspunkte behandeln, dienen der Vermittlung praktischer Fertigkeiten – und sie stärken Ihre Motivation: **Das sollte doch auch mir gelingen!**

2 ARIZ und TRIZ in ihrer ursprünglichen Form

2.1 Die methodische Ausgangssituation

Bevor wir uns nun dem faszinierenden TRIZ-Gedankengebäude widmen, wollen wir uns mit der Ausgangssituation vertraut machen, und kurz die so genannten *klassischen Kreativitäts-Methoden* besprechen. Sie waren für *Altschuller* die Basis, von der aus er mit der methodischen Arbeit an seinem neuen System begann, und sie sind für die meisten Interessenten noch heute die allein in Betracht gezogenen Methoden.

Sehen wir uns zunächst die älteste und auch heute noch am weitesten verbreitete Methode an. *Versuch und Irrtum („Trial and Error")*, von *Altschuller* als „Nicht-Methode" eingestuft, beruht auf dem gedanklichen Herumprobieren. Dem Erfinder kommt spontan eine Idee: *„Wie wäre es, wenn ich es einmal so versuche?"*. Es folgt die theoretische und/oder praktische Überprüfung – und die Idee erweist sich meist als untauglich.

Abb. 1

Schematische Darstellung des Verlaufs der Methode *„Versuch und Irrtum"* (nach: G.S. Altschuller 1973, S. 17)

A: Aufgabe. Die Lösung des Problems liegt fast nie in Richtung des Trägheitsvektors TV, so dass auch die Sekundär-Ideen (1, 2) nichts nützen. Nur wenige der Ideen gehen in Richtung Lösung, ein möglicher Treffer wäre rein zufällig.

Das konventionelle Denken veranlasst die meisten Menschen, das zu denken, was andere vor ihnen auch schon gedacht haben. Die so gewonnenen Ideen sind überwiegend banal.

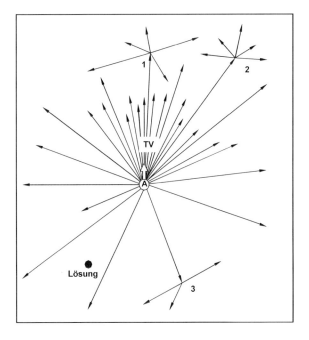

Nun wird in einer anderen Richtung eine neue Idee gesucht, gefunden, erprobt, verworfen – und der Zyklus beginnt aufs Neue (s. Abb. 1)

Hauptmangel des Vorgehens ist, dass so sehr viele Spontanideen entstehen, welche überwiegend in Richtung des Trägheitsvektors liegen. Dieser Vektor charakterisiert gewissermaßen die Richtung des geringsten Widerstandes. Der Mensch ist denkträge; auch der Kreative produziert nicht pausenlos überraschende Lösungen. So wird die konventionelle Denkrichtung bevorzugt. Abb. 1 zeigt aber, dass gerade dort die Wahrscheinlichkeit am geringsten ist, auf die Lösung zu treffen. Dennoch ist *Versuch und Irrtum* auch heute noch die von den meisten Menschen favorisierte Methode. Viele kennen überhaupt nur diese Vorgehensweise. Von sehr fleißigen Menschen angewandt, liefert sie Ergebnisse, die ein systematisches Vorgehen zunächst als nicht unbedingt notwendig erscheinen lassen. Hinzu kommt, dass der Prozess in der Praxis nicht ganz so unbefriedigend, wie in Abb. 1 dargestellt, verläuft. Jeder Fehlversuch ist mit einem Lernprozess verknüpft, und so kann ein Teil der prinzipiell möglichen weiteren Versuche wegen vorhersehbarer Erfolglosigkeit einfach weggelassen werden. Dennoch stehen Aufwand und Nutzen in keinem vernünftigen Verhältnis zueinander.

Ein wenig vorteilhafter verläuft das so genannte *Brainstorming*, im deutschen Sprachraum auch als *Ideenkonferenz* bezeichnet. Zwar entsteht jede Idee zunächst in *einem* Kopf, jedoch potenziert die Mitarbeit kreativer Menschen günstigen Falles Menge und Qualität der Ideen. *Alex Osborn* (1953) erkannte, dass es nicht wenige Menschen gibt, die im Team ohne Schwierigkeiten zahlreiche Ideen produzieren können. *Osborn* führte zwei Grundregeln ein, die noch heute gelten, und die dennoch bei den sattsam bekannten Brainstorming-Veranstaltungen meist gröblichst missachtet werden. Die erste Regel besagt, dass Kritik in der ersten (der Ideen erzeugenden) Phase streng verboten ist. Die zweite Regel besagt, dass Ideenerzeugung und Ideenauswahl strikt voneinander zu trennen sind (zeitlich, und – wenn es sich ermöglichen lässt – auch personell). *Osborn* hat ferner als Hilfsmittel für die Bewertungsphase *Spornfragen* eingeführt, mit deren Hilfe jede der betrachteten Ideen modifiziert werden kann *(Größer? Kleiner? Umgruppierung? Kombination? Umkehrung? Ersetzen? Zweckentfremdung? Nachahmung?).*

Das Prinzip der Ideensuche unterscheidet sich allerdings nicht wesentlich von der in Abb. 1 dargestellten Vorgehensweise, nur entstehen gewöhnlich beim Brainstorming nicht ganz so viele völlig banale Ideen in Richtung des Trägheitsvektors. Auch nimmt die Zahl der Sekundärideen (Verzweigungen in Abb. 1) zu, denn die wechselseitige Anregung der

Teilnehmer wirkt sich auf die primär geäußerten Ideen im Sinne eines *Schneeball*-Effektes aus. Dennoch arbeitet die Methode, auch bei sachgerechter Durchführung unter Leitung eines Moderators, recht unbefriedigend. Wo die Lösung zu suchen ist, bleibt offen, und das Vorgehen beruht letztlich auch nur auf „Masse statt Klasse", gekoppelt mit der Hoffnung, dass in der Phase der Auswahl bzw. Bewertung sich schon irgendetwas Brauchbares finden wird. Das *„Suchen ohne Verstand"* (Altschuller 1973, S. 36) wird gewissermaßen zum Prinzip erhoben.

Eine bereits wesentlich wirksamere Methode ist die *Morphologie*. Das Wort geht auf *Goethe* zurück und steht für *„Gestaltlehre"* im Sinne der Lehre von den Erscheinungsformen einer Sache. Die Morphologie im heutigen Sinne wurde von *Zwicky* (1966) umfassend entwickelt und von *Zwicky*s Schülern *Holliger-Uebersax* sowie *Bisang* zu hoher Vollendung gebracht (Holliger-Uebersax 1989). Ein auch ohne nähere Kenntnis der Gesamtmethode recht nützliches Werkzeug ist die *Morphologische Tabelle*. Auf der Ordinate werden zunächst die Variablen (Parameter, Ordnende Gesichtspunkte) des Systems aufgetragen, neben jeder Variablen dann die bekannten bzw. denkbaren Varianten (Ausführungsformen). Die Tabelle listet so für das jeweils betrachtete Objekt bzw. Verfahren alle vielleicht interessanten Variablen/Varianten-Kombinationen auf und gestattet dann die Verbindung jedes einzelnen Tabellenplatzes mit jedem anderen Tabellenplatz. Die Morphologische Tabelle lässt sich nicht nur für technische, sondern auch für beliebige nicht-technische Zwecke anwenden. Tab. 1 zeigt ein Beispiel: Auch Krimi-Autoren sind nicht pausenlos kreativ, und so können beispielsweise auch sie beim „Konstruieren" ihres neuesten Werkes durchaus profitieren (nach: Gutzer 1978):

Tab. 1   Morphologische Tabelle als Orientierungshilfe für Krimiautoren

Variable	Variante 1	Variante 2	Variante 3	Variante 4	Variante 5	Variante 6
Ort	Arbeitsplatz	Museum	Nächtliche Straße	Bungalow	Auto	Hotel
Titelheld	Lehrer	Kommissar	Student	Arbeiter	Direktor	Arzt
Opfer	Ehefrau	Ehemann	Chef	Handwerker	Gastwirt	Wissenschaftler
Mörder	Strafgefangener	Sekretärin	Neurotiker	Titelheld	Gangsterbande	Hooligan
Todesursache	Selbstmord	Provozierter Unfall	Erschießen	Erhängen	Gift	Nicht feststellbar
Motiv, Auslöser	Eifersucht	Betrunken	Geld	Mitwisser beseitigen	Trieb (Neurotiker)	Unglückl. Zufall
Aufdeckung	Geständnis	Indizien	Zufall	Kripo-Logik	Nie aufgeklärt	Geheimpapiere
Schluss des Krimis	Heirat	Offener Schluss	Held wieder gesund	vermisste Leiche gefunden	Mörder wird schließlich geheilt	Mörder geht ab ins Gefängnis

Sinnvoll könnten beispielsweise folgende Verbindungslinien sein: *Nächtliche Straße – Kommissar – Handwerker – Gangsterbande – provozierter Unfall – Mitwisser beseitigen – Kripo-Logik – Offener Schluss.*

Die Morphologische Tabelle hat den großen Vorteil, recht übersichtlich zu sein, und die gegebenen Möglichkeiten umfassend darzustellen. Eine Anleitung zum Ermitteln der jeweils besten Kombination liefert sie jedoch nicht. Hier ist die stets subjektive Auswahl durch den Nutzer erforderlich. Dennoch empfehle ich den Einbau der Morphologischen Tabelle in *Altschullers* famoses System (siehe dazu ausführlich: Kap. 6.5).

Besonders verlockend erscheint die *Bionik*. Sie umfasst die Lehre von der Übertragbarkeit in der Natur zu beobachtender Form- und Funktions-Prinzipien auf technische Anwendungen. Pionierarbeit hat *Rechenberg* mit seinem Klassiker „Optimierung technischer Systeme nach Prinzipien der biologischen Evolution" geleistet (Rechenberg 1973).

Abb. 2

Die (nur unvollkommenen) Analogien zwischen Kamera, menschlichem Auge und Fischauge (nach: Greguss 1988, S.127)

Oben: Kamera
Zum Scharfeinstellen eines Objekts wird das Objektiv gegenüber dem Film verschoben.

Mitte: Menschliches Auge
Die Linse wird zum Zwecke der Anpassung an verschieden weit entfernte Objekte mit Hilfe des Ciliarmuskels so gekrümmt, dass auf der Netzhaut scharfe Bilder entstehen.

Unten: Fischauge
Das Fischauge hat eine Kugellinse. Scharf sieht ein Fisch gewöhnlich nur im Nahbereich. Will er entferntere Objekte erkennen, zieht er die Linse etwas nach hinten.

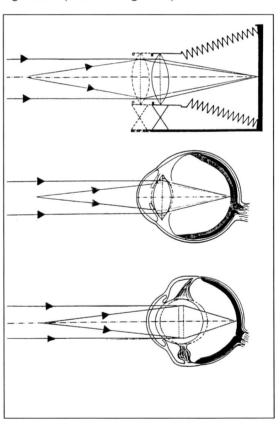

Abb. 2 zeigt uns die Analogien zwischen Kamera, menschlichem Auge und Fischauge. Wie bei vielen bionischen Beispielen, haben wir es hier nicht mit vollständigen, sondern sinngemäßen Analogien zu tun. Wenn eine starre Linse zur lichtempfindlichen Schicht hin verschoben wird (Kamera), oder eine flexible Linse zwecks Scharfstellung verschieden weit entfernter Objekte unterschiedlich stark gekrümmt wird (menschliches Auge), so ist dies aus physikalischer Sicht zwar nicht identisch, jedoch immerhin – bezogen auf die gewünschte Wirkung – analog.

Eine neuere, besonders praxisorientierte und sehr zu empfehlende Veröffentlichung arbeitet mit Struktur-Katalogen, welche die im jeweils konkreten Fall zu prüfenden Analogien direkt zugänglich machen (Hill 1999). Das noch immer aktuelle Buch von *Nachtigall* und *Blüchel* (2000) bietet, ganz abgesehen vom fachlichen Gehalt, mit seinen prächtigen Farbfotos einen ästhetisch hochgradigen Genuss.

Das Einsatzgebiet der Bionik ist auf die – wenn auch durchaus nicht seltenen – Fälle begrenzt, in denen Analogien zu natürlichen Vorbildern für technische Zwecke nützlich sind. Deckungsgleiche Übertragungen sollten, schon wegen der in Natur und Technik oftmals recht unterschiedlichen Materialien, vermieden werden. Auch gibt es Fälle, in denen natürliche Muster weit unvorteilhafter sind, als rein technisch entstandene Lösungen für den gleichen Zweck. So arbeitet der Rasenmäher völlig anders – und entschieden vorteilhafter – als der Mann mit der Sense.

Eine nicht nur für erfinderische Zwecke geeignete Methode, deren Kernpunkt das systematische Analogisieren ist, wurde von *Gordon* (1961) auf der Grundlage intensiver Studien des Denk- und Problemlöseprozesses entwickelt. *Gordon* nannte seine Methode *synectics* (sehr frei etwa: „Lehre vom Zusammenhang"). In gewisser Hinsicht kann die *Synektik* als wesentlich erweitere Bionik betrachtet werden. Sie enthält allerdings einige zunächst recht befremdlich anmutende Elemente, die nicht jedermanns Sache sind. Bei korrekter Durchführung arbeitet die synektische Methode in folgenden Stufen:

- *Problemanalyse und Problemdefinition, Spontane Lösungen*
- *Neu definiertes Problem (Neuformulierung)*
- *Direkte Analogien zum Problem (z.B. aus der Natur)*
- *Persönliche Analogien (wie fühle ich mich selbst, wenn ich mich körperlich mit dem Problem identifiziere, z.B. als frisches Brötchen; als Stuntman, der bei 150 km/h aus einem Zug in einen parallel zu ihm fahrenden, gleich schnellen Zug umsteigt)*

- *Symbolische Analogien (Analogien, die sich anscheinend noch weiter vom Thema entfernen, die aber durchaus den Kern treffen: der o.a. Stuntman z.B. nutzt den „Rasenden Stillstand")*
- *Direkte Analogien aus der Technik (statt „Rasender Stillstand" nunmehr „Geschwindigkeitssynchronisation")*
- *Analyse der direkten Analogien, Auswahl*
- *Übertragung auf das Problem, Entwicklung konkreter Lösungsideen (wenn also z. B. ein Verschleißteil bei einer Werkzeugmaschine in vollem Betrieb ausgewechselt werden soll, hilft uns das Bild von dem Stuntman bzw. dem von ihm genutzten „Rasenden Stillstand" durchaus weiter: Wir sollten das verschlissene Teil bei hohen Touren entkoppeln und ausschleusen, anschließend offenbar das Ersatzteil vortouren und sodann bei der Relativgeschwindigkeit Null einkoppeln).*

H.-J. Rindfleisch ist so vorgegangen und hat ein „Verfahren und eine Vorrichtung für einen automatischen Schleifkörperwechsel" – gewissermaßen „in voller Fahrt" – entwickelt (Rindfleisch u. Berger, Pat. 1983/1988).

Das synektische Verfahren beginnt mit einem gewöhnlichen Brainstorming. Jedoch wird bereits in der zweiten Stufe das Problem neu definiert und damit der zu durchforstende Suchraum sinnvoll eingeengt. Es folgen die direkten (meist bionischen) Analogien zum neu definierten Problem. Die nunmehr zu suchenden Persönlichen Analogien sind, wie gesagt, nicht jedermanns Sache. Sie erfordern *„Empathie"*, d. h. hier: direktes, gewissermaßen körperliches Einfühlen in eine doch meist recht technische Situation. Eine vergleichsweise hohe Abstraktionsstufe wird sodann mit der Symbolischen Analogie erreicht: sie liefert den Schlüssel zum physikalischen Sachverhalt und ermöglicht – über diesen exotisch erscheinenden Umweg – die technische Prinziplösung.

Noch ein Wort zu dem oben erwähnten frischen Brötchen. Über den Umweg: „Wie fühle ich mich als ein solches?" wurde (angeblich) der Untergrund-Porenspeicher für Erdgas gefunden („Als frisches Brötchen fühle ich mich innen leicht, luftig, porös, aufgeblasen – außen hingegen habe ich eine feste, undurchlässige Kruste"). Es ist mir leider nicht gelungen, die Quelle für dieses ideengeschichtlich hübsche Beispiel zu ermitteln. Falls die Geschichte erfunden sein sollte, ist sie jedenfalls gut erfunden.

Das synektische Vorgehen ist recht aufwändig. Es erfordert neben einem fähigen – mit der Methode völlig vertrauten – Moderator ein Team, welches sich auf die z.T. recht skurrilen Arbeitsschritte einlässt und methodisch diszipliniert zu arbeiten vermag. Die Synektik ist für schwierigere Aufgaben sinnvoll, da sie die Brücke zwischen Logik und Intuition schlägt und das übliche mehr oder minder blinde Herumpröbeln (Versuch und Irrtum) weitgehend durch ein strukturiertes Vorgehen ersetzt.

Während Morphologie, Bionik und Synektik bereits Methoden sind, die nach einem bestimmten System arbeiten und damit dem spontanen Brainstorming überlegen sind, gehören zur Gruppe der klassischen Kreativitätsmethoden auch noch solche, die mehr oder minder völlig auf Intuition bauen bzw. auf freier Assoziation beruhen. Als Beispiele seien die *Semantische Intuition* und die *Visuelle Konfrontation* genannt.

Bei der *Semantischen Intuition,* auch *Reizwortanalyse* genannt, wird im Rahmen eines Brainstormings geprüft, ob ein zufällig gewählter Begriff irgendeine – beliebig absonderliche – Beziehung zum gerade diskutierten Problem haben könnte. Das Vorgehen dient vorrangig der Auflockerung, es kann deshalb bereits in Phase I des Brainstormings eingesetzt werden, falls der Ideenfluss ins Stocken geraten ist. Das Reizwort lässt sich in ziemlich erheiternder Weise gewinnen, etwa analog zum so genannten *Bibelstechen* („Stechen Sie mit dieser Nadel an beliebiger Stelle zwischen die Seiten dieses Buches und schlagen das Buch dort auf. Wir wählen dann das 4. Substantiv von oben auf der linken Seite und überlegen uns, was das Wort mit unserem Problem zu tun haben könnte").

Manchmal finden die Teilnehmer anhand eines derart zufällig gewählten Begriffs die absonderlichsten Querverbindungen. So kann bei einfacheren Übungen, wie der Suche nach *„gadgets"* oder Produktvariationen, ein solches Vorgehen – den Hang des Menschen zum spielerischen Denken nutzend – sinnvoll sein. Für das Lösen komplizierterer Aufgaben sollte man sich jedoch besser nicht, oder wenigstens nicht allein, auf rein zufällig induzierte Gedankenverbindungen verlassen.

Anspruchsvoller arbeitet die Methode der *Visuellen Konfrontation.* Sie beruht auf der Erkenntnis, dass 80 % aller Menschen dem Visuellen Typ angehören, und demgemäß durch geschickt eingesetzte Bilder zu neuen Ideen geführt werden können. Wesentlich ist eine ganz bewusst eingefügte – ebenfalls mit Bildern unterstützte – Entspannungsphase.

Geschka (1994) hat die Methode entscheidend weiter entwickelt und setzt sie z. B. zum Generieren von Produktideen erfolgreich ein. Die wesentlichen Schritte sind:
- Erläuterung des Problems durch den Moderator. Problemdiskussion. Problemanalyse in der Gruppe. Präzisierung der Problemformulierung.
- Schnelle Produktion von Spontanideen gemäß Phase I einer gewöhnlichen Ideenkonferenz. Dokumentationsmittel: Flipchart. Diese Phase befreit das Hirn von konventionellen Ideen („purge") und macht es aufnahmefähig für neue Aspekte.
- Durchsicht der Ideen und eventuelle Neuformulierung des Problems.
- Entspannungs- und Dissoziationsphase. Es werden etwa fünf Bilder projiziert, die mit dem Problem nichts zu tun haben, z. B. wunderschöne Landschaften, optisch

eindrucksvolle jahreszeitliche Phänomene. Dazu erklingt sanfte Musik. Die Teilnehmer entspannen sich, schalten ab, und vergessen gleichsam das Problem.
- Nun folgen sechs bis acht Bilder, welche (direkt oder indirekt) Assoziationsmaterial zum Problem liefern. Ein Teilnehmer schildert möglichst genau, was auf dem jeweils gezeigten Bild zu sehen ist. Die nunmehr entstehenden Ideen der Teilnehmer werden ebenfalls per Flipchart festgehalten. Erfahrungsgemäß sind die Ideen nun konkreter, sachbezogener, gehen aber andererseits über die Spontanideen der ersten Phase weit hinaus. Bisher inaktive Teilnehmer werden aktiviert.
- Ideenausgestaltung, Ideenauswahl, Ideenbewertung.
Hochwertige Ideen sind oftmals vage und bedürfen der Konkretisierung. Die Ideen sind zu bewerten, ggf. weiter zu entwickeln und auf Verwendbarkeit zu untersuchen (Geschka 1994, S. 153).

Das beschriebene Vorgehen mag bei der Suche nach neuen Produktideen nützlich sein, es erreicht aber aus nahe liegenden Gründen recht bald seine Grenzen, falls Prozessentwicklungen – insbesondere komplizierterer bzw. komplexerer Art – erforderlich sind.

Die hier nur kurz erläuterten „klassischen" Kreativitätsmethoden stellen eine sehr begrenzte Auswahl dar. Wir kennen heute Dutzende, unter Einbeziehung aller Variationen sogar Hunderte von Methoden. Es ist, dem Anliegen unseres Buches entsprechend, weder sinnvoll noch möglich, eine komplette Darstellung dieser Methoden zu liefern. Gleiches gilt für die sehr umfangreiche Literatur zum Thema. Interessenten seien auf die noch immer zutreffende Methodenübersicht von *Schlicksupp* (1983) sowie eine aktuellere Arbeit von *Geschka* (2003) verwiesen.

2.2 Idealität, Widersprüche, Lösungsprinzipien

Wir haben nun einige der „klassischen" Methoden kennen gelernt, die einzelne Aspekte des schöpferischen Denkens und Handelns besonders betonen. Jedoch sind im systematischen Sinne weder Synektik noch Bionik allumfassende Methoden, von Versuch und Irrtum, dem Brainstorming sowie den rein intuitiven Methoden ganz zu schweigen, sondern sie betreffen nur jeweils mehr oder minder wichtige Teile des mehrstufigen Problemlösungsprozesses. Eine wenigstens annähernde Sicherheit, mit Hilfe eines „Leitstrahls" von der Aufgabe in Richtung einer guten bis sehr guten Lösung erfolgreich vorzustoßen, bieten sie nicht. Wünschenswert wäre aber gerade eine solche Methode.

Diesen hohen Anforderungen am nächsten kommt heute die komplexe Methode ARIZ (Abkürzung für russ. *„Algoritm reshenija izobretatjelskich zadacz"* entspr. *„Algorithmus zum Lösen erfinderischer Aufgaben")* nach *G.S. Altschuller*, mit der wir uns im Folgenden intensiv befassen wollen.

Der von *Altschuller* ganz bewusst verwendete Terminus „*Algoritm*" ist allerdings etwas irreführend. Im mathematischen Sinne handelt es sich *nicht* um einen echten Algorithmus, denn ein solcher müsste ja mit absoluter Folgerichtigkeit durch einfaches schematisches Abarbeiten einer Handlungsfolge zum garantierten Ergebnis führen, und damit wäre das kreative Handeln des Erfinders überflüssig geworden. Immerhin ist die Methode durch quasi-algorithmische Schritte gekennzeichnet, welche die Erfolgschancen derart wesentlich erhöhen, dass die von *Altschuller* gewählte Terminologie nicht mehr übertrieben erscheint.

Der ARIZ ist ein wichtiger Bestandteil der von *G. S. Altschuller* geschaffenen umfassenden Erfindungstheorie TRIZ (russ.: „*Teorija reshenija izobretatjelskich zadacz*", entspr.: „*Theorie zum Lösen erfinderischer Aufgaben*"). TRIZ, im Deutschen gesprochen: „*tries*", etwa wie die Pluralform des englischen Wortes für Baum („*trees*"), ist u.a. auch die Basis der modernen Programme zum computergestützten Erfinden, die von *Altschullers* Schülern in den letzten Jahren entwickelt worden sind. Wir werden uns mit den TRIZ-Werkzeugen im 3. Kapitel näher befassen.

Kommen wir nun zu den zentralen Aussagen der – im Vergleich zu den bisherigen Methoden – geradezu revolutionären TRIZ-Denkweise.

Der idealisierte Zielpunkt des kreativen Bemühens wurde von *Altschuller* „*Ideale Maschine*" (Altschuller 1973), in seinen späteren Veröffentlichungen umfassender und zutreffender „*Ideales Endergebnis*" (Altschuller 1983, 1984) genannt. Beim *Idealen Endergebnis* (dem „*Idealen Endresultat*", „*IER*") handelt es sich um eine methodisch vorteilhafte Hilfskonstruktion, die den Kreativen davon abhält, irgendwelche Primitivlösungen im Ergebnis jener Spontanideen anzusteuern, an denen es uns bekanntlich niemals mangelt, denn:

Die erstbeste Idee ist fast nie die beste Idee (!).

Das *IER* ist ein Leitbild, das niemals *vollständig* erreichbar, dessen *weitgehende* Umsetzung jedoch erstrebenswert und erreichbar ist. In den folgenden Kapiteln werden wir Beispiele dafür kennen lernen, wie erstaunlich nahe der geschickte Erfinder diesem an sich fiktiven Leitbild kommen kann. Lassen wir *Altschuller* selbst zu Wort kommen:

„*Die Ideale Maschine ist ein Eichmuster, das über folgende Besonderheiten verfügt: Masse, Volumen und Fläche des Objekts, mit dem die Maschine arbeitet (d. h. transportiert, bearbeitet usw.), stimmen ganz oder fast vollständig überein mit Masse, Volumen und Fläche der Maschine selbst. Die Maschine ist nicht Selbstzweck. Sie ist nur das Mittel zur Durchführung einer bestimmten Arbeit*" (Altschuller 1973, S. 70).

Demnach ist die „Ideale Maschine" eine solche, die ihre Funktion erfüllt, aber eigentlich als Maschine gar nicht mehr da ist („Maschine" sei hier als Synonym auch für „Verfahren" oder „Prozess" verwendet). Diese Formulierung erscheint kühn, aber wir werden in den Folgekapiteln noch etliche Verfahren kennen lernen, die (fast) von selbst funktionieren, und sich somit sehr weitgehend dem zunächst unerreichbar erscheinenden Ideal nähern. Das grundsätzliche Problem ist nun, dass wir zunächst nicht wissen, wo wir das Ideal zu suchen haben. Nach allgemeinem Verständnis sind schöpferische Aufgaben ja gerade *nicht* durch schematisches Handeln, sondern nur durch nach allen Seiten gerichtetes („divergentes") Denken zu bewältigen. Abb. 3 zeigt uns den Unterschied zwischen konvergentem und divergentem Denken.

Abb. 3

Konvergentes sowie divergentes Denken

Nach heutigem Verständnis ist *konvergentes Denken* das mit Standardvorschriften und Lehrbuchwissen operierende konventionelle Denken, welches zwar nicht zu kreativen Ergebnissen, wohl aber zu einem klar definierten, vorher genau absehbaren, nützlichen Resultat führt.

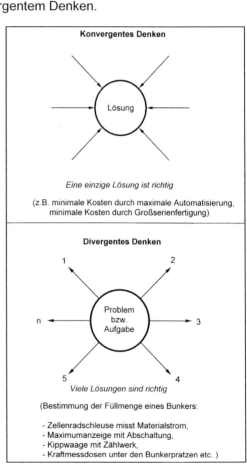

Hingegen kann das *divergente Denken* als ergebnisoffenes Denken bezeichnet werden. Neben den bereits bekannten Lösungsmöglichkeiten für ein Problem liefert die divergente Denkweise stets auch neue, bisher nicht in Betracht gezogene Lösungsvorschläge. Allerdings bleibt dabei zunächst völlig offen, welcher Vorschlag das beste Ergebnis verspricht. Um das zu ermitteln, sind stets zusätzliche Bewertungsverfahren einzusetzen.

Gewöhnliche Aufgaben sind dadurch gekennzeichnet, dass nur eine Lösung infrage kommt, und diese ist durch – z. B. betriebswirtschaftliches – Lehrbuchwissen zugänglich, wobei manchmal mehrere (meist standardisierte) Lösungsvorschriften eingesetzt werden können. Hingegen lassen sich schöpferische Aufgaben nur durch *divergentes* Denken lösen, d. h., für die Lösung eines Problems kommen stets *mehrere* (durchaus nicht banale, jedenfalls nicht im Ergebnis einer Vorschrift sofort zugängliche) Möglichkeiten infrage. Genau dies verleitet zu der Annahme, man müsse gemäß Abb. 1 nur heftig genug nach allen Seiten denken, um irgendwann einmal Erfolg zu haben. Die Schwierigkeit liegt nun darin, dass wir ohne methodisches Herangehen überwiegend triviale, konventionelle Lösungsvorschläge produzieren. Abb. 3 gibt zwar den Charakter des divergenten Denkens korrekt wieder, sagt aber leider gar nichts zur Qualität der Lösungsvorschläge aus, so dass wir wieder bei den wenig erfreulichen Aussagen der Abb. 1 angelangt sind.

Was wir offensichtlich dringend benötigen, zeigt Abb. 4: Vorbestimmung der Richtung, in der das anzusteuernde Ideal liegt. Besonders klar wird das, wenn wir uns die vom Erfinder zwischen Aufgabe und Ziel zurück zu legende Wegstrecke näher ansehen. Abb. 4 zeigt, dass das systematische Anpeilen des IER den *Suchwinkel*, der bei „Versuch und Irrtum" (Abb. 1) und beim Brainstorming praktisch 360° beträgt, ganz erheblich einschränkt. Übrig bleibt – eine qualifizierte Analyse der Aufgabe vorausgesetzt – nur noch ein vergleichsweise schmaler Suchsektor bzw. Suchkegel, innerhalb dessen mit hoher Sicherheit die Lösung zu suchen und zu finden ist. Der besondere Vorteil dieser methodischen Hilfskonstruktion liegt darin, dass bei diszipliniertem Arbeiten überhaupt keine Lösungsvorschläge in Richtung des Trägheitsvektors mehr vorkommen. Die Güte der realen Lösung ist dann durch den Grad der Annäherung an das IER charakterisiert. Abb. 4 zeigt auch, dass durchaus nicht zwingend nur eine Lösung infrage kommt.

In der Praxis können in der Nähe des IER mehrere Lösungen unterschiedlichen Annäherungsgrades erzielt werden. Diese sind dann allerdings nicht mehr irgendwelche, sondern in prinzipiell-physikalischer Hinsicht hochwertige Lösungen, die sich im konkreten Mittel-Zweck-Zusammenhang durchaus unterscheiden können. Die Lösungen sind umso besser, je näher sie dem IER kommen. Bei der vergleichenden Bewertung der wenigen (!) im Suchsektor liegenden (und damit überhaupt infrage kommenden) Lösungen sind nur noch zwei Kriterien wichtig: wie nahe liegt die Lösung am IER, und: wie vollständig wird der Anspruch erfüllt, dass die Lösung dem „Von Selbst"-Prinzip entspricht?

Abb. 4

Die wenigen hochwertigen Lösungen liegen im vom ARIZ bestimmten Suchwinkel in Richtung auf das Ideale Endresultat („IER"), hier gemäß Urtext *„Ideale Maschine"* genannt (Altschuller 1973, S. 94)

Sinnlose Versuche in Richtung des Trägheitsvektors TV unterbleiben völlig.

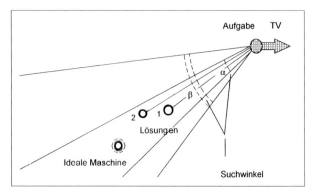

Ohne eine sehr anspruchsvolle Formulierung und methodisch sachgerechtes Handhaben des IER funktioniert das allerdings nicht. Folgende Grundregeln sind unbedingt zu beachten:

- Das IER ist möglichst abstrakt zu formulieren. Also nicht: „Mein Ideal ist ein verbesserter Filterapparat", sondern: „Ich benötige eine klare Lösung. Falls dafür ein Prozess notwendig sein sollte, so möge er *von selbst* verlaufen".
- Auf keinen Fall sollten bereits beim Formulieren des Ziels Kompromisse und Einschränkungen geduldet werden!
- Nur ein hoch gestecktes Ziel sichert, dass man im Bemühen, dieses Ziel zu erreichen, in Annäherung an das IER eine vergleichsweise gute Lösung erzielt.
- Zurückstecken, falls unumgänglich, sollte man erst im Verlaufe der erfinderischen Bearbeitung der Aufgabe!

Selbst Erfinder, die über wenig methodisches Wissen verfügen, arbeiten nicht selten unter Einsatz dieses Leitbildes. *Altschuller* zitiert *Jemeljanov:*

„Nach der Aufgabenstellung versuche ich, mir das ideale Endziel vorzustellen, und dann denke ich darüber nach, wie ich dieses Ziel erreichen kann. Besondere Prinzipien habe ich nicht bemerkt." (nach: Altschuller 1973, S.120)

Jemeljanov arbeitete demnach, wie viele andere Erfinder auch, zwischen Aufgabenstellung und IER rein intuitiv. Indes ist zweifellos bereits die klare Formulierung der Aufgabenstellung sowie des IER ein wesentlicher Anfang auf dem Weg zum systematischen schöpferischen Arbeiten.

Kehren wir noch einmal zu Abb. 4 zurück. Zu bedenken ist, dass nicht nur das IER, sondern viel mehr noch die Formulierung der Aufgabe von prinzipieller Bedeutung ist. Gemäß Abb. 4 wird einfach unterstellt, die Aufgabe sei klar, eindeutig und zutreffend formuliert. Dies ist jedoch im Normalfall durchaus nicht so. Erfindungsaufgaben werden häufig nicht vom Erfinder, sondern von einem Auftraggeber formuliert.

Dabei ist unwesentlich, ob als Auftraggeber ein Vorgesetzter, Kooperationspartner oder vertraglich gebundener Interessent fungiert. Solche Aufträge sind nicht selten unklar oder falsch formuliert. Damit werden zeitaufwändige Irrwege geradezu programmiert. Schlimmer ist der nicht gerade seltene Fall, dass die Arbeitsrichtung bereits definitiv festgelegt wird („Verbessern Sie *diese* Maschine"), z.B., weil sich der Auftraggeber dem Auftragnehmer gegenüber als Fachmann „mit Durchblick" profilieren will. Dieser ebenso häufige wie verdrießliche Fall spiegelt sich dann in einer *überbestimmten* (und damit *vergifteten*) Aufgabenstellung wider.

Eine derart formulierte Aufgabe lässt sich fast nie mit einem guten Ergebnis abschließen, weil sie gedanklich von der aktuellen Verfahrensweise nicht los kommt. Da aber die zu verbessernde Technik – sonst gäbe es das zu lösende Problem nicht – mehr oder minder mangelhaft ist, muss die Aufgabe zunächst abstrakt formuliert werden. Verzichtet man auf diesen notwendigen Schritt, verfällt man zwangsläufig der *hypnotischen Wirkung des existierenden technischen Gebildes* (im wirklichen Leben sowie in der Politik auch *„Normative Kraft des Faktischen"* genannt). Da aber das existierende technische Gebilde, das vielleicht vor Jahrzehnten unter heute nicht mehr feststellbaren Bedingungen entstanden ist, die zu bewältigende Aufgabe nur mangelhaft löst und nicht mehr optimierbar ist, muss in solchen Fällen ein ganz *anderes* System angestrebt werden. Somit ist eine vom Auftraggeber vorzeitig präzisierte Aufgabenstellung in den meisten Fällen für die Lösung des eigentlichen Problems außerordentlich schädlich (deshalb: *„vergiftet")*. Sie kann sich ohne Abstraktion so gut wie nie vom vorhandenen System lösen. Ein extrem vereinfachtes Beispiel erläutert den Zusammenhang:

Reißt beispielsweise in einem Produktionsbetrieb eine Förderschnecke (z. B. beim innerbetrieblichen Transport eines pulverförmigen Gutes) immer wieder, so lautet die Aufgabe hier *nicht* etwa: „Die Schnecke ist zu verstärken", obwohl fast alle Auftraggeber die Aufgabe so oder ähnlich formulieren würden. Die eigentliche Aufgabe lautet vielmehr: „Das am Punkt A befindliche Gut wird am Punkt B benötigt."

Erfahrene Erfinder denken noch wesentlich weiter. Sie gehen gedanklich im Falle unseres Beispiels etwa so vor:

Förderanlagen, ganz gleich ob mechanisch oder pneumatisch, kosten Geld und arbeiten nicht störungsfrei. Daraus ergibt sich: Warum kann Punkt A nicht über Punkt B liegen, was den Einsatz einer einfachen Schurre oder eines Rohres möglich macht? Die Erdanziehung sorgt dann dafür, dass das Gut nach unten fällt. Geht es vielleicht noch einfacher? Müssen die Prozessstufen A und B überhaupt zwingend getrennt arbeiten? Ist eine Technologie denkbar, bei der beide Prozessstufen zusammengelegt werden können? Das hätte den Vorteil, dass ich *überhaupt nicht mehr transportieren* muss.

Wir erkennen: Das Ideale Endresultat muss in günstigen Fällen keineswegs eine Fiktion bleiben. Das IER, bezogen auf den Sachverhalt *Mangelhafter Transport* lautet nicht etwa *Perfekter Transport*, sondern *„Kein Transport"*. Nur mit dieser radikalen Formulierung lassen sich die – wenn auch in der Praxis vielleicht seltenen – Fälle überhaupt in Erwägung ziehen, in denen ganz auf einen Transportvorgang verzichtet werden kann. In allen anderen Fällen verbleibt immerhin noch die möglichst weitgehende Annäherung an das IER, nämlich der perfekte – *von selbst* oder *fast von selbst* verlaufende, störungsfreie, kostengünstige – Transport zwischen den räumlich eng benachbart aufzubauenden Stufen A und B, wobei zu Beginn der Bearbeitung keinerlei Festlegungen erfolgen dürfen, *wie* diese Ziele erreicht werden sollen.

Das Beispiel zeigt auch, dass, in Erweiterung des ursprünglichen Begriffs der „Idealen Maschine", zwanglos auch von „Idealen Vorrichtungen", ferner von „Idealen Verfahren" bzw. „Idealen Prozessen", mit gewissen Einschränkungen auch von „Idealen Produkten" gesprochen werden kann. Es gilt dann, und zwar nicht nur für die Ideale Maschine:

„Eigentlich ist eine ideale Lösung dann erreicht, wenn eine Maschine überhaupt nicht nötig ist, aber ein Ergebnis erzielt wird, als wenn eine Maschine da wäre" (Altschuller 1973, S. 74).

In diesem Sinne erfüllen nicht etwa irgendwelche „schönen", „starken" Maschinen, sondern vielmehr die auf das rein Funktionelle beschränkten Maschinen (Prozesse, Vorrichtungen, Verfahren) den Anspruch, sich dem Ideal zu nähern. Das Haupt-Bewertungskriterium ist, sofern das neue Denkmuster akzeptiert wird, für Maschinen, Verfahren, Vorrichtungen und Prozesse im oben erläuterten Sinne klar: zugrunde gelegt wird – sofern Lösungsvarianten verglichen werden – immer nur der Grad der Annäherung an das Ideal.

Anders steht es um die *Idealen Produkte*. Hier muss mit sehr unterschiedlichen Auffassungen zur Definition des Ideals bzw. massiven Interessenkonflikten gerechnet werden. Zwar sind in rein methodischer Hinsicht ganz klar solche Produkte anzustreben, die ihre Funktion beim Verbraucher mit einem Minimum (an Kosten, Aufwand etc.) erfüllen, und dabei qualitativ hochwertig und/oder haltbar – möglichst auch noch schön – sind. Indes haben sowohl Produzenten wie auch Verbraucher – insbesondere aber erstere – etliche Wünsche und Interessen, die mit rationalem Verhalten im eigentlichen Sinne nichts mehr zu tun haben. Produzenten wollen Waren mit geringstem Aufwand erzeugen und zu maximalen Preisen verkaufen. Der zum Erreichen dieses Zieles erforderliche Qualitäts-Mindeststandard ist nicht selten nur vorgespiegelt: *„Keine Qualität, nur Ausstattung"* (K. Tucholsky). In diesem Sinne hilft auch ein äußerlich gefälliges Design, das oft genug funktionell sinnlos bis kontraproduktiv ist. Hinzu kommt der Markenwahn. Ist eine Marke erst einmal eingeführt, wird keineswegs immer Spitzenqualität geboten. Die Kundschaft macht freiwillig kostenlos Reklame für die Firma und muss dafür noch wahre Mondpreise bezahlen, obwohl der *vernünftige* Kunde, den es kaum noch zu geben scheint, an sich kostengünstige, qualitativ hochwertige Ware bevorzugen sollte. Nicht mehr auseinander zu halten sind berechtigte, über das rein Funktionelle hinausgehende Kundenwünsche (z. B. ästhetischer Art), und *den Kunden eingeredete Wünsche und Scheinbedürfnisse*. Das geht bis hin zu *„gadgets"*, d.h. Produkten, die keinerlei ernsthafte Funktion mehr erfüllen, außer den Produzenten reich zu machen. So gesehen ist die Behandlung von Frühstücksei-Köpfapparaten, Krümelauflesemaschinen oder Lachsäcken hier fehl am Platze. Wer den Verzicht auf die methodische Behandlung von derartigen „Produkten" dennoch für unbegründet hält, lese in dem nur bedingt satirischen Standardwerk *„Das Verkaufsgenie"* (Vercors u. Coronel 1969) nach, welches auf US-Erfahrungen aus dem Jahre 1939 (!!) beruht, und vergleiche mit der heutigen Realität. Letztere ist wahrlich nicht mehr weit von Produkten entfernt, die *Quota,* der Held des genannten Buches, erfolgreich anpreist und verkauft:

- Oxygenol (Pressluft in kleinen Druckflaschen, reines Atem-Placebo),
- Kratzer mit Suchkopf zum Erreichen der schwierigen Stellen (im Bedarfsfall mit Juckpulver kombinierbar),
- Pedalkühlschrank (gibt es nicht, aber alle fragen danach, weil ökologisch korrekt),
- Schuppensaugkamm,
- Spezial-Lederspray, der die Innenverkleidungen alter Autos auffrischt, damit sie nicht mehr gar so traurig riechen (gibt es inzwischen, wird fleißig angewandt),
- Toilettendeckel mit Heizung und Nerzverkleidung (ich verkehre in derart abgehobenen Kreisen nicht, vermute aber, dass es auch so etwas längst gibt).

Demgemäß müsste, falls der Idealitätsbegriff im Folgenden für Produkte verwendet wird, alles Subjektive weggelassen werden. Da aber Produkte (anders als Verfahren und Prozesse) durch die Werbung dermaßen stark emotionalisiert sind, dass Objektivität nicht mehr zu erreichen ist, bevorzuge ich bei unseren Beispielen nach Möglichkeit immer wieder Maschinen, Apparate, Prozesse und Verfahren. Allerdings greifen leider auch bei Prozessen und Verfahren inzwischen Ideologisierung und Emotionalisierung um sich. Gewisse „umweltbewusste" Diskussionen sind oft weit von der technischen Vernunft entfernt: Recycling um jeden Preis, Erneuerbare Energien ohne Erörterung z. T. fragwürdiger Randbedingungen, sauberes Abwaschen von Joghurt-Bechern, die per jedem in den Sack entweder in eine viel zu teure und damit letztlich die Umwelt belastende Aufarbeitungsanlage gebracht oder schließlich doch nur verbrannt werden. Damit keine Missverständnisse aufkommen: Progressive Verfahren sind dringend notwendig; sie müssen sich aber in jedem einzelnen Fall per Öko- und Kostenbilanz auch tatsächlich *objektive* Prüfungen gefallen lassen.

Neben der Einführung des IER in die Erfindungslehre verdanken wir *Altschuller* einen noch fundamentaleren Gedanken. Er betrifft die methodisch vollkommene Aufbereitung der, wie wir sahen, ursprünglich meist falsch *(„überbestimmt", „vergiftet")* formulierten Aufgabenstellung, insbesondere aber das Erkennen der prinzipiellen *Widersprüche*, welche die Erfüllung der Aufgabe behindern bzw. den Weg zum IER versperren.

Die methodisch einwandfrei formulierte Aufgabe lautet ganz abstrakt, so nahe wie möglich an das IER heranzukommen. Jeder versucht nun zunächst, das vorhandene System zwecks Erfüllung dieser Aufgabe zu verbessern. Solche Optimierungsversuche werden gewöhnlich mittels Parameter-Veränderungen durchgeführt. Zunächst wird versucht, einen Parameter zu verändern. Ist das System aber nicht mehr optimierbar, verschlechtert sich dabei mindestens ein anderer Parameter, oder es verschlechtern sich sogar mehrere. *Altschuller* stellte nun fest, dass *konventionelles* (hier: optimierendes) Handeln bei nicht mehr optimierbaren Systemen zu folgendem Widerspruch führt:

„Ich muss etwas am System ändern, darf aber nichts ändern".

In der ausführlichen Fassung wird klar, was mit dieser zunächst recht merkwürdig anmutenden Formulierung gemeint ist:

„Ich muss etwas am System ändern (weil es nur mangelhaft funktioniert), ich darf aber am System nichts ändern (weil das System auf die Anwendung konventioneller Veränderungen bzw. Optimierungsversuche so reagiert, dass es n o c h mangelhafter als bisher funktioniert).

Lässt sich ein solcher Widerspruch nicht formulieren, so wissen wir, dass wir es mit einer Optimierungsaufgabe zu tun haben. Wir können dann getrost konventionell handeln. Lässt sich aber ein solcher Widerspruch scharf formulieren, so sind weitere konventionelle Versuche im Allgemeinen zwecklos. Ein Widerspruch dieser Art lässt sich grundsätzlich nur durch unkonventionelles Handeln, d. h. auf erfinderische oder erfinderisch-äquivalente Weise, lösen. Eine *Erfindung* führt dann entweder dazu, dass das System völlig verlassen und das Ziel in anderer Weise erreicht wird, oder sie führt mindestens eine neue Bestimmungsgröße in das vorhandene System ein, oder sie beruht (in seltenen Fällen) darauf, dass ein bisher für unverzichtbar gehaltener Systembestandteil weggelassen werden kann. Auch die Verbesserung einer Teilfunktion mit anderen als den bisher eingesetzten Mitteln kann, falls diese neuen Mittel nicht durch fachmännisches Handeln zugänglich und damit banal sind, erfinderische Merkmale aufweisen.

Jede dieser Möglichkeiten führt in der Praxis dazu, dass nach erfolgter Einführung der Erfindung *neue* Umstände geschaffen und damit *neue* Optimierungs-Spielräume (bis zur nächsten entscheidenden – d.h. erfinderischen – Veränderung) eröffnet werden.

Die in der Praxis sehr wichtige Unterscheidung zwischen dem erfinderischen und dem optimierenden Arbeiten ist schematisch in Abb. 5 dargestellt. Dabei gilt, wie bereits bisher: Der Begriff *„erfinderisch"* umfasst im hier behandelten Sinne nicht nur schutzrechtlich zu sichernde Lösungen, sondern steht auch als Synonym für hochwertige, nicht banale, quasierfinderische Lösungen aller Art. Ob erfinderische Lösungen zum Patent angemeldet werden, ist zudem oftmals eine rein taktische Frage. Für die auf *erfinderischem Niveau* geschaffenen, jedoch vom Gesetzgeber als nicht patentierbar erklärten Lösungen stellt sich diese Frage ohnehin nicht, jedoch kann der Nutzer der hier beschriebenen Methoden auf jeden Fall sicher sein, *hochwertige* Lösungen zu erreichen.

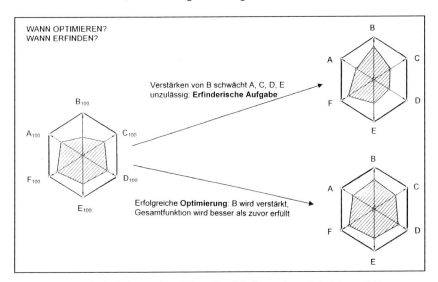

Abb. 5 Erfinderisches und optimierendes Arbeiten, schematisiert dargestellt

Betrachtet werden die Systemparameter A bis F. Der Grad der Erfüllung jeder Teilfunktion wird jeweils durch das mittige schraffierte Hexagon charakterisiert, dessen Gesamtfläche zugleich die Gesamtfunktionserfüllung quantitativ angibt. Falls die Verstärkung eines Parameters mit herkömmlichen Mitteln zur unzulässigen Schwächung anderer Parameter führt (rechts oben, verkleinerte schraffierte Fläche), führen nur noch *erfinderische* Mittel zum Ziel.

Besonders dem noch nicht geübten Erfinder fällt die klare inhaltliche Unterscheidung der Begriffe *Erfindung* und *Optimierung* anfänglich schwer. Deshalb seien die wesentlichen Punkte zusammengefasst:

Optimierungsaufgaben sind keine Erfindungsaufgaben. Lässt sich kein Widerspruch formulieren, so lässt sich das System im Allgemeinen durch fachmännisches Handeln noch verbessern. „Fachmännisches Handeln" weicht hier und im Folgenden deutlich vom allgemeinen Sprachgebrauch ab. Fachmännisches Handeln im üblichen Sinne ist etwas besonders Hochwertiges, ist das qualifizierte Handeln des vom Laien bewunderten Spezialisten, des Experten. Im schutzrechtlichen Sinne steht der Terminus hingegen ausschließlich für konventionelles, übliches, von anderen (auch durchschnittlichen) Fachleuten jederzeit beliebig wiederholbares, eindeutig nicht erfinderisches Handeln. Dazu gehört – neben anderen üblichen Vorgehensweisen – eben auch das Optimieren.

Kommen wir nun zum Kernpunkt der Methode. Zum Verständnis ist zunächst eine detaillierte Betrachtung der Widerspruchsterminologie erforderlich. Wir unterscheiden nach ihrem Abstraktionsgrad die folgenden Widerspruchsarten:

- Technisch-Ökonomische Widersprüche („TÖW"),
- Technisch-Technologische Widersprüche („TTW"),
- Technisch-Naturgesetzmäßige, Physikalische Widersprüche („TNW").

TÖW: Der einer beliebigen Erfindungsaufgabe zugrunde liegende Technisch-Ökonomische Widerspruch lautet meist ganz schlicht:

„Das System muss kostengünstiger werden, es kann aber nicht kostengünstiger werden."

Es sei daran erinnert, dass dies für *konventionelle* Änderungsversuche gilt. Die Formulierung mag banal klingen, die Überwindung dieses Widerspruchs ist aber der Kernpunkt aller erfinderischen Aufgaben. Wird vom Erfinder keine bessere *und* kostengünstigere Lösung erreicht, so nützt eine möglicherweise gefundene Weltneuheit nichts. Deshalb ist die scharfe Formulierung des Technisch-Ökonomischen Widerspruchs, dessen Lösung nur auf erfinderischem Wege gelingt, unerlässlich.

TTW: Der dem System zugrunde liegende Technisch-Technologische Widerspruch weist meist bereits systemspezifische Besonderheiten auf und lässt sich deshalb gewöhnlich nicht so umfassend wie der Technisch-Ökonomische Widerspruch formulieren. Dennoch basiert jede Detailformulierung stets auf dem prinzipiellen Widerspruch:

„Das System muss geändert werden, es darf aber nicht geändert werden".

Lautet das konkretisierte IER beispielsweise „Silberfreie Fotografie", so müsste der konkretisierte TTW wie folgt formuliert werden: „Silber muss verwendet werden, Silber darf aber nicht verwendet werden" (Silber *muss* aus konventioneller Sicht verwendet werden, weil es keine bessere Technik als die Silberhalogenidfotografie zu geben scheint, Silber *darf* aber nicht mehr verwendet werden, weil es hundertprozentig eingespart werden soll). Bezogen auf die Silberhalogenidfotografie müsste demnach ein solcher – nur mit erfinderischen Mitteln zu lösender – Widerspruch Ausgangspunkt des weiteren Handelns sein.

In einem solchen Falle sind die Optimierungsmöglichkeiten ausgeschöpft. Dies war in der Tat um 1978 der Fall (s. Abb. 6). Durch z.T. optimierende, z.T. auch erfinderische Maßnahmen war es gelungen, seit 1965 den Silbereinsatz bei Schwarz-Weiß-Fotopapieren von 2,2 auf 1,2 g/m² zu minimieren. Der asymptotische Verlauf der Kurve zeigt, dass das Silber-System i. J. 1978 „ausgereizt" war. *Optimieren kam nun als Mittel der Wahl nicht mehr infrage.*

Abb. 6

**Silberauftrag in g/m²
bei Schwarzweiß-Fotopapieren**
(Epperlein 1984)

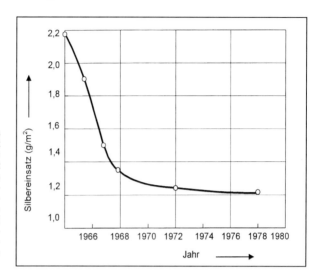

Typisches Beispiel eines durch Kompromisse nicht mehr zu verbessernden Systems. Nach zunächst rapider Minimierung des spezifischen Silber-Verbrauchs (durch z.T. erfinderische, z.T. optimierende Maßnahmen) sind nunmehr weitere Einsparungen nicht mehr möglich: Asymptotischer Kurvenverlauf.

TNW: Der Technisch-Naturgesetzmäßige Widerspruch ist abstrakt physikalisch zu formulieren. Allgemein gilt:

An ein und denselben Bereich des Systems sind einander ausschließende Forderungen zu stellen.

Je nach Situation ist zu formulieren:

„Etwas muss da sein, darf aber nicht da sein. Eine Bedingung schließt die andere aus, beide müssen aber erfüllt werden. Ein Zustand ist gegeben, er darf aber nicht sein. Etwas muss jetzt vorhanden sein, darf aber jetzt nicht vorhanden sein. Etwas muss offen sein, muss aber geschlossen sein. Etwas muss heiß, darf aber nicht heiß sein" (Merke: Als Lösung kommt hier auf keinen Fall „lauwarm" infrage!)

Im Falle unseres Silber-Beispiels ist der Übergang zur höchsten Abstraktionsebene, dem Technisch-Naturgesetzmäßigen Widerspruch, nach erfolgter konsequenter Analyse der Situation nicht mehr schwierig:

„Silber muss da sein, darf aber nicht da sein" (wie wir sehen werden, entspricht eine der möglichen Lösungen recht genau einer geringfügig modifizierten Formulierung: *„Silber muss da sein, darf aber nicht (mehr) da sein").*

Innerhalb des Suchsektors (Abb. 4) kommen meist mehrere Lösungen infrage. Jede dieser Lösungen muss nun, erfinderische Arbeit vorausgesetzt, zwingend in irgendeiner Weise die o.a. Widersprüche überwinden.

Erfinderisch gelöst wurde bzw. wird das generelle (nicht nur für Schwarz-Weiß-Kopien aktuelle) Problem durch:

- Übergang zur Nicht-Silberhalogenid-Fotografie:
  Solche Verfahren wurden in verschiedenen Varianten bereits über die Pionierphase hinaus entwickelt; sie sind typisch für eine konsequente Widerspruchslösung. Das IER der *Silberhalogenidfotografie* ist eben die *Nicht-Silberhalogenidfotografie.*

- Umwandeln des Silberbildes in ein anderes Metallbild bei Schwarz-Weiß-Kopien:
  Hierbei wird der primäre fotografische Prozess beibehalten. Es folgt der Austausch der dabei vollständig rückgewinnbaren Silberpartikel gegen Partikel eines billigeren Metalls (z. B. wird Ag durch Ni ausgetauscht). Wir haben hier das Muster einer pfiffigen *Umgehungslösung* vor uns. Der wichtige, perfekt beherrschte, für professionelle Fotografen unverzichtbar erscheinende, in der Tat überzeugend funktionierende Primärschritt braucht nicht abgeschafft zu werden, und trotzdem wird das Ziel erreicht.

- Beibehaltung des Silberhalogenid-Prozesses in der ersten, der eigentlichen fotografischen Stufe. Vollständiges Herauslösen und Recyceln des Silbers in der Entwicklungsanstalt, nachdem das Silber seine Aufgabe erfüllt und die Bild-Informationen an die in der ersten Phase inaktiven Farbschichten weiter gegeben hat. Dieses Verfahren wird generell für Farbfilme angewandt. Es erfüllt in sachlicher wie in methodischer Hinsicht höchste Ansprüche: *„Silber ist da, aber (schließlich) nicht (mehr) da".* Wir erkennen das Wirken eines jener so genannten Separationsprinzipien, die wir im Abschnitt 3.3 näher kennen lernen werden. Hier werden die einander anscheinend ausschließenden Forderungen der *Anwesenheit* und der *Abwesenheit* auf dem Wege der zeitlichen Trennung realisiert: *erst Anwesenheit, dann Abwesenheit.*

- Elektronische Bildaufnahme-Einrichtungen in Kopplung mit magnetischen Bildspeicherverfahren. Hierbei wurden die fotografisch-chemischen Systeme, wie Silberhalogenid-Fotografie oder Nicht-Silberhalogenid-Fotografie, vollständig zugunsten elektronisch-magnetischer Systeme verlassen, die mit elektronischer Kamera, Signalspeicherung auf Disketten und Wiedergabe auf dem Bildschirm arbeiten (Böttcher u. Epperlein 1983). Heute hat, wie bekannt, das inzwischen weiter entwickelte digitale Verfahren das klassische fotografische Verfahren bereits eindeutig überholt, praktisch sogar völlig verdrängt.

Das Beispiel ist sicherlich überzeugend. Allerdings fragt sich der kritische Leser nun, wie er in jedem beliebigen anderen Falle, nachdem er die auf dem Weg zum IER zu überwindenden Widersprüche formuliert hat, systematisch zu vergleichbar hochwertigen Lösungen kommen kann. Dazu fand *Altschuller* eine überzeugende Antwort, die eigentlich der Ausgangspunkt seiner methodischen Arbeiten war (ich schildere die Methode hier in der didaktisch „richtigen" Reihenfolge, jedoch verlief die reale Entwicklung, d. h. das Auffinden der methodischen Hauptinstrumente, zeitlich in der genau umgekehrten Reihenfolge).

Altschuller begann, nachdem er als sehr junger Mann bereits Erfindungen gemacht hatte, sich seit seinem 20. Lebensjahr für das Methodisch-Prinzipielle, jederzeit Wiederholbare beim kreativen Prozess zu interessieren. Zunächst versuchte er es mit dem psychologischen Ansatz. Er wurde jedoch schwer enttäuscht. Ausgerechnet die unstrittig hoch kreativen Erfinder wussten fast nichts dazu zu sagen, *wie* sie eigentlich im Laufe des Schöpfungsaktes vorgingen. Nun sind manche Schritte tatsächlich intuitiver Art. *Altschuller* bestritt dies keineswegs, er wollte aber unbedingt die seiner Meinung nach viel wichtigeren nicht-intuitiven Faktoren finden. Von deren Existenz war er fest überzeugt, allerdings suchte man derartiges Gedankengut zu Beginn seiner methodischen Arbeiten (1948) in der Literatur vergebens.

Er versuchte nun durch „Rückwärts-Arbeiten" weiter zu kommen und untersuchte deshalb zahlreiche Patentschriften aus den unterschiedlichsten Fachgebieten auf eventuelle methodische Gemeinsamkeiten. Das Ergebnis war verblüffend: *Altschuller* kam recht bald zu der Erkenntnis, dass fast alle erfinderischen Lösungen prinzipielle Ähnlichkeiten aufweisen. Beispielsweise wird immer wieder etwas *kombiniert, zeitlich und räumlich voneinander getrennt, kompensiert, verschachtelt, umgekehrt, schnell aus gefährlichen Bereichen entfernt, mehrfach genutzt, vorgespannt* usw. Zwar geschieht dies von Fall zu Fall mit Hilfe jeweils anderer technischer Mittel, aber das Prinzipielle in fast allen Patenten erwies sich als verblüffend ähnlich.

Altschuller leistete nun eine wahre Sisyphus-Arbeit und „extrahierte" aus zunächst 25 000 (später 40 000) relevanten Urheberscheinen insgesamt 35, später 40 Grundprinzipien. Wenn, so schlussfolgerte *Altschuller*, diese vergleichsweise wenigen Prinzipien sich in fast allen alten und neuen Patentschriften der unterschiedlichsten Fachgebiete nachweisen lassen, so sollten sich doch diese Prinzipien im Sinne hochwertiger Suchstrategien auch zum Lösen vermeintlich völlig neuer erfinderischen Aufgaben eignen. Zugleich bedeutet dies, dass die „neuen" Aufgaben aus methodischer Sicht gar so neu nicht sein können. *Altschuller* bezeichnete, nachdem er in zahlreichen methodischen Experimenten die Praxistauglichkeit seiner Ideen geprüft hatte, diese aus dem Patentfundus extrahierten Prinzipien folgerichtig als:

„Prinzipien zum Lösen Technischer Widersprüche".

Der Leser wird zugeben, dass dieser Denkschritt, so einfach er auch erscheinen mag, in Kombination mit dem zunächst formulierten Idealen Endresultat und der Lehre von den Technischen Widersprüchen geradezu revolutionär anmutet. Dies gilt, obwohl die ersten Ansätze dieses Denkmodells inzwischen fast siebzig Jahre alt sind, noch heute, zumal sich diese für den praktisch tätigen Erfinder so außerordentlich nützliche Methode keineswegs bereits überall durchgesetzt hat. Im Gegenteil: Nach meiner Erfahrung, gewonnen in vielen Kreativitätstrainings-Seminaren, ist das Konzept noch immer weitgehend unbekannt. Dies wird erst seit dem Aufkommen der modernen Computerprogramme allmählich anders. Die wirklich anspruchsvollen und nützlichen Programme basieren sämtlich auf dem *Altschuller*schen Gedankengut. TRIZ, heute oftmals mit diesen Computerprogrammen begrifflich fast gleich gesetzt, wird – Ironie des Schicksals – von etlichen Nutzern gar als „neue amerikanische Methode" (!) wahrgenommen.

2.3 Das heuristische Oberprogramm *ARIZ 68*

Die denkmethodisch geradezu revolutionären Begriffe

- Ideales Endresultat,
- Technische Widersprüche, welche die Lösung der anstehenden Probleme mit herkömmlichen (d. h. mit nicht-erfinderischen) Mitteln unmöglich erscheinen lassen,
- Prinzipien zum erfinderischen Lösen der Technischen Widersprüche,

wurden von *Altschuller* nun in eine schrittweise strukturierte Handlungs-Empfehlung eingebaut. *Altschuller* nannte dieses System, nicht gerade bescheiden, „Algorithmus zum Lösen erfinderischer Aufgaben" (russ. Abkürzung: „ARIZ" bzw. auch „ARIS", je nach Transskription des russischen Wortes für „Aufgabe" („zadacz" bzw. „sadacz")).

Dass es sich dabei nicht um einen Algorithmus im mathematischen Sinne handelt, wurde oben bereits erläutert. Ganz gewiss haben wir aber ein hochwertiges *Heuristisches Oberprogramm* vor uns, das wir nun, zumal es das prinzipielle Gliederungsschema der modernsten systematischen Methoden ist, näher kennen lernen wollen. *Altschuller* hat das Programm mehrfach überarbeitet, ergänzt und modernisiert; die neueren Fassungen (nach 1985) stammen von seinen Schülern.

Zur Einführung erläutern wir zunächst die vergleichsweise kurze, übersichtliche, didaktisch besonders vorteilhafte ältere Fassung „ARIZ 68".

Wir erkennen, dass wir es mit einem stufenweise aufgebauten System gezielter Fragen zu tun haben. Der erstmalig mit dem System arbeitende Interessent sollte unbedingt *alle* Fragen beantworten, weil anderenfalls entscheidende Aspekte unberücksichtigt bleiben, vorzeitig Primitivlösungen (nicht identisch mit *raffiniert einfachen* Lösungen!) angesteuert werden, oder die Ausbaufähigkeit neu auftauchender Ideen nicht erkannt wird. Betrachten wir die wichtigsten Arbeitsschritte des ARIZ 68 in von mir gestraffter Fassung (nach: Altschuller 1973, S. 106):

I) Wahl der Aufgabe

Welches Ziel wird (technisch, ökonomisch) angestrebt?
Was muss verändert werden? Welcher Aufwand ist zulässig?
Was ist vorrangig zu verbessern? Gibt es Umgehungsmöglichkeiten? Falls die Aufgabe sehr schwierig oder gar unlösbar ist: Wie lautet die Umgehungsaufgabe? Wäre die Lösung der Umgehungsaufgabe günstiger als die Lösung der ursprünglichen Aufgabe? Entscheidung zwischen ursprünglicher und Umgehungsaufgabe. Welche quantitativen Kennziffern werden gefordert?
Wie einfach muss bzw. wie kompliziert darf die Lösung sein?

II) Präzisierung der Bedingungen der Aufgabe

Wie werden nach der (Patent-)Literatur ähnliche Aufgaben gelöst?
Wie werden ähnliche Aufgaben im führenden Zweig der Technik gelöst?
Was wäre, wenn man den Aufwand völlig unberücksichtigt ließe?
Wie ändert sich die Aufgabe, falls man die Zielgröße erheblich variiert? Wie ändert sich die Aufgabe, wenn die Größe der geforderten Kennziffer(n) auf das (z.B.) Zehnfache erhöht oder auf (z.B.) ein Zehntel reduziert wird? Wie hört sich die Aufgabenstellung an, falls ich sie mit ganz einfachen Worten – unter Verzicht auf die Fachterminologie – formuliere?

III) Analytisches Stadium

Was will ich im Idealfall erreichen? Wie lautet die Formulierung des Idealen Endresultats IER?
Was steht der Erreichung des IER im Wege? Wie lautet die abstrakte und wie die konkrete Widerspruchsformulierung? Worin liegt konkret die Störung?
Worin besteht der unerwünschte Effekt, und weshalb wirkt er?
Lässt sich das Hindernis beseitigen oder umgehen? Wie ist dies zu erreichen?
Kann ich es so einrichten, dass das Hindernis zwar bleibt, aber aufhört schädlich zu sein? Wie müssen die Mittel beschaffen sein, die das Hindernis beseitigen oder unschädlich machen?

IV) Operatives Stadium

Lässt sich der Technische Widerspruch mit Hilfe einer Tabelle typischer Verfahren (den bereits genannten Prinzipien zum Lösen Technischer Widersprüche) beseitigen? Kann man das Arbeitsmedium variieren? Was muss an den mit dem Objekt/Verfahren zusammenwirkenden Objekten verändert werden? Ist durch Variation/Austausch in der zeitlichen Abfolge etwas zu erreichen? Kann der Widerspruch durch kontinuierliche Arbeitsweise gelöst werden? Wie löst bzw. löste die belebte bzw. ehemals belebte Natur eine solche Aufgabe? Welche Gesichtspunkte sind zu beachten, um die Besonderheiten der in der Technik verwendeten Materialien zu berücksichtigen?

V) Synthetisches Stadium

Welche weiteren Veränderungen sind nach erfolgter Veränderung von Teilen des Objektes erforderlich?
Müssen nunmehr andere Objekte verändert werden, die gemeinsam mit dem veränderten Objekt arbeiten?
Lassen sich für das veränderte Objekt vielleicht ganz neue Anwendungsmöglichkeiten finden?
Kann die gefundene technische Idee – oder eine ihr entgegen gesetzte Idee – zur Lösung anderer Aufgaben verwendet werden?

Überlegen wir nunmehr, Stufe für Stufe, was im Einzelnen das methodisch Besondere des ARIZ ausmacht.

Die ersten drei Schritte dienen ganz offensichtlich der Problemanalyse. *Altschuller* betrachtet diese Schritte als sehr wichtig, auch wenn der Ausgangspunkt seiner Arbeiten zunächst bei den Lösungsstrategien lag (es sei daran erinnert, dass *Altschuller* bei der Durchsicht von 25 000 Patentschriften auf zunächst nur 35 – immer wiederkehrende – Lösungsmuster stieß).

Die intuitiven und die halbsystematischen Methoden (s. Abschn. 2.1) vernachlässigen mehr oder minder die Problemanalyse, um möglichst schnell zur Ideenfindung zu kommen. *Altschuller* verfährt ganz anders: Er geht in die Tiefe, versucht den physikalischen Kern der Mängel herauszufinden, welche die Ursache für die zu beseitigende Störung bzw. der Anlass für die Beschäftigung mit der Aufgabe sind. Dies setzt zunächst eine *richtige, d.h. den Problemkern exakt definierende Aufgabenstellung* voraus.

Schritt I befasst sich mit Fragen nach den quantitativen Erfordernissen und nach dem erlaubten Kompliziertheitsgrad (letztere Frage ist hier, ganz zu Beginn des erfinderischen Prozesses, keineswegs selbstverständlich). Heuristisch wertvoll ist die Frage nach der Umgehungsaufgabe. Sie führt dazu, dass der Erfinder sich nicht in *eine* – die vermeintlich einzige – Arbeitsrichtung verbeißt, sondern stets im Auge behält, dass er das Problem durchaus auch mehr oder minder elegant umgehen kann, falls sich die ursprüngliche Aufgabe, was durchaus vorkommt, als allzu schwierig oder gar als unlösbar erweisen sollte.

Schritt II führt einen Gedanken ein, der sich bei *Osborn* (1953) zwar bereits im Ansatz findet, der aber erst von *Altschuller* konsequent ausgebaut wurde. *Altschuller* nennt diesen gedanklichen Schritt „Operator AZK" (**A**bmessungen, **Z**eit, **K**osten). Darunter ist zu verstehen, dass der gesamte Prozess als sehr langsam bzw. sehr schnell, das Objekt als sehr klein bzw. sehr groß, und die erlaubten Kosten als sehr hoch bzw. sehr niedrig gedacht werden sollten. Dies führt zu einer in der Praxis wichtigen Erweiterung des Gesichtsfeldes. Details zum besonderen Nutzen des Operators AZK behandele ich an Beispielen im neu aufgenommenen Kapitel 6.6.
Wichtig ist auch *Altschuller*s Forderung, die Aufgabe in einfacher Sprache, unter Verzicht auf die Fachterminologie, zu beschreiben. Fachtermini kanalisieren das Denken und sind deshalb bei der Suche nach unkonventionellen Lösungen mehr oder minder hinderlich.

Erhält beispielsweise ein Klebstoff-Fachmann den Auftrag einen neuen Kleber zu entwickeln, so wird er das gewiss tun. Da er aber „kleben" (und nicht „haften") denkt und formuliert, entgehen ihm sämtliche „Von Selbst"-Lösungen, denn das IER im erweiterten Sinne ist eben *nicht* ein Super-Kleber, sondern eine *Von Selbst-Haft-Problemlösung* (die etwas völlig anderes als einen Kleber, z.B. ein Haften unter Beteiligung statischer Elektrizität, spezieller mikro-rauer oder aber, im Gegenteil, extrem glatter Oberflächen beinhalten kann).

Schritt III definiert das IER und den Technischen Widerspruch. Ergänzend wird der physikalische Kern der Störung, die zum Anlass der Aufgabe wurde, herausgeschält. Die Formulierung des physikalischen Kerns sollte stets abstrakt erfolgen (Gefahr der vorzeitigen Kanalisierung des Denkens durch zu spezielle Terminologie!). Es werden ferner Strategien zum Unschädlichmachen der Störung empfohlen.

Die im engeren Sinne erfinderische Arbeit wird sodann im operativen Stadium *(Schritt IV)* geleistet. Hier kommt nun der dritte *Altschuller*sche Fundamentalgedanke zur Wirkung. Während die Phase der Problemanalyse durch die beiden methodischen Grundgedanken *Ideales Endresultat* und *Technischer Widerspruch* gekennzeichnet ist, beruht der Leitgedanke des operativen Stadiums auf der von *Altschuller* bewiesenen Existenz einer sehr begrenzten Anzahl klar überschaubarer Lösungs-Prinzipien, die er *Prinzipien zum Lösen Technischer Widersprüche* nannte.

Altschuller legte zum Zeitpunkt der Veröffentlichung des ARIZ 68 zunächst eine Liste von 35 derartigen Prinzipien vor (Tab. 2). Betrachten wir die Tabelle kritisch, so wird uns klar, dass derart allgemein gehaltene Lösungsempfehlungen (*Suchstrategien*) nur dann praktischen Wert haben, wenn sie, Prinzip für Prinzip, mit einer Fülle möglichst verschiedenartiger Beispiele belegt werden können. *Altschuller* hat auch diesen Beweis angetreten und recht eindrucksvolle Beispiele geliefert (Altschuller 1973, S.133-167). Die später veröffentlichten Beispiele (Altschuller u. Seljutzki 1983, Altschuller 1984, Altschuller, Zlotin u. Filatov 1985) sind allerdings z.T. derart knapp erläutert, dass der Zusammenhang nicht immer klar wird. Das Wirken der Prinzipien ist auch an zahlreichen neueren (z. T. eigenen) Beispielen aus recht verschiedenartigen Branchen zu belegen, die wir im Abschnitt 2. 4 behandeln werden.

Tab. 2 35 Prinzipien zum Lösen Technischer Widersprüche (Altschuller 1973, S. 133)

Prinzip Nr.	Bezeichnung
1	Zerlegen
2	Abtrennen
3	Schaffen optimaler Bedingungen
4	Asymmetrie
5	Kombination
6	Mehrzwecknutzung
7	Matrjoschka („Eins im Anderen", „Steckpuppe")
8	Gegengewicht durch aerodynamische, hydrodynamische und magnetische Kräfte
9	Vorspannung
10	Vorher-Ausführung
11	Vorbeugen
12	Kürzester Weg, ohne Anheben oder Absenken des Objekts
13	Umkehrung
14	Sphärische Form
15	Anpassen
16	Nicht vollständige Lösung
17	Übergang in eine andere Dimension
18	Verändern der Umgebung
19	Impuls-Arbeitsweise
20	Kontinuierliche Arbeitsweise
21	Schneller Durchgang
22	Umwandeln des Schädlichen in Nützliches
23	Keil durch Keil – Überlagern einer schädlichen Erscheinung mit einer anderen schädlichen Erscheinung
24	Zulassen des Unzulässigen
25	Selbstbedienung, Selbstbewegung, *Von Selbst*-Arbeitsweise
26	Arbeiten mit Modellen
27	Ersetzen der teuren Langlebigkeit durch billige Kurzlebigkeit
28	Übergang zu höheren Formen
29	Nutzen pneumatischer und hydraulischer Effekte
30	Verwenden elastischer Umhüllungen und dünner Folien
31	Verwenden von Magneten
32	Verändern von Farbe und Durchsichtigkeit
33	Gleichartigkeit der verwendeten Werkstoffe
34	Abwerfen oder Umwandeln nicht notwendiger Teile
35	Verändern der physikalisch-technischen Struktur einschließlich der Anwendung von Phasenübergängen

Zwar ist methodisch nur bedingt wichtig, ob es sich bei den Beispielen um Belege aus alten oder neuen Patentschriften handelt, aber es erschien dennoch verlockend, neuere und z.T. neueste Beispiele beizusteuern. Hinzu kommt, dass *Altschuller* eher wie ein Konstrukteur oder Maschinenbauer gedacht hat, so dass trotz behaupteter (und auch gegebener) Universalität seiner Methode die meisten Beispiele aus dieser Richtung stammen. Deshalb werden im folgenden Abschnitt ganz bewusst zahlreiche neuere Beispiele aus Gebieten gebracht, die manchmal ziemlich weit vom Maschinenbau entfernt sind. Angemessen berücksichtigt wurden insbesondere auch Chemie und Chemische Technologie (siehe dazu auch: Zobel 1982, 1985, 1991, 2001, 2004) sowie Medizin und Medizinische Technik.

Damit der Erfinder nicht immer alle 35 Prinzipien auf ihre eventuelle Verwendbarkeit durchprüfen muss, hat *Altschuller* eine Matrix entwickelt, mit deren Hilfe für bestimmte Klassen von Technischen Widersprüchen die besonders Erfolg versprechenden Lösungsprinzipien aufgefunden werden können. Wir bringen diese Matrix, die im Original 32x32=1024 Felder enthält (Altschuller 1973, dort im Anhang), hier als kleinen Ausschnitt, der immerhin die Struktur zu erkennen gestattet (Tab. 3).

In dieser Matrix sind links die *zu verbessernden Merkmale* bzw. die zu treffenden Veränderungen aufgeführt. In der Kopfleiste finden wir die Merkmale, die sich *verschlechtern*, falls man die Aufgabe mit *traditionellen* Methoden zu lösen versucht. Der Charakter der von *Altschuller* definierten 32 Merkmale bestimmt zugleich den Charakter der Widersprüche, zu deren Behebung sich die Lösungsprinzipien in Verbindung mit der Matrix (Tab. 3) eignen.

Da Tab. 3 nur einen Ausschnitt zeigt, seien diese 32 Merkmale im Folgenden komplett aufgeführt: Masse, Länge, Fläche, Umfang (Volumen), Geschwindigkeit, Beschleunigung, Kraft, Spannung (Druck), Dauer der Tätigkeit, Festigkeit, Form, Temperatur, Helligkeit, Energie, Leistung (Kapazität), Materialmenge, Produktivität, Arbeitsbereitschaft, Zuverlässigkeit, Stabilität, Verluste, Genauigkeit, Schädliche Faktoren, Technologische Bedingungen der Herstellung, Arbeitsbedingungen, Bequemlichkeit der Kontrolle, Bequemlichkeit der Reparatur, Anpassung, Gleichartigkeit, Kompliziertheit, Universalität, Automatisierungsgrad.

Mit der kompletten 32-er Matrix wird heute meist nicht mehr gearbeitet; sie wurde durch die 39-er Matrix (s. Abschn. 3.5; insbesondere aber: Tab. 9) ersetzt und ist kaum noch zugänglich. Allerdings ist gerade diese „alte" 32-er Matrix nach eigenen Erfahrungen für die Lösung mancher Aufgaben geeigneter und übersichtlicher als die heute allgemein gebräuchliche 39-er Matrix; sie stellt zudem den direkten Schlüssel zu unserer ausführlichen Beispielsammlung (Abschn. 2.4) dar. Diese Beispielsammlung ist jedoch auch bei Gebrauch der neuen Matrix relevant, da sich – abgesehen vom Prinzip der Dynamisierung – in der auf 40 Prinzipien erweiterten, derzeit gebräuchlichen Liste (s. dazu Abschn. 3.5 sowie Kap. 10, Anhang) mindestens sinngemäß alle 35 ursprünglichen Prinzipien wiederfinden.

Jeder Tabellenplatz ist mit den Ziffern der aussichtsreich erscheinenden Prinzipien gemäß Tab. 2 besetzt. Fast immer sind die Tabellenplätze mehrfach belegt, da oft nicht nur *ein* Prinzip zur Lösung des jeweiligen Widerspruchs infrage kommt. Auch zeigt die kritische Durchsicht der Tab. 2, dass manche Prinzipien inhaltlich eng verwandt sind; ich komme noch darauf zurück.

Die **Stufe V** des ARIZ („Synthetisches Stadium") betrifft schließlich die kritische Prüfung der Ergebnisse auf ihre Wiederverwendbarkeit. Gerade der junge Erfinder beurteilt technische Sachverhalte nur allzu gern nach ihrem äußeren Bild. Dabei verkennt er oft, dass ganz verschieden aussehende Gebilde/Objekte/ Verfahren nicht selten den gleichen oder doch sehr ähnlichen Grundprinzipien gehorchen. Dies gilt auch für das erfinderische Ergebnis. Nur äußerst selten beseitigt die neue Erfindung ein absolut einmaliges Sonderproblem. Weitaus häufiger lässt sich mit Hilfe des neu geschaffenen technischen Wissens (der neuen „erfinderischen Lehre") eine Reihe weiterer, vermeintlich ganz anderer Aufgaben lösen.

Scharfsinniges Analysieren des Ergebnisses, Abstrahieren vom konkreten Fall, Suche nach Analogien, Prüfen neuer Einsatzmöglichkeiten für die erfinderische Grundidee – das sind Gedankengänge, die dem methodisch routinierten Erfinder kaum Schwierigkeiten bereiten, die jedoch bei bewusstem Befolgen dieser und der folgenden Empfehlungen auch Anfängern gelingen dürften.

Tab. 3 Zuordnung der 35 Prinzipien gemäß Tab. 2 zu den 32 typischen technischen Widersprüchen: Widerspruchsmatrix (Ausschnitt nach: *Altschuller* 1973)

Auf den Tabellenplätzen finden sich die Nummern der für die Lösung der jeweiligen Aufgabe besonders aussichtsreichen Prinzipien (siehe dazu Tab. 2)

Was soll verändert werden? Merkmale, die zu verbessern sind, bzw. zu treffende Veränderungen	Was hindert an der Veränderung? Merkmale, die sich verschlechtern, falls die Aufgaben mit *traditionellen* Methoden gelöst werden.				
	1 Masse	2 Länge	3 Fläche	.... 31 Universalität	32 Automatisierungsgrad
1 Masse		15 8 29 34	29 30 8 34	29 6 15 34	26 31
2 Länge	8 14 15 29		7 17 14	6 15	17 14 26
3 Fläche	2 14 29 30	14 15 35			
. . . .					
31 Universalität	6 19 15	15 6	3 6 15		5 15 13
32 Automatisierungsgrad	14 19 6 35	14 13 17 28	17 14 13	15 5 13	

Die Bezeichnung *Algorithmus*, die Tabelle der *Lösungsprinzipien* (Tab. 2) sowie die *Such- und Zuordnungsmatrix* (Tab. 3) könnten nun den Eindruck erwecken, dass die bisher vom Erfinder geforderte kreative Leistung nicht mehr notwendig ist. Dies ist jedoch durchaus nicht der Fall:

„Sind denn nun die typischen Verfahren (Prinzipien) mit dem schöpferischen Charakter des Erfindungsprozesses vereinbar? Ja, sie sind vereinbar! Und mehr noch, alle Erfinder wenden heute typische Verfahren an, wenn auch nicht immer bewusst... Es muss unterstrichen werden, dass die Verfahren zur Beseitigung der technischen Widersprüche ... nur in allgemeiner Form formuliert sind. Sie ähneln einem Kleid von der Stange und müssen noch den spezifischen Besonderheiten der jeweiligen Aufgabe angepasst werden. Wenn z.B. die Tabelle das Prinzip 1 (Zerlegen) empfiehlt, so bedeutet das nur, dass die Lösung „irgendwie" mit einem Zerlegen des Objektes verbunden ist. Die Tabelle ist natürlich kein Ersatz für das eigene schöpferische Denken des Erfinders" (Altschuller 1973, S. 132).

Altschuller behauptet demnach, *alle* Erfinder arbeiteten nach irgendwelchen Verfahren (Methoden), z. T. allerdings, ohne sich dessen bewusst zu sein. Versucht man nun diese These zu prüfen, so stößt man auf eine typische Schwierigkeit: Erfinder sind meist nicht sonderlich auskunftsfreudig, was verwertbare Angaben zu dem von ihnen beschrittenen Weg betrifft. Nur wenige Erfinder sind zugleich fähige Wissenschafts-Publizisten. Das folgende Beispiel betrifft eine solche didaktisch hoch interessante Ausnahme. *M. von Ardenne* macht uns in seiner inzwischen klassischen Veröffentlichung (v. Ardenne 1931, S. 65) mit den Umständen der Ablösung des „opto-mechanischen" durch das elektronische Fernsehen vertraut. Der Autor erweist sich dabei zunächst als souveräner Systemanalytiker, und er stellt die konventionell nicht behebbaren Mängel des zu verändernden Systems scharf heraus. Seinerzeit wurde das Bild mechanisch zerlegt, z. B. mittels der Spiegelschraube nach *Okolicsany* (M. v. Ardenne 1996, S. 12), meist aber mit Hilfe der *Nipkow*-Scheibe, einer vor dem abzutastenden Bild rotierenden Scheibe mit spiralig angeordneten Löchern. Pro Bildzeile passiert jeweils nur ein Loch die Bildfläche (Abb. 7). Die unterschiedliche Helligkeit des derart gescannten Objekts wurde so, Zeile für Zeile, mittels Photozelle in entsprechend variierende Spannungswerte umgesetzt. Auf der Empfängerseite erfolgte die Rückumwandlung in Helligkeitswerte, die dann – zunächst ebenfalls per *Nipkow*scheibe – auf einem Projektionsschirm den gleichermaßen zeilenweisen Aufbau des gesendeten Bildes ermöglichte.

Lesen wir nun, wie der geniale Erfinder *v. Ardenne* die prinzipiellen Mängel des damals allein praktizierten Systems (Abb. 7) beschreibt:

„Die gründliche Durcharbeitung der mechanischen Systeme... lässt immer deutlicher erkennen, dass..... physikalische und konstruktive Grenzen bestehen, die nicht oder nur unter Aufwendung großer wirtschaftlicher Mittel überwunden werden können. Immer mehr bricht sich die Überzeugung Bahn, dass die Übertragung von mindestens 8 bis 10 000 Bildpunkten ermöglicht werden muss, ehe das Fernsehen lebens-

fähig wird. Bei den mechanischen Systemen mag dies ... etwa die konstruktive Grenze darstellen, die bei den heute bekannten Mitteln nur unter außerordentlichem Aufwand erreichbar ist. Lagerung und Justierung der Zerleger muss ungemein präzise werden, damit keine Verschiebungen im Bilde eintreten, die mit der Lage des Bildpunktes vergleichbar sind. Zu den aufgezählten Schwierigkeiten gesellt sich noch die Tatsache, dass bei hohen Bildpunktzahlen mit den üblichen mechanischen Systemen keine genügende Bildhelligkeit bei wirtschaftlicher Betriebsleistung bzw. Steuerleistung für die Lichtquelle zu erreichen ist" (M. v. Ardenne 1931, S.65).

Abb. 7

„Optomechanisches" Fernsehen mit *Nipkow*-Scheibe

Dargestellt ist die auf der Sender-Seite z.T. noch bis in die vierziger Jahre des vorigen Jahrhunderts für das Abtasten von Filmen gebräuchliche Anordnung (Nikol 1939)

Helligkeit und Schärfe der Bilder hängen vom Durchmesser der Löcher ab. Helle, dafür aber unscharfe Bilder lassen sich bei größerem Lochdurchmesser erzielen. Schärfere, dafür jedoch extrem lichtschwache Bilder werden bei reduziertem Lochdurchmesser erreicht.

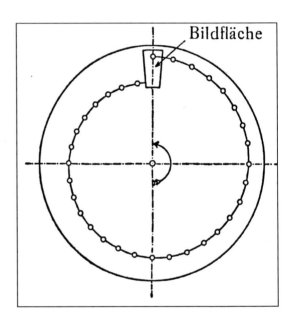

Als Ergebnis seiner Systemanalyse ergäbe sich demnach (in der Sprache der modernen Erfindungsmethodik) der folgende Technische Widerspruch:

Helligkeit und Schärfe der Bilder *müssen* wesentlich verbessert werden, darauf abzielende Maßnahmen sind aber innerhalb des vorhandenen Systems *unzulässig* (weil aus den oben erläuterten Gründen untauglich).

Diese Aussage gilt, wie gesagt, nur für *konventionelles* Handeln innerhalb des nicht mehr verbesserungsfähigen mechanischen Systems. Die als Bildzerleger fungierende *Nipkow*-Scheibe liefert *entweder* nur unscharfe Bilder (falls die Scheibe zu wenige und zu große Löcher enthält), *oder* aber, falls die Scheibe genügend kleine Löcher aufweist, zwar scharfe, jedoch extrem lichtschwache Bilder; die Lichtstärke pro Bildpunkt reicht dann nicht mehr aus. Die konventionell übliche Kompromiss-Bildung würde also bei mäßig großen Löchern zu vergleichsweise trüben Ergebnissen führen: Mittelmäßig scharfe, keineswegs kontrastreiche Bilder. Dennoch wurden solche Versuche noch nach *v. Ardenne*s Übergang zur elektronischen Arbeitsweise immer wieder unternommen – ein typisches Beispiel für das Beharrungsvermögen überalterter technischer Systeme und ihrer Verfechter.

Hinzu kommt, dass das System im mechanischen und wörtlichen Sinne regelrecht wackelt, so dass anspruchsvollere Bilder auf diesem Wege nicht möglich sind. Hier setzte nun das synthetisch-schöpferische Denken des Erfinders ein. Formuliert wurden zunächst die zu lösenden Aufgaben:

„Immer deutlicher ist ... erkannt worden, dass der nächstliegende Weg zur Überwindung der geschilderten physikalischen und konstruktiven Grenzen über die Braunsche Röhre führt ... Das Problem ... ist im Wesentlichen ein Problem der Braunschen Röhre selbst. Zwei Aufgaben sind im Wesentlichen dabei zu lösen: ein sehr heller, scharf begrenzter Fluoreszenzfleck ist zu erreichen, dessen Durchmesser nicht größer sein darf als der Durchmesser eines Bildpunktes bei dem Format, das die Röhre erlaubt. Die zweite, weitaus schwierigere Aufgabe liegt darin, eine Steuerung der Strahlintensität zu bewirken, ohne dass eine schädliche Beeinflussung der Elektronengeschwindigkeit, des Fleckdurchmessers, d. h. der Strahlkonzentration und der Strahlrichtung gegeben ist" (M. v. Ardenne 1931, S. 65).

Genau diese Aufgaben wurden nun vom Erfinder sämtlich gelöst, und dies unter Einsatz von z. T. durchaus bereits bekannten Vorrichtungen (z. B. des *Wehnelt*-Zylinders, der allerdings ebenfalls auf *M. von Ardenne* zurückgeht). Die eigentliche Leistung bestand gerade im Falle unseres Beispieles in der schonungslosen Konsequenz, mit der die Arbeit an den nicht mehr verbesserungsfähigen mechanischen Systemen eingestellt wurde, gefolgt von der energischen Lösung aller Probleme, die weniger klar analysierende Erfinder bisher von der Beschäftigung mit dem allein zukunftsträchtigen elektronischen System abgehalten hatten.

2.4 Die 35 „klassischen" Lösungsprinzipien nach *G.S. Altschuller*

Altschuller hat beim Erarbeiten seiner Branchen übergreifend gültigen Liste, wie bereits erwähnt, eine wahre Sisyphusarbeit geleistet. Allerdings konnte er eine wesentliche Erleichterung nutzen: Im Gegensatz zu den westlichen (insbesondere amerikanischen) Patentschriften erlaubten die sowjetischen Urheberscheine eine vergleichsweise einfache Auswertung, fast auf einen Blick. Auf meist nur einer Seite beinhaltet ein solcher Urheberschein ganz kurz das zu lösende Problem, die Mittel der erfinderischen Lösung, ein Beispiel, den Anspruch und ggf. noch eine Skizze. Derartige Urheberscheine gestatten (im Gegensatz zu den recht ausführlichen und oft unübersichtlichen westlichen Patentschriften) jeweils fast sofort, den Grundgedanken der Lösung und damit das erfinderisch genutzte Lösungsprinzip zu erfassen.

Dennoch kann die Leistung von *Altschuller*, der zunächst ganz allein arbeitete, nicht hoch genug eingeschätzt werden, zumal von ihm später durchaus auch ausländische Patentschriften in größerer Zahl mit herangezogen wurden.

Die im Folgenden erläuterten und mit Beispielen belegten 35 Lösungs-Prinzipien wurden durch „Extraktion" von zunächst 25 000 relevanten Quellen aus 68 Patentklassen gewonnen (Altschuller 1973, S. 132). Zu beachten ist, dass die erfinderisch am häufigsten angewandten Prinzipien nicht unbedingt diejenigen sind, die zu den technisch fortschrittlichsten Lösungen führen. Statistisches Herangehen taugt wenig, denn Patente und Urheberscheine wurden und werden manchmal eben auch für recht triviale Lösungen erteilt. Eine nach Häufigkeit ihrer Anwendung geordnete Tabelle der Lösungsprinzipien zeigt interessanter Weise bei den am häufigsten genutzten Prinzipien – überdurchschnittlich oft – mehr oder minder schwache Lösungen. Manchmal sind gerade jene Prinzipien sehr wichtig, für die sich nur wenige (dafür aber hoch effektive bzw. besonders originelle) Beispiele finden. Das ist der *qualitative Aspekt*. Zum *quantitativen Aspekt* gilt grundsätzlich: Werden noch mehr Patente zwecks „Extraktion" durchgesehen, so erhöht sich die Zahl der erkannten Prinzipien nur ganz unwesentlich (Einzelheiten dazu: s. unter 3.5).

Hinzu kommt der für anspruchsvolle Lösungen entscheidende *Entwicklungsaspekt*. Lesen wir, was *Altschuller* dazu schreibt:

„Angenommen, alle analysierten Erfindungen enthielten nur hocheffektive Lösungen. Trotzdem können sich Verfahren, die vor 5, 10 und 20 Jahren neu und wirkungsvoll waren, bei der Lösung neuer Aufgaben als nicht mehr wirkungsvoll erweisen. Deshalb muss man bei der Aufstellung einer solchen Tabelle für jedes Quadrat (in der Matrix, D.Z.) *den jeweils am weitesten entwickelten Zweig der Technik bestimmen, in dem der betreffende Typ von Widersprüchen durch wirkungsvolle und perspektivische Verfahren beseitigt wird. So sind für die Widersprüche des Typs „Masse – Dauer der Tätigkeit", „Masse – Geschwindigkeit", „Masse – Festigkeit", „Masse – Zuverlässigkeit" usw. die geeigneten Verfahren in den Erfindungen der Flugzeugtechnik zu entdecken. Widersprüche, zu deren Lösung die Genauigkeit erhöht werden muss, lassen sich am wirkungsvollsten durch Verfahren lösen, die den Erfindungen auf dem Gebiet des wissenschaftlichen Gerätebaus eigen sind"* (Altschuller 1973, S. 131).

Alle 35 Prinzipien (vgl. Tab. 2) können zwanglos mit einer Fülle von Anwendungsbeispielen illustriert werden. Die Auswahl ist allerdings schwierig, und nicht streng objektivierbar. Die berücksichtigten Branchen hängen vom jeweiligen Autor ab, und das erfinderische Niveau geht meist nicht konform mit der didaktischen Eingängigkeit des jeweiligen Beispiels. Wir beschränken uns auf vergleichsweise wenige Belege, wobei überwiegend neuere Beispiele aus möglichst unterschiedlichen Sachgebieten mit verwendet wurden. Ältere Beispiele fanden Berücksichtigung, sofern sie didaktisch wertvoll erschienen. Chemie und Chemische Technologie sind, auch unter Berücksichtigung eigener Erfindungen, in angemessenem Umfang eingebunden. Neue Beispiele aus dem Bereich der Medizin bzw. der Medizinischen Technik zeigen, dass das System tatsächlich Branchen übergreifend arbeitet.

Als Quellen wurden nicht nur Fach- und Patentliteratur, sondern bewusst auch Sachnotizen aus der Tagespresse und andere Trivialquellen benutzt. Behandelt werden nicht nur technische Sachverhalte, und keineswegs nur schutzfähige Erfindungen. In wesentlicher Erweiterung des primären ARIZ-Gedankengutes gehe ich davon aus, dass mindestens einige der Prinzipien universellen Charakter haben und somit auf vielen Gebieten der Technik, der Wissenschaft und des täglichen Lebens angewandt werden können, was ich unter 5.1 und 5.2 näher behandle. Es macht regelrecht Spaß, das Wirken derartiger Prinzipien beim Studium beliebiger Quellen sowie beim Analysieren der täglich auf uns einstürmenden Informationen selbst zu entdecken. Bereits das aufmerksamere Lesen der Tagespresse, speziell der z. T. naturwissenschaftlich orientierten Wochenendbeilage, liefert erste Ergebnisse. Der Leser merkt dabei, dass Vieles übertragbar, analog, „schon einmal da gewesen" ist, und dies stärkt sein Selbstvertrauen: *„Das müsste doch auch mir gelingen".*

In diesem Sinne habe ich bewusst auch nicht (bzw. nicht mehr) schutzfähige Lösungen bzw. solche, deren Schutzfrist längst abgelaufen ist, unter den Beispielen aufgeführt. So wird gezeigt, dass die Prinzipien zum Lösen Technischer Widersprüche auch früher schon galten – ohne dass dies den Erfindern bewusst war – bzw. gleichermaßen für Gebiete anwendbar sind, auf denen der Gesetzgeber keine Schutzrechte gestattet. Die Prinzipien, wenn auch nicht alle, haben somit übergreifend-universellen Charakter.

Jedes Prinzip wird mit mehreren Beispielen belegt, so dass die folgende Beispielsammlung vom interessierten Leser unmittelbar als Arbeitsmaterial genutzt werden kann. Es ist klar, dass die Arbeit mit den Beispielen stets „Übersetzungsarbeit" erfordert. Wer etwa erwartet, eine 1:1-Antwort auf seine spezifische Frage unter den Beispielen zu finden, verkennt völlig den Charakter schöpferischer Tätigkeit. *Analogisieren* heißt nicht etwa *abkupfern*, sondern das Ähnliche zum eigenen Problem auch in zunächst anscheinend recht weit entfernten Beispielen erkennen zu lernen.

Prinzip 1: **Zerlegen**

Das Objekt ist in voneinander unabhängige Teile zu zerlegen.

- Eine Extraktionsanlage lässt sich nicht dadurch verbessern, dass man das Volumen der Extraktoren vergrößert, sondern es ist vielmehr die Zahl der Stufen bei gleichem Gesamtvolumen zu erhöhen. Wir haben es hier mit einer nahe liegenden Schlussfolgerung aus dem *Nernst*schen Verteilungssatz zu tun:

„*Das Verhältnis der Konzentrationen eines sich zwischen zwei Phasen verteilenden Stoffes ist im Gleichgewichtszustand bei gegebener Temperatur konstant*".

Es ist somit wirkungsvoller, in mehreren kleinen Portionen nacheinander, als mit einer großen Portion auf einmal zu extrahieren. Für Spülvorgänge gilt analog: Mehrfaches Spülen mit jeweils kleinen Flüssigkeitsmengen ist effizienter als einmaliges Spülen mit einer großen Flüssigkeitsmenge. In der Selbstbedienungs-Autowaschanlage ist es deshalb sinnvoll, den Sprühstrahl schnell – und dafür mehrmals – über die zu spülende Oberfläche zu führen; so lässt sich das Ergebnis verbessern und zugleich noch Geld sparen.

Schutzfähig ist ein derartiges Vorgehen nicht. Dennoch liegt dieser durchaus noch nicht allgemein beherzigten Arbeitsweise eindeutig das Prinzip des Zerlegens zugrunde. Wie erwähnt, gelten die *Altschuller*-Prinzipien durchgängig für alte und neue, für niveauvolle und weniger niveauvolle, für schutzfähige und nicht (mehr) schutzfähige Lösungen. Das kann auch gar nicht anders sein, hat doch *Altschuller* beim Analysieren der vorhandenen Lösungen seinerzeit einen Original-Ausschnitt aus dem technischen Weltwissen gewonnen, wobei die methodische Herkunft dieser Lösungen zunächst bedeutungslos und das Niveau sehr unterschiedlich war.

- Es sind nur die Teile eines Prozesses zu zerlegen, deren Zerlegung erforderlich bzw. nützlich ist. Gemeinsam zu nutzende bzw. für die Gesamtapparatur nur einmal erforderliche Elemente behalten ihre Funktion und werden nicht ohne Not verändert. Ein Beispiel zeigt mehr als lange Erklärungen (Abb. 8):

„Vorrichtung zum Reinigen eines Gasstromes, bei der mittels Venturiwäschern eine oder mehrere Komponenten durch eine Waschflüssigkeit aus dem Gasstrom ausgewaschen werden, dadurch gekennzeichnet, dass mehrere, bezüglich des Gasstromes in Reihe geschaltete Venturiwäscher innerhalb eines gemeinsamen Behälters angeordnet sind" (Kersten, Pat. 1980/1982).

- Das Prinzip des Zerlegens kann zum Einen so verstanden werden, dass jeder durch Zerlegen geschaffene Teilprozess/Teilapparat unter z. T. wesentlich voneinander verschiedenen, jeweils optimalen Bedingungen arbeitet; häufiger sind jedoch Fälle, in denen die Teilprozesse bzw. Teilapparate bzw. Elemente untereinander fast oder vollständig deckungsgleich sind.

Zu dieser Gruppe gehören beispielsweise die Eierkisteneinsätze älterer Bauart, die konstruktiv identisch sind mit den heute allgemein gebräuchlichen Lichtgitterrosten (geschlitzte, kreuzweise ineinander gesteckte Papp- bzw. Blechstreifen).

Insbesondere fällt eine Fülle von z. T. recht interessanten und durchaus noch schutzfähigen Vorschlägen auf dem Gebiet der Leichtbauweise unter dieses Prinzip, so z.B. bei einem *„Halbzeug für Sandwich-Leichtbauweisen, hergestellt aus Röhrchen von Vlies-Werkstoff, z. B. aus Papier"* (Nussbaum, Pat. 1978/1980). Dabei werden Papierröhrchen gleicher Länge aufeinander gelegt und miteinander verklebt. Der so erhaltene Kernfüllstoff erreicht in Analogie zum Lichtgitterrost eine enorme mechanische Belastbarkeit. Auf der Umwelt-Erfindermesse *econova* (Dez. 1994 in Hannover) waren Leichtbauplatten in Sandwich-Ausführung zu sehen, die nach diesem Prinzip auf Basis von Strohhalmen gefertigt worden waren. Nun ist das wahrlich nichts Umwerfendes, solange die Strohhalme, alternativ und ökologisch superkorrekt, von Hand zugeschnitten und verarbeitet werden. Hier aber fiel angenehm auf, dass eine überzeugende Technologie zur automatischen Fertigung vorgestellt wurde.

Die Deckplatten waren aus Sperrholz bzw. Pappe. „Zerlegen" ist ein zur Stabilitäts- wie zur Isolationsverbesserung gleichermaßen taugliches Prinzip.

Abb. 8

Vorrichtung und Verfahren zum Reinigen eines Gasstromes
(Kersten, Pat.1980/1982)

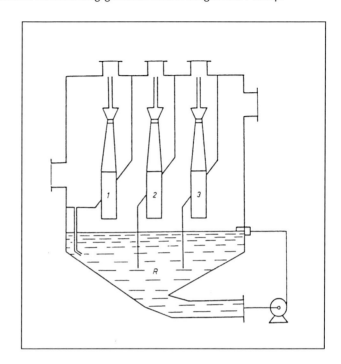

Mehrere in Reihe betriebene *Venturi*-Wäscher arbeiten mit einem gemeinsamen Vorrichtungselement. Zerlegt wird nur der Abscheide - Vorgang, nicht das gemeinsame Reservoir R.

Dem gleichen Prinzip gehorcht das „Verfahren zur Wärmebehandlung von Rohren" (Vallourec, Pat. 1979). Gemäß Offenlegungsschrift werden die Rohre in einem oder mehreren Bündeln zusammengefasst. Beim Einstapeln der Bündel in den Ofen wird so verfahren,

„... dass die Rohre am Ende des Einführungsvorganges genau geradlinigen Verlauf aufweisen und jedes Bündel eine mechanische Einheit bildet, die eine Deformation der Rohre unmöglich macht".

Wir erkennen, dass viele Prinzipien ihre *Umkehr-Prinzipien* haben. Beim Lichtgitterrost wird das insgesamt verfügbare Material nicht massiv verwendet, sondern so zerlegt, dass das resultierende Gebilde wesentlich höhere Lasten als im Falle kompakter Bauweise aufnehmen kann.

Eine Fülle von bekannten Beispielen aus dem Bereich der Leichtbau-Technik untersetzt dieses Prinzip. Rein formal demonstrieren die beiden letztgenannten Beispiele eher das Umkehrprinzip des Zerlegens, das Vereinigen: vorliegende Einzelelemente werden gebündelt, um höhere mechanische Stabilität zu erzielen. Allerdings ist der eigentlich innovative Schritt eben doch das Zerlegen: das gegebene Material wird zerlegt - zwecks Erzielens höherer Festigkeiten beim daraus gefertigten Produkt.

Prinzip 2: **Abtrennen**

Vom Objekt ist die störende Eigenschaft bzw. der störende Teil zu trennen, bzw. es ist die einzig erforderliche Eigenschaft hervorzuheben.

- Ein unkonventionelles Beispiel betrifft das *Abtrennen* eines Tunnels von seiner „normalen" Umgebung. Gewöhnlich werden Gewässer, insbesondere Flüsse, mit einer Technologie untertunnelt, bei der das Wasser in jeder Hinsicht stört. Man arbeitet oft weit unterhalb des Gewässergrundes und hat somit sicherheitstechnische und finanzielle Probleme (Wassereinbrüche, teure Aussteifungen). *Trennt* man nun die Tunnelröhre insgesamt konsequent von ihrer üblichen Umgebung, indem man nicht etwa vor Ort einen Stollen mit Segmenten aussteift, sondern die am Ufer unter bequemen Bedingungen vorgefertigte komplette Tunnelröhre „schwebend" im Gewässer positioniert, so kommt man zu einer völlig anderen Lösung (Abb. 9):

Abb. 9

Schwimmröhren-Tunnel
(Lorenz, Pat.1978/1979)

Während der Grund eines Flusses gewöhnlich untertunnelt wird, hat der Erfinder hier konsequent das Prinzip „Abtrennung" angewandt: vollständiges Abtrennen des Tunnels vom Untergrund, vorgefertigte, verankerte, vom Auftrieb in stabiler Lage gehaltene Tunnelröhre.

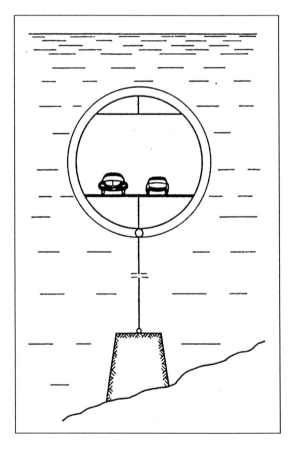

Das Beispiel zeigt, dass bei der Anwendung der Prinzipien stets Phantasie gefragt ist. Hier gilt „Abtrennung" nicht im wörtlichen, sondern im eher symbolischen Sinne.

Im Übrigen gelten zusätzlich die Prinzipien Nr. 10 („Vorher-Ausführung") sowie Nr. 25 („Von Selbst"- Arbeitsweise): Es wirkt die Naturkraft *Auftrieb*.

Die fertige Tunnelröhre wird eingeschwommen und an Betonfundamenten verankert. Der Auftrieb sorgt dann dafür, dass die Röhre stabil in Position bleibt (Lorenz, Pat. 1978/1979).

- Besondere Bedeutung besitzt das Prinzip der Abtrennung in der Chemischen Technologie. Während das Abtrennen beim Schwimmröhren-Tunnel-Beispiel mehr symbolisch gemeint ist, ist der Begriff in der Chemischen Technologie wörtlich zu nehmen. Zahlreiche Produktionsverfahren sind auf zwischen- und nachgeschaltete Reinigungsstufen angewiesen. Abzutrennen sind z. B. unerwünschte Nebenprodukte oder eingeschleppte Verunreinigungen; angewandt werden zu diesem Zweck chemische oder physikalische Verfahren (z. B. Fällung, Adsorption, Ionenaustausch, Kristallisation).

In der Klassiertechnik ist das Prinzip der Abtrennung – technisch realisiert z. B. mithilfe von Sieben oder Sichtern unterschiedlicher Bauart – das wichtigste Prinzip überhaupt, obwohl die meisten in dieser Richtung liegenden Lösungen schon lange nicht mehr schutzfähig sind. Dicht lagernde Haufwerke weisen oft mehr oder minder das sog. *Betonkiesspektrum* auf, d. h. also, die mittleren, feinen und feinsten Fraktionen füllen fast ideal die Lücken zwischen den Grobanteilen. Für Beton ist ein solches Kornspektrum verständlicherweise sehr erwünscht. Schüttgüter, die ohnehin zum Verbacken neigen, sollten hingegen aus nahe liegenden Gründen (extrem zahlreiche Kontaktstellen zwischen den Partikeln, Gefahr der Brückenbildung) nach Möglichkeit kein solches Spektrum aufweisen. Man trennt deshalb in diesen Fällen das Feingut ab und lagert, nunmehr komplikationslos, das Grobgut.

Für die Gewinnung chemisch unterschiedlich zusammengesetzter Teilfraktionen durch Klassieren der Gesamtmasse wurde dieses an sich rein mechanische Verfahren bisher wohl kaum angewandt. Zwar sind An- oder Abreicherungseffekte von Fraktion zu Fraktion bei manchen Prozessen (z. B. in Gasreinigungsanlagen) durchaus nicht unbekannt, jedoch wurde dies bisher meist als unerwünschter Effekt angesehen, vor allem dann, wenn der Feinanteil vollständig in den Prozess zurück geführt werden sollte.

Ähnlich sieht es bei Kristallisationsprozessen aus. Ziel derartiger Verfahren ist gewöhnlich die Herstellung eines möglichst einheitlichen Produktes definierter Korngröße. Beispielsweise erfüllen kontinuierlich arbeitende Vakuum-Kristallisations-Anlagen diese Forderung. Chargenweise betriebene Rührwerks-Kristallisatoren, sog. *Kaltrührer*, gelten heute u. a. deshalb als unmodern, weil sie ein bezüglich des Kornspektrums uneinheitliches Produkt liefern. Indes ist dieser vermeintliche Nachteil unter gewissen Voraussetzungen ein besonderer Vorteil (siehe dazu auch Prinzip Nr. 22: *„Umwandeln des Schädlichen in Nützliches"*). Wir fanden, dass derartige Kristallisatoren in ganz bestimmten Fällen unter sehr genau definierten Bedingungen Kristallisate liefern, bei denen das Feinkorn chemisch wesentlich anders zusammengesetzt ist als das Grobkorn. Trennt man nach Zentrifugieren und Trocknen den Feinkornanteil vom Grobkornanteil, so erhält man Produkte unterschiedlicher, jeweils definierter Zusammensetzung. Technisch anwenden lässt sich das Verfahren z.B. zur Herstellung von hoch reinem Natriumhypophosphit aus wässrigen Lösungen, welche neben dem Natriumhypophosphit (P(I)) noch die unerwünschte Verunreinigung Natriumphosphit (P(III)) enthalten. P(III) reichert sich bevorzugt im Feinkorn an, das sich nach Zentrifugieren und Trocknen des Salzes durch Sieben bzw. Sichten abtrennen lässt (Abb. 10).

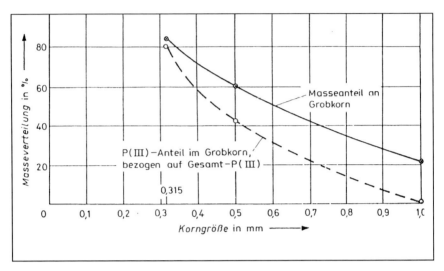

Abb. 10 Verfahren zur Herstellung von Natriumhypophosphit mit definiertem Reinheitsgrad (Zobel et al., Pat. 1982/1984)

Gezeigt werden die Beziehungen zwischen Kornspektrum, Masse-Verteilung auf die Kornfraktionen, und prozentualem Phosphit-Anteil (P(III)) im Ergebnis der Kristallisation einer phosphithaltigen Hypophosphitlösung. Die mit P(III) angereicherte Feinfraktion wird in den Prozess zurück geführt.

Es gelingt demnach, durch einfaches Klassieren unterschiedlich zusammengesetzte Stoffe zu erhalten. Dass der Gedanke im Sinne eines Prinzips weitgehend übertragbar zu sein scheint, zeigt auch folgender Fall, der ähnlich gelagert ist. Es handelt sich dabei nicht um einen Kristallisations-, sondern um einen Sinterprozess. Bei solchen Prozessen bilden alkalihaltige Teil-Chargen meist stärkere Anbackungen als alkaliarme Partien.

Das gezielte Ausschleusen dieser Anbackungen ist dann, obzwar mechanischer Art, zugleich eine die chemische Zusammensetzung des Produktes beeinflussende Maßnahme.

Darauf beruht offensichtlich die DOS „*Verfahren und Anlage zur Herstellung von Zementklinker mit niedrigem Alkaligehalt, gekennzeichnet durch folgende Merkmale:*

*a) das Auftreten von Drehrohrofen-Ansatzfall wird messtechnisch überwacht;
b) beim Auftreten eines bestimmten Ansatzfalles wird der oberhalb einer bestimmten Korngröße liegende Anteil des aus dem Kühler ausgetragenen Gutes aus dem System entfernt.*" (Unland u. Driemeier, Pat. 1984/1986).

Besonders deutlich wird das Prinzip, wenn wir ein Verfahren zur verbesserten Rohstoffausnutzung beim Betreiben von Carbid-Öfen (Mertke et al., Pat. 1985/1988) unter dem Gesichtspunkt der Abtrennung betrachten. Die staubhaltigen Abgase des Prozesses werden bei diesem Verfahren zunächst über einen speziell ausgelegten, selektiv arbeitenden Zyklon geleitet, ehe sie in den konventionellen Nasswäscher gelangen. Dabei werden im Zyklon alle Teilchen mit Korngrößen > 20 µm (bevorzugt > 32 µm) abgeschieden. Der für die Rückführung in den Ofen nicht geeignete MgO-haltige Feinstaub passiert zusammen mit dem Gas den Zyklon und wird in der nachgeschalteten konventionellen Nasswäsche abgetrennt.

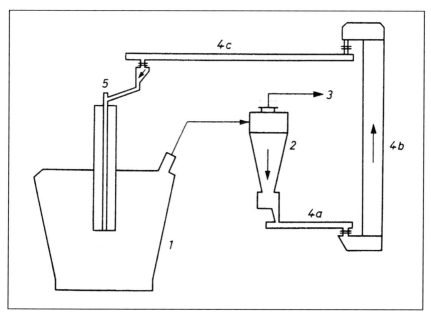

Abb. 11 **Abtrennen des verwendbaren Staubanteils aus rohem Carbidofengas mit Hilfe eines selektiv arbeitenden Zyklons** (Mertke et al., Pat. 1985/1988)

1: Carbidofen 2: Zyklon, der Staubteilchen > 20µm abscheidet 3: Zum Nasswäscher (nur Feinstanteile) 4 a, b, c: Transportorgane für den Staub 5 Hohlelektrode

Der für die Wiederverwendung infrage kommende, MgO-arme und zugleich cyanidreiche Grobstaub wird hingegen über eine Hohlelektrode kontinuierlich in den Ofen zurück geführt. Dabei werden, neben der hauptsächlich beabsichtigten Wiederverwendung wertvollen Rohstoffs, zugleich 80 % des insgesamt im Staub enthaltenen Cyanidanteils rückgeführt und schadlos zersetzt. Nur noch 20 % des schädlichen Cyanids gelangen in die nachgeschaltete Nasswäsche (Abb. 11).

Prinzip 3: **Schaffen optimaler Bedingungen**

Jeder Teil des Objekts muss sich unter Bedingungen befinden, die seiner Funktion optimal entsprechen.

- Die Geschichte vieler Maschinen spiegelt das Wirken dieses Prinzips wider. Sie wurden nach und nach in technologisch kleinste Einzelabschnitte zerlegt, und für jeden Teil wurden die günstigsten Bedingungen geschaffen. Bei einer multifunktionellen Maschine kann nur auf diesem Wege die Effizienz gesteigert werden. Eine allgemeine Verbesserung der Maschine (des Verfahrens, der Vorrichtung) kommt wegen der sehr verschieden wirkenden – und nach z. T. recht unterschiedlichen Prinzipien arbeitenden – Einzelteile bzw. Funktionsgruppen meist nicht infrage, ganz abgesehen vom durchgehenden Wirken des Prinzips „Schwächstes Kettenglied": *Ein System ist stets nur so gut wie sein schwächstes Teilsystem bzw. seine schwächste Stufe.*

- In der Chemischen Technologie ist das Prinzip von besonderer Bedeutung. Zahlreiche komplexe Prozesse erfordern zwingend eine separate Betrachtung ihrer Systemelemente („Teilsystemprozessanalyse", „Teilsystemfunktionsanalyse"). Ziel solcher Prozessanalysen ist es, schließlich jeden Teilprozess unter den für ihn optimalen Bedingungen betreiben zu können.

Ein eigenes Beispiel zeigt, wovon hier die Rede ist. Thermische Phosphorsäure wird durch Verbrennen elementaren gelben Phosphors und nachfolgende Absorption des Phosphorsäureanhydrids in umlaufender Phosphorsäure höherer Konzentration erzeugt. Der Konzentrationsausgleich erfolgt durch Wasserzugabe, das Produkt wird kontinuierlich oder diskontinuierlich abgezweigt. Anlagen dieser Art erfordern eine sorgfältige Abgasreinigung, da Phosphorsäureanhydrid in Kontakt mit Wasser bzw. Säure schwer abscheidbare Phosphorsäurenebel bildet. Gebräuchlich für die Gasreinigung sind Elektrofilter-Anlagen und/oder *Venturi*-Systeme. Auch so genannte *Demister* (Nebelabscheider aus Polypropylen-Gestrickpackungen) sind schon vorgeschlagen worden, indes lassen sich damit nur gröbere bis mittlere Tröpfchen abscheiden. Feine bis feinste Tröpfchen sowie Nebelteilchen fliegen mit dem Gasstrom unbeeinflusst durch das Gestrick.

Wir fanden nun, dass ein zweistufiges Demistersystem das Problem teilweise zu lösen gestattet. Die erste – vergleichsweise dünne – Gestrickpackung, die mit hoher Geschwindigkeit durchströmt wird, scheidet primär nur die gröbsten Tröpfchen ab, erzeugt jedoch durch intermediäre Geschwindigkeitsveränderung, Umlenkung und Prall-Effekte aus mittleren bis kleinen Partikeln sekundär gröbere Partikel, die an der Abströmseite vom Gasstrom mitgerissen werden. Diese sekundär erzeugten gröberen Teilchen lassen sich dann in einem nachgeschalteten zweiten Demister stärkerer Packung, der mit geringerer Geschwindigkeit als der erste durchströmt wird, vorteilhaft abscheiden (Kursawe et al., Pat. 1983/1985).

Das Beispiel leitet zum Prinzip 16 („Nicht vollständige Lösung") über, denn *feinste* Nebelteilchen lassen sich in der beschriebenen Weise *nicht* abscheiden. Dafür sind Filter mit ganz anderem Wirkprinzip (Fasertiefbett-Filter, die im Diffusionsbereich bzw. im Bereich der *Brown*schen Molekularbewegung arbeiten) erforderlich.

Diese Filter sind teuer und arbeiten mit erheblichem Druckverlust, die Abgasreinigung ist dann allerdings vergleichsweise perfekt.

Früher fand sich häufig die Ansicht, dass Abgase grundsätzlich durch hohe Schornsteine fortgeleitet werden müssten, wobei dazwischen geschaltete Filteranlagen zu betreiben seien. So wird auch tatsächlich manchmal noch verfahren. Dabei wird der grundsätzliche Mangel dieser Verfahrensweise vergessen: Fast immer muss mit sehr großen Luftmengen gearbeitet werden, so dass die Abgase hoch verdünnt anfallen, weshalb sie in dieser Form (wegen des geringen Konzentrationsgefälles und der damit verbundenen extrem geringen Triebkraft beliebiger Abscheideprozesse) kaum

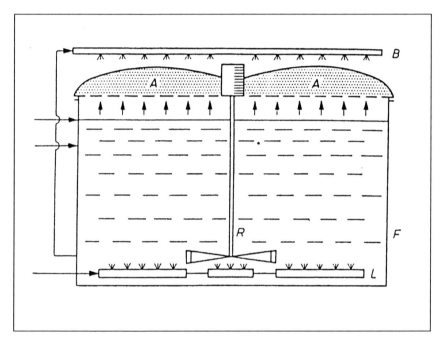

Abb. 12 **Optimales Arbeiten mithilfe eines biologisch aktiven Filters** (Fuchs und Reimann, Pat. 1984/1985).
Vor Erreichen der Reinigungsstufe wird nur die für den Prozess unbedingt notwendige Gasmenge (Luft L) zugeführt. Zu erkennen ist die methodische Überlappung mit dem Prinzip Nr. 12 („Kürzester Weg")

F Fermenter R Rührwerk A Aktivfilter B Berieselungsrohr L Luftzuführung

effizient gereinigt werden können. Demgemäß sind Fälle, in denen leider tatsächlich so gearbeitet werden muss (z. B. in Großkraftwerken) stets besonders schwierig. Der Umkehrschluss lautet, dass sich unverdünntes, konzentriertes Abgas minimalen Volumens direkt am Ort seiner Entstehung besonders leicht reinigen lassen müsste. Dem steht, wie oben erläutert, die im Konventionellen auch heute noch tief verwurzelte „Politik der hohen Schornsteine" als Denkblockade entgegen. Dass es, einen geeigneten Fall vorausgesetzt, auch anders geht, zeigt Abb. 12.

Beansprucht wird, recht bescheiden, nur eine Vorrichtung zur Reinigung von Abgas mit einem biologisch aktiven Filter, *„dadurch gekennzeichnet, dass das Filter aus spezifisch leichten offenporigen und ein hohes Hohlraumvolumen aufweisenden Stoffen aufgebaut ist"* (Fuchs u. Reimann, Pat. 1984/1985).

Prinzip 4: **Asymmetrie**

Es ist vom symmetrischen zum asymmetrischen Objekt überzugehen.

• Die an Autoscheinwerfer zu stellende Anforderungen sind unterschiedlich. Wir fahren auf der rechten Straßenseite, so dass der rechte Scheinwerfer hell und weit leuchten muss. Der linke soll jedoch nach Möglichkeit den Gegenverkehr nicht allzu sehr blenden; er wird demgemäß tiefer eingestellt. Diese heute selbstverständliche Asymmetrie war nicht immer selbstverständlich: *„Bezogen auf die mehr als hundertjährige Geschichte des Automobils handelt es sich um eine ziemlich neue Erkenntnis"* (Altschuller 1973, S. 136).

• Besonders eindrucksvolle Beispiele für das Asymmetrieprinzip finden sich bei der Untersuchung der Ursachen des so genannten adaptiven Wachstums. Tragende biologische Strukturen, wie beispielsweise Bäume oder Säugetierknochen, verfügen über Bauteil-interne Rezeptoren, die lokale Spannungskonzentrationen registrieren können, und sich damit adaptiv wachsend *selbst reparieren*. Auslöser des adaptiven Wachstums sind demnach stets Asymmetrien in den auf das biologische Objekt wirkenden Kräften. Wachstumsimpulse werden zudem an geschädigten Stellen ausgelöst, Asymmetrie ist ein Mittel zur Erzeugung von Symmetrie (im Sinne des „Von Selbst"-Prinzips (Nr. 25)). Schräg eingepflanzte Bäume versuchen bald senkrecht empor zu wachsen.

Mattheck u. *Götz* haben für konstruktive Zwecke entsprechende Computerprogramme geschaffen, welche, dem Muster der Natur folgend, die Kräfte-Asymmetrien gezielt zu nutzen gestatten. Folgendes Zitat zeigt, welche Art von bionischen Anregungen zu dieser aussichtsreichen Arbeitsrichtung geführt hat:

„Wenn ein Baum mit seinem allzeit wachen Kambium – jener Wachstumsschicht zwischen Rinde und Holz – eine lokal erhöhte Spannung registriert, so bildet er dort als Folge dickere Jahresringe aus, um die Bruchgefahr zu bannen und die Spannungen wieder zu vergleichmäßigen. Entlastete Bereiche werden vom Baum, der nur wachsen, nicht aber schrumpfen kann, nicht aktiv abgebaut. Bäume können ihre Lastgeschichte nicht verbergen. Die Baumgestalt ist daher ein offenes Tagebuch, ein Protokoll ihrer eigenen Belastung, geschrieben in der Körpersprache der Bäume. Tiere dagegen können in ihren Knochen unterbelastetes Material abbauen. Der Knochen kann damit seine mechanische Vergangenheit – zumindest im kindlichen Alter – völlig verwischen, da Fresszellen (Osteoclasten) diese Zeichen seiner Lastgeschichte gleichsam „wegknabbern"" (Mattheck u. Götz 1999, S.114).

In methodischer Hinsicht leitet das Beispiel sehr deutlich zum Anpassprinzip (Nr.15) über. Auch das Prinzip Nr. 8 („Gegengewicht", von *Altschuller* merkwürdigerweise auf aerodynamische, hydrodynamische und magnetische Kräfte begrenzt) ließe sich – nach erfolgter Erweiterung des begrifflichen Inhalts um die mechanischen Kräfte bzw. Spannungen – hier zwanglos als mitgeltendes Prinzip betrachten.

- Für den Chemiker hat das Prinzip bei der Synthese von Verbindungen gezielter Asymmetrie (Einbau funktioneller Gruppen in cyclische Verbindungen) fundamentale Bedeutung. Ohne extrem zu simplifizieren, ließe sich für die überwiegende Zahl der Fälle durchaus formulieren: *Symmetrisch = wenig aktiv*, hingegen *asymmetrisch = hoch aktiv*. In der Synthesechemie, speziell in der Pharmaforschung, ist dies eine gängige Grundregel.

Prinzip 5: **Kombination**

Es sind gleichartige oder für benachbarte Operationen bestimmte Objekte zu vereinigen (Wesentliche Ergänzung: Es sind Funktionen und/oder Stoffe zu vereinigen, um ungewöhnliche Wirkungssteigerungen zu erreichen, D. Z.).

- Typisch für die oft unsachgemäße Nutzung dieses Prinzips ist das manchmal geradezu klägliche Niveau zahlreicher Kombinationserfindungen. Wenn beispielsweise Rollschuhe mit einem kleinen Motor ausgerüstet werden, oder man eine Weste mittels Reißverschlusses mit Ärmeln versieht, dann sind hier zusätzliche Funktionen in höchst stümperhafter Weise einfach aufgepfropft worden. Dies gilt auch für eine ganze Reihe allgemein bekannter Kombinationswerkzeuge, bei denen die Teilfunktionen infolge der Kombination mit anderen Funktionen nicht mehr so perfekt wie beim Einzelwerkzeug ausgeübt werden können. In derartigen Fällen ist es grundsätzlich besser, die Einzelwerkzeuge mit ihren jeweils perfekten Funktionen beizubehalten, und keine Verschlechterung der Funktionen durch fragwürdige Kombinationen zuzulassen. Haben Sie jemals einen guten Automechaniker mit einem Kombinationswerkzeug arbeiten sehen? Für ihn kommen aus gutem Grund stets nur die jeweiligen Spezialwerkzeuge infrage.

- So ist beispielsweise eine im Handel erhältliche multifunktionelle Haushaltsschere weder eine gute Schere mit Drahtschneider, noch ein perfekt funktionierender Nussknacker, noch ein unter hoher Belastung brauchbarer Schraubendreher; als Kronenkapselheber funktioniert das Gerät geradezu erbärmlich. Auch das viel gerühmte Schweizer Militärmesser überzeugt durchaus nicht: der Vorteil, „alles beieinander" zu haben, wird durch den Nachteil erkauft, dass die zahlreichen Zusatzgeräte deutlich schlechter funktionieren als die entsprechenden Einzelwerkzeuge. Hier haben wir es mit einem Kompromiss zwischen Multifunktionalität und dem jeweiligen Grad der Funktionserfüllung zu tun. Derartige Kompromisse sind an sich nicht schutzfähig. Dies wird in der Praxis jedoch nicht immer streng genug gehandhabt. Im Zweifelsfalle eliminiert dann der Markt allzu dilettantische Kombinationen dieser Art.

Bei *schutzfähigen* Kombinationen dürfen nicht nur keine Nachteile auftreten, sondern es müssen möglichst überraschende *zusätzliche Effekte* erzielt werden. Effekte (Wirkungen) sind an sich nicht schutzfähig, wohl aber ist es jede Verfahrens- oder Stoff-Kombination, welche zu einem solchen überraschenden Effekt (hier: im Sinne einer Effizienzsteigerung) führt. Derartige Zusatzwirkungen werden als *Synergien* bezeichnet. Während bei Konzernfusionen das Modewort „*Synergie*" nicht selten als Worthülse oder zur Irreführung harmloser Aktionäre missbraucht wird, ist der Begriff hier völlig ernst gemeint. Symbolisch ließe sich formulieren, dass das Ergebnis einer schutzfähigen Kombination nicht additiv, sondern exponentiell zu sein hat („1 + 3 > 4, z. B. 7,3").

Die bloße *Anhäufung von Merkmalen* wird in der Patentspruchpraxis als „Aggregation" bezeichnet. Aggregationen sind nicht schutzfähig. Da aber dem Prüfer schon seit langer Zeit keine Funktionsmuster mehr vorgelegt werden müssen, passieren Aggregationen mit z.T. sogar verschlechterten Merkmalen manchmal noch immer das Prüfverfahren. Besonders lebensfähig sind solche versehentlich erteilten Erfindungen allerdings nicht. Hier gilt dann tatsächlich die ansonsten oftmals allzu optimistische Annahme: „*Der Markt wird`s schon richten*".

Abb. 13

Vorrichtung zur Abscheidung von Flüssigkeiten und Feststoffen aus einem Gasstrom (Christian, Pat. 1979/1981)

E: Eintritt des mit Feststoffteilchen und Flüssigkeitströpfchen verunreinigten Rohgases; A: Austritt des Reingases. Kombination verschiedener Abscheidemechanismen und dem entsprechend ausgelegter Systemelemente (Erläuterung: s. Text).

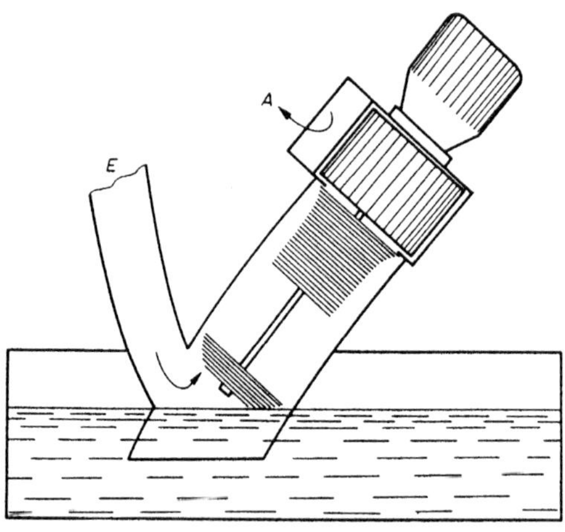

- Der Begriff „Kombination" wurde von *Altschuller* zunächst ziemlich vordergründig auf die Kombination von Objekten / Funktionen bezogen. In wesentlicher Erweiterung dieser überwiegend mechanisch-technischen Betrachtungsweise wollen wir nun Kombinationen untersuchen, die auf der funktionellen Kopplung mehrerer physikalischer Effekte beruhen. Interessant sind derartige Kombinationen allerdings nur, wenn mindestens kein Qualitätsverlust gegenüber den ursprünglichen Einzelfunktionen eintritt (s. o.). In methodischer Hinsicht überlappt das Prinzip hier deutlich mit der *Mehrzwecknutzung* (Nr. 6).

Abb. 13 (Christian, Pat. 1979/1981) zeigt uns einen Gasreinigungsapparat, dessen Funktion auf der Kombination mehrerer Effekte beruht. Das verunreinigte Gas tritt bei E ein und prallt zunächst auf die bewegte Flüssigkeitsoberfläche (direkte Prallabscheidung gröberer Teilchen). Sodann passiert es den vom knapp eintauchenden Bürsten- oder Scheibenrotor erzeugten Tröpfchenschleier zwecks Benetzung und damit Übergang in einen vorteilhafter abscheidbaren Zustand. Nunmehr passieren die benetzten Teilchen den sich konisch erweiternden Scheibenrotor (erste Stufe der Fliehkraftabscheidung). Schließlich wirkt der Abgasventilator nochmals als Fliehkraftabscheider (mit Pralleffekt an der Gehäusewand).

- Abb. 14 zeigt einen originellen Dünnschichtverdampfer, der ebenfalls durch geschickt eingesetzte Effekte-Kombinationen gekennzeichnet ist. Der Patentanspruch umreißt die Verfahrensweise:

„Dünnschichtverdampfungsverfahren, bei dem die zu verdampfende Dünnschicht durch Zentrifugalwirkung oder Fliehkraft auf einer der Flächen eines mit der Spitze nach unten weisenden und oberseitig offenen hohlen Konus bei dessen Drehung um seine lotrechte Achse in einem im wesentlichen zylindrischen Gehäuse oder Gefäß erzeugt wird, dadurch gekennzeichnet, dass der Spitzenteil des Konus in einen Vorrat der zu verdampfenden Flüssigkeit eingetaucht wird und eine Verbindung zwischen der Außenseite des Spitzenteils des Konus und seiner Innenfläche hergestellt wird, so dass sich die der Verdampfung unterworfene Dünnschicht auf Innen- und Außenfläche des Konus bildet" (Ciais u. Variot 1984).

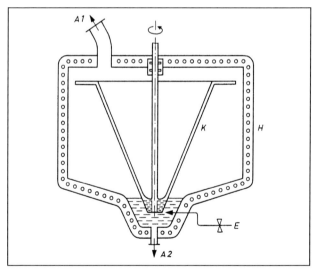

Abb. 14

Dünnschicht-Verdampfungs-Verfahren sowie Vorrichtung und Anlage zur Durchführung des Verfahrens (Ciais u. Variot, Pat. 1984/1984)

H: Heizmantel; K: Rotierender Konus; E: Eintritt der einzudampfenden Flüssigkeit; A1: Auslass für den Dampf; A2: Ausgang für die eingedampfte Flüssigkeit. Es gelten die Prinzipien Kombination, Mehrzwecknutzung und Matrjoschka (Erläuterung im Text)

Das Beispiel demonstriert nicht nur die Kombination mehrerer Effekte, sondern ganz besonders deutlich auch die Kombination bzw. das gleichzeitige Wirken mehrerer Prinzipien. So erkennen wir Prinzip Nr. 6 (*Mehrzwecknutzung*: Nutzung des rotierenden Konus als Rühr- und Transportorgan sowie als Flüssigkeitsverteiler und zusätzliche Verdampferfläche) und Nr. 7 (*Matrjoschka*: Innere konische Verdampfer-Fläche „steckt" in der äußeren konischen Verdampfer-Fläche).

Kommen wir nun zur näheren Erläuterung der für Kombinationserfindungen geforderten „über-additiven" Effekte, wobei vor allem das von *Altschuller* aus der etwas einseitigen Sicht des Maschinenbauers kaum behandelte – jedoch besonders wichtige – Gebiet der *stofflichen* Synergien betrachtet werden soll.

Analysieren wir die Wirkung einer Mischung aktiver Stoffe, so sind drei Fälle zu beobachten. Zunächst kommt es vor, dass sich die Wirkung einer solchen Stoffmischung anteilig addiert aus der zuvor getrennt ermittelten Wirkung der Einzelstoffe; dieser Fall ist erfinderisch uninteressant (1 + 1 = 2). Von besonderem Interesse hingegen sind die beiden anderen Fälle, die mit den Begriffen *Synergismus* (über-additive Verstärkung der Gesamtwirkung bei Wechselwirkung der Systemkomponenten; z. B. „1 + 1 = 3,2") und *Antagonismus* (Abschwächung der Gesamtwirkung beim Zusammentreffen von zwei oder mehreren Stoffen; z. B. „1 + 1 = 1,3") gekennzeichnet werden. Bei Arzneimittel-Anmeldungen wird heute nicht selten unmissverständlich formuliert, dass es sich um *Synergismen* handelt (anzumerken ist, dass die Begriffe *Synergie* und *Synergismus* sachlich gleichwertig sind; bei stofflichen Wechselwirkungen, wie in Rezepturen, wird meist der Terminus *Synergismus* verwendet).

Weder Synergismen noch Antagonismen sind – für sich gesehen – schutzfähig, eben weil es sich um Effekte (Wirkungen) handelt, die in der Patentspruchpraxis den Entdeckungen gleichgestellt werden. Schutzfähig sind hingegen Wirksysteme bzw. Mischungen bzw. Rezepturen, deren Komponenten in Wechselwirkung miteinander *überraschenderweise* zu Synergismen bzw. Antagonismen führen.

Anzuraten ist immer und überall, insbesondere aber beim Experimentieren, neu auftauchende Synergismen bzw. Antagonismen besonders zu beachten und ihre Nutzanwendung schutzrechtlich zu sichern. Speziell in der Pharmakologie spielen Synergismen eine entscheidende Rolle. Sucht man danach, sollten altbekannte Stoffe niemals unberücksichtigt bleiben. In einem neuen Zusammenhang – beim Erproben einer Kombination altbekannter mit neu gefundenen Stoffen – können immer noch ungewöhnliche Effekte auftreten.

Für die Beurteilung der Schutzfähigkeit ist es in solchen Fällen allerdings wichtig, ob Synergismen im Zusammenhang mit dem lange bekannten Stoff schon häufig beobachtet wurden, und somit ein gewisser Grad an Vorhersehbarkeit des über-additiven Effekts gegeben ist. Wahrscheinlich kann *Coffein* in dieser Hinsicht nicht mehr allzu sehr strapaziert werden. Zwar finden wir immer wieder Meldungen über die Erhöhung der Wirksamkeit einfacher schmerzstillender Pharmaka in Kombination mit Coffein, aber bereits beim Studium älterer Übersichtswerke zeigt sich, dass genau dieser Effekt alles andere als neu ist (Hauschild 1958, S. 51). Somit dürften weitere „Neuheiten" auf diesem Gebiet bald als mehr oder minder naheliegend gelten.

Besonders interessant sind Fälle, in denen Synergismen gleichzeitig neben Antagonismen beobachtet werden. Dazu schreiben *Hauschild* und *Görisch*:

„*Wird die N-ständige Methylgruppe im Morphin, im Levorphanol oder einigen anderen Mitteln durch einen Allylrest ersetzt, erhält man Verbindungen, welche typische Morphinantagonisten sind. Sie wirken schwach analgetisch, aber sie beseitigen die Euphorie sowie die atemdepressiven und sonstigen Wirkungen der euphorisierenden Analgetika. Lediglich die analgetische und hustenhemmende Wirkung dieser Stoffe wird nicht unterdrückt, sondern eher verstärkt.*" (Hauschild u. Görisch 1963, S. 274).

Die Unsitte des Durcheinanderschluckens einander beeinflussender Wirksubstanzen führt nicht selten zu synergetisch verblüffenden Effekten. In der DDR wurde die Kombination *Cola + Faustan* im Volke gewöhnlich als „*LSD des kleinen Mannes*" bezeichnet. LSD (Lysergsäurediaethylamid) ist nicht mehr so recht in Mode, sein Prophet *Timothy Leary* inzwischen sanft verblichen. Heutige Varianten sind einen Zacken schärfer und wirken nicht selten tödlich, zumal mit – bezüglich Konzentration und Zusammensetzung – nicht genau definierten Mitteln, wie gewissen Pilzen bzw. daraus bereiteten Extrakten, wild herumgepfuscht wird.

- „*Man nehme feine Schokolade, etwas guten Essig, Ausdauer und eine gute Portion Kreativität und fertig ist ein Erfolgsrezept, das um die halbe Welt geht...*" (Hubert 2002). So wird, ein wenig reißerisch, die Erfindung der „Essig-Schleckerle" beschrieben. Es handelt sich dabei um süßsaure Pralinen, die vom Weinpapst *Hugh Johnson* kurz und knapp mit „*truly superb*" beurteilt wurden. Wir haben es sichtlich mit einem Geschmacks-Synergismus von hohen Graden zu tun. Dies spiegelt sich u.a. auch in der schutzrechtlichen Situation wider: Während Pralinenrezepturen gewöhnlich nicht patentierbar sind, war hier eine Ausnahme möglich, weil durch ungewöhnliche Zutaten eine völlig neue Geschmackskomposition erreicht wurde. Das Geheimnis der ungewöhnlichen Kreation liegt vor allem in der Auswahl der Schokolade. Schokoladenarten, die aufgrund ihrer Herstellung zu viel Eigensäure enthalten, scheiden aus „*damit nicht zwei unterschiedliche Säuren aufeinander treffen und sich verstärken*", so der erfinderische Pralinenmacher *Schell.*

Demnach zeigt uns dieses Beispiel einerseits den *Synergismus* (Schokolade, möglichst frei von unerwünschten Nebenkomponenten, ergibt in Kombination mit Essigsäure ein Produkt mit überraschend positiver Geschmacksnote), andererseits auch den hier sehr unerwünschten *Antagonismus:* Falls die Schokolade herstellungsbedingt eigene Säurebestandteile enthält, verschlechtert dies in Kombination mit Essigsäure den Geschmack.

- Studien geben Anlass zu der Vermutung, dass eine Kombination aus einem Vitamin-D-Derivat und Bestrahlung helfen könnte, an sich bereits bestrahlungsresistente Krebszellen zu zerstören (Ärztezeitung 2003, Nr. 139).

- Ein recht überraschender Effekt, hinter dem sich durchaus ein Synergismus vermuten lässt, liegt einem eigenen *Verfahren zur Herstellung reiner Alkalihypophosphitlösungen* zugrunde (Zobel, Pat. 1977/1979).

Das neue Verfahren geht nicht vom für die Hypophosphit-Herstellung üblicherweise eingesetzten *reinen* gelben Phosphor, sondern von *extrem verunreinigtem* Phosphor (so genanntem Phosphorschlamm) aus. Als Aufschlussmittel dient zwar die konventionelle Natronlauge-Calciumhydroxid-Suspension, alle anderen Verfahrensstufen sind jedoch durch erfinderische Besonderheiten gekennzeichnet. So wird die rohe Mutterlauge in höchst einfacher Weise durch Rückführen in die zweite Verfahrensstufe regeneriert. Dort wird unter Vermischen mit roher, alkalischer, Calciumionen enthaltenden Hypophosphit-Phosphit-Aufschlussmasse in an sich bekannter Weise die Hauptmenge des abzutrennenden Na_2HPO_3 gemäß

$$Ca(H_2PO_2)_2 + Na_2HPO_3 \Rightarrow CaHPO_3 + 2\ NaH_2PO_2$$

umgesetzt. In hohem Maße überraschend ist nun, dass (trotz Anwesenheit von freiem $Ca(OH)_2$) der pH der Lösung, gemessen im schließlich erhaltenen Filtrat, deutlich *abfällt*. Da neben der oben angeführten Hauptreaktion zweifellos auch die Umsetzung nach

$$Na_2HPO_3 + Ca(OH)_2 \Rightarrow CaHPO_3 + 2NaOH$$

abläuft, was eigentlich mit einem *Ansteigen* des pH einhergehen müsste, war dieses Ergebnis durchaus nicht vorhersehbar und erleichterte dementsprechend die schutzrechtliche Absicherung (Zobel, Pat. 1977/1979).

Welche Vorteile das Verfahren bringt, zeigt der Vergleich mit der konventionellen Arbeitsweise, bei der vor dem Eindampfen verdünnter Lösungen – zwecks Vermeidens der Hypophosphit-Zersetzung – die anwesenden Hydroxylionen stets mit umständlich erzeugter Unterphosphoriger Säure neutralisiert werden müssen. Möglicherweise sind für den unerwarteten Effekt gewisse Bestandteile der hoch aktiven Verunreinigungen des Phosphorschlammes verantwortlich (Pufferwirkung?).

Hinzu kommt als erwünschter Nebeneffekt, dass diese an sich bereits aktiven (während des Aufschlusses noch zusätzlich aktivierten) Feststoffverunreinigungen hoch adsorptiv wirken, so dass eine Selbstreinigung der mit der Mutterlauge versetzten Aufschlussmasse zu beobachten ist. So wird nach Filtration eine in Anbetracht des extrem verunreinigten Rohstoffes insgesamt verblüffend reine Lösung erhalten.

Das Beispiel zeigt besonders deutlich, wie eng die methodische Verzahnung mit anderen *Altschuller*-Prinzipien sein kann. Gleichermaßen gelten hier die noch zu behandelnden Prinzipien 22 („Umwandeln des Schädlichen in Nützliches": Der bisher nicht für möglich gehaltene Einsatz des extrem verunreinigten Rohstoffes erweist sich als besonders nützlich) sowie 25 (Selbstreinigung durch die verfahrensspezifisch enthaltenen, beim Aufschluss zusätzlich aktivierten, hoch aktiven Feststoffbestandteile im Sinne einer „Von Selbst"-Lösung).

Prinzip 6: **Mehrzwecknutzung**

Ein Objekt führt mehrere Funktionen aus; dadurch sind andere Funktionen nicht mehr notwendig.

- Pneumatische Förderanlagen lassen sich zugleich als Stromtrockner betrachten und entsprechend fahren.

- Kühlschlangen in Rührbehältern können wechselweise auch mit Dampf beschickt werden, so dass in einem solchen Behälter nicht nur kristallisiert, sondern im Bedarfsfalle auch eingedampft werden kann. Ein solcher Chargenbetrieb ist nicht eben modern, aber dafür recht einfach zu praktizieren.

• Eine Laboratoriumswaschflasche („bubbler") kann als Kontrollgerät für einen zu dosierenden Gasstrom (Blasenzähler) und gleichzeitig als Reinigungsvorrichtung zum Abtrennen unerwünschter Spurenverunreinigungen (so zum Entfernen von O_2 aus N_2) verwendet werden. Je nach Art der Füllung kann eine solche Waschflasche auch zum Befeuchten bzw. Trocknen von Gasen dienen. Dies alles ist gut bekannt und somit banal. Eine völlig neue Anwendung (Schaumbremsvorrichtung) werden wir im Abschnitt 6.9 als typische „Von Selbst"-Lösung näher kennen lernen (Abb. 65). In der betrieblichen Praxis arbeitet dieser Apparat zugleich als Gaswäscher (Auswaschen mitgeführten Phosphors sowie Abscheidung polymeren Phosphorwasserstoffs) und als Anzeigegerät für die Reaktionsgeschwindigkeit (Dynamik der kommunizierenden Flüssigkeitssäule im Standglas). Dieser einfache multifunktionelle Apparat demonstriert das Prinzip *Mehrfachnutzung* somit besonders überzeugend. Darüber hinaus entspricht die Lösung fast ideal dem Prinzip Nr. 25 (Selbstbedienung, Selbstbewegung, *Von Selbst*-Arbeitsweise). Im Zusammenhang mit den pulsierend rückwärts wirkenden Druckstößen regelt sich das System insofern selbst, als eine besonders intensive Gegenwirkung auf den unerwünschten Schaum dann ausgeübt wird, wenn es notwendig ist. Mit heftiger werdender Reaktion werden auch die Druckstöße in der Wasservorlage häufiger und heftiger; sie wirken somit dem Überschäumen „nach Maß" entgegen.

Abb. 15

Vorrichtung zur Abtrennung von Partikeln aus Gasen
(Margraf, Pat. 1983/1985)

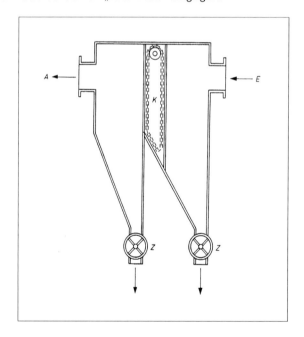

E: Eintritt des mit Staub beladenen Gases

K: Kettenvorhang, der als Prallabscheider wirkt und zugleich als sich selbst reinigende Räumvorrichtung für den abgeschiedenen Staub

A: Austritt des gereinigten Gases

Z: Zellenradschleusen zum Staubaustrag

• Abb. 15 zeigt einen sehr einfach konstruierten Staubabscheider. Das Prinzip *Mehrzwecknutzung* kommt im Text der Anmeldung klar zum Ausdruck:

"Vorrichtung zur Abtrennung von Partikeln aus Gasen mittels eines aus hängenden Ketten gebildeten, vom Gas durchströmten Vorhanges, dadurch gekennzeichnet, dass die Ketten als Endlosketten um eine obere, periodisch oder kontinuierlich in Umdrehung versetzbare Mitnehmerwelle herumgeführt und die Kettenglieder unten durch eine ablenkbare Auflauffläche in Relativbewegung zueinander versetzbar sind" (Margraf, Pat. 1983/1985).

Neben der direkten *Prallabscheiderfunktion* des Kettenvorhanges sind zu erkennen: die sicherlich etwas höher zu bewertende *Abscheidefunktion* des langsam bewegten Systems, die dabei zusätzlich erzielte *Reinigung* der – bei ruhendem System sonst allmählich verkrustenden – Kettenglieder, und schließlich die Funktion des auf dem Bunkerkonus schleifenden Kettenvorhanges im Sinne einer *Räumvorrichtung*.

Prinzip 7: **Matrjoschka**

Ein Objekt befindet sich innerhalb eines anderen, das sich seinerseits in einem weiteren befindet usw. (Prinzip der russ. Steckpuppe, deshalb „Matrjoschka")

- Allgemein bekannt sind Teleskopfedern und Teleskoprohre.

- Eine diesem Prinzip entsprechende Lösung bietet die „Vorrichtung zum Filtrieren von geschmolzenem Metall" (Abb. 16). In einen Schmelztiegel, der mit flüssigem Rohmetall gefüllt ist, wird ein mit einem Frittenboden versehener kleinerer Tiegel eingebracht. Das reine Metall wird unter dem Eigendruck des außen anstehenden flüssigen Metalls durch den Frittenboden in den zunächst leeren Innentiegel gepresst. Die Verunreinigungen bleiben im äußeren Tiegel zurück. Der Innentiegel kann sodann herausgenommen und als Gießtiegel für das gereinigte Metall verwendet werden (Dore, Pat. 1978/1979).

Besonders am Matrjoschka-Prinzip lässt sich die Wiederverwendbarkeit einer einmal gefundenen erfinderischen Idee überzeugend nachweisen. Dabei ist die bekannte Original-Matrjoschka (russische Steckpuppe) nur der selbst erklärende Idealfall. Das Prinzip gilt *sinngemäß* auch für Objekte exakt gleicher Größe, seien es nun Stühle, Tassen, Eierbecher, Plastkanister oder Bierkästen.

Die technische Aufgabe lautet in jedem dieser Fälle, dass gleichartige Objekte so zu transportieren bzw. zu lagern sind, dass möglichst wenig Raum beansprucht wird, wobei der angestrebte Stapelverband überdies möglichst stabil zu sein hat.

Das modifizierte Prinzip müsste dem gemäß „Stapelfähigkeit durch Formschlüssigkeit" heißen. Es hat in dieser Form, als (de facto) Unterprinzip des eigentlichen Matrjoschka-Prinzips, bereits den Charakter einer konkreten Anleitung zum technischen Handeln. Erstaunlich ist, wie lange die Übertragung der eigentlich leicht zugänglichen erfinderischen Idee von einem Objekt zum anderen gedauert hat. Man sehe sich stapelbare Stühle, stapelbare Kanister, Tassen, Eierbecher usw. an. Stets wird mit formschlüssigen Teilen gearbeitet, wobei im Wechsel ein Positiv und ein Negativ zusammengesetzt werden.

Abb. 16

Prinzip *Matrjoschka*, erläutert am Beispiel eines Tiegels zum Filtrieren von geschmolzenem Metall (Dore, Pat. 1978/1979)

TO: Tiegelofen; T: Tiegel; R: Rohmetall; F: Filtriertes Metall; S: Schöpftiegel mit Frittenboden, durch den das Metall beim Einbringen von S in R bis zum Erreichen des Niveauausgleichs N hindurchgedrückt wird.

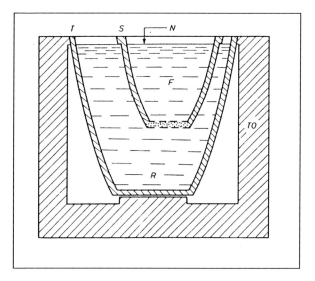

Beispielsweise passt der abgesetzte Fuß jeder der in manch schlichteren Gaststätten üblichen Tassen jeweils in die nächste Tasse, was den Kellner nicht selten zu equilibristisch anmutenden Abräum-Techniken verführt. Analog wird bei Kanistern, Eierbechern und Plast-Bierkästen verfahren, sinngemäß sehr ähnlich bei stapelbaren Stühlen. Der Grund dafür, dass praktisch jeder dieser Fälle bei *erstmaliger* Anwendung des Formschluss-Prinzips zu Schutzrechten führte, ist indes einleuchtend. Die genannten Objekte sind in weit genug auseinander liegenden Unterklassen der IPC (*International Patent Classification*) eingeordnet, so dass das Anwenden des immer gleichen Prinzips erstens nicht auffällt, und zweitens nach der Schutzrechtsgesetzgebung sogar ausdrücklich erlaubt ist. Das Beispiel „Stapelfähigkeit" zeigt, dass die *Altschuller*-Prinzipien individuell modifiziert und recht phantasievoll angewandt werden können und müssen: Das Originalprinzip betrifft Objekte unterschiedlicher Größe, das sinngemäß abgeleitete, in der *Altschuller*-Liste nicht enthaltene Prinzip hingegen Objekte exakt gleicher Größe. Der Erfinder sollte deshalb stets das methodisch wesentliche Element jedes Prinzips herausfinden. Im vorliegenden Falle haben wir es mit einem hierarchisch gegliederten Begriffspaar zu tun: „Matrjoschka" ist das Oberprinzip, „Stapelfähigkeit" ist ihm deutlich untergeordnet, weil nur definierte Teilbereiche der Objekte ineinander passen, und keine durchgehende Reihe immer kleiner werdender Objekte vorliegt.

Solche methodisch-analytischen Betrachtungen sind alles andere als Spielereien. Durchschaut der Erfinder erst einmal die prinzipiellen Zusammenhänge, so wird er fast hellsichtig. Die Wiederverwendbarkeit der Grundidee, d. h, die Möglichkeit des erfinderischen Analogisierens, zeigt sich dann in klarem Licht.

Direkt dem Matrjoschka-Prinzip entspricht auch ein *„Gewächshaus mit für Fremdbeheizung im Winter erforderlichen Wärmeisolationseigenschaften, dadurch gekennzeichnet, dass es aus zwei Schalen besteht, die gegeneinander verschiebbar sind, so dass im Sommer eine vergrößerte Nutzfläche bei ausreichender Isolationswirkung erzielt werden kann"* (Abb.17: Mayr, Pat. 1981/1983).

Abb. 17

Gewächshaus mit für Fremdbeheizung im Winter erforderlichen Wärmeisolationseigenschaften (Mayr, Pat. 1981/1983)

Selbst erklärendes Beispiel für das Matrjoschka-Prinzip

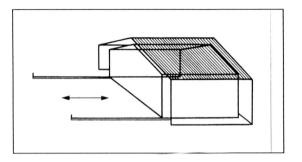

- Ein Mensch mit Beinen ungleicher Länge leidet sehr. Die Abweichung wurde bisher wie folgt korrigiert: Der Chirurg zersägte den zu kurz geratenen Knochen und fixierte die Hälften von außen mit einem plumpen Schraubgestell, das jeden Tag ein wenig weiter auseinander gefahren wurde, so dass der Knochen im Trennspalt nachwachsen konnte. *Bayer* wandte nun das Matrjoschka-Prinzip an und verlegte den Vorgang elegant ins Innere des Knochens: kein Schraubgestell *außen*, sondern eine dünne Teleskopstange *innen* – vom Knie aus in die Markhöhle des Schenkelknochens eingeführt – wurde mit einem winzigen integrierten Elektromotor versehen, der im Abstand von einigen Stunden kurz eingeschaltet wird und den Teleskopstab um Millimeterbruchteile auseinander fährt (Dworschak 2005)

- Geometrisch interessant ist eine japanische Anmeldung. Konzentrische Filterelemente werden dabei zu einer Kompakt-Filtereinheit zusammen gesteckt. Jedes Filterelement besteht aus einem Kegelstumpf. Die Höhe aller Kegelstümpfe ist gleich. Die Kegelstümpfe werden jedoch nicht im Sinne einer echten Matrjoschka (d. h. mit zueinander parallelen Außenflächen) ineinander gesetzt, sondern es wechselt stets ein Kegelstumpf mit einem „auf den Kopf gestellten" Kegelstumpf. Diese Anordnung bedingt, dass zwei Kegelstümpfe je eine Kreisfläche gleichen Durchmessers besitzen müssen, wobei die größere Kreisfläche des jeweils inneren Kegelstumpfes der kleineren Kreisfläche des jeweils äußeren Kegelstumpfes entspricht. Diese Raum sparende Kompaktanordnung ist mechanisch sehr stabil. Als Filterflächen dienen jeweils die Kegelmantelflächen (Kimura, Pat. 1984/1985).

Prinzip 8: **Gegengewicht durch aerodynamische, hydrodynamische und magnetische Kräfte**

Nutzen der Auftriebskraft, Halten des Objekts in einer bestimmten Lage durch aerodynamische, hydrodynamische oder magnetische Kräfte.

- Wir sahen bereits, dass einer erfinderischen Lösung häufig mehrere Prinzipien entsprechen können. Als Beispiel für Prinzip Nr. 2 (Abtrennung) wurde der Schwimmröhrentunnel (Abb. 9) erläutert. Mit gleicher Berechtigung gilt dafür auch Prinzip Nr.8, denn die stabile Lage des Tunnels im Wasser wird allein durch die *Auftriebskraft* bewirkt. Entsprechend finden sich in der *Altschuller-Matrix* (Tab. 3 sowie Tab. 9) für jedes Konfliktpaar fast immer mehrere – auf den ersten Blick nicht in Zusammenhang stehende – Lösungsprinzipien.

- Der Radialdruck der Welle eines großen Turbogenerators kann zwecks Schonung der Lager erheblich reduziert werden, wenn man den Rotor mit Hilfe eines oberhalb des Generators angebrachten Elektromagneten so stark entlastet, dass man ihn *beinahe* anhebt (Altschuller 1973, S. 140).

- Noch eindrucksvoller ist der völlige Verzicht auf herkömmliche Lager, bei denen, allen Hilfsmitteln zum Trotz, stets mechanischer Kontakt zwischen Welle und Lager besteht. Dieser Kontakt ist grundsätzlich nachteilig (Reibung, Verschleiß). Alle herkömmlichen Maßnahmen, z. B. das Schmieren von Gleitlagern, dienen nur der Minimierung jener Schäden, die an derartigen Lagern früher oder später unvermeidlich auftreten.

Wir haben uns bereits mit der Widerspruchsdialektik befasst und wollen nun den für dieses System typischen Widerspruch formulieren: „Das Lager *muss* vorhanden sein, es *darf aber nicht* vorhanden sein."

Dieser für den Ungeübten befremdlich klingende Widerspruch bezieht sich auf herkömmliche Lager und konventionelle Mittel zu deren Verbesserung. Er lässt sich heute mit Hilfe berührungsloser magnetischer Lager höchst elegant lösen. Derart ausgerüstete Werkzeugmaschinen erreichen Drehzahlen bis zu 40 000 U/min bei einem Vorschub von 25 bis 33 cm/s. Da zwischen Lager und Spindel kein mechanischer Kontakt besteht, können weder Reibungs-, noch Verschleiß-, noch Schwingungserscheinungen auftreten.

Das Ideale Endresultat für die Weiterentwicklung des Lagers ist eben „Kein Lager", wobei „Kein Lager" als Lager einwandfrei zu funktionieren hat. Ein berührungslos arbeitendes Lager, bei dem die Welle im Magnetfeld „schwebt", entspricht tatsächlich, immer im Vergleich zu konventionellen Lösungen, sehr weitgehend diesem Ideal. Auch methodisch darf das Beispiel als nahezu ideal gelten. Das Lager ist funktionell ohne jeden Zweifel vorhanden, obwohl es im konventionellen Sinne, als klassisches technisches Gebilde, eigentlich nicht mehr komplett vorhanden ist.

Somit belegt dieses Beispiel zugleich, wie erstaunlich nahe wirklich gute Lösungen dem IER kommen können.

Das Beispiel lässt sich allerdings noch aus einem ganz anderen Gesichtswinkel betrachten. Unter 3.6 werden wir die Stoff-Feld-Darstellung als höchsten Grad der physikalischen Abstraktion kennen lernen, geeignet sowohl für die Systemanalyse wie auch für die Schaffung völlig neuer Systeme. Zu den Stoff-Feld-Regeln gehört: „*Ersetze einen Stoff durch ein Feld*". Genau dies ist beim berührungslosen Lager geschehen: Das ursprünglich rein „stoffliche" Lager wurde durch ein Magnetfeld ersetzt.

Prinzip 9: **Vorspannung**

Dem Objekt sind im Voraus Veränderungen zu geben, die den unzulässigen oder nicht erwünschten Veränderungen im Betrieb entgegengesetzt sind.

- Bei einem japanischen Verfahren zur Herstellung von Automobilwindschutzscheiben wird eine bandförmige Zwischenfolie mit in Längs- und Querrichtung unterschiedlichem Dehnungsgrad vorgespannt und sodann zwischen gekrümmten Glasscheiben laminiert (Toyoshima et al., Pat. 1977/1979).

- Beton hat eine hohe Druckfestigkeit, aber nur eine geringe (für Zwecke des Betonbaus nicht ausreichende) Zugfestigkeit. Mittels Armierungen wird die erforderliche Zugfestigkeit geschaffen. So genannte schlaffe Bewehrungen haben jedoch ihre Grenzen. Um Betonträger schlanker machen zu können, wird deshalb mit vorgespannten Armierungen gearbeitet. Die vorgespannte Armierung wird einbetoniert, die Vorspannung vom erstarrenden Beton dauerhaft fixiert. So armierte Elemente nehmen weit höhere Kräfte als Elemente mit nicht vorgespannter Armierung – oder gar ohne Armierung – auf.

Der gesamte Maschinenbau lebt geradezu vom Prinzip der Vorspannung. So bewirkt beispielsweise jede Art von Schraubverbindung eine Vorspannung der Fügeteile.

- Besonders exzellent wird das Vorspannungsprinzip von den so genannten *memory alloys* (Gedächtnislegierungen) demonstriert. In den sechziger Jahren des vorigen Jahrhunderts war *Buehler*, Metallurge an einem Laboratorium der US-Marine in White Oak, bei der Suche nach unmagnetischen und widerstandsfähigen Werkzeugmaterialien auf einen seltsamen Effekt gestoßen. Zufällig fand er, dass beliebig deformierte Gebilde aus einer Nickel-Titan-Legierung beim Erwärmen in ihre ursprüngliche Form zurückkehren, wenn man sie zuvor einer speziellen Behandlung unterwirft. Insbesondere muss die Gitteranordnung der Metallatome durch Erhitzen auf eine bestimmte Temperatur festgelegt werden. Abgekühlte Bleche oder Drahtgebilde aus *Nitinol*, einer Legierung aus 55 % Ni und 45 % Ti, können dann beliebig zerknittert oder verformt werden. Bei Erwärmung „erinnern" sie sich ihrer Gittervorspannung und kehren in die ursprüngliche Form zurück. Erwogen wurde beispielsweise das Zusammenknüllen einer riesigen Parabol-Antenne aus Nitinoldrähten, die sich dann im All unter Einwirkung der Sonneneinstrahlung zu einem gewaltigen Radioteleskop entfalten sollte.

Die praktische Anpassung an industrielle Erfordernisse gelang schließlich japanischen Fachleuten. So finden sich seit Beginn der achtziger Jahre in japanischen Mikrowellenherden, Klimageräten und Warmwassergeräten verlässlich arbeitende Memory-Schaltelemente, die weit billiger als mikroelektronische Bauelemente für den gleichen Zweck arbeiten. Bei Dauertests mit Memory-Elementen zur Steuerung der Kühler- und Innenraumbelüftung von PKW wurden bereits mehr als 50 000 Schaltvorgänge realisiert. In der Zahnmedizin wurden künstliche Zähne mit zusammengerollten Nitinol-„Wurzeln" ausgerüstet, die sich unter dem Einfluss der Körperwärme entfalten und den Zahn fest im Knochen verankern („T. G." 1986, H. 5, S. 11)

Für den Erfinder sind die Gedächtnislegierungen und die dazu angeführten Beispiele in mehrfacher Hinsicht interessant. Derart moderne „Von Selbst"-Lösungen sollten an Bedeutung gewinnen gegenüber der häufig zu beobachtenden Tendenz „Mikroelektronik um jeden Preis". Ferner haben wir es mit einem jener besonders interessanten Fälle zu tun, bei denen ein vor wenigen Jahrzehnten noch neuer Physikalischer Effekt, d. h. also eine *Entdeckung*, zum Ausgangspunkt einer Reihe hochwertiger *Anwendungserfindungen* wird. Heute gehört der praktische Einsatz von Memory-Legierungen bereits zu den etablierten Hochtechnologien. Nitinol-Elemente halten bis zu 10^6 Lastwechsel bei Spannungen, die über der Fließgrenze liegen, ohne Dauerbrüche aus. Sie haben schwingungsdämpfende Eigenschaften, sind unmagnetisch und korrosionsbeständig.

Russische Wissenschaftler haben 1985 bei fast verstopften Herzkranzarterien erstmals einen entsprechend vorgespannten Nitinoldraht in das Gefäß eingeführt. Bei Erreichen der Körpertemperatur nimmt der Draht seine ursprüngliche Spiralform wieder an und weitet die Arterie in gewünschter Weise. Eine sonst erforderliche *bypass*-Operation erübrigt sich damit (Junge 1986, H.11, S. 2).

Prinzip 10: **Vorher-Ausführung**

Die Objekte sind vorher so auszuführen oder anzuordnen, dass sie ohne Zeitverlust für ihren Antransport und vom günstigsten Platz aus in Aktion treten können.

- Früher wurde das Verkrusten wasserführender Rohrleitungen dadurch verhindert, dass dem Wasser kontinuierlich kleine Mengen leicht löslicher Polyphosphate zugesetzt wurden. Das Verfahren erfordert eine Dosiervorrichtung, die ständig kleine Mengen der leicht löslichen und deshalb in gelöster Form angewandten Polyphosphate in das System einspeist.

Ein wesentlicher Fortschritt wurde mit der Herstellung und Anwendung schwer löslicher Na-Ca-Polyphosphate erzielt. Einige Brocken dieser Substanz werden in eine *bypass*-Schleuse eingebracht. Die Schleuse wird vom zu behandelnden Wasser durchströmt. Das Wasser löst die wirksame Substanz nur spurenweise auf, so dass eine derart beschickte Schleuse wochenlang wartungsfrei arbeitet. Die gelösten Polyphosphatspuren genügen, um den Schwellenwert (deshalb: „*threshold treatment*") zu erreichen, bei dem das Aufwachsen der Calcitkristallite und damit das Fortschreiten der Inkrustation sicher verhindert wird (Rudy 1960, S. 77). Da sich diese außerordentlich geringe, dennoch ausreichende Wirkstoffkonzentration unter allen praktisch denkbaren Umständen automatisch einstellt, haben wir es zugleich mit einem guten Beispiel für das Prinzip 25 („Von Selbst"-Lösung) zu tun.

- Dem Prinzip „Vorher-Ausführung" entsprechen auch konditionierte Düngemittel, die sich auf dem Feld von selbst anwendungstechnisch optimal dosieren, d. h. die nur allmählich zur Wirkung kommen, und zwar dann, wenn es die Witterung gestattet und/oder der aktuelle Vegetationszustand es erfordert.

Dazu analog löst sich ein modernes Arzneimitteldragee erst dort auf, wo es zur Wirkung kommen soll, eben weil der Wirkstoffkern *vorher* entsprechend ummantelt worden ist.

- Schließlich sei noch ein Beispiel aus der Automobiltechnik angeführt. Ein von *Dunlop* konstruierter Reifen kann dank in die Seitenwände integrierter Verstärkungen („Self-Supporting-Technology") auch nach völligem Druckverlust allein auf dieser Seitenwandkonstruktion noch bis zu 80 km bei max. 80 km/h sicher weiter gefahren werden. Vermutlich sind bei dieser Seitenwandkonstruktion hohe Kevlar-Anteile im Spiel (FOCUS 2002). Natürlich ließe sich dieses Beispiel auch dem ähnlichen Prinzip Nr. 11 („Vorbeugen") zuordnen.

Kritiker behaupten, die *Altschuller*-Prinzipien, vor allem etliche Belegbeispiele dazu, seien recht primitiv bzw. für einen Intellektuellen banal. Das mag beim ersten Hinsehen so scheinen; indes sollten wir die Sache ganz einfach unter dem Gesichtswinkel des Praktikers prüfen. Dabei zeigt sich, dass die aus Sicht der Kritiker angeblich so selbstverständlichen Prinzipien bereits im gewöhnlichen Leben zwar durchweg zutreffen, jedoch grob missachtet werden. Betrachten wir, wie im Alltag das Prinzip „Vorher-Ausführung" gehandhabt (oder besser: leider *nicht* gehandhabt) wird. Am Beispiel des Straßenbaus zeigt sich hochgradige Gedankenlosigkeit. Wie vernünftigerweise vorgegangen werden sollte, weiß jeder. Wie aber wird vorgegangen?

Die Straße ist frisch asphaltiert. Nach drei Monaten stellt die Telekom fest, dass nun aber unbedingt Glasfaserkabel verlegt werden sollten. Die Straße wird aufgehackt, die Kabel verlegt, die Straße neu asphaltiert. Nach weiteren zwei Monaten fällt den Stadtwerken ein, dass die Gasleitungen zwar hundert Jahre treue Dienste geleistet haben, aus Nachbarstädten aber beunruhigende Meldungen über poröse Gasleitungen und dadurch ausgelöste Todesfälle vorliegen. Also wird die Straße abermals aufgehackt, die Gasleitungen werden ausgewechselt, und die Straße abermals asphaltiert. In den nächsten Monaten wiederholt sich das traurige Spiel noch mehrmals, denn es sind weitere voneinander unabhängige Partner im Rennen: mindestens die Elektroenergieversorgung sowie die mit Wasser und Abwasser befassten Experten, alles hübsch separat, auf gar keinen Fall *vorher* bedacht und koordiniert.

Prinzip 11: **Vorbeugen**

Die verhältnismäßig geringe Zuverlässigkeit des Objekts ist durch vorher bereitgestellte schadensmildernde Mittel zu kompensieren.

- Schmelzsicherungen, Berstscheiben, Scherbolzen, Sicherheitsventile, Rauchgassensoren und automatische Löschanlagen, Flammenwächter und *„Trips"* (per Computer gesteuerte Abfahr-Zwangsprogramme in hoch automatisierten Anlagen) geben einen Begriff vom Umfang der Möglichkeiten. Auch Thermostifte oder Flüssigkristalle, die als Indikatoren für das Erreichen gefährlicher Temperaturbereiche verwendet werden, fallen unter das mit zahlreichen Beispielen belegbare Prinzip des Vorbeugens.

Das Prinzip, welches auch dem Nichtfachmann sofort eine ganze Reihe praktischer Lösungsvorschläge eingibt, ist in wohl so gut wie allen Lebensbereichen von Bedeutung. Bei Einzelobjekten sollte, bei komplexen Anlagen muss stets an die Nutzung des Prinzips gedacht werden.

- Sicherheitsglas ist meist mehrschichtig aufgebaut. Mindestens eine der Schichten wird aus nicht-silicatischem Material gefertigt, z. B. aus bestimmten organischen Hochpolymeren. Beide Schichten sind fest mit einander verbunden. Optimal sind beidseitig beschichtete Typen. So lässt sich im Katastrophenfalle das Herumfliegen scharfkantiger Silicatglassplitter durch eine *vorbeugend* orientierte Fertigungstechnologie verhindern.

- Noch zu Beginn der Neuzeit war es in gehobenen Kreisen üblich, einander mit Arsenik umzubringen. Heute spricht die unkomplizierte Nachweisbarkeit gegen eine weitere Verwendung der gefährlichen Substanz. Kardinal *Rodrigo Borgia*, der spätere Papst *Alexander VI.*, kümmerte sich nicht nur um die üppige Versorgung seiner Kinder *Lukrezia* und *Cesare* (und ging den wahrlich nicht prüden Römern als Ober-Lüstling auf die Nerven), sondern trainierte sich auch selbst, da er um sein Leben fürchten musste, vorbeugend eine gewisse Arsenik-Festigkeit an. Zunächst sehr kleine, dann immer weiter gesteigerte Dosen führten tatsächlich dazu, dass er mehrere Giftanschläge überlebte. Die so genannten Arsenesser bringen es auf eine Tagesdosis von immerhin 1 g, für Untrainierte absolut tödlich. Allerdings kann diese Art von Sonderernährung als Weg zu frischer Gesichtsfarbe und verführerisch leuchtenden Augen nicht ernsthaft empfohlen werden. Dennoch hat der *Borgia*-Papst, zunächst sogar erfolgreich, hier unstrittig das Prinzip „Vorbeugen" angewandt.

Prinzip 12: **Kürzester Weg – ohne Anheben oder Absenken des Objekts**

Die Arbeitsbedingungen sind so zu verändern, dass es nicht notwendig ist, das Objekt zu heben oder zu senken.

- Speziell in der Chemischen Industrie wird beim Umbau alter Produktionsanlagen auf die Rationalisierung der innerbetrieblichen Förder- und Transportprozesse noch immer viel zu wenig Wert gelegt. Die ausbildungsbedingt erklärliche Fixierung des Chemikers bzw. Verfahrenstechnikers auf die eigentlichen Prozessstufen führt manchmal zu einer bedauerlichen Vernachlässigung der Förder- und Transportabschnitte des Gesamtverfahrens. So wird bei Rationalisierungsmaßnahmen der in den technologisch wichtigen Prozessstufen erreichte Effekt nicht selten von den verbliebenen (keineswegs prozesstypischen) Mängeln des innerbetrieblichen Transportsystems aufgefressen.

Hier bietet sich ganz vordergründig *Altschullers* Konzept der *Idealen Maschine* an. Die Ideale Maschine ist dabei mit dem manchmal durchaus realistischen Konzept *Keine Maschine* gleich zu setzen. Warum brauche ich Elevatoren, Trogkettenförderer und Schnecken zum Transport des Gutes, wenn eine mit senkrechten oder annähernd senkrechten Schurren ausgerüstete Kaskade weit besser funktioniert und fast nichts kostet? Warum überhaupt transportieren?

Vielleicht lohnt es sich zu prüfen, ob die Verfahrensstufe A direkt oberhalb der nachfolgenden Verfahrensstufe B angeordnet werden kann? Oder, noch wesentlich besser: Vielleicht lassen sich die Prozess-Stufen A und B überhaupt zusammenlegen?

- Es ist dem Praktiker durchaus nicht verboten, die Prinzipien nach eigenem Ermessen umzubenennen, falls eine griffigere Formulierung häufigere und vor allem bessere Assoziationen verspricht. So kann das Prinzip „Kürzester Weg" ohne Weiteres auch als „An Ort und Stelle arbeiten" bezeichnet werden. Biró brauchte 18 Jahre von seiner ursprünglichen Idee bis zum funktionstüchtigen Kugelschreiber (Nitsche 1974, S. 157). Weitere Jahre vergingen, ehe auf einem vermeintlich völlig anderen Gebiet das Prinzip der Substanz übertragenden Kugeloberfläche abermals genutzt wurde. Deo-Roller sind wie überdimensionale Kugelschreiber aufgebaut. Das Deodorant wird nach diesem System ohne Verluste, wie sie bei der Spraydose unvermeidlich sind, auf kürzestem Wege zum gewünschten Ort der Anwendung transportiert. Ich bin mir über die Reihenfolge der Innovationen allerdings nicht ganz im Klaren: Möglicherweise kam der Deo-Roller auch *vor* dem Kugelschreiber; methodisch gesehen wäre das aber bedeutungslos.

- Folgendes sehr interessante Beispiel zum Kürzesten Weg überlappt deutlich mit dem Prinzip Nr. 25 („Von-Selbst-Arbeitsweise"). Schmerzende Gelenke werden meist durch den Abbau der Knorpelsubstanz (bzw. der so genannten Gelenkschmiere) verursacht, und erfordern schließlich den operativen Austausch durch eine Prothese. Um dies zu vermeiden bzw. hinauszuzögern, wird medikamentös versucht die fehlende Substanz zu ersetzen, wobei es ganz wesentliche Unterschiede zwischen der konventionellen (per Injektion) und der neuen „An Ort und Stelle"-Applikation gibt:

„Da das segensreiche Eiweiß jedoch als Medikament nur kurz wirkt, weil der Körper es schnell abbaut, geht die Gentherapie viel weiter: „Mit den gentechnisch veränderten Zellen wird das Gelenk selbst zur Produktionsstätte seines eigenen Medikaments", begeistert sich Baltzer. Gentechnisch gezähmte Viren dienen den Medizinern dabei als eine Art Taxi. Sie schleusen nur das benötigte Gen in die Gelenkinnenhautzellen, dann transportiert die körpereigene Müllabfuhr die Virusreste ab" (Wirtschaftswoche 2002).

- „Kürzester Weg" sollte – wie alle Prinzipien – nicht nur wörtlich genommen werden. Der zum Erreichen des Zieles kürzeste Weg kann in konkreten Fällen durchaus der apparativ längste Weg sein. Zur Erläuterung soll ein – wahrscheinlich uralter – Klempnertrick dienen. Er fällt in das Gebiet jener meist mündlich überlieferten Kniffe, die nicht nur als berufsspezifisches know how bestimmter Gewerke, sondern auch für das Betreiben spezieller Verfahren typisch sind. So wird an Carbidöfen, falls die von Wasser durchströmten Kühlrohre (*„Kühlfäden"*) an den thermisch hoch belasteten Elektrodenfassungen Defekte zeigen, nicht immer sofort eine ordnungsgemäße Reparatur eingeleitet. Vielmehr wird zunächst versucht, durch das so genannte *Schlämmen* den Schaden zu beheben. Oft weit entfernt von der Schadstelle werden Sägespäne in das Kühlsystem gegeben. Mit dem Kühlwasser gelangen die Späne dann auch in den Bereich des Defektes, werden mit dem an der Defektstelle austretenden Wasser bevorzugt in Richtung auf die Wandung des Rohres transportiert, und schließlich in das Loch hineingezogen bzw. hineingepresst. Günstigen Falles verkeilen sich mehrere der stark angequollenen Sägespäne untereinander, und der Defekt ist provisorisch behoben.

Erkennbar ist an diesem Beispiel übrigens auch die unmittelbare Nähe zum Prinzip 25 (Von Selbst-Arbeitsweise), denn alles, was erforderlich ist, geschieht tatsächlich von selbst: Die Sägespäne werden von dem in Richtung des Defekts strömenden Wasser automatisch an die zu reparierende Stelle transportiert, sie verkeilen sich dort *von selbst* und quellen im Medium, dessen Austreten verhindert werden soll, *von selbst* auf. Ständige Befeuchtung durch das vorbeiströmende Wasser stabilisiert das Provisorium *von selbst*

Anmerkung für Perfektionisten: Natürlich hält so etwas nicht ewig. Innerhalb von Tagen muss eine ordnungsgemäße Reparatur folgen – nur kann diese jetzt ordentlich geplant und vorbereitet werden. Dennoch löst das Beispiel in Seminaren erfahrungsgemäß bei einigen Teilnehmern immer wieder regelrechte Empörung aus. Als Trainer erkennt man dann, dass ein solcher Teilnehmer ab sofort vorsichtig zu behandeln ist: Er hält den Trainer nunmehr für einen Pfuscher bzw. Hallodri. Der Trainer hingegen weiß ab jetzt, dass er von diesem Teilnehmer kein sonderlich ausgeprägtes methodisches Verständnis zu erwarten hat.

Eine moderne Weiterentwicklung der Methode wird bei Defekten an Heizkreisläufen angewandt. Ist der Defekt nicht unmittelbar zu finden, d.h. liegt die Leckstelle im unzugänglichen Bereich (z. B. unter dem Fußboden), so müsste nun „*normalerweise"* zum Entsetzen der treu sorgenden Hausfrau alles aufgestemmt, der Defekt gesucht und sodann fachgerecht behoben werden. Die neue Methode beruht auf der Einführung eines löslichen Polymeren in den Heizkreislauf. An der Defektstelle tritt dann Wasser und Polymeres aus; letzteres reagiert beim Austritt zu einer Substanz, welche die Defektstelle sicher verschließt.

Prinzip 13: **Umkehrung**

Statt des Prozesses, der durch die Bedingungen der Aufgabe diktiert wird, ist der entgegengesetzte Prozess zu verwirklichen. Die beweglichen Teile sind unbeweglich, die unbeweglichen beweglich zu machen. Oben und unten sind zu verkehren, statt abzukühlen ist zu erwärmen usw.

Ohne Zweifel ist *Umkehrung* nicht irgendeine beliebige Empfehlung, sondern gehört zu den denkmethodisch wichtigsten Strategien überhaupt. Ich halte die Umkehrung im technisch direkten wie im symbolisch erweiterten Sinne für ein absolutes Universalprinzip, das immer und überall berücksichtigt und in die Betrachtungen einbezogen werden sollte. Wir kommen deshalb immer wieder auf das Umkehr-Prinzip zurück. Dabei interessieren vor allem solche Gesichtspunkte, die von anderen Autoren bisher nicht berücksichtigt wurden.

- Filteranlagen werden gewöhnlich von oben nach unten durchströmt. Die Filtertrübe fließt durch eine Filtermasse (Kiesbett, Sandbett, *Perlit*schicht etc.). Die Verunreinigungen verbleiben in der Schicht, das Klarfiltrat fließt unten ab. Hat sich zu viel Filterkuchen angesammelt, so wird der Prozess unterbrochen, damit rückgespült werden kann. Rückgespült wird von unten nach oben. Ein genau entgegengesetzt arbeitender Apparat wurde, bewusst oder unbewusst dem Umkehrprinzip folgend, zum Patent angemeldet. Das Verfahren arbeitet mit schwimmenden Filterkörpern, die von einem Rost oberhalb der Schicht am Wegschwimmen gehindert werden. Die Filtertrübe durchströmt die Schicht von unten nach oben, rückgespült wird von oben nach unten (Abb. 18)

Umgekehrt wurde bei diesem Apparat nicht nur die konventionelle Strömungsrichtung, sondern auch die konventionelle Richtung des ab und zu erforderlichen Rückspülvorganges. Umgekehrt wurden aber zuvor erst einmal die „normalen" Parameter der Filterkörper: nicht schwer, und demgemäß unten, sondern leicht, und demgemäß – als Schwimmkörper – oben (Nowatzyk, Pat. 1980/1981).

Abb. 18

Prinzip der Umkehrung, angewandt auf eine Filterkonstruktion (Nowatzyk, Pat.1980/1981)

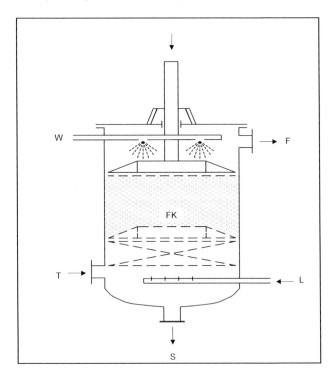

Umgekehrt wurde die konventionelle Strömungsrichtung. Umgekehrt wurden aber zunächst einmal die „normalen" Parameter der Filterkörper: nicht schwer und dem gemäß unten, sondern leicht und dem gemäß (schwimmend) oben.

T Trübe S Ablassöffnung für den Schlamm L Luft FK Filterkörper W Wasser zum Rückspülen F Filtrat

Erfinderisch Ungeübte haben manchmal beträchtliche Schwierigkeiten beim souveränen Handhaben des Umkehrprinzips. Dies dürfte vor allem mit einem bereits diskutierten (psychologisch erklärbaren) Phänomen zusammenhängen, der gleichsam hypnotischen Wirkung realer technischer Gebilde, auch „Normative Kraft des Faktischen" genannt. Gefordert wird aber gemäß Umkehrprinzip, alles buchstäblich auf den Kopf zu stellen, was als „normal", „erprobt", „bewährt", „zweckmäßig", „logisch", „selbstverständlich" gilt. Dieser Forderung nachzukommen fällt an sich schon nicht leicht. Blockaden sind insbesondere dann zu überwinden, wenn mit dieser Terminologie der Ist-Zustand von Experten (oder solchen, die sich dafür halten) für perfekt erklärt worden ist. Besondere Schwierigkeiten bereitet erfahrungsgemäß, sich eine Arbeitsrichtung entgegen der „normalen" Arbeitsrichtung vorzustellen. Beim soeben erläuterten Filterbeispiel ist die Sache noch einigermaßen anschaulich. Betrachten wir aber das folgende Beispiel, so wird klar, dass der Erfinder häufig erst einmal feststellen muss, was physikalisch eigentlich geschieht. Dann erst ist er in der Lage, per Umkehrprinzip eine technisch praktikable Lösung zu finden.

- Dragees werden in Dragiertrommeln aus pulverförmigen und flüssigen Komponenten hergestellt. Die zunächst feucht-klebrigen Dragees müssen getrocknet werden, ehe sie verpackt werden können. Trocknet man nun konventionell, indem man die Dragees in Bewegung hält und sie dabei einem Heißluftstrom aussetzt, so stellt man fest, dass der Prozess extrem lange dauert. Konventionell scheint nur eine Erhöhung der Heißluftmenge und/oder der Temperatur in Frage zu kommen. Verfährt man derart, so stellt man fest, dass sich der Prozess nicht nennenswert beschleunigen lässt; auch sind der Temperaturerhöhung aus Gründen der Produktstabilität und der Wirtschaftlichkeit Grenzen gesetzt. *Herrlich*, der dieses Beispiel in seinen Seminaren verwendet, untersuchte nun zunächst die physikalischen Verhältnisse, ehe er erfinderische Maßnahmen traf.

Es zeigte sich, dass die „Wärmefront" in einem Dragee nur sehr langsam von außen nach innen wandert. Dies, so *Herrlich*, liegt daran, dass das Wasser nicht etwa überwiegend von außen nach innen wegtrocknet, sondern das Wasser diffundiert vielmehr nur allmählich von innen nach außen, im Bereich der beginnenden Verdunstung stets für Kühlung sorgend. Unter diesen Umständen gelangt die Wärmefront nicht mit akzeptabler Geschwindigkeit bis zum Kern des Dragees. *Herrlich* löste das Problem nun durch zwischenzeitliche Umkehr-Fahrweise: Wird trockene Kaltluft auf die zuvor (wenn auch unvollständig) erwärmten Dragees gegeben, so ist der Kern des Dragees nunmehr relativ zur Umgebungsluft etwas wärmer, und somit wandert die Wärmefront in dieser Phase, in gleicher Richtung wie das Wasser bzw. der Wasserdampf, von innen nach außen. Nach einiger Zeit wird wieder auf Heißluft umgeschaltet, dann wiederum auf Kaltluft usw. In einem Bruchteil der bisher erforderlichen Zeit gelingt so die einwandfreie Trocknung der Dragees. *Herrlich* nannte sein Verfahren *Thermodiffusions-Intervall-Trocknung*.

Erkennbar ist, dass das Beispiel ebenso gut auch dem *Altschuller*-Prinzip 19 („Impulsarbeitsweise" bzw. „Oszillierendes Arbeiten") zugeordnet werden kann, entsprechend dem Wechsel der Arbeitsphasen. Der Kerngedanke entspricht jedoch dem Umkehrprinzip, da es ja ohne Kenntnis der physikalischen Hintergründe nicht einleuchtet, dass kalte Luft im Vergleich zu warmer Luft eine schnellere Trocknung bewirkt.

Die analoge Arbeitsweise wird, wahrscheinlich schon länger als bei der Drageetrocknung, zum Trocknen von Bauholz angewandt. In größeren Zimmereibetrieben wird kaum noch das jahrelange Ablagern an der Luft, sondern vor allem auch das Prozess gesteuerte Intervall-Trocknen (Wechsel zwischen Heißluft und Kaltluft) in Trockenkammern praktiziert. Heute will eben niemand mehr über viele Jahre warten, bis das Holz endlich trocken ist. Hier kommt noch ein Problem hinzu, das sich ebenfalls nur nach dem Umkehr-Prinzip lösen lässt. Trotz Intervall-Fahrweise trocknet das Gut nicht gleichmäßig, sondern die oberen Schichten trocknen wesentlich schneller, verbunden mit unerwünschter Rissbildung. Dem entsprechend sind bei modernen Holz-Trocknungsanlagen in das automatisch gesteuerte Programm *Befeuchtungsphasen* eingeschaltet, in denen die zu trocknenden Balken mit Wasser besprüht werden. Ein besseres Beispiel für die Umkehr-Arbeitsweise lässt sich kaum denken: *Damit* das Holz *ordnungsgemäß* trocknet, *muss* es mit Wasser besprüht werden.

- Ein abschließendes Beispiel aus dem Bereich der Medizin zeigt den universellen Charakter des Umkehr-Denkens. „Erwachsene und Kinder über zwölf Jahren nehmen zweimal täglich eine Tablette", so steht es auf Beipackzetteln. Dosierungsanleitungen sind das Ergebnis klinischer Studien mit Hunderten bis Tausenden von Teilnehmern. Gewonnen werden so Durchschnittswerte. Zunächst ist man geneigt, diese Vorgehensweise für richtig und verlässlich zu halten („Je mehr einbezogen sind, desto sicherer"). Jedoch werden Arzneimittel in aller Regel nur nach ganz wenigen Kriterien (wie Körpergewicht oder Leber- und Nierenfunktion) dosiert, ein Raster, das nach Expertenmeinung viel zu grob ist. So kommt es, dass nach Schätzung von *Mark Levin* 20 bis 40% aller Patienten die falschen Medikamente bekommen. Will man diese geradezu katastrophale Lage („Schuss ins Blaue") verändern, so hilft nur konsequentes Umkehrdenken: Nicht *viele* Teilnehmer an Studien zwecks statistischer (hier: mehr als fragwürdiger) Absicherung, sondern *individuelle* Tests zur Verträglichkeit sind gefragt. Hier führt demnach das Umkehrdenken völlig weg vom Üblichen, als gesichert Geltenden. Die Lösung klingt im Nachhinein, wie jede gute Lösung, ziemlich banal: *„Ärzten wird es bald möglich sein, mit Hilfe von Gen-Tests im Voraus zu bestimmen, ob und in welcher Dosierung ein Medikament bei einem bestimmten Patienten wirkt oder Nebenwirkungen hervorruft"* (Nachrichten aus der Chemie 2002).

Hoffen wir also, dass die geschilderte – derzeit völlig unbefriedigende – Situation sich noch in unserer Lebenszeit zum Besseren wendet. Bis dahin dürfte unverändert *Matzens Medikamentenregel* gelten:

„Ein Medikament ist eine Substanz, das, einer Ratte injiziert, einen wissenschaftlichen Bericht zur Folge hat" (Bloch 1985)

Prinzip 14: **Sphärische Form**

Es ist überzugehen von rechtwinkligen Teilen des Objektes zu gekrümmten, von ebenen Flächen zu sphärischen, von Würfeln zu Kugeln.

- Dragees sind, unmittelbar bedingt durch ihre ellipsoide Form, gewöhnlich stabiler als Tabletten, Eierbriketts weniger bruchgefährdet als gewöhnliche im Strang gepresste Briketts.

- Kugeltanks sind stabiler als zylindrische Tanks, zylindrische Tanks stabiler als kubische Behälter. Bei gleicher Blechstärke sind moderne, sich der Eiform nähernde Autokarosserien stabiler als die klassischen Karosserien früherer Jahrzehnte. Die tragenden oder auch Kraft übertragenden Elemente beliebiger Maschinen lassen sich eleganter und vor allem Material sparender ausführen, wenn das Prinzip „Sphärische Form" beherzigt wird. Möglicherweise sind die Erfolge des weltbekannten Designers *Luigi Colani* auch darauf zurückzuführen, dass bei seinen Kreationen die – rein technisch ideale – Eiform eben auch als Design-Element besonderen ästhetisch wirkt.

Zwar sind derartige Beispiele dem qualifizierten Konstrukteur – im Sinne von fachlichen Selbstverständlichkeiten – vertraut, aber dennoch wird noch immer nicht durchgängig nach diesem Prinzip verfahren. Hinzu kommt, dass das Prinzip außerhalb der Konstruktionslehre – wie alle Prinzipien – ebenfalls wirkt, jedoch nach diesem Muster durchgeführte Entwicklungsarbeiten nicht entfernt so selbstverständlich wie bei mechanischen Konstruktionen sind. Das folgende Beispiel soll den Zusammenhang verdeutlichen.

- In der Chemischen Technologie spielen Kristallisationsprozesse eine große Rolle. Besonders nachteilig ist, wenn das Kristallisat in Form überwiegend nadel- oder balkenförmiger Einzelkristalle anfällt, da ein Haufwerk aus solchen Kristallen wegen der zahlreichen Berührungspunkte und -flächen nicht selten zur Brückenbildung und damit zum Verbacken neigt. Besonders bei kristallwasserhaltigen Salzen kann totales Verhärten eintreten. Das anschließende Aufmahlen der verhärteten Massen zwecks Gewinnung rieselfähiger Ware wäre nur ein äußerst unbefriedigender Kompromiss. Eine wichtige erfinderische Aufgabe lautet deshalb, den Kristallisationsprozess so zu beeinflussen, dass polyedrische Kristalle (z. B. Ikosaeder) entstehen, die sich der weit günstigeren Kugelform annähern, oder die wenigstens einem Rotationsellipsoid ähneln *("Reiskornstruktur")*. Derartige Kristalle sind wegen der stark reduzierten Kontaktmöglichkeiten zwischen den Körnern meist besser lagerfähig als nadelig oder balkenförmig kristallisierte Ware. Abgesehen von definierten Rühr- und Kristallisationsbedingungen und der Anwendung so genannter *Lösungsgenossen* kann man das gewünschte Ziel auch durch Modifizieren des Kationen-Anionen-Verhältnisses, d.h., z.B. im Falle des Trinatrium-Phosphates, durch Einstellen eines bestimmten Na:P-Verhältnisses in der Ausgangslösung, erreichen (Liedloff u. Gisbier, Pat. 1975/1978). In analoger Weise lässt sich rieselfähiges Monoammoniumphosphat mit Reiskornstruktur erhalten. Ein gewisser NH_3-Überschuss gegenüber der stöchiometrischen Zusammensetzung, d. h. eine in diesem Falle ziemlich erhebliche Variation des theoretischen N:P-Verhältnisses in der Ausgangslösung, bringt den gewünschten Erfolg (Gisbier et al., 1983/1985).

Schutzrechtlich wissenswert ist, dass der solchen und ähnlichen Verfahren zugrunde liegende Effekt (hier z. B.: *weil* die Ausgangslösung vor Beginn der Kristallisation ein anderes Kationen/Anionen-Verhältnis als das kristalline Endprodukt hat, *deshalb* wird die Kristallstruktur des Endproduktes in gewünschter Weise beeinflusst) nicht unbegrenzt strapazierfähig, d.h. erfinderisch nicht unentwegt wieder verwendbar ist. Bedingung für die Erteilung des Schutzrechtes ist, dass die Verwendbarkeit des der Anmeldung zugrunde liegenden Effekts (der, wie bereits erläutert, *für sich allein* niemals schutzfähig ist) im näheren fachlichen Umfeld bisher noch *überraschend* zu sein hat. Da es sich bei den oben erläuterten Beispielen jeweils um das Verschieben des Kationen-Anionen-Verhältnisses zum Erreichen eines und desselben technischen Zweckes – zudem bei ein und derselben Stoffgruppe – handelt, dürften künftige Anmeldungen in dieser Richtung, sofern vom Prüfer scharf bewertet, nicht mehr sonderlich überraschend wirken. Allerdings sind hier die Grenzen zwischen nicht schutzfähigem Effekt und schutzfähiger Erfindung offenbar fließend. Möglicherweise wurde der Mittel-Zweck-Zusammenhang (Einstellen eines ganz bestimmten Na:P-Verhältnisses beim Trinatriumphosphat) zuerst gefunden, und dann sinngemäß (Einstellen eines ganz bestimmten N:P-Verhältnisses) auf die Ammonphosphat-Herstellung übertragen. Hier wäre anhand weiterer Versuche mit anderen Verbindungen innerhalb der Stoffklasse zu klären, ob die Verschiebung des Kationen/Anionen-Verhältnisses tatsächlich *immer* zu einer Beeinflussung der Kristalltracht führt. Sollte dies der Fall sein, und spräche sich das in Prüferkreisen herum, so wäre das Ausprobieren der jeweils genauen Molverhältnisse zwischen Kation und Anion nur noch fachmännisches Handeln. Weitere Anmeldungen in dieser Richtung wären dann nicht mehr sonderlich aussichtsreich.

Tröstlich ist in solchen Fällen immerhin, dass der Überraschungseffekt auch seine subjektiven Seiten hat. Der von seinem eigenen Ergebnis überraschte Erfinder sieht seine Chancen zunächst in rosigem Licht. Auch ein überraschter potenzieller Nutzer, z. B. ein Lizenzinteressent, kann für die Chancen der Lizenzvergabe und damit für den Erfinder vorteilhaft sein. Wirklich wichtig indes ist einzig und allein, wie der Prüfer die Sache sieht. Zeigt *er* sich nicht überrascht, so wird das Schutzrecht nicht erteilt. Ersatzweise kann der Überraschungseffekt beim Prüfer und beim erstaunten Leser allerdings auch rein subjektiv – z. B. durch eine hochgradig verquollene Textformulierung – erzielt werden. Indes hat diese eher literarische Variante ausgesprochenen Notbrems-Charakter. Sie fällt unter den ebenso bildhaften wie selbst erklärenden Terminus „Patent-Chinesisch" und sollte von seriösen Erfindern nur in Ausnahmefällen, z. B. zum Schutze vor der fachlich noch tiefer fliegenden Konkurrenz, aus sportlichen Gründen oder als Stilübung, praktiziert werden (Zobel 1976).

Prinzip 15 **Anpassen**

Die charakteristischen Eigenschaften des Objektes müssen so verändert werden, dass sie in jeder Anwendungsphase optimal wirken.

Ändern sich die an ein Verfahren gestellten Forderungen, so ist das Objekt zwecks Erfüllung der veränderten Forderungen zu variieren. Besonders häufig begegnet man Fällen, in denen eine Apparatur allein deshalb in bestimmten Phasen nicht optimal arbeitet, weil sie nicht anpassungsfähig ist.

- Noch vor nicht allzu langer Zeit glaubten manche Journalisten, Wasser sparende administrative Maßnahmen zur Einführung von Toilettenspülungen mit unterschiedlichen Spülstärken bespötteln zu müssen („ND" 1981). Gleichzeitig wurden die Patentämter bereits mit einer Flut von Sparspülanmeldungen überschwemmt (z.b. Geisler, Pat. 1980/1982; Weber, Pat. 1979/1981; Piontek, Pat. 1981/1983). Sämtliche Vorschläge gehen von dem allgemein geläufigen Sachverhalt aus, dass in konkreten – häufig auftretenden – Benutzungssituationen in einer konventionell ausgerüsteten Toilette beim Spülen unnötig Wasser verschwendet wird. Sparspülvorrichtungen können deshalb als typische und in Anbetracht der weltweit zunehmenden Wasserknappheit sehr nützliche Beispiele für das Anpass-Prinzip gelten. Gleichzeitig belegen sie den engen Zusammenhang zwischen sozialer Notwendigkeit und damit wachsender (bzw. in anderen Fällen auch abnehmender) Akzeptanz eines Prinzips. Der Erfinder sollte rechtzeitig überlegen, ob seine Bemühungen ein ökonomisch sinnvolles Objekt betreffen. Beim Sparspül-Beispiel ist das ohne Zweifel längst der Fall. Mindestens 25 l Wasser pro Tag und Einwohner lassen sich so bequem sparen, und dies ohne Beeinträchtigung der Hygiene. Das sind immerhin etwa 10-20 % des Pro-Kopf-Wasserverbrauchs industrialisierter Länder. Deshalb sind Sparspülvorrichtungen inzwischen selbstverständlich.

- Das Anpass-Prinzip gewinnt zweifellos ständig an Bedeutung. So entspricht beispielsweise die beim modernen PKW per Mikroprozessor gesteuerte Kraftstoff-Einspritzung diesem wichtigen Prinzip. Gerade weil beim Otto-Motor recht widersprüchliche Bedingungen zu erfüllen sind, ist diese moderne – auf mechanisch-pneumatische Weise kaum zu realisierende –Technik sehr sinnvoll. So sollte beim Kaltstart das Kraftstoff-Luft-Gemisch ein wenig „überfettet" sein, was einem λ etwas unterhalb 1,0 entspricht. Hingegen erfordert ruhiges „Dahinschnurren" auf ebener Straße bei möglichst minimalem Kraftstoffverbrauch ein λ von 1,05 bis 1,10, d. h. einen – gegenüber der stöchiometrischen Verbrennung – deutlichen Luftüberschuss.

- In den Überschwemmungsgebieten des Amazonas wurden seltsame Fische entdeckt: Sie fressen mit Vorliebe Früchte, die von den Bäumen während der Überschwemmung ins Wasser fallen. Noch erstaunlicher ist aber die Atemtechnik dieser Fische. 40 Arten können dauernd in äußerst sauerstoffarmem Wasser leben. Zehn dieser Fischarten sind in der Lage, direkt atmosphärische Luft aufzunehmen. Diese extreme Anpassung wird über eine gut durchblutete Mundhöhle und eine lungenartig ausgebildete Schwimmblase erreicht.

Mancher Leser wird sich über dieses vermeintlich rein biologische Beispiel wundern. Solche und ähnliche Beispiele sind aber von ganz besonderem Nutzen: Sie zeigen zum Einen, dass die *Altschuller*-Prinzipien übergreifenden denkmethodischen Wert auch außerhalb der Technik haben, und sie sorgen zudem für die Ausbildung eines umfassenden Analogie-Denkens. So lenkt uns das Amazonas-Beispiel ganz zwanglos auf eine erfinderische Aufgabe hohen Ranges: das Problem der *direkten* Gewinnung bzw. Aufnahme bzw. Umwandlung von Luftsauerstoff oder Luftstickstoff für technische Zwecke.

Ich überlasse es dem Leser selbst, anhand des Amazonas-Beispiels die Probe aufs Exempel zu machen. Beschränken wir uns auf kurze Anregungen. Wenn Sauerstoff aus der Atemluft entfernt wird, bleibt schließlich Stickstoff übrig. Wie steht es eigentlich um die natürliche Stickstoffgewinnung aus der Luft bzw. die bakterielle Stickstoffumwandlung? In der Schule haben wir doch von den Wurzelknöllchen der Lupine gehört. Ist das jemals weiter verfolgt worden? Falls nicht, warum nicht? Falls ja: Wie weit ist man gekommen? Funktioniert das wirklich nur bei Leguminosen? Hat man auch bei anderen Gattungen schon Untersuchungen durchgeführt? (Man hat!). Wie steht es um die direkte Sauerstoffgewinnung aus der Luft? Das *Linde*-Verfahren der Luftverflüssigung ist teuer. Es gibt aber schon Molsieb-Anlagen, die für die Gewinnung von Stickstoff sowie Sauerstoff aus der Luft ausgelegt sind. Was lässt sich über adsorptive und andere Prozesse noch machen? Kombinationen? Membranprozesse? Die Mundschleimhaut des Amazonas-Fischs ist doch auch eine Membran, und da funktioniert die Sauerstoffaufnahme schon tadellos. Sind Membranen oder raffinierte Kombinationen vielleicht noch vorteilhafter als Molsiebe?

Assoziationen/Analogien sollten für erfinderische Zwecke tatsächlich derart ausufern. Umso wichtiger ist der an sich banale Ratschlag: Sofort aufschreiben! Auch ist aufzuschreiben, *was* man sich bei jeder Assoziation gerade gedacht hat; Querverbindungen sind vorrangig zu bewerten, und wenigstens skizzenhaft festzuhalten. Bei mir ist am nächsten Tag im Extremfall „alles weg", falls ich auf Arbeitsnotizen verzichtet habe. Vermutlich geht es vielen Menschen so. Erfolgreiche Erfinder behaupten sogar, das unverzügliche Vergessen jener Gedankengänge, die man sicherheitshalber notiert hat, entlaste das Gehirn und mache es frei für neue Assoziationen.

- Verblüffend einfach ist ein *„Verfahren zur Zerstörung von Schäumen unter Verwendung von mechanischen Schaumzerstörern, dadurch gekennzeichnet, dass dem schäumenden Medium in Abhängigkeit von der Leistungsaufnahme des mechanischen Schaumzerstörers Entschäumungsmittel zugesetzt wird"* (Wiedholz et al., 1977/1978).

Die Sache ist insofern ziemlich trivial, als bei vielen Prozessen in der Chemischen Industrie die Stromaufnahme der Antriebsmotoren von Rührmaschinen ohnehin als Orientierungsgröße für den Betriebszustand betrachtet wird. Welche Maßnahmen der Anlagenfahrer bei erhöhter Stromaufnahme dann im Einzelnen praktiziert, hängt von den Umständen und von der Spezifik des Prozesses ab (z. B.: zeitweilige Außerbetriebnahme wegen vorhersehbarer Überlastung, Absenken des Flüssigkeitsspiegels, Zusatz Viskosität mindernder Mittel usw.). Oft sind dies Maßnahmen, die von einer intelligenten Bedienungsmannschaft selbstständig erdacht und im Bedarfsfalle ohne große Umstände praktiziert werden. Jedenfalls fallen derartige Maßnahmen, ob noch nicht oder nicht mehr schutzfähig, unter das Anpass-Prinzip wie auch unter das Prinzip 25 (Von Selbst-Arbeitsweise in dem Sinne, dass das Maß der erforderlichen Eingriffe durch den Fahrzustand selbst angezeigt wird, was eine automatische Steuerung durch entsprechend dosierte Eingriffe ermöglicht).

- In vielen Industriezweigen ist es erforderlich, zähe oder gar pastöse Substanzen aufzurühren. Dabei muss während des Anfahrens von der Rührvorrichtung zunächst eine extrem hohe Leistung erbracht werden. Ist der Inhalt des Rührbehälters erst einmal in Bewegung, so genügen mittlere Leistungen. Ein gewöhnliches Rührwerk erfüllt diese wechselnden Anforderungen nicht:

Ist es für den Normalbetrieb ausgelegt, so lässt es sich nicht anfahren; ist es hingegen für den Anfahrbetrieb ausgelegt, so muss es – bezogen auf die Anforderungen des Normalbetriebs – extrem überdimensioniert werden. Gefragt sind somit *anpassungsfähige* Rührvorrichtungen. Ein in der Gärungsindustrie einsetzbarer, mit einer horizontalen Welle ausgerüsteter Apparat, der diesen Anforderungen entspricht, wird wie folgt gekennzeichnet:

„Die Erfindung besteht darin, dass das Rührwerk beim Einschalten zunächst eine Pendelbewegung durchführt und dadurch den Feststoff, insbesondere die Traubentrester, lockert" (Rieger, Pat. 1982/1983).

Die Aufgabe wird demnach mit Hilfe zweier verschiedener Bewegungsformen (Pendelbewegung im Anfahrbetrieb, Rotationsbewegung im Dauerbetrieb) gelöst, was allerdings im Antriebsbereich wohl kompliziertere Maßnahmen als bei einem gewöhnlichen Rührwerk erfordert. So drängt sich der Gedanke auf, nicht den *Antrieb,* sondern vielleicht besser den *Rührer* nach dem Anpass-Prinzip flexibel zu gestalten. In diesem Falle müsste der Rührer in der Anfahrphase eine andere Geometrie als in der Normalbetriebs-Phase haben.

Überlegen wir, wie unter diesem Gesichtspunkt vorzugehen ist Beispielsweise könnten die Rührflügel über Gelenke an der Welle befestigt werden. Bei hochgeklappten (ganz oder annähernd senkrecht gestellten und dann arretierten) Rührflügeln ließe sich das Rührwerk auch bei vergleichsweise geringer Leistung störungsfrei anfahren. Nach dem Lösen der Arretierung würden die Rührflügel dann während des Betriebes allmählich in das Rührgut einsinken und schließlich ihre normale waagerechte Stellung einnehmen. Der im Wortsinne dem Anpass-Prinzip entsprechende Übergangsbereich könnte bei richtiger Auslegung sicherlich störungsfrei durchfahren werden.

Das Handhaben der Prinzipien zum Lösen Technischer Widersprüche erfordert einige Phantasie. Wer in dieser Hinsicht Probleme hat, dessen Lösungen fallen hölzern, schematisch, kaum originell aus. Sie liegen an der Grenze des Schutzfähigen oder darunter. Zu bedenken ist stets, dass die Prinzipien lediglich den Charakter von *Rahmenempfehlungen* bzw. von *Lösungsstrategien* haben, und dass es *direkt* verwendbare Beispiele nicht gibt – und, sofern das bearbeitete Problem wirklich ungelöst ist, auch nicht geben kann. Schutzfähige Übertragungen erfordern, da sie fast immer aus anderen Gebieten stammen, stets eine z. T. erhebliche „Übersetzungsarbeit". Wer die Beispiele für unmittelbare Rezepte hält, verkennt den Charakter des Erfindens.

Auch beim Analysieren der Patentliteratur zwecks Erstellens eigener Beispielsammlungen sind phantasievolle Menschen im Vorteil. Das Problem liegt bei dieser mehr systematisierenden Arbeit darin, dass die praktischen Beispiele nicht allein nach ihrem äußeren Erscheinungsbild beurteilt werden dürfen. Ohne Abstraktion ist das Wesen eines Verfahrens bzw. Objektes nicht zu erkennen. Hilfreich sind hier die Begriffe „Gebilde-Struktur-Prinzip" (Welche *Struktur* liegt dem von mir analysierten konkreten Gebilde zugrunde?) und „Gebilde-Funktions-Prinzip" (Welche *Funktion* hat das betrachtete Gebilde?). Stellt sich der systematisch interessierte Leser diese Fragen, so wird er beim Lesen der Patentliteratur gleichsam hellsichtig. Das als sekundär erkannte Äußere verliert an Bedeutung, Struktur und Funktion werden sichtbar.

Die folgenden Beispiele zeigen, wie vermeintlich extrem weit auseinander liegende Beispiele bei dieser Betrachtungsweise zur Demonstration des gleichen innovativen Prinzips dienen können. Genau dies macht für den mit vielen Branchen vertrauten Praktiker die Stärke des *Altschuller*-Systems aus.

- Abb. 19 a stellt eine Weinflasche dar, die teilweise geleert wurde, und deren restlicher Inhalt einige Tage ohne Qualitätsminderung aufbewahrt werden soll.

Um die Reaktion des Alkohols mit dem in der halbvollen Flasche trotz Verschließens enthaltenen Luftsauerstoff zu vermeiden bzw. einzuschränken, lässt sich der Erfinder das Auffüllen mit Glas- oder Porzellankugeln schützen. Die Flasche ist nun wieder bis zum Flaschenhals gefüllt, und nach dem Verschließen kann der Inhalt weit länger als ohne diese Maßnahme aufbewahrt werden (Yamamoto, Pat. 1981/1983).

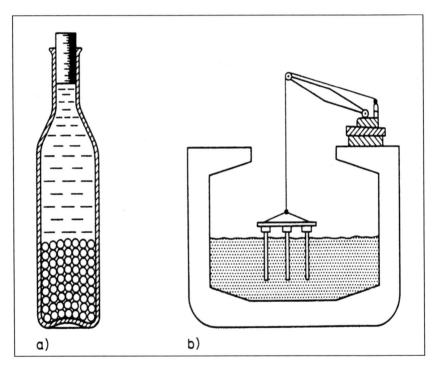

a)   b)

Abb. 19   Das Prinzip „Anpassen", erläutert an vermeintlich sehr weit auseinander liegenden Beispielen

a) Verhindern der Oxidation von Ethanol in Weinflaschen durch Auffüllen der teilweise geleerten Weinflasche mit Glas- oder Porzellankugeln (Yamamoto, Pat. 1981/1983)

b) „Method for loading coal slurry and vibrator to be used" (Katsura, Pat. 1981/1983)

Vermeintlich ganz anders scheint das Problem bei dem in Abb. 19 b dargestellten Sachverhalt zu liegen. Wir erkennen einen Rüttler, etwa nach Art eines Betonrüttlers, mit dessen Hilfe Kohlepulpe im Laderaum eines Schiffes in Vibraton versetzt und dabei verdichtet wird (Katsura, Pat. 1981/1983).

Dass der Rüttler, und zwar unter Nutzung der thixotropen Eigenschaften der Pulpe, eigentlich zum Flüssighalten bzw. Wieder-Verflüssigen des *slurry* dient, soll uns für die folgende Betrachtung ausnahmsweise nicht interessieren.

Der Vergleich von Abb. 19 a und b ist überhaupt nur möglich, wenn man das Prinzipielle erkennt. In beiden Fällen werden Leer-Räume beseitigt: bei a) mit Hilfe der Flüssigkeitsverdrängung, bei b) hingegen überwiegend durch das Erzeugen dichtester Partikelpackungen. Beispiel a) ist zudem durch den im Zusammenhang mit einer Patentschrift verwirrenden Umstand gekennzeichnet, dass eine absolute Banalität beschrieben wird. Älteren Hobby-Fotografen ist sicherlich geläufig, dass man keine halbvollen Entwicklerflaschen herum stehen lassen sollte. Grund: Der Entwickler *Hydrochinon* ist recht oxidationsempfindlich, der Entwickler verdirbt deshalb im Kontakt mit Luftsauerstoff. Das vom Praktiker angewandte Mittel ist seit Jahrzehnten bekannt. Glas- oder Porzellankugeln werden zum Auffüllen benutzt, ehe man die Flasche verschließt. Wir stoßen hier abermals auf ein Phänomen, das nicht eben selten zu beobachten ist. In Unkenntnis längst bekannter Lösungen aus fachlich eigentlich eng verwandten Gebieten (hier: Unterbinden der Wirkung von Luftsauerstoff auf oxidationsempfindliche Flüssigkeiten) werden Schutzrechte manchmal auch für Banalitäten erteilt. In derartigen Fällen ist prinzipiell auch im Nachhinein noch eine Nichtigkeitsklage wegen nicht gegebener Erfindungshöhe möglich. Bei unserem Beispiel dürfte sich solches erübrigen, da sich wohl niemand finden wird, der kommerzielles Interesse an der Sache haben könnte.

Noch deutlicher wird die Banalität, wenn wir die Umkehr-Arbeitsweise zum japanischen Vorschlag betrachten: Umfüllen des Weins in eine kleinere Flasche. In Georgien wird der Wein traditionell in Amphoren aufbewahrt, die an einem schattigen Platz in den Boden eingegraben werden. Bleibt nach einem Fest vom Inhalt einer solchen Amphora noch etwas übrig, so wird der Wein in eine kleinere Amphora umgefüllt: Das Aufbewahrungsgefäß muss voll, die Luftblase klein gehalten werden.

• Unmittelbar dem Anpass-Prinzip entspricht auch eine *„Bürste zum Reinigen der Oberfläche rohrförmiger Körper"* (Wessel, Pat. 1985/1987). Dabei sind ein *„angeformtes kreisbogenförmiges Teil"* sowie ein ihm genau gegenüber liegendes *„gleichartiges, um eine Achse schwenkbares, mittels Feder andrückbares Komplementarteil"* jeweils innen mit Drahtborsten ausgerüstet. Der Apparat ist so konstruiert, dass die von der Rohroberfläche gelösten Rostpartikel unmittelbar am Anfallort abgesaugt werden können (Abb. 20).

Ein noch einfacherer, prinzipiell jedoch genau entgegen gesetzt arbeitender Apparat wird von *Carelman* in seinem höchst anregenden Nonsensbüchlein *„Katalog erstaunlicher Dingelinge"* vorgestellt (Carelman 1987, S.12). *Carelman* nennt dieses *Dingeling* (hübsche Verdeutschung von *„gadget"*?) schlicht „Rohranstreicher" und kommentiert: *„Die besondere Anordnung der Bürste erlaubt es, ein Rohr auf rationellste Weise zu bemalen. Bei Bestellung bitte Rohrdurchmesser angeben."* Der Carelmansche Wunderpinsel hat keine automatische Farbzufuhr und ist nicht anpassungsfähig. Ansonsten entspricht er geometrisch genau Abb. 20.

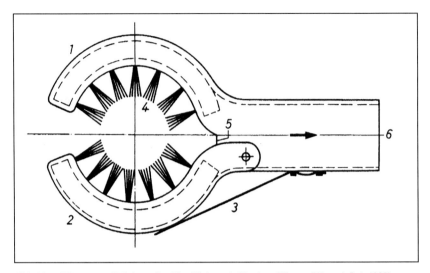

Abb. 20   Bürste zum Reinigen der Oberfläche rohrförmiger Körper (Wessel, Pat. 1985)
1 starres halbkreisförmig angeformtes Teil   2 schwenkbares Komplementarteil   3 Andrückfeder
4 Borsten   5 Absaugöffnung   6 Saugstutzen

Versuchen wir deshalb, Carelmans starren Ringsherum-Pinsel konsequent zu Ende zu erfinden. Abb. 20 zeigt uns beinahe unmittelbar, wie vorzugehen ist. Der Absaugstutzen des Entrosters wird per Umkehrung einfach zum Farbdosierstutzen für den Pinsel umfunktioniert. Die Anpass-Vorrichtung des Entrosters kann deckungsgleich übernommen werden. Anstelle der Drahtborsten werden für den industriellen Farbauftrag geeignete Kunststoff-Borsten eingesetzt.

Dem Leser soll mit diesem nicht allzu ernst gemeinten Beispiel der besondere erfinderische Nutzen des stets angebrachten Umkehr-Denkens demonstriert werden. Carelmans Büchlein enthält nicht nur Nonsens-Erfindungen, sondern auch verwertbare Anregungen. Natürlich wären mindestens die Konsistenz der Farbe und die konkrete Art der Farbdosierung für eine wirklich nützliche Vorrichtung zu berücksichtigen.

Aus der Sicht der gedanklichen Priorität liegt Carelman übrigens vorn: Sein Nonsens-Büchlein erschien in der französischen Erstausgabe bereits 1969, der Entrost-Apparat wurde erst 1985 zum Patent angemeldet.

Schutzrechtlich ist eine derartige Priorität im Zweifelsfalle durchaus von Belang, völlig unabhängig davon, ob es sich um technische oder beliebige nicht-technische Literatur, wie z. B. eben auch Karikaturen oder Comics, handelt. So wurde eine Patentanmeldung zurückgewiesen, die das Heben gesunkener Schiffe durch Einblasen von Auftrieb erzeugenden leichten Kunststoff-Kügelchen betraf.

Die Priorität hatte in diesem Falle Donald Duck. In einem Walt Disney-Comic war zu sehen, wie die berühmte clevere Ente – fleißig immer wieder tauchend – Tischtennisball für Tischtennisball die den Auftrieb erzeugenden Körper in einen Schiffsrumpf einbrachte, und ihn so nach einer Weile tatsächlich an die Oberfläche holte.

Prinzip 16: **Nicht vollständige Lösung**

Wenn keine vollständige, dann ist eine teilweise Lösung der Aufgabe zu erreichen bzw. anzustreben.

Aufgaben sind meist nicht mehr schwierig, wenn der Erfinder auf die absolut vollständige Lösung verzichtet. Dieses Prinzip missfällt vor allem den Perfektionisten. Tatsächlich muss jeder erst lernen, dass technische Konsequenz nicht unter jeglichen Bedingungen heißt, alles glänzend, universell brauchbar und völlig perfekt zu machen. Genügt das Ergebnis den zuvor exakt definierten Anforderungen der Aufgabe, oder sind für einen Übergangszeitraum Sofortlösungen gefragt, so ist im konkreten Falle die Anwendung des Prinzips Nr. 16 dringend anzuraten.

Abb. 21

Wichtiges Prinzip für den Ingenieur wie für den Erfinder:
Nicht so gut wie möglich, nur so gut wie nötig!

Lengren (1980, S. 318) zeigt uns einen Monarchen in Unterhosen, der dennoch in vollem Maße „funktioniert" (d.h. überzeugend repräsentiert), weil er im Sichtfeld seiner Untertanen einen durchaus königlichen Eindruck macht.

Es geht hier keinesfalls um die Verteidigung von primitivem Pfusch, sondern um die Aufforderung, zu prüfen, ob eine Lösung auch in den weniger wichtigen Bereichen unbedingt immer optisch perfekt sein muss.

Damit keine Irrtümer entstehen: Pfusch ist hier ganz und gar nicht gemeint, sondern vielmehr situationsgerechtes, angemessenes Handeln. Das Prinzip ist in der Regel dann zu empfehlen, wenn die angestrebte hundertprozentige Lösung mit hoher Wahrscheinlichkeit sehr teuer oder sehr umständlich ausfallen wird. In manchen Fällen ist es dann auch zweckmäßig, eine andere Arbeitsrichtung zu wählen.

Zuvor jedoch ist klarzustellen, ob eventuell nicht mehr die vollständige, sondern eine (beispielsweise) nur *85%ige* Lösung des Problems angestrebt werden sollte. Abb. 21 zeigt, dass bereits eine nur etwa fünfzigprozentige Lösung manchmal durchaus genügen kann: *In Funktion* überzeugt der *„Monarsch"* (so die Original-Bildunterschrift) sein jubelndes Volk durchaus; dass er in Unterhosen dasteht, ist für sein charismatisches Funktionieren – weil nicht sichtbar – völlig unwichtig. Entspannt kann der Leibdiener im Hintergrund wirken und in aller Ruhe die königliche Hose bügeln.

Abb. 21 illustriert so die einfache Ingenieurs-Regel *„Nicht so gut wie möglich, sondern so gut wie nötig"*. Da aber dieses einleuchtende Prinzip selten durchgängig beachtet wird, entwickelt sich fast jedes Technische System, ausgehend von der Stufe der Primitivlösung, über allerlei Zwischenphasen zur Stufe der überkomplizierten Lösung. Unser Ziel sollte aber stets, wenn möglich ohne Umwege, die *raffiniert einfache Verfahrensweise* sein. Zum Erreichen dieses Zieles kann das Prinzip „Nicht vollständige Lösung" nützlich sein.

• Wird die vollständige Abscheidung feiner und feinster Stäube aus einem Gasstrom angestrebt, so werden gewöhnlich Schlauchfilterbatterien mit zyklischer Abklopfung bzw. Jet-Rückspülung verwendet. Auch elektrostatisch arbeitende Filter sind allgemein im Gebrauch. Beide Systeme sind teuer und nicht völlig betriebssicher. Wegen der ungünstigen Fließeigenschaften abgeschiedener Feinstäube (Brückenbildung) versacken die Filter häufig. Filtersäcke können reißen, Sprühdrähte über Materialbrücken kurzgeschlossen werden. Insgesamt ist die Verfügbarkeit solcher Anlagen nur bei kontinuierlicher, sorgfältiger und qualifizierter Wartung gewährleistet. Im Falle von Betriebsstörungen geht das Gas dann völlig ungereinigt über Dach. Hier bietet sich, insbesondere für Entwicklungsländer, eine nicht vollständige Lösung als vorläufiger Ausweg an. Fliehkraftabscheider (*Zyklone* bzw. *Drehströmungsentstauber*) haben zwar einen Entstaubungsgrad von nur 92 bzw. 95 %, sie sind aber weitgehend betriebssicher. Auch Kombinationen können sinnvoll sein: Zyklonbatterien als sichere Vorabscheider, Schlauchfilter als nachgeschaltete Feinreinigungsanlagen. Deren zeitweiliges Versagen beeinflusst zwar den Entstaubungsgrad negativ, kann aber kurzzeitig toleriert werden, sofern es sich um indifferente (nicht toxische, nicht lungengängige) Stäube handelt.

• Ein eigenes Beispiel wurde bereits im Zusammenhang mit Prinzip 3 erläutert. Das Beispiel betrifft die Abscheidung von gröberen Aerosolen (Kursawe et al., Pat. 1983).

• Auch das bewusste *Weglassen einer Funktion* fällt im weiteren Sinne unter dieses Prinzip. Der EPSON-Drucker wurde bekanntlich ein überzeugender Markterfolg. Zuvor war eine erfinderische Entscheidung gefällt worden, die eine zunächst für unerlässlich erklärte Funktion eliminierte: Durchschläge erzeugen zu können (Koller 1999, S.76).

Prinzip 17: **Übergang in eine andere Dimension**

Mehrschichtige statt einschichtiger Anordnung, Veränderung der gegenseitigen Anordnung im Raum, Übergang in die zweite bzw. dritte Dimension.

Das Prinzip kann wörtlich und auch weniger wörtlich genommen werden. Setzen wir beispielsweise statt „Dimension" den Terminus „Bewegungsform", so sehen wir das Prinzip unter einem weiteren Gesichtswinkel. Nehmen wir als Beispiel ein Rührwerk. Es dient zum Mischen und ist tausendfach bewährt. Deshalb erscheint eine Änderung zunächst kaum notwendig. Die Dimension ist hier gewissermaßen die Rührebene, d. h., der bei senkrechter Welle allgemein waagerecht angeordnete und sich auf kreisförmiger Bahn bewegende Rührflügel bestimmt die Arbeitsebene. In diesem Sinne kann der Übergang zu einer Auf- und Ab-Bewegung der Welle, wie beim Hubmischer praktiziert (Raebiger et al., Pat. 1977/1979), als Übergang in eine andere (Bewegungs-) Dimension betrachtet werden. Solche Apparate sind z. B. für das Homogenisieren nicht genügend dünnflüssiger Medien erforderlich. Sie leiten zu Bewegungsformen über, die als anspruchsvolle Synthese aus einer rein kreisförmigen und einer komplizierten Auf- und Ab-Bewegung angesehen werden können. Realisiert sind solche Bewegungsformen beispielsweise in Knetmaschinen (z. B. für Bäckereien) und in Taumelmischern.

- Im Gartenbau war es bisher eine Selbstverständlichkeit, dass Pflanzen „zweidimensional", d. h. auf horizontalen Flächen (z. B. Beeten oder Feldern) anzubauen sind. Der Gedanke des kommerziellen Vertikalanbaus von Pflanzen stieß zunächst auf Unverständnis.

Andererseits ist die Sache vom Prinzip her gar nicht so absonderlich: Steingartengewächse, die in den Fugen von Trockenmauern prächtig gedeihen, sind bekannt. Gemüsekulturen hingegen wurden bisher ausschließlich horizontal gezogen.

Seit 1980 experimentierte die damalige Genossenschaft Bocskai (Hajduhadhaz, Ungarn) mit 150 cm hohen Folienzylindern, Durchmesser 30 cm, gefüllt mit einem speziellen Bodengemisch. Die Pflanzen wurden von der Seite her durch Perforationen der Folie gesteckt und eingepflanzt. Von einem Kubikmeter konnte so viel geerntet werden wie von zehn Quadratmetern traditionell genutzten Bodens. Auch die Bewässerung ist, weil gut dosierbar, rationeller.

- Beinahe wörtlich trifft das Prinzip „Übergang in eine andere Dimension" bei einer Mauersäge zu. Die Hin- und Her-Bewegung der traditionellen Säge wurde in höchst einfacher und wirkungsvoller Weise durch den Übergang in eine andere (Bewegungs-) Dimension abgeschafft: „Mauersäge, gekennzeichnet durch eine angetriebene Welle mit Fräsbesatz" (Heim, Pat. 1982/1984). Der Fräsbesatz ist spiralig auf der Welle angeordnet. Die hochtourig rotierende Welle wird in das zuvor angebohrte Mauerwerk eingeführt. Gesägt wird, indem man die Welle langsam senkrecht zur Wellenachse bewegt.

Erfinden heißt manchmal auch, Verbote zu durchbrechen. Bekanntlich ist die angegebene seitliche Bewegungsrichtung beim Bedienen von Bohrmaschinen untersagt. Die Welle mit Fräsbesatz wird aber hier anstelle des Bohrers einfach nur in eine Bohrmaschine eingespannt. Natürlich hat (Verbot hin, Verbot her) der pfiffige Heimwerker gelegentlich auch schon mal einen gewöhnlichen Bohrer als Fräser missbraucht. Der Schritt zur durch ein Patent geschützten Mauersäge ist demnach hier besonders kurz. Zudem können wir an diesem Beispiel lernen, dass ein Patent, bezogen auf die Marktchancen des beanspruchten Produktes bzw. Verfahrens, noch gar nichts bedeutet. Es kann sehr wohl sein, dass eine derart funktionierende Mauersäge aus den erläuterten Gründen bereits an der Typenzulassung scheitert.

- Anhand eines physikalischen Beispiels sei auf eine Tendenz in der Wissenschaftsentwicklung hingewiesen, die mit dem Erfinden direkt nichts zu tun hat, deren denkmethodischer Wert zur Demonstration des hier behandelten Prinzips jedoch besonders überzeugend ist. *Bohr* hatte zunächst das Planetenmodell des Atoms entwickelt: Elektronen sind nach *Bohr* kleine Kugeln, die auf Kreis- bzw. Ellipsenbahnen den Atomkern umkreisen. Dieses mechanistische Modell wurde stufenweise weiter entwickelt. Der wesentliche Schritt war das von *Schrödinger* und *Heisenberg* begründete Verlassen des deterministischen Weltbildes, ein Schritt, der von *Einstein* niemals akzeptiert wurde (*„Der Alte würfelt nicht"*). Heute werden *Aufenthaltswahrscheinlichkeiten* für Elektronen innerhalb von räumlichen Elektronenwolken nicht nur angenommen, sondern sogar berechnet. Hier gilt demnach ganz buchstäblich wie auch symbolisch das Prinzip *Übergang in eine andere Dimension*.

Prinzip 18: **Verändern der Umgebung**

Das äußere Medium bzw. die angrenzenden Objekte sind zu verändern.

- Wird die Löslichkeit eines Stoffes durch Zugabe einer in dieser Richtung wirksamen (und mit dem Lösungsmittel mischbaren) Flüssigkeit vermindert, so fällt der gelöste Stoff teilweise aus und kann dann abgetrennt werden.

- Umgekehrt lassen sich Wertstoffe aus einem Filterkuchen vorteilhaft auswaschen, wenn mit einem selektiv wirkenden Lösungsmittelzusatz gearbeitet wird. Zurück bleiben die unerwünschten Verunreinigungen.

- Ferner kann mit die Viskosität vermindernden, oberflächenaktiven oder komplexierend wirkenden Zusätzen gearbeitet werden. So lassen sich beispielsweise bestimmte hoch reine Salze gewinnen, wenn man die Cokristallisation unerwünschter Ca^{++}- und Fe^{++}-Ionen durch Komplexonzusatz (Nitrilotriessigsäure, Ethylendiaminotetraessigsäure) verhindert.

- Recht eindrucksvoll sind sämtliche Beispiele, die die Veränderung der Kristalltracht mit Hilfe von „Lösungsgenossen" betreffen. So lassen sich riesige Ammoniumchlorid-Einkristalle züchten, wenn man der Ammoniumchloridlösung vor Beginn der Kristallisation Pektin zusetzt. Hingegen kristallisieren prachtvolle Natriumchloridoktaeder aus Harnstoff enthaltenden Kochsalzlösungen; gewöhnlich kristallisiert Natriumchlorid kubisch.

- Soll die Arbeitsweise von Maschinen oder Vorrichtungen verbessert werden, so muss dies nicht zwingend Änderungen an den Maschinen bzw. Vorrichtungen erfordern. Manchmal genügt es bereits, die betreffenden Apparate unter veränderten äußeren Bedingungen (z. B. im Vakuum oder unter Überdruck) arbeiten zu lassen: Druckfiltration ist wesentlich effizienter als Normaldruck-Filtration. Im physikalischen Sinne ist die gleichermaßen effizienzsteigernde Vakuum-Filtration übrigens nur eine *Pseudo-Umkehrung* der Druckfiltration. Der im Prinzip gleiche Vorgang, angetrieben bzw. gefördert durch eine Druckdifferenz, verläuft dabei nur auf einem anderen Niveau.

• Noch deutlicher wird die Sache, wenn das äußere Medium einen negativen Einfluss auf die Funktionserfüllung des betrachteten Apparates ausübt. Das Prinzip *Verändern der Umgebung* verlangt dann einen geradezu radikalen Eingriff. Beispielsweise verbrennen Schaltkontakte, wenn ein Schaltvorgang an der Luft unter hoher Last ausgeführt wird. Die Lösung entspricht genau dem hier erläuterten Prinzip: Nicht das Material des Schützes muss verändert werden, sondern seine *Arbeitsumgebung*, d. h. das umgebende Medium. Dies erfordert zwingend gekapselte Ausführungsformen. Infrage kommen *Vakuum*-Schaltschütze oder mit *Edelgas* gefüllte Schaltschütze. Beide Systeme haben sich bestens bewährt.

Prinzip 19: **Impulsarbeitsweise**

Von der stetigen ist zur periodischen oder „Impuls"-Arbeitsweise überzugehen.

In bestimmten Fällen ist der Dauerbetrieb einer Anlage oder eines Anlagenelementes, zumindest in der immer gleichen Arbeitsrichtung, unvorteilhaft. Die Impulsarbeitsweise ist angesagt vor allem in jenen Fällen, in denen die Arbeitsweise einer Vorrichtung nicht direkt den veränderten Bedingungen angepasst werden kann, sondern der Prozess nur im Bedarfsfalle aktiv sein darf, die Vorrichtung zeitweise in Gegenrichtung arbeiten, oder ab und an ganz außer Betrieb gesetzt werden soll.

• Eine Variante des Prinzips ließe sich als „oszillierende Arbeitsweise" bezeichnen. Bei einem Verfahren zur Reinigung verstopfter Siphons wird eine form- und dehnelastische Glocke über der Siphonmündung in pumpende Bewegung versetzt. Manuell wird Vakuum erzeugt, durch Öffnen des per Schlauch mit der Glocke verbundenen Wasserhahnes wird alsdann Druck auf das System gegeben. Durch den stoßartigen Wechsel zwischen Unter- und Überdruck wird die Verstopfung beseitigt (Dornhege, Pat. 1981/1983).

• In der Praxis wichtig sind Überlappungen des Prinzips mit seinem Umkehrprinzip (19: Impulsarbeitsweise; 20: Kontinuierliche Arbeitsweise). Vor allem sind solche Fälle interessant, in denen ein an sich kontinuierlicher Arbeitsvorgang (entsprechend Prinzip 20) mit pulsierenden Elementen (Prinzip 19) überlagert wird.

Eine japanische Anmeldung beschreibt ein gemäß diesen Prinzipien arbeitendes Verfahren zur Nudelherstellung. Dabei wird der Nudelmasse-Strang senkrecht durch ein gegenläufig vibrierendes Paar sphärisch verformter, im Einlaufbereich keilförmig gegeneinander angestellter Platten geführt (Nakai, Pat. 1984/1985).

Ein weiteres Beispiel zeigt den engen Zusammenhang zwischen sprachlich eindeutiger Formulierung und gelungener Sachdarstellung des zugrunde liegenden Prinzips:

"Verfahren und Vorrichtung zur Erzeugung eines pulsierenden Flüssigkeitsstromes zur Rückspülung von Filterbetten mit Hilfe einer Flüssigkeitspumpe. Um einen Flüssigkeitsstrom mit ausgeprägten Pulsationen unter möglichst geringem Energieaufwand zu erzeugen, ist vorgeschlagen, den die Flüssigkeitspumpe verlassenden Strom in zwei Teilströme mit sich gegensinnig ändernden Stromstärken aufzuteilen, von denen der erste Teilstrom dem Filterbett und der zweite Teilstrom einem Ausgleichsreservoir zugeführt wird" (Pacik, Pat. 1982/1983).

- In bestimmten Fällen ist die Impulsarbeitsweise als solche zwar zweckmäßig und sinnvoll, jedoch darf der Prozess selbst nicht pulsierend verlaufen. Eine überzeugende Lösung für eine derart widersprüchliche Situation lieferten *Dulger* und *Ernst* mit ihrer *"Dosierpumpe mit Pulsationsdämpfer zur Einstellung eines konstanten Drucks in der Säule einer Vorrichtung zur Niederdruck-Flüssigkeits-Chromatographie":*

"Der Erfindung liegt die Aufgabe zugrunde, bei einer Vorrichtung zur Niederdruck-Flüssigkeits-Chromatographie auf vergleichsweise billige Art ein rascheres Arbeiten als mit hydrostatischem Druck zu ermöglichen. Diese Aufgabe wird mit Hilfe einer Dosierpumpe mit Pulsationsdämpfer zur Einstellung eines konstanten Drucks in der Säule einer Vorrichtung zur Niederdruck-Flüssigkeits-Chromatographie dadurch gelöst, dass die Dosierpumpe einen mit elektrischen Impulsen gespeisten Elektromagneten aufweist, dessen von einer Rückstellfeder belasteter Anker als Pumpenantrieb dient, dass dem Anker ein den Hub begrenzender, einstellbarer Anschlag zugeordnet und/oder eine Vorrichtung zur Einstellung der Impulsfrequenz vorgesehen ist und dass der Pulsationsdämpfer einen von der Luft abgeschlossenen Pufferraum mit einer nachgiebigen Wand aufweist, die von einer mittels einer Einstellvorrichtung verstellbaren Kraft belastet wird.

Bei dieser Konstruktion wird zur Druckerzeugung eine impulsweise arbeitende Dosierpumpe benutzt. Diese ist vergleichsweise billig, kann aber an sich für die Flüssigkeits-Chromatographie nicht verwendet werden, da sich die Strömungsgeschwindigkeit der geförderten Flüssigkeit jeweils von Null bis zu einem Höchstwert ändert, wodurch sich völlig unzureichende Ablagerungsspektren ergeben. Durch die Nachschaltung des Pulsationsdämpfers gelingt es jedoch, die Strömungsgeschwindigkeit in so engen Grenzen konstant zu halten, dass sich trennscharfe Ablagerungen in der Säule ergeben" (Dulger u. Ernst, Pat. 1979/1980).

Prinzip 20: **Kontinuierliche Arbeitsweise**

Von der oszillierenden ist zur rotierenden bzw. gleichmäßigen Bewegung überzugehen, Leerlauf ist zu vermeiden, der Arbeitsvorgang ist kontinuierlich durchzuführen.

Das Prinzip ist weitgehend selbsterklärend. Nur in Fällen, in denen auch die Prinzipien „Impulsarbeitsweise" und „Anpassen" berücksichtigt werden müssen, wird die ansonsten universelle Bedeutung des Prinzips manchmal eingeschränkt. Für den Praktiker vor allem interessant sind aber solche Fälle, in denen das Prinzip dadurch nicht eingeschränkt, sondern in seiner Anwendungsbreite noch erweitert wird. Zwei Beispiele dieser Art haben wir im Zusammenhang mit dem Prinzip Nr.19 bereits kennen gelernt (Nakai, Pat. 1984/1985; Pacik, Pat. 1982/1983).

Da im Wesentlichen klar ist, worum es sich beim Kontinuitätsprinzip handelt, beschränken wir uns auf nur ein weiteres Beispiel. Es zeigt, dass es bei der schutzrechtlichen Sicherung im Falle des an sich für fast alle Verfahren gewünschten Übergangs zu kontinuierlichen Arbeitsweise noch mehr als sonst auf die klare Erläuterung der neuen technischen Mittel (ggf. auch der zugrunde liegenden Wirkprinzipien) ankommt. Nur so lässt sich die Abgrenzung vom Stand der Technik überzeugend darlegen, denn der Übergang zur kontinuierlichen Arbeitsweise allein ist nicht etwa an und für sich schon schutzfähig.

- Konventionelle Kammerfilterpressen arbeiten zyklisch (Arbeitstakte: Füllen, Pressen, Waschen, Pressen, Ausstoßen, Füllen). Eine durchaus nicht übliche kontinuierlich arbeitende Schlammfilterpresse ist hingegen mit zwei parallel zueinder laufenden, vertikal angeordneten, endlosen Filterbändern ausgerüstet, und dieser Apparat ist

"... dadurch gekennzeichnet, dass der von beiden Filterbändern begrenzte, keilförmige Entwässerungsraum an den beiden Filterbandkanten von zwei endlosen Rollenketten mit aufgesetzten elastischen Gummistollen abgedichtet wird und außerdem noch den verzugfreien Transport der Filterbänder mit dem dazwischenliegenden Filtrationsmedium und den Antrieb der Presswalzen übernimmt" (Lüttich, Pat. 1977/79).

Prinzip 21: **Schneller Durchgang**

Schädliche oder gefährliche Stadien eines Prozesses sind schnellstens zu durchlaufen.

Dieses Prinzip hat Bedeutung in fast allen Fachsparten. Da Kreativität eine allgemein menschliche, keineswegs auf bestimmte Gebiete begrenzte Fähigkeit ist, finden wir oft genug auch auf außertechnischem Gebiet (z. B. in diversen Karikaturen) eindrucksvolle Paradebeispiele für die Prinzipien zum Lösen Technischer Widersprüche. Den Künstlern ist wohl kaum bewusst, solche Beispiele geliefert zu haben; dies kann durchaus als weiterer Beweis für die universelle Gültigkeit der Prinzipien angesehen werden.

Das Prinzip wirkt übrigens auch bei einem allgemein bekannten Trick: Zieht man ein nicht zu großes Tischtuch ruckartig weg, so bleibt das Geschirr auf dem Tisch stehen. Ich empfehle, diesen Trick im trauten Heim unter den bewundernden Blicken der alles verzeihenden Gefährtin mit einem gefüllten Rotweinglas auszuprobieren. Besonderen Beifall erhält, wer nicht schnell genug zieht oder mit der Klöppelkante am Fuß des Glases hängen bleibt.

- Auch das Zerschneiden von Plastrohren mit Hilfe eines straff gespannten Drahtes fällt unter das Prinzip. Bewegt man den gespannten Draht schnell genug, so wirkt er als Trennmesser, ehe er reißen oder sich dehnen kann. In gleicher Weise lassen sich zäh-plastische Massen (wie z. B. der Tonstrang in der Ziegelei) zerschneiden.

- In der Industrie ist das Prinzip von größter Bedeutung. Besonders das schnelle (schockartige) Durchlaufen unerwünschter oder schädlich wirkender Temperaturbereiche fällt unter dieses Prinzip. Es sei an das Härten von Stahl, die Produktion feuerfesten Glases, sowie das Einfrieren chemischer Gleichgewichte erinnert. In allen Fällen wird der den Prozess bestimmende – jedoch zugleich gefährliche – Abschnitt innerhalb eines extrem kurzen Zeitintervalls durchlaufen. Das Abschrecken gehört zum Prozess. Der erwünschte Effekt tritt im gleichen Bereich wie der unerwünschte (gefährliche) Effekt auf.

- Stahlbetonschutt wird mittels flüssigen Stickstoffs relativ schnell unter die thermische Elastizitätsgrenze des Bewehrungsstahls abgekühlt, damit Strukturschäden entstehen. Der extrem abgekühlte Schutt wird über Brecher und Magnetscheider gegeben. Der Bewehrungsstahl lässt sich so wiedergewinnen (Eisel et al., Pat. 1980/1981). Analog funktioniert das Verspröden der Isolierschichten bei Elektrokabeln; so lässt sich Buntmetall aus Kabelaltmaterial oder Kabelverschnitt zurückgewinnen. Auch Altreifen lassen sich mit Flüssigstickstoff versprüden, im versprödeten Zustand brechen, von den Stahleinlagen befreien, und schließlich zu Granulat aufmahlen. Der so erhaltene Recyclinggummi kann zu Pollern, Matten und Spielplatzbelägen verarbeitet werden. Dem Asphalt beigemischt, bewirkt er eine Minderung der Rollgeräusche.

- Extrem schnelles Abkühlen von Metallschmelzen führt zu *metallischen Gläsern*, bei denen die zufällige Anordnung der Atome eingefroren wird, und deshalb kein kristallines Gefüge entstehen kann. Derartige Gläser sind zäh, äußerst korrosionsbeständig, und durch hohen elektrischen Widerstand gekennzeichnet. Bestimmte Typen lassen sich leicht magnetisieren. Hergestellt werden die metallischen Gläser, indem man einen Schmelzestrahl zwischen zwei gut gekühlte Kupferwalzen „schießt". Der Abkühlgradient beträgt 106 K/s; erhalten wird ein dünnes, amorphes Metallband. Einige Anwendungsgebiete wurden bereits gefunden: Faser-Verbundmaterialien für Autoreifen und Druckschläuche, Transformatorenbau, Chirurgisches Implantationsmaterial.

Solche Legierungen lassen sich inzwischen auch verspinnen. Japanische Werkstofftechniker erzielten Fadendurchmesser von etwa einem Mikrometer. Erreicht wurden Festigkeitswerte von 4100 N/mm^2; das entspricht den Festigkeitswerten von Fasern aus glasartigem Kohlenstoff.

- Bei der Herstellung des thermisch instabilen Anhydrids der Phosphorigen Säure, P_4O_6, ist dafür zu sorgen, dass die Disproportionierung des durch Phosphorverbrennung gebildeten Produktes zu Verbindungen niederen oder höheren Oxidationsgrades als P(III) unterbunden werden muss. Technisches Mittel ist die Schockkühlung der Reaktionsprodukte unmittelbar nach Verlassen der Phosphorflamme durch „*Quenchen*" mit Stickstoff (Heinz et. al.1979).

- Alle Arten von Schockbehandlung fallen unter das Prinzip „Schneller Durchgang". Auch technikfremde Gebiete können für das Sammeln von Belegbeispielen herangezogen werden. So lieferte mittels Elektroschock behandeltes Saatgut im Falle verschiedener Gemüse- und Futterpflanzenarten verblüffende Ergebnisse: *Im Durchschnitt von fünf Jahren wurden 15- bis 25-prozentige Ertragssteigerungen beobachtet* (Teichmann 1984). Diese Art der Behandlung regt offenbar die Gene entsprechend an bzw. beeinflusst sie gezielt. Eine höhere Schock-Dosis oder gar eine über längere Zeit dauernde Elektroschockbehandlung würde hingegen zu massiven Schädigungen führen. Hier haben wir es demnach mit dem beim Erfinden geradezu klassischen Fall des positiven Effektes zu tun, in dessen unmittelbarer Nähe der negative Effekt lauert: „*Die Dosis macht es*" lehrte vor 500 Jahren bereits *Paracelsus*.

- Manche Kristallisationsprozesse liefern nach erfolgter Kühlung der Ausgangslösung einen Kristallbrei, der sich nur schwierig zentrifugieren lässt. Dies ist insbesondere bei Mehrkomponentensystemen und/oder bei Systemen der Fall, die durch hochviskose Mutterlaugen, oder sich im Verlaufe der Kristallisation abscheidende Verunreinigungen schmierig-schleimiger Konsistenz gekennzeichnet sind. In derartigen Fällen versetzen sich die Schlitze des Zentrifugensiebs in kürzester Zeit. Bereits nach wenigen Sekunden „läuft die Zentrifuge über". Die Trennung versagt. Der gesamte Kristallbrei samt Mutterlauge gelangt unverändert in das – damit unbrauchbar gemachte – Fertigprodukt.

Hier kann manchmal das Prinzip „Schneller Durchgang" Abhilfe schaffen. Wird ein derartiger Kristallbrei am Zentrifugeneinlauf mit wenig Wasser versetzt, so vermindert sich die Viskosität der Mutterlauge. Die schmierig-schleimigen Verunreinigungen peptisieren, besonders leicht lösliche Nebenbestandteile werden gelöst bzw. angelöst, und der Zentrifugationsprozess verläuft nunmehr störungsfrei. Wichtig ist nur, dass die Mischzeit am Zentrifugeneinlauf *sehr kurz* gehalten wird, denn das zu gewinnende kristalline Endprodukt ist im Falle unseres Beispiels ebenfalls wasserlöslich (s. Abschn. 6.7). Folglich muss der positive Effekt in einer derart kurzen Zeit eintreten, dass der fast gleichzeitig zu beobachtende negative Effekt – das Anlösen bzw. teilweise Auflösen des gewünschten kristallinen Endproduktes – noch nicht in nennenswertem Maße Ausbeute mindernd wirken kann (Zobel, Pat. 1979/1980).

Prinzip 22: **Umwandeln des Schädlichen in Nützliches**

Schädliche sind in nützliche Faktoren umzuwandeln; das Problem ist nach dem Gesichtspunkt zu analysieren, unter welchen Bedingungen sich die Anwendung des Schädlichen für nützliche Zwecke verwirklichen lässt.

- Rost gilt allgemein als schädlich. Weltweit wird viel Geld für den Korrosionsschutz ausgegeben. Beim so genannten KT-Stahl (korrosionsträgen Stahl) verzichtet man dagegen auf einen Anstrich, und lässt die Oberfläche bewusst anrosten. Nach etwa zwei Jahren kommt die Rostschicht zum Stehen, und bildet dann einen natürlichen Schutz gegen weitere Korrosion.

- Manche Metalle vergrößern ihr Volumen beim Erhitzen in Wasserstoff-Atmosphäre, bedingt durch die sich einstellende Gitteraufweitung. Zunächst sah man diese Erscheinung für äußerst schädlich an, da die Frage der unbedingten Maßhaltigkeit, beispielsweise wichtiger Teile von Hydrierapparaturen, wahrlich nicht gleichgültig ist. Später wurde erkannt, dass sich der vermeintlich negative Effekt mit besonderem Vorteil für Presspassungen nutzen lässt. Verschiedene Metalle dehnen sich unter Wasserstoffeinwirkung sehr unterschiedlich aus, so dass beispielsweise zur Fertigung von Rohrverbindungen mit Nut und Feder auf Stoß gearbeitet werden kann, wobei als Feder ein Ring aus einem in Wasserstoffatmosphäre stärker als das Rohrmaterial expandierenden Metall eingelegt wird.

- In methodischer Hinsicht hat das Prinzip universelle Bedeutung. Es fordert den Kreativen dazu auf, immer zu prüfen, wozu und unter welchen Umständen etwas vermeintlich Negatives vielleicht gut, geeignet, nützlich sein könnte. Selbst die etwas banal klingende Lebensweisheit „Man weiß nie, wozu es gut ist" – als Aufmunterung, wenn etwas beim ersten Hinsehen Negatives passiert – hat durchaus ihre Berechtigung. Arbeitslosigkeit ist ohne Zweifel schlimm, nur eröffnet sie eben (wenn auch nicht jedem) die Chance, endlich einmal etwas ganz anderes als bisher zu versuchen, und damit vielleicht sogar Erfolg zu haben. In unmittelbar methodischer Hinsicht charakterisiert das Prinzip den direkten Nutzen des während der Systemanalyse herauszufindenden negativen technischen Effekts, der ja der eigentliche Anlass für unsere erfinderischen Bemühungen ist. Je negativer der Effekt, und je klarer seine Beschreibung (physikalische Ursache der Störung!), desto größer sind, methodisch gesehen, unsere Chancen für eine hochwertige erfinderische Lösung.

Prinzip 23: **Keil durch Keil – Überlagerung einer schädlichen Erscheinung mit einer anderen**

Kompensiert wird eine schädliche Erscheinung durch Überlagerung mit einer anderen – ebenfalls schädlichen – Erscheinung.
Als „Eselsbrücke" für dieses Prinzip ist die allgemein bekannte Rechenregel $(-) \times (-) = (+)$ sehr gut verwendbar.

- Phosphorhaltige wie schwermetallhaltige Abwässer sind, jede Abwasserart für sich gesehen, sehr schädlich. Für beide Arten von Wässern ist gewöhnlich ein erheblicher spezifischer Reinigungsaufwand erforderlich. Leitet man nun Schwermetalle enthaltende Abwässer durch ein Bett von fein verteiltem gelbem Phosphor, so reagieren die Schwermetallionen an der Oberfläche des Phosphors zu unlöslichen Phosphiden, niederwertigen P-Verbindungen und insbesondere fein verteiltem Metall. Das Verfahren ist beispielsweise zur Rückgewinnung von Kupfer aus Elektroraffinatanlagen geeignet (Horn, Pat. 1978/1979).

Somit ergäbe sich im Falle der räumlichen Nähe von Phosphorfabriken und Elektroraffinatanlagen die Möglichkeit, die beiden schädlichen Abwässer zusammen zu leiten, den Niederschlag abzutrennen und die nunmehr harmlosen Wässer abzustoßen. Dieser Fall tritt gewiss nicht eben häufig auf, dies spricht jedoch nicht gegen den methodischen Wert des Beispiels. Wer prinzipiell vergleichbare Fälle findet und nutzt, handelt jedenfalls unbedingt klug.

- Komplex-Mineraldüngemittel werden gewöhnlich unter Verwendung von Kaliumchlorid („Kali") hergestellt. Derartige Produktionsanlagen lassen sich nicht völlig staubfrei betreiben. Allmählich lagert sich Fertiggutstaub, aber auch Kalistaub auf den Stahlträgern des Produktions- oder Lagergebäudes ab. Diese Stäube sind hygroskopisch. Die Folge ist ein erheblicher Angriff auf die Stahlkonstruktion (*narbige Chloridkorrosion*). Gleichzeitig hat die unerwünschte Chloridwirkung aber auch ihre positive Seite: Sie verhindert weitgehend die, mehr noch als die grubig-narbige Chloridkorrosion gefürchtete, *Spannungsrisskorrosion*, indem sie die Passivierung der Kernflächen aufhebt (Rädecker und Graefen 1956). Wir haben hier das Muster der Überlagerung einer schädlichen Erscheinung mit einer anderen schädlichen Erscheinung vor uns.

- Noch direkter gilt das Prinzip für die Lärmbekämpfung mittels Lärms. Phasenverschobene Schallwellen der zu bekämpfenden Frequenzen werden zum teilweisen Löschen von Turbinenlärm eingesetzt. Im Bereich der besonders unangenehmen tiefen Töne konnte der Schallpegel im englischen Kraftwerk *Duxford* immerhin um bis zu 13 dB reduziert werden.

Prinzip 24: **Zulassen des Unzulässigen**

Der schädliche Faktor ist derart zu verstärken, dass er schließlich aufhört, schädlich zu sein: Prinzip der Überkompensation.

- Um die Notwendigkeit zur Anwendung dieses zunächst etwas gewöhnungsbedürftigen Prinzips zu erkennen, sollte die zu lösende Aufgabe ganz besonders sorgfältig formuliert werden. Erklärt jemand beispielsweise: „Der Ski darf sich unter keinen Umständen vom Schuh des Skiläufers lösen", so wird damit bereits eine recht gefährliche Festlegung getroffen. Im Normalfall sollte der Ski allerdings fest sitzen, so dass vom Problembearbeiter zunächst eine psychologische Barriere zu überwinden ist. Deshalb sollten wir treffender formulieren: „Zulassen des *vermeintlich* Unzulässigen." Damit fällt – nach einigem Überlegen – die korrekte Formulierung der Aufgabe bereits leichter. Sie lautet: „Wenn irgend möglich, sollte sich der Skiläufer beim Sturz nicht durch die eigenen Skier verletzen". Diese nicht einfach nur präzisierte, sondern inhaltlich gegenüber der ursprünglichen Formulierung korrigierte Aufgabenstellung führt dann einigermaßen zwanglos zur Sicherheitsbindung.

- Sollbruchstellen, Scherbolzen, auch Selbstvernichtungsmechanismen für vom Kurs abgekommene Raketen sind weitere Beispiele. Das Prinzip überlappt hier naturgemäß erheblich mit dem Prinzip Nr. 11 („Vorbeugen").

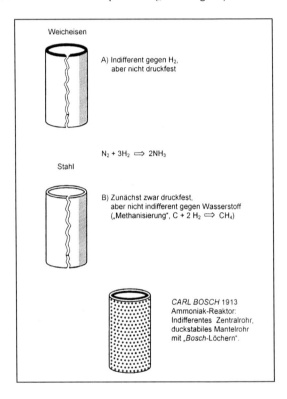

Abb. 22

***Bosch*-Ammoniakreaktor von 1913 (unten)**

Entwicklungsgeschichte:
Ein Weicheisenreaktor (A, oben) ist nicht druckstabil, ein Stahlreaktor (B, Mitte) verliert seine Festigkeit nach kurzer Zeit durch die so genannte Methanisierung.

***Bosch*-Reaktor:**
Der vom äußeren Stahlmantel gestützte Weicheisen-Reaktor verändert sich chemisch nicht. Jedoch ist Weicheisen nicht diffusionsfest gegen Wasserstoff (Hauptbestandteil des Synthesegases). Deshalb diffundiert ständig etwas Wasserstoff nach außen und entweicht durch die *Bosch*-Löcher im Stahlmantel.

Bezug zum Prinzip „*Zulassen des Unzulässigen*": In der Chemie gilt es als unprofessionell („unzulässig"), Verfahren zu entwickeln, die Verluste an den Einsatzmaterialien verfahrensbedingt hinnehmen.

- Beim *Haber-Bosch*-Verfahren der Ammoniaksynthese musste ebenfalls ein unzulässig erscheinender Weg gegangen werden. Die zunächst angewandten stählernen Versuchsreaktoren verloren infolge der *Methanisierung* des Kohlenstoffanteils unter Einwirkung des Synthesewasserstoffs sehr schnell ihre Festigkeit. Innerhalb weniger Stunden rissen die bei den ersten Versuchen verwendeten Stahlrohre. *Carl Bosch* löste das Problem, indem er einen gegen den Innendruck nicht stabilen Weicheisenreaktor baute, den er sodann mit einem stabilen, perforierten Stahlmantel versah. Der vom Stahlmantel gestützte Weicheisenreaktor verändert sich chemisch nicht, er lässt aber etwas Wasserstoff hindurch diffundieren, der anschließend durch die „*Bosch*-Löcher" des Außenmantels ungehindert entweichen kann. Ohne diese Perforation würde der Wasserstoff den Außenmantel absprengen, denn Stahl ist gegen Wasserstoff – anders als Weicheisen – völlig diffusionsfest (Abb. 22).

Wie bei anderen Beispielen auch, gelten hier zugleich mehrere Prinzipien. Bosch beschäftigte sich nicht etwa damit, die Methanisierung verhindern zu wollen, sondern er baute einen Reaktor, dessen Material in der Kontaktzone mit Wasserstoff überhaupt nicht reagieren kann (*Umkehrung, Vorbeugen*). Der aufgeschrumpfte stählerne Stützmantel entspricht in *Kombination* mit dem inneren Reaktorrohr dem Prinzip des *Zerlegens* sowie dem Prinzip der *Abtrennung* (Trennen der Funktionen: Gegen das Medium chemisch stabiles, aber nicht druckstabiles Innenrohr; druckstabiles und dennoch – für den Wasserstoff – durchlässiges Außenrohr).

Prinzip 25: **Selbstbedienung, „Von Selbst"-Arbeitsweise**

Die Maschine bzw. die Vorrichtung führt Hilfs- oder Nebenfunktionen selbst aus. Das Verfahren arbeitet „von selbst", z.B. mit Hilfe des Auftriebs oder der Gravitation. Vorhandene Bewegungsformen werden genutzt.

Abb. 23

„Von Selbst"-Arbeitsweise: „Verfahren und Vorrichtung zum Falschzwirnen von Garnen ohne Fremdantrieb" (Scheiber u. Muschelknautz, Pat. 1978/1979)

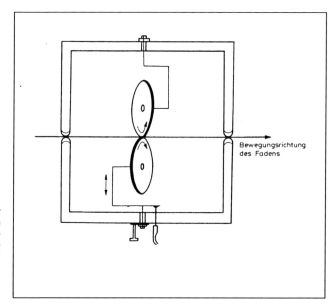

Die gegeneinander angestellten Scheiben werden durch den Faden in Rotation versetzt, und sie zwirnen dabei das Garn.

- Bei einer *Vorrichtung zum Falschzwirnen von Garnen ohne Fremdantrieb* (Abb. 23) wird durch die Bewegung des Fadens mit Hilfe der Reibung die Rotation der gegenläufig arbeitenden und winklig gegeneinander angestellten Drallkörper direkt bewirkt (Scheiber u. Muschelknautz, Pat. 1978/1979). Dieses Beispiel ist insofern besonders eindrucksvoll, weil nicht nur eine Hilfs- oder Nebenfunktion, sondern die *Hauptfunktion per Selbstbedienung* erledigt wird. Die Bewegung des Fadens durch die Vorrichtung muss ohnehin durch äußere Krafteinwirkung erfolgen.

- Das „Von Selbst"-Prinzip ist überall dort anwendbar, wo bereits irgendeine Energieform ohnehin zur Verfügung steht. Erinnert sei an den *Bunsen*-Brenner oder andere Brennertypen, bei denen das strömende Brenngas die Verbrennungsluft in stöchiometrisch erforderlicher Menge *selbst* ansaugt. An sich ist das Prinzip des von *Bunsen* eingeführten selbst ansaugenden Brenners so klar und einleuchtend, dass eine nennenswerte erfinderische Leistung – auch im Falle modifizierter Ausführungsformen – heute bezweifelt werden darf. Trotzdem werden noch immer Anmeldungen eingereicht. Beispielsweise ist eine Vorrichtung dieser Art „ *... dadurch gekennzeichnet, dass der hinsichtlich seines Volumendurchsatzes kleinere Strom als Düsen-, Diffusor- oder Staurohrstrom und der größere Luftstrom als vom primären Strom angesaugter oder mitgeführter Strom eingesetzt wird.*" (Brüning et al., Pat. 1984/1985). Der Text beeindruckt zunächst, bedeutet aber nur: Ein schnell bewegtes Medium geringen Volumens bewirkt das Ansaugen eines langsamer strömenden Mediums größeren Volumens. Dies aber wusste und nutzte bereits *Bunsen*.

- In ähnlicher Richtung liegt die Nutzung der Strömungsenergie fließender Gewässer. Beispielsweise kann ein Schiffpropeller, der am Schaft eines verankerten Schwimmkörpers befestigt ist, von der Strömung angetrieben werden. Er treibt seinerseits eine Pumpe an, welche atmosphärische Luft über den hohlen Verbindungsschaft zwischen Schwimmkörper und Propeller ansaugt und im Propellerbereich ausbläst, wobei der Propeller Wasser und Luft miteinander verwirbelt (Brix, Pat. 1984/1986).

- In vielen Fällen ist das Wirken des Prinzips ganz vordergründig zu erkennen, und zwar immer dann, wenn Wortverbindungen mit *selbst* in der Anmeldung vorkommen. So werden selbstschärfende Schneidplatten beschrieben, bei denen während des Arbeitsvorganges aus der stufenförmigen Schneide des sich abnützenden Werkzeugs ständig winzige Teilchen ausbrechen, wodurch immer wieder scharfe, saubere Schnittkanten gebildet werden. Die Schneidplatte besteht aus Wolframcarbidpulver, das mit Bindemittel versetzt, in Spezialformen gepresst, und schließlich im Hochtemperaturofen behandelt wird (Techn. Gemeinschaft 1984).

- Sehr schöne Beispiele finden sich auf dem Felde der Direktnutzung der Naturkräfte. Moderne Seewasser-Entsalzungsanlagen arbeiten meist in sonnigen Gegenden, und dennoch wird die Destillation des Wassers dort meist noch immer mit öl- oder gasbeheizten Verdampfern in wahren Mammut-Anlagen betrieben. Die Versuchung, auch weiterhin so zu verfahren, ist in diesen überwiegend reichen Ländern mit ihren vor Ort erzeugten spottbilligen Energieträgern natürlich besonders groß.

Dennoch sollte allmählich auch in den Scheichtümern erkannt werden, dass völlig kostenlose Energieformen auf Dauer eben doch zu bevorzugen sind, zumal die Öl-und Gas-Vorkommen ja nicht auf ewig zu den heutigen – noch halbwegs günstigen – Bedingungen zur Verfügung stehen dürften. Wie einfach es gehen kann, zeigt uns ein japanischer Erfinder (Abb. 24).

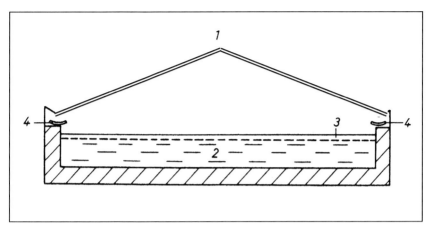

Abb. 24 Verfahren zum Entsalzen von Seewasser unter Nutzung der Sonnenenergie (Tsuda, Pat. 1985/1987)
1 transparente Abdeckung, unterseitig zugleich Kondensator 2 Seewasserreservoir 3 perforierte, unterhalb der Wasseroberfläche positionierte Absorberplatte 4 Sammelrinnen für das Destillat

- Besonders eindrucksvoll sind solche Fälle, in denen die für die Lösung des Problems vorgesehenen Prinzipien bereits bei der Definition der Aufgabe genannt werden können. Ein *„Verfahren zur Regenerierung von gebrauchten Gefrierschutzmittel-Wasser-Mischungen"* soll als Muster angeführt werden. Die Aufgabe wird von den Erfindern wie folgt definiert:

„Aufgabe der Erfindung ist es, den Regenerierungsprozess zeitlich vor der Sammlung der aus dem Kühlsystem abgelassenen Gefrierschutzmittel-Wasser-Mischung durchzuführen und ihn selbsttätig ablaufen zu lassen." (Hirsch u. Rothbart, Pat. 1985).

Die Erfinder geben somit definitiv an, nach welchen Prinzipien sie die Aufgabe zu lösen gedenken (zeitliches und zugleich räumliches Verlegen des früher außerhalb praktizierten Regeneriervorganges in den Kühlkreislauf des Fahrzeugs, *Von Selbst*-Arbeitsweise). *Hirsch* und *Rothbart* hatten seinerzeit eine Erfinderschule der *Kammer der Technik* („KDT") besucht. Die KDT war in der DDR die Parallelorganisation zum VDI. Die Erfinderschulen lehrten bereits in den achtziger Jahren TRIZ, und so ist es nicht verwunderlich, dass die Erfinder systematisch – gewissermaßen nach bewährtem Rezept – vorgingen.

Die methodisch erstklassige Definition der Aufgabe lässt die schließlich erreichte Lösung äußerst einfach erscheinen. Aus Trinatriumphosphat und Phosphorsäure unter Glycolzusatz bereitete Dinatriumphosphat-Kugeln (die Erfinder sind keine Chemiker) werden in das Kühlsystem des Fahrzeugs gegeben. Der Fahrer absolviert nun einen normalen Arbeitstag, auf gewöhnlichen Straßen verbunden mit mehr als ausreichender „Von Selbst"-Durchmischung der Reaktionspartner, und lässt anschließend die Kühlflüssigkeit ab. Am nächsten Morgen hat sich der im Ergebnis des Regeneriervorganges gebildete Phosphatschlamm bereits abgesetzt. Die überstehende klare Glycol-Wasser-Mischung wird abgegossen und wieder verwendet.

- Wir wollen nun noch ein Beispiel betrachten, bei dem die Prinzipien „Von Selbst" und „Mehrzwecknutzung" gleichermaßen wirken. *Artur Fischer* hat mit seinen Spreizdübeln einen erfinderisch wie unternehmerisch zu Recht viel bewunderten Erfolg erzielt (Fischer 1987). Beim Spreizdübel (Abb. 25) wird der Spreizvorgang durch das ohnehin notwendige Eindrehen der Schraube bewirkt. Insofern handelt es sich um *Mehrzwecknutzung*. Andererseits bewirkt der durch das Eindrehen der Schraube ausgelöste Spreizvorgang, dass sich die Zähne des Dübels *von selbst* im erforderlichen Maße spreizen und in der Wand festkrallen. Auch zum *Anpassen* bestehen gedanklich-methodische Verbindungen: Die Zähne passen sich der nicht immer völlig gleichmäßig festen Bohrloch-Wandung an, indem sie zwar kraftschlüssig, aber unterschiedlich intensiv dagegen gepresst werden.

Abb. 25

Erster Nylondübel für Durchsteckmontage mit tiefen Zähnen nach A. *Fischer* (1987)

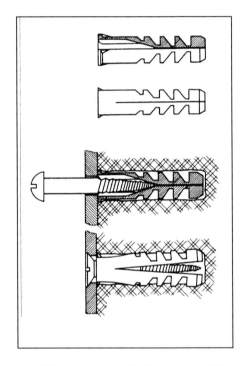

Dieser Dübel löste den bis 1961 gebräuchlichen Faserstoffdübel ab und wurde der meist verkaufte Dübel in Deutschland. Selbst nach Auslaufen der Patente verkauft sich der unansehnlichgraue „Original-Fischerdübel" in Konkurrenz zu den farbigen ostasiatischen Billig-Imitaten noch immer recht gut, erzählte mir *A. Fischer* einmal. Sehr gut eingeführte Marken haben offenbar eine Dauerwirkung, die weit über die Geltungsdauer von Patenten hinausreicht.

Wir erkennen die Prinzipien der **Von Selbst-Arbeitsweise** sowie der **Mehrzwecknutzung** (beim ohnehin erforderlichen Eindrehen der Schraube spreizt sich der Schlitz, und die Zähne verankern sich *von selbst* in der Wand bzw. drücken kraftschlüssig auf die Wandung des Bohrloches)

- Das Verheilen von Operationswunden hängt in hohem Maße von der Nähkunst des Chirurgen ab. Sitzen die Knoten zu fest, so stirbt das Gewebe rundherum ab; sind sie zu locker, so wächst es nur schlecht zusammen. In beiden Fällen dauert der Heilungsprozess zu lange, und es bleiben hässliche Narben zurück. Ein neuartiges Wundgarn ist dadurch gekennzeichnet, dass der Chirurg nur noch lose Schlaufen zu nähen braucht. Das Garn, ausgelöst durch die Körperwärme oder einen Infrarotimpuls, zieht sich dann *von selbst* im erforderlichen Maße zusammen und gewährleistet so die stets optimale Spannung des

Nahtmaterials. Da von einem Material mit *Formgedächtnis* gesprochen wird, haben wir es hier offensichtlich mit einem Analogon zu den so genannten *Gedächtnislegierungen* zu tun. Ein weiterer Vorteil des Materials ist, dass es gut körperverträglich ist, und sich nach einiger Zeit rückstandslos *von selbst* auflöst. Wir haben somit ein im doppelten Sinne geradezu ideales Beispiel für das „Von Selbst"-Prinzip vor uns (Wirtschaftswoche 2002 Nr. 22).

Prinzip 26: **Arbeiten mit Modellen**

Statt des schwierig zu handhabenden eigentlichen Objektes bzw. Prozesses sind Modelle, Projektionen usw. zu benutzen.

- Sollen poröse Keramikfilter hergestellt werden, so ist dies mit besonderem Vorteil unter Verwendung eines als Gerüstbildner wirkenden Modellkörpers möglich. Man arbeitet beispielsweise mit einem offenzelligen Polyurethanschwamm, der befeuchtet, zusammengepresst und sodann in die als *Schlicker* vorliegende wässrige Feuerfest-Rohmasse getaucht wird. Nach Ablaufen des Überschusses wird der getränkte Schwamm getrocknet und schließlich verglüht. Die als Matrix bzw. Gerüstbildner dienende organische Substanz des Schwammes verschwindet. Zurück bleibt die anorganische Substanz in Form der gewünschten Filterplatte (Zobel 1991, S. 100).

- Die Bildung bestimmter kondensierter Phosphate durch thermische Dehydratisierung saurer Monophosphate verläuft über eine Matrizenreaktion. Gibt man den gewünschten Stoff spurenweise als Keimkristall (*Matrix*) zur Reaktionsmischung, so entsteht unter bestimmten Bedingungen die gewünschte Verbindung in annähernd reiner Form, während ohne eine solche Matrix stets nur Stoffgemische entstehen. Besonders vorteilhaft lässt sich in dieser Weise aus NaH_2PO_4 über die $Na_2H_2P_2O_7$-Stufe *Maddrell*-Salz herstellen, das ohne Zusatz von Keimkristallen stets trimetaphosphathaltig anfällt (Schülke 1978).

- Zu den eindrucksvollen Modellbeispielen zählen die synthetischen Blutersatzmittel. Am weitesten fortgeschritten ist die Entwicklung auf dem Gebiet jener Blutersatzmittel, deren funktionelle Basis Fluorkohlenstoffverbindungen sind. Sie sind sehr beständig, zeigen keine Neigung zu chemischen bzw. biologischen Reaktionen, lösen aber erhebliche Mengen an Sauerstoff bzw. Kohlendioxid. Da Fluorkohlenstoffverbindungen wasserunlöslich sind, setzt die Herstellung des *Modellblutes* eine wässrige Emulsion voraus. Mithilfe geeigneter Emulgatoren werden in der wässrigen Lösung kleinste Tröpfchen der Fluorkohlenstoffsubstanzen erzeugt, deren Volumen etwa einem Hundertstel des Volumens roter Blutkörperchen entspricht. Das Ersatzblut enthält ferner pH-regulierende Puffersubstanzen, kolloidosmotisch wirksame Körper, den osmotischen Druck regulierende Salze, sowie Glucose.

Ein solches „Modellblut" ist, bis auf das Fehlen der Gerinnungs- und Immunabwehrfunktionen, nahezu ideal: Es ist verwendbar wie Blut, behindert nicht die Neubildung natürlichen Blutes, ist im Gemisch mit natürlichem Blut funktionstüchtig, und kann auf keinen Fall zu Unverträglichkeitsreaktionen führen (Kolditz 1988).

- Unter dem Titel „Kunstherz ist wieder raus" wurde ein Fall beschrieben, in dem sich das *vorübergehende* Wirken eines Modells bewährt hat. Wegen schwerster koronarer Durchblutungsstörungen bei einem Patienten wagten die Ärzte keine (sonst übliche) Bypass-Operation. Sie setzten ihm ein Kunstherz ein. Das eigene Herz erholte sich so gut, dass nunmehr zwei Bypässe gelegt wurden und das Kunstherz entfernt werden konnte (Ärztezeitung 2002, Nr. 232).

- Das Arbeiten mit Modellen (im Sinne von *Entsprechungen*) kann auch bedeuten, dass an sich nur schwierig detektierbare Zustände sich indirekt bequem erfassen lassen. Die BASF experimentiert bei der Prüfung neuer Pflanzenschutzmittel mit einem analytisch-akustischen System. Durch eine Schädlingsattacke gestresste Pflanzen bilden Ethylen, das mit der Luft über den Pflanzen ständig abgesaugt und über eine Messkammer geleitet wird.

Mit Laserlicht werden die Ethylenmoleküle in Schwingungen versetzt; diese werden mit einem Spezialmikrofon in Töne umgewandelt. Durch Schädlinge gestresste Pflanzen signalisieren ihren Zustand dann mit hohen Fieptönen. Wirken die daraufhin zugegebenen Pflanzenschutzmittel im gewünschten Sinne, so ist „zufriedenes Brummen" zu hören (Wirtschaftswoche 2000, Nr. 40).

Prinzip 27: **Ersetzen teurer Langlebigkeit durch billige Kurzlebigkeit**

Einmal-Ausführung der Funktion, Wegwerf-Technologien

Dieses Prinzip verliert unter den gegenwärtigen Rohstoff- und Umweltbedingungen einerseits immer mehr an Bedeutung, andererseits gibt es aber nach wie vor Gebiete, in denen es mit besonderem Vorteil angewandt werden kann.

Wegwerfkleidung, Wegwerfassietten, Wegwerfverpackung usw. sind an sich kaum (oder doch nur sehr bedingt) zu rechtfertigen, zumal alle Recycling-Bemühungen immer nur zu einem Pyrrhus-Sieg führen können. Anders steht es z. B. um die Wegwerfspritzen, deren hygienische Bedeutung unstrittig ist.

- Motorrad-Rennfahrerbrillen älterer Bauart sind mehrschichtig unter Verwendung von Folien gefertigt. Verschmutzt eine solche Brille, so wird die jeweils äußere Folie abgerissen. Auch Einweg-Paletten, Einweg-Flaschen, verlorene Schalungen und nur einmal verwendbare Weltraumraketen fallen unter dieses Prinzip. Letztere sind nicht unbedingt ungünstiger als das berühmte *Space Shuttle* zu bewerten.

Seinerzeit wurden nach jeder geglückten Landung fast alle Teile des Shuttles ausgetauscht, oder in Monate währender Arbeit von hoch bezahlten Spezialisten repariert. So ist denn die Wiederverwendbarkeit derartiger Systeme – ökonomisch gesehen – eher Zukunftsvision, als Realität.

Folgende Beispiele charakterisieren das Prinzip auch sprachlich eindeutig. So wird ein *Wegwerfmaterial aus gegebenenfalls geschäumtem Kunststoff* beschrieben, *dessen Lebensdauer sich durch Behandeln mit energiereichen Strahlen begrenzen lässt* (Lohmar, Pat. 1982/1983). Ein anderes Verfahren betrifft das *"Formen von Metallen mit Wegwerfmodellen, Modelle zur Durchführung dieses Verfahrens und Verfahren zur Herstellung dieser Modelle"* (Broikanne u. Magnier, Pat. 1984/1985).

• Im Regelfalle hängt die Entscheidung, ob wiederverwendbare Vorrichtungen/Apparate oder Wegwerfvorrichtungen/Apparate zu bevorzugen sind, vom Einsatzgebiet ab. Im medizinischen Bereich haben Wegwerfvorrichtungen eine Reihe entscheidender Vorteile: Vermeiden von Infektionen, unbedingte Sterilität, Ausschluss unsachgemäßer Wiederverwendung. Unter diesen Aspekten hat, neben der Wegwerf-Injektionsspritze, ein *"als Wegwerfeinheit gestalteter Filter aus Kunststoff, insbesondere für Infusions- und Transfusionslösungen"* (Schmidt et al., Pat. 1982/1983) gewiss seine Berechtigung. Bis heute strittig ist hingegen, ob Einwegverpackungen, wie z. B. Getränke-Kartons, den Pfandflaschen unterlegen sind – oder eben nicht. Auch wenn sie nur verbrannt werden, sieht die Ökobilanz solcher Kartons nicht unbedingt schlecht aus. Immerhin müssen Pfandflaschen gereinigt und mehrfach transportiert werden.

Prinzip 28: **Übergang zu höheren Formen**

Ein mechanisches System ist durch ein elektrisches, optisches, akustisches oder ein „Geruchs"-System zu ersetzen.

Beim näheren Durchdenken dieses Prinzips, insbesondere unter Berücksichtigung der Prinzipien 29 (Nutzen pneumatischer und hydraulischer Effekte) sowie 31 (Verwenden von Magneten) fällt uns abermals eine gewisse Willkürlichkeit des *Altschuller*schen Systems auf. Warum sind ausgerechnet elektrische oder optische Systeme „höhere Formen" mechanischer Systeme? Mit der gleichen Berechtigung ließen sich z. B. pneumatische, hydraulische und magnetische Systeme als „höhere" Formen mechanischer Systeme auffassen. Somit hätten die Prinzipien 29 und 31 als jetzt eigenständige, dem Prinzip 28 hierarchisch gleichgestellte Prinzipien, kaum noch ihre Berechtigung. Viel übersichtlicher und logischer wäre, das Prinzip Nr. 28 als Universalprinzip, als durchgängig gültige Strategie aufzufassen, und dabei den Inhalt der jetzigen Prinzipien 29 und 31 – im Sinne untergeordneter Empfehlungen – mit zu berücksichtigen. „Höhere Formen" könnten dann gegenüber den mechanischen Systemen *alle* modernen (Ausführungs)-Formen sein. Vorteilhaft wäre bei dieser Auffassung, dass die technisch fortschrittlichen Lösungen sämtlich unter dem Oberbegriff „Höhere Formen" gleichberechtigt zur Auswahl stünden.

Einerseits wird das Arsenal der modernen *technischen* Methoden ständig größer; es lässt sich vom Nutzer selbst, sofern er auf der Höhe seines Faches steht und sich den Überblick bewahrt hat, stets zwanglos ergänzen.

‚Andererseits, und dieser Vorteil wiegt schwerer, liegen alle modernen Methoden nun in einer einzigen „Schublade". Somit werden höchstwertige Effektkombinationen für den pfiffigen Erfinder direkt sichtbar (z. B. magnetohydraulische Effekte, gepumpte Laser, optoelektronische Systeme usw.).

Empfehlenswert ist, *Altschuller*s Empfehlungen nicht nur wörtlich zu nehmen, sondern grundsätzlich auch als weit gespannte Assoziationshilfen zu betrachten. So hat *Altschuller* mit der Formulierung „Übergang zu höheren Formen" zunächst ganz gewiss nur den Übergang von mechanischen zu optischen bzw. elektrischen bzw. akustischen Systemen gemeint. Fassen wir aber den Terminus „Form" nicht nur in diesem, sondern auch im geometrischen Sinne auf, so erweitert sich das Blickfeld des Erfinders abermals erheblich. Bezogen auf die Geometrie eines Objekts besagt das Prinzip dann, dass die jeweils *höhere* – aufgrund ihrer Geometrie im gegebenen Zusammenhang zweckmäßigere – Form anzustreben ist. In dieser Beziehung wird somit das Prinzip 14 (Sphärische Form) ergänzt und erweitert. Hierarchisch gesehen stünde „Sphärische Form" dann ebenfalls unter dem Prinzip „Höhere Form", da nicht nur sphärische Formen allein geometrisch höherwertig sein können. Folgende Beispiele demonstrieren den Gedankengang.

- Isolier- und Schallschutzelemente wurden bisher meist als Sandwich-Konstruktionen in Waben- bzw. Kassettenbauweise gefertigt. Abb. 26 a zeigt dagegen eine modernere Version. Die Konstruktion wird durch die ihr eigene Formschlüssigkeit sowie mittels Verbindungsprofilen stabilisiert (Kühnhenrich, Pat. 1980/1981). Wir erkennen den Übergang von der Platten- bzw. Waben- zur Faltenbahn-Bauweise. Die jeweils gemäß der geplanten Wandstärke gegenläufig locker gefalteten Bahnen werden untereinander mit Verbindungselementen positioniert, und schließlich über die außen liegenden Stutzen mit Kunststoffschaum gefüllt.

- Im Wasserbau arbeitet man, sofern Hilfs- und Notbauwerke erforderlich werden, meist mit Sandsäcken. Nachteilig ist, dass Sandsäcke bikonvex sind. Die dringend erforderliche Formschlüssigkeit lässt sich damit nicht erreichen, so dass solche Hilfs-Wälle weder völlig dicht noch ideal stabil sind. Wesentlich stabilere und zudem weitgehend dichte Wälle lassen sich aufbauen, wenn gemäß Abb. 26 b unter wechselweiser Verwendung bikonkaver und bikonvexer Elemente verfahren wird. Je stärker ein solcher Verbund belastet wird, desto stabiler wird er (Hilscher et al., Pat. 1977/1979).

Ein typischer Trend besteht heute im Übertragen ursprünglich rein chemischer Technologien auf zahlreiche Anwendungsgebiete auch außerhalb der Chemie. Insbesondere die Umweltschutztechnik, innerhalb derer wiederum die Absorptionsprozesse immer mehr an Bedeutung gewinnen, betrifft heute bereits viele Industriezweige unmittelbar. So sind Maßnahmen zum Verbessern des Absorptionsgrades (allgemein: Maßnahmen zum Verbessern des Stoffaustausches) von nicht nur fachspezifischem Interesse. In den für solche Prozesse verwendeten Stoffaustauschkolonnen wurde bereits vor Jahrzehnten mit lose

Abb. 26

Übergang zu höheren Formen (im *geometrischen*, d. h. im übertragenen Sinne)

a) Isolier- und Schallschutz-Bauelement (Kühnhenrich, Pat. 1980):

Übergang von der Waben- zur Faltenbahn-Bauweise

b) Wasserbauwerk und Verfahren zu seiner Herstellung (Hilscher, Pat. 1977/1979).

Konkav-konvexe Packungen anstelle der konventionellen, nicht völlig dichten bikonvexen (d. h. kissenförmigen) Sandsack-Packungen. Die mit wachsender Belastung zunehmende Stabilität entspricht zugleich dem „Von Selbst"-Prinzip.

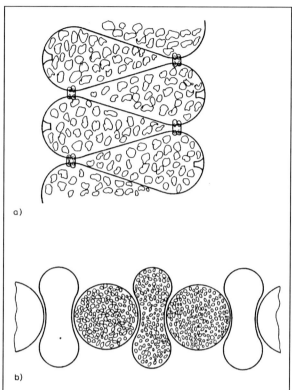

geschütteten Füllkörpern gearbeitet. Zunächst begann man mit gewöhnlichen *Raschig*-Ringen (kurzen Rohrabschnitten, deren Länge etwa ihrem Durchmesser entspricht). Später wurden anspruchsvollere („höhere") Formen eingeführt. Die *Raschig*-Ringe erhielten innen zunächst einfache Stege und Rippen, später sternförmige Einbauten, z. T. auch quadratische Aussparungen in den Rohrwandungen. Schließlich wurden Sattelkörper üblich, deren „höhere" Formen inzwischen mit zahlreichen Extras ausgerüstet sind:

„Jedes Füllelement besteht aus einem bogenförmigen Streifen mit Verstärkungsrippen und mit einem oder mehreren integralen Lappen oder Zungen, die von in Längsrichtung der Streifen auseinanderliegenden Schlitzen nach unten ragen. Entlang des Streifens können mehrere Schlitzreihen vorgesehen sein" (Leva, Pat. 1981/1982).

Wie bei jeder geschickt formulierten Anmeldung, wird vom Erfinder die besondere Leistungsfähigkeit seines Produktes detailliert gerühmt:

„Die Streifen sind über ihrer gesamten Oberfläche perforiert und weisen damit eine verbesserte Drainage, ein verbessertes gegenseitige Verhaken und eine verbesserte innere Flüssigkeitsverteilung in dem Schüttgutbett auf. Ein Punkt-zu-Punkt-Kontakt

zwischen den Füllkörpern, ein wesentlich veränderter Widerstand gegenüber den strömenden Medien und ein verbessertes Massenübertragungsverhalten, die sich aus einer gleichförmigeren Packungsdichte ergeben, werden gewährleistet." (Leva, Pat. 1981/1982).

Prinzip 29:   **Nutzung pneumatischer und hydraulischer Effekte**

Statt rein mechanischer Konstruktionen sind solche unter wesentlicher Beteiligung pneumatischer und hydraulischer Effekte anzustreben.

Wälzkolbenzähler und Rotameter sind in der Chemischen Industrie allgemein gebräuchlich. Für beide Fälle gilt gleichberechtigt das Prinzip der *Von Selbst*-Arbeitsweise: Der Flüssigkeitsstrom, welcher gemessen werden soll, bewegt das Messgerät selbst.

Da das Prinzip 29 eigentlich nur eine dem Prinzip 28 (s. dort) hierarchisch untergeordnete Spezialempfehlung ist, bringen wir hier nur wenige Beispiele.

• Die meisten Rasensprenger mit beweglichem Sprühkopf gehen auf das im 18. Jh. von *Segner* erfundene Reaktionsrad („*Segner*sches Wasserrad") zurück. Genutzt wird dabei die beim Austritt des unter Druck stehenden Wassers auf den Sprühkopf wirkende hydroreaktive Kraft. Sie bewegt den Sprühkopf und verteilt das Wasser rundum mehr oder minder gleichmäßig. Obwohl das Prinzip seit zwei Jahrhunderten allgemein bekannt ist, werden heute noch immer Patente auf derartige Rasensprengerkonstruktionen erteilt. Die solchen Anmeldungen zugrunde liegende erfinderische Leistung („Erfindungshöhe") ist dementsprechend nur noch gering.

• Unter das Prinzip 29 fallen auch alle Anwendungen des hydrostatischen Paradoxons und der „hängenden" Flüssigkeitssäule (letztere sind ausführlich im Abschnitt 6.9 behandelt), sowie schließlich alle hydraulisch und pneumatisch arbeitenden Varianten der Energieübertragung.

• Der 1746 von *Montgolfier* als Wasserhebemaschine erfundene *hydraulische Widder* (Stoßheber) benutzt als treibende Kraft den Stoß, der beim plötzlichen Unterbrechen einer Wasserströmung in einem Rohr entsteht. Diese zu Unrecht in Vergessenheit geratene einfache Maschine lässt sich im Nebenschluss zu Flüssen oder Bächen automatisch betreiben. Ein Bruchteil des durchfließenden Wassers wird „von selbst" auf ein wesentlich höheres Niveau gehoben. Das Argument, der Wirkungsgrad sei gering, greift hier nicht: Das Wasser fließt sowieso kostenlos dahin – und wird ohne den Widder, der in höchst einfacher Weise selbsttätig arbeitet, überhaupt nicht genutzt.

Prinzip 30:   **Verwenden elastischer Umhüllungen und dünner Folien**

Statt starrer Konstruktionen sind elastische Umhüllungen oder Folien zu verwenden.

- Als Geruchsverschluss gegen die Kanalisation wird gewöhnlich eine Wasserschleife (*Siphon*) verwendet. Auch Tauchungen sind gebräuchlich. In beiden Fällen besteht prinzipiell die Möglichkeit des Austrocknens. Damit wird die Sperre gegenüber den z. T. H_2S-haltigen Kanalisationsgasen unwirksam. Die giftigen Gase können ungehindert austreten. Tödliche Unfälle in über längere Zeit nicht benutzten Duschräumen sind bereits vorgekommen. Abhilfe schafft eine Vorrichtung, bei der ein im Ruhezustand schlaff herabhängender dünnwandiger Schlauch benützt wird. Der Schlauch, dessen Länge mindestens dem zweifachen Durchmesser zu entsprechen hat, wird mit der umlaufenden Wandung des waagerecht oberhalb des Flüssigkeitsspiegels in den Schacht mündenden Abwasserrohres gasdicht verbunden. Im Betriebszustand mehr oder weniger gefüllt, fällt der Schlauch nach Beendigung des Wasser-Abstoßes schlaff in sich zusammen und verhindert so den Eintritt der Kanalgase in das nunmehr leere Abwasserrohr (Heuter, Pat. 1979/1981).

Merkwürdig ist, dass in der Industrie die Grundsätze der Zweckmäßigkeit, Einfachheit und Reparaturfreundlichkeit (im Idealfall betrifft dies die „Von Selbst"-Lösungen) noch immer nicht vorrangig berücksichtigt werden. Oft wird entweder nach den hier wenig nützlichen Regeln der Ästhetik, des zur Verselbstständigung neigenden Design, oder gemäß starren Konstruktionsrichtlinien gebaut. So kommt es, dass elastische Konstruktionen gemäß Prinzip 30 heute noch immer zu den Ausnahmen zählen. In Konstruktionskatalogen suchen wir im Allgemeinen vergeblich nach Richtlinien, welche diesem Prinzip entsprechen.

- In den siebziger Jahren besuchte ich eine Nassprozessphosphorsäurefabrik. Bei diesem Prozess entsteht Gips, der nach der ersten Verfahrensstufe nicht völlig abgetrennt werden kann, und der deshalb, beim innerbetrieblichen Transport der Rohsäure, an den unpassendsten Stellen auskristallisiert. Konventionelle Rohrleitungen versetzten sich immer wieder. Unsere polnischen Kollegen hatten das Problem recht hemdsärmelig gelöst: Die entscheidenden Leitungen waren als *Schlauchleitungen* ausgeführt. Die Schläuche lagen direkt auf dem sauber gefliesten Boden. Das Anlagenpersonal trat bei jedem der ohnehin notwendigen Kontrollgänge kräftig auf die Schläuche. So lösten sich die Gipskrusten stets rechtzeitig, und die bei starren Leitungen unvermeidlichen Probleme spielten in dieser Anlage keine Rolle. Aus der Sicht deutscher Gewerbeaufsichtsämter wäre diese pfiffige Lösung wohl bereits am Stolperstellen-Argument hoffnungslos gescheitert. Derartigen Lösungen steht überdies noch das landläufige Vorurteil im Wege: „Was soll das hässliche Schlauchgewirr? Wie sieht das bloß aus – *das ist doch keine ordentliche Konstruktion!!*".

- Auf dem Gebiet der Biogaserzeugung wurde das ansonsten tief verwurzelte Vorurteil gegen derart „lockere" Konstruktionen inzwischen weitgehend überwunden. Für Biogasspeicher, in Einzelfällen bereits auch für Biogasfermentierbehälter, wird inzwischen nach Prinzip 30 verfahren. Abb. 27 zeigt einen Reaktor für die Erzeugung von Biogas, der samt Inhalt in einem Wassertank von außen bewegt wird:

„Ein Reaktor für die Erzeugung von Biogas besitzt einen Fermentierbehälter, dessen Außenwand aus einem flexiblen oder elastischen Material besteht. Zur Erzeugung einer Durchmischung des Inhaltes des Fermentierbehälters und zur Verhinderung von Sinkschichten oder Schwimmdecken wird der Fermentierbehälter in sich zeitlich

ändernder Weise deformiert. Dazu werden Seile oder Bänder verwendet, die um den Fermentierbehälter geschlungen sind und periodisch gespannt und entspannt werden. Alternativ kann der Fermentierbehälter mit um ihn gelegten Schläuchen, insbesondere auch mit schwenkbar gelagerten Stangen oder Latten, deformiert werden" (Neubauer, Pat. 1982/1984).

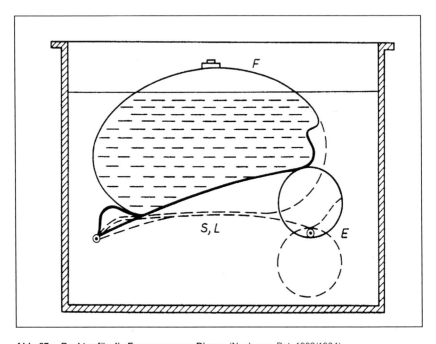

Abb. 27   Reaktor für die Erzeugung von Biogas (Neubauer, Pat. 1982/1984)

F   Fermentierbehälter   S, L   Den Fermentierbehälter umspannende Schläuche bzw. schwenkbar gelagerte Latten (Auflage)   E   Excenter, mit dem die Auflage bewegt wird

- Elastische Systeme haben manchmal auch subjektiv unangenehme Eigenschaften. Dies ist vor allem der Fall, wenn bestimmte Substanzen sich „eklig" anfühlen bzw. unerwünschte Klebeeffekte zeigen, wie dies beim nicht gerade hygienischen *bubble gum* der Fall ist. Wünschenswert wäre, dass der Blasen-Kaugummi außerhalb der Mundhöhle sofort inaktiv wird, nicht mehr klebt und kleistert, und deshalb nicht mehr an den unmöglichsten Stellen deponiert werden kann.

Einen solchen Kaugummi hat *Wrigley* entwickelt. Er besteht aus einer Silikon-Polyacetat-Mischung, die sich gut mit Geschmacks- und Füllstoffen verträgt und im Mund weich wird. Sobald der Kaugummi das warme und feuchte Mundklima verlässt, härtet er aus und klebt nicht mehr („Teflon-Kaugummi", FOCUS 1999). Wir erkennen, dass hier zugleich auch das Prinzip *Anpassen* – im Sinne von: Anpassen an die jeweiligen Bedingungen – wirkt.

• Auf einigen Gebieten scheint das tief verwurzelte Unbehagen klassisch ausgebildeter Konstrukteure gegenüber „schlabbrigen" Materialien und Konstruktionen inzwischen keine Rolle mehr zu spielen. Auf dem Gebiet der Solartechnik wird zwar oft noch mit aus Silicium-Einkristallen gefertigten *Wafern* als Basismaterial der Solarzellen gearbeitet, es ist aber inzwischen Bewegung in die Branche gekommen. Die Zukunft dürfte Solarzellen gehören, welche in dünnen und flexiblen, fast beliebig auch ungleichmäßigen Trägern anpassbare Folien integriert sind.

Kernstück des Herstellungsprozesses ist ein neuartiges Ionenstrahlverfahren, mit dem Selen, Indium und Kupfer auf die Trägerschicht aufgedampft werden. Die Folie ist nur 7,5 µm stark und wiegt nur 30 g/m^2. 2003 wurden bereits Wirkungsgrade von immerhin 10% erzielt. Das Verfahren ist inzwischen sicherlich bereits optimiert worden. Mit etwas Fantasie sind dem Einsatz kaum Grenzen gesetzt, bis hin zur Meterware von der Rolle im Baumarkt: Pro Quadratmeter kann (Sachstand 2003) mit etwa 100 Watt gerechnet werden. *„Das Verhältnis von Gewicht und Leistung erreicht dabei das Niveau eines Porsche-Motors"* (Schulze 2003)

Prinzip 31: **Verwenden von Magneten**

Es sind permanente Magnete oder Elektromagnete zu verwenden.

An diesem Prinzip wird abermals eine gewisse Schwäche des ansonsten genialen *Altschuller*schen Systems deutlich. Ich habe darauf bereits im Zusammenhang mit dem Prinzip 28 hingewiesen. Hier nur so viel: Die Verwendung von Magneten ist ganz offensichtlich kein derart universelles Prinzip wie etwa *Kombinieren, Zerlegen, Abtrennen, Umkehren*. Mit dem gleichen Recht könnten weitere Prinzipien geringerer Verallgemeinerungsfähigkeit aufgenommen werden, die bestenfalls den Rang technischer Ratschläge haben, und nicht in allen Fachgebieten einsetzbar sind. Auf jeden Fall handelt es sich beim Prinzip 31 um ein hierarchisch untergeordnetes Prinzip, das allerdings im praktischen Gebrauch dennoch nicht unterschätzt werden sollte.

• Magnete kommen inzwischen nicht mehr nur dort zum Einsatz, wo man sie üblicherweise benötigt. Ursprünglich war von der *Magnetisierung des Wassers* bestenfalls im Sinne belächelter Pseudowissenschaft die Rede. Heute wird der in der Tat seltsame Effekt angeblich erfolgreich genutzt, um die Härtebildner des Wassers kurzzeitig so zu beeinflussen, dass beim Durchfließen eines Kühlsystems, oder einfach der häuslichen Wasserleitung, keine Ablagerungen mehr auftreten. Die *(behaupteten? tatsächlichen?)* Praxiserfolge sprechen anscheinend für das Verfahren, auch wenn die Erklärung der Vorgänge nicht einleuchtend ist. Umfangreiche Monographien behandeln das Gebiet, Praxisbelege für die angeblich erfolgreiche Anwendung wurden mitgeteilt (Klassen 1982). Die Diskussion ist auch heute noch nicht abgeschlossen.

Zum Thema *Wassermagnetisierung* existieren bereits Hunderte von Patenten – ein Umstand, der allerdings *nichts* beweist, falls dem Verfahren tatsächlich Pseudoeffekte zugrunde liegen und die Kritiker Recht haben sollten.

Uns hat das in theoretischer Hinsicht fragwürdige Gebiet aber nicht nur vom rein naturwissenschaftlichen, sondern auch vom Standpunkt des praktisch tätigen Erfinders zu interessieren. Gerade im Falle solch zweifelhafter Effekte lohnt es sich manchmal, weiterzuarbeiten – vorausgesetzt natürlich, dass der Erfinder nicht die Realität nach seinen Wünschen und Vorstellungen hinzubiegen versucht, oder gar dem *angewandten Perpetuum-Mobilismus* zum Opfer fällt.

- Ziemlich gewagt in dieser Hinsicht erscheint eine chinesische Quelle, in der allen Ernstes behauptet wird, dass sich durch Magnetisierung bestimmter alkoholischer Getränke deren unerwünschte Nebenwirkungen mildern lassen:

„Liquor is a kind of strong drink that is made from grains or fruit and usually contains over 30% alcohol. And liquor drinking has been a historical tradition in China., Mongolia and Russia as well as some Asian countries and regions especially during holidays or when meeting friends and customers. One can not expect that people could change their tradition (in some cases even it is a bad habit) in a short term. Even though the physician's warning is sounding around their ears: „Heavy liquor drinking will result in traffic accidents, liver diseases and heart attack", the liquor drinkers are unable to control the alcohol amount they are taking. Based on this situation, Wulanhote Liquor Plant has engaged in developing a process that can manufacture less harmful liquor. And finally they found that the magnetized liquor is less harmful to human health and even good to human health if one drinks a little every day. They have designed a special equipment by employing NdFeB magnet and applied for patent. The key point is that the field strength must be a proper (not too strong, not too weak) and the processing time in the magnetic Field must be strictly controlled. Otherwise, the improperly-treated liquor will be more harmful than the traditional. Now the plant is collaborating with several universities and trying to understand the mechanism of liquor magnetization"(CRE Information 1999).

Es kann durchaus sein, dass hier der Wunsch der Vater des Gedankens war. Physiologen fanden heraus, dass den Ostasiaten ein die Alkoholverträglichkeit förderndes Enzym fehlt, welches uns Europäern den Suff einigermaßen erträglich macht. So wäre verständlich, dass im Fernen Osten nach Alternativen auch in ziemlich finsteren Winkeln gesucht wird.

- Besonders interessant sind Kombinationen magnetischer und nichtmagnetischer Substanzen, wobei der magnetische (oder magnetisierbare) Anteil als *Schlepper* wirkt. So lassen sich in der Abwassertechnik durch Fällung erzeugte Flocken, deren Absetzgeschwindigkeit für eine konventionelle Trennung zu gering ist, nach Zusatz von Eisenfeilspänen oder magnetisiertem Eisenoxid in einem Magnetfeld abtrennen. Das Verfahren funktioniert insbesondere dann effizient, wenn die Eisenteilchen bereits während des Flockungsvorganges eingehüllt werden und dann als *interne Schlepper* für die an sich nicht magnetischen Flocken wirken. Nach Abtrennen der Eisenteilchen, was wegen des Einhüll-Effektes durch die schmierigen Flocken nicht ganz einfach ist, lässt sich der Vorgang beliebig oft wiederholen.

- In der Medizin scheint die Anwendung von Magneten und magnetischen Wirkungen neuerdings ständig an Bedeutung zu gewinnen. So wurde eine neue Therapie-Option bei *Hepatozellulärem Carcinom* (HCC) in einer weltweiten Multicenter-Studie geprüft. Dabei wird *Doxorubicin*, an winzige Eisenpartikel gekoppelt, in die Tumorarterien gespritzt und von außen mit einem Magneten in den Tumor gezogen. Der Vorteil liegt vor allem in der so erzielbaren hohen Medikamentenkonzentration direkt im Tumor, und damit in der Minderung der gefürchteten systemischen Nebeneffekte (Ärztezeitung 2003, Nr. 105)

• Minimagnete ermöglichen inzwischen minimal-invasive Bypass-Operationen. Für die Operation werden die reiskorngroßen goldbeschichteten Magnete in den Gefäßwänden verankert. Die Magnete haben mittig eine ovale Aussparung, durch die das Blut dann von Gefäß zu Gefäß strömen kann. Die Haftung der Magnete untereinander funktioniert so einfach, wie wir es beispielsweise von den für Schränke und Türen üblichen Magnetverschlüssen kennen. Genäht wird nicht mehr. In nur ein bis zwei Minuten ist ein Bypass über einen nur 6 cm langen Schnitt im Brustraum am schlagenden Herzen gelegt (Ärztezeitung 2003, Nr. 139)

• An der Universität Jena wird intensiv an der Möglichkeit gearbeitet, mit winzigen, in Tumore gespritzten Eisenpartikeln und anschließender Überwärmung durch Magnetfelder maligne Zellen zu zerstören. Die Wirksamkeit der Methode bei Brustkrebs konnte von *Hilger* bereits nachgewiesen werden: *„In Zukunft könnte diese minimal-invasive Methode etwa bei kleinen Mammakarzinomen eine Alternative zur Operation sein"* (Ärztezeitung 2003, Nr. 143)

Prinzip 32: **Verändern von Farbe und Durchsichtigkeit**

Das Objekt ist anders zu färben oder durchsichtig zu machen.

Deutlich berührt wird hier das Prinzip 15 („Anpassen"). Im Sinne unserer Bemerkungen zu den Prinzipien 28 und 31 (s. d.) kann davon ausgegangen werden, dass das Prinzip 32 dem Prinzip der Anpassung hierarchisch untergeordnet ist.

• Die *Heliomatic*-Brille, deren Gläser sich je nach Lichtintensität mehr oder minder schnell einfärben, sei als Beispiel genannt. Hier ist besonders klar ersichtlich, dass im übergeordneten Sinne das Anpass-Prinzip gilt.

• In der Chemischen Industrie ist der Übergang von Stahl-, Edelstahl- oder Keramikapparaturen zu Anlagen oder Anlagenteilen aus Glas eher unüblich, jedoch oftmals zu empfehlen. Der Vorteil, den die – im doppelten Wortsinne – *Durchsichtigkeit* aller sonst unsichtbaren Prozessstufen bietet, wird noch immer unterschätzt. Immerhin geläufige Anwendungsbeispiele sind: Schaugläser, Standgläser, Polyethylenschläuche für die laufende visuelle Kontrolle des Verunreinigungsgrades von Flüssigkeiten, komplette Apparaturen aus Glas, ggf. auch aus Feuerfest-Glas (mindestens für den Technikumsbereich).

• Indirekte Hilfsmittel zum Kennzeichnen eines bestimmten Zustandes (z. B. eines bestimmten Temperaturbereiches) fallen ebenfalls unter dieses Prinzip. So dienen Thermostifte zum Kennzeichnen solcher Apparateteile, an denen

Temperaturveränderungen bis in ein gefährliches Gebiet hinein direkt beobachtet werden müssen. Ohne Unterbrechung des Prozesses kann das Personal stets visuell beurteilen, wann dieses Temperaturgebiet erreicht wird. Sodann wird unverzüglich gehandelt. Auch das große Gebiet der Flüssigkristalle, die als sehr zweckmäßige Temperaturdetektoren dienen können, fällt ersichtlich unter dieses Prinzip.

• Trübungsmessungen geben Auskunft über Zustandsänderungen von Lösungsbestandteilen. Auch der Übergang von kolloidalen zu echten Lösungen ist in dieser Weise zu erfassen. Indikatoren verändern ihre Farbe in Abhängigkeit vom pH. Darauf basiert die direkte Gehaltsbestimmung von Säuren und Laugen. Mikroorganismen, speziell Bakterien, werden angefärbt, um sie unter dem Mikroskop in ihren Details besser sichtbar zu machen.

Prinzip 33: **Gleichartigkeit der verwendeten (Werk-)Stoffe**

Objekte, die mit dem gegebenen Objekt in Wechselwirkung stehen, sollten aus dem gleichen Material wie dieses gefertigt sein.

• Schweißverbindungen, auch wenn fachgerecht unter Verwendung geeigneter Elektroden ausgeführt, sind erfahrungsgemäß Schwachstellen. Die unvermeidlichen Gefügeveränderungen im Nahbereich der Schweißnaht und in der Schweißnaht selbst sind insbesondere durch die Bildung von Kristalliten unterschiedlicher Größe gekennzeichnet. Ohne thermische Nachbehandlung (Tempern, Nachglühen) bleibt diese, im Gegensatz zum Ausgangsmaterial nicht mehr homogene, Struktur erhalten. Bei Einwirkung von Elektrolyten oder feuchter, schadgashaltiger Luft setzt häufig interkristalline Korrosion ein. Die winzige Potenzialdifferenz zwischen Kristallen unterschiedlicher Größe genügt als Triebkraft für diesen gefürchteten Prozess, d. h. die Korrosion erfolgt auch dann, wenn alle Kristalle chemisch völlig gleichartig sind.

Um ein Vielfaches stärker tritt diese unerwünschte Erscheinung auf, wenn unterschiedliche Materialien zum Einsatz kommen. Die Maßnahme, gleiche Werkstoffe zu verwenden, ist hier also keine Maßnahme zur vollständigen Lösung des Problems, sonder „nur" zur Minimierung der Negativeffekte.

• In den achtziger Jahren wurde das Knochenimplantat *ilmaplant* entwickelt. Seine Bestandteile sind dem natürlichen Knochen ähnlich. Der Verbundwerkstoff setzt sich aus organischem und anorganischem Material zusammen; letzteres besteht überwiegend aus Calciumphosphaten. Bisher wurden Metallprothesen aus Silber, Tantal, Titan verwendet. Sie bleiben im Organismus stets Fremdkörper. Dagegen verwächst *ilmaplant* so komplikationslos, als bestehe es aus natürlichem Knochen (Neis 1988).

• Eine Grundregel der klassischen Chemie besagt, dass *Ähnliches von Ähnlichem gelöst* wird. Der in gewisser Hinsicht umgekehrte, zugleich jedoch analoge Gedankengang liegt – auch wenn dies dem Erfinder sicherlich nicht bewusst geworden ist – einem *„Verfahren zum Fördern von klebriger Kohleelektrodenmasse"* zugrunde. Hier wird Ähnliches nicht von Ähnlichem gelöst, sondern Ähnliches mit Ähnlichem gepudert (Abb. 28: Klebrige Elektrodenmasse wird von Petrolkoks-Staub umhüllt).

Abb. 28

Verfahren und Vorrichtung zur Förderung von klebriger Kohleelektrodenmasse (Breuer, Pat. 1985/1987)

1 Petrolkoks-Feinstaubbunker

2 Elektrodenmasse

3 Zellenradschleuse

4 Gurtbandförderer

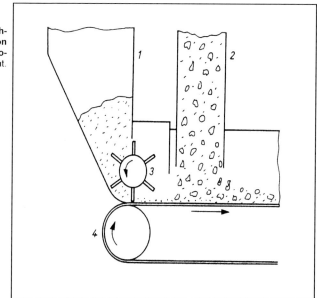

Das Verfahren ist „dadurch gekennzeichnet, dass das Förderband vor dem Beladen mit der Elektrodenmasse mit Petrolkoksfeinstaub beschichtet wird" (Breuer, Pat. 1985/1987). Abb. 28 zeigt die Vorrichtung in Funktion. Der Petrolkoksfeinstaub, wirksames Pudermittel gegen die ansonsten auf dem Förderband festklebende Masse, ist zugleich wichtigster Bestandteil dieser Masse selbst. Demnach wird mit einem nicht nur ähnlichen, sondern fast identischen Mittel gearbeitet, so dass auch bei erheblicher Überdosierung des Petrolkoksfeinstaubes, der ja z. T. an der Elektrodenmasse festklebt, keine Beeinflussung der Produktqualität eintritt. Hinzu kommt, dass ohnehin nur die äußere Schicht der klebrigen Elektrodenmasse durch das Petrolkokspulver konditioniert wird. Innen bleibt die Masse unverändert klebrig.

- Wie bei den meisten Prinzipien, so sollte auch beim Prinzip Nr. 33 unbedingt an das korrespondierende Umkehrprinzip (*Ungleichartigkeit* der verwendeten Werkstoffe) gedacht werden. Der erfahrene Erfinder braucht keine Sondertabellen mit den Umkehrprinzipien – er prüft ohnehin immer, ob sich die Formulierung/das Prinzip/der betrachtete Praxisfall nicht vielleicht doch sinnvoll umkehren lassen. Im vorliegenden Falle ist die Sache ganz einfach: Beispielsweise muss Lagermetall im Allgemeinen andere Eigenschaften als das Material der gelagerten Welle haben – hier wirkt das Umkehrprinzip des Prinzips 33.

Prinzip 34: **Abwerfen oder Umwandeln nicht notwendiger Teile**

Ein Objektteil, das seine Funktion erfüllt hat und somit überflüssig geworden ist, darf nicht länger als toter Ballast mitgeschleppt werden.

Allgemein bekannt ist das Abkoppeln ausgebrannter Raketenstufen. Die methodische Nähe zum bereits behandelten Prinzip „Billige Kurzlebigkeit statt teurer Langlebigkeit" wird hier besonders deutlich.

Das Prinzip sollte bevorzugt in Sonderfällen (Ausnahmesituationen) beachtet werden. Kurz vor der Notlandung eines Flugzeugs wird der Treibstoff zum nicht nur überflüssigen, sondern höchst gefährlichen Ballast. Entsprechend handelt der Pilot. Gefragt sind Sofortlösungen. Noch schneller als das nicht ungefährliche Ablassen des Treibstoffs funktioniert das Aufschäumen des Tankinhaltes zu einer nicht brennbaren Masse (Altschuller 1973, S. 166). Das Prinzip wird hier gleich in doppelter Hinsicht demonstriert: „Abwerfen" (Ablassen des Treibstoffs) und „Umwandeln" (Deaktivierung des gefährlichen Tankinhaltes, Umwandeln in eine nun nicht mehr gefährliche Masse).

- Bei einer Vorrichtung zum Sanieren von Schornstein-Innenwänden wird mit einer verlorenen Schalung gearbeitet. Benutzt wird insbesondere eine extrem dünne Hülse, die innen mit einem wiederverwendbaren Granulat beschickt, oder mit Aussteifungsringen gegen den Betondruck versehen wird. Nach dem Betonieren und dem Erhärten des Betons löst sich die Hülse vor oder während der Schornsteinnutzung von selbst auf (Kunze et al., Pat. 1984/1985).

Prinzip 35: **Verändern der physikalisch-technischen Struktur**

Zu verändern sind: Aggregatzustand, Elastizitätsgrad, Zerlegungsgrad, Konzentration, Konsistenz.

- Betrachten wir als Beispiel die oberflächenaktiven Mittel. Ihre Wirkung beruht im Wesentlichen auf der erheblichen Verminderung der Oberflächenspannung des Wassers, d. h., der Elastizitätsgrad der Wasseroberfläche wird herabgesetzt. Neben den allgemein bekannten positiven Effekten (z. B. beim Einsatz als Geschirrspülmittel) sollte jedoch stets an die z. T. katastrophalen Nebenwirkungen gedacht werden, was leider noch viel zu selten geschieht. Weltweit wird gerade mit solchen nicht unbedenklichen Haushaltschemikalien, und dies gilt auch für die Waschmittel, nach dem hier sachlich falschen Prinzip „Viel hilft viel" umgegangen. Pflanzen und Tiere sind aber stets auf die normale Oberflächenspannung des Wassers angewiesen.

Gedankenloser Umgang mit derartigen Chemikalien, funktionell unsinnige Überdosierung und direkter Abstoß unbehandelter Abwässer führen im Falle der oberflächenaktiven Mittel, die im Allgemeinen zugleich auch lipophil wirken, zur Belastung empfindlichster tierischer Membranen. Deshalb ist die Forderung, dass derartige Substanzen biologisch abbaubar sein müssen, und der Abstoß möglichst erst nach erfolgtem Abbau erfolgen darf, völlig berechtigt.

- Gewöhnlicher Kaugummi klebt unter Tischen, an Schuhsohlen, der Kleidung oder in den Haaren. Mit diesen bekannt ekligen Nebenwirkungen soll künftig Schluss sein. Der Hersteller *Wrigley* hat ein Patent auf einen Gummi angemeldet, der nicht auf Keramik, Holz, Teppich oder Faserstoffen haftet. Außerhalb des „Arbeitsbereiches" – der Mundhöhle – härtet die Substanz aus und klebt nicht mehr (FOCUS 1999). Wir haben, da es sich auch hier um eine Ermessens-Zuordnung handelt, das Beispiel bereits unter dem Prinzip Nr. 30 („Verwenden elastischer Umhüllungen und dünner Folien") kurz besprochen. Außerdem überlappt es sichtlich mit Nr. 15 („Anpassen").

- Muss an Wasser führenden Systemen (z. B. Heizkreisläufen) gelötet werden, so erfordert dies trockene Flächen. Es ist aber umständlich, zu diesem Zweck das gesamte Wasser abzulassen, den Arbeitsbereich dann sorgfältig zu trocknen, nunmehr zu löten, und das System schließlich wieder zu füllen. Abhilfe schafft der Phasenübergang Wasser $\Rightarrow$ Eis. Mithilfe von Kohlensäureschnee (Trockeneis) wird in der Nähe der für die Lötung vorgesehenen Stelle das Wasser vereist. Der gebildete Eispfropfen verhindert das Nachlaufen des im System verbleibenden Wassers. Nach erfolgter Lötung und Auftauen des Eises braucht nur die Fehlmenge an Wasser ergänzt zu werden.

- Da bei jeder Phasenumwandlung die Eigenschaften eines Stoffes sich wesentlich ändern, resultieren allein aus diesem Umstand diverse Anwendungsbeispiele. Allgemein bekannt ist das Sprengen von Gestein mit Hilfe gefrierenden Wassers: Eis nimmt mehr Raum ein als die gleiche Wassermenge. Aber auch die einfache Tatsache, dass Eis vergleichsweise fest ist, kann genutzt werden. So lässt sich eine wässrige Schleifpulver-Suspension nach dem Gefrieren als Schleifkörper einsetzen, dessen besonderer Vorteil darin besteht, dass er fest und dennoch anpassungsfähig ist. Da der die Schleifmittelkörner enthaltende Eisblock durch den Schleifvorgang erwärmt wird, schmilzt er teilweise und passt sich dabei der Form des zu schleifenden Objektes an. Zugleich liefert der Vorgang das beim Schleifen ohnehin benötigte Wasser.

- Zur Konsistenzveränderung gehört auch die Nutzung des Thixotropie-Effektes *(Gel-Sol-Umwandlung)*. Gelartige Substanzen lassen sich durch Schütteln verflüssigen und erstarren dann wieder. Manche Schlämme neigen dazu, selbst bei hohen Wassergehalten sich nach einer gewissen Ablagerungszeit so zu verhalten, als handele es sich um Feststoffe. Wird dann aber mechanische Energie zugeführt (z. B. durch Rütteln, Schallwellen, mechanische Impulse anderer Art), so verflüssigt sich ein solches System mehr oder minder vollständig – bis hin zur Pumpfähigkeit. Der Vorgang ist reversibel: Das Phänomen tritt in beiden Richtungen immer wieder auf, und ist in vielfältiger Weise nutzbar. Der Leser wird gewiss selbst auf zahlreiche Möglichkeiten kommen, bis hin zu Schalt- und Indikations-Anwendungen.

Nachdem wir nun die 35 ursprünglichen *Altschuller*-Prinzipien ausführlich behandelt haben, wollen wir zum methodischen Ausgangspunkt zurückkehren. Als Beispiele wurden bewusst nicht nur neuere Erfindungen, sondern auch einfache Konstruktionsvorschläge bzw. allgemeine Leitlinien ohne besonderen erfinderischen Anspruch mit herangezogen.

Wir erkennen recht deutlich, dass die Übergänge zwischen dem inzwischen fachmännischen und dem erfinderischen Handeln fließend sind, und einem nützlichen, jedoch nicht – oder nicht mehr – schutzfähigen Vorschlag die gleichen Prinzipien zugrunde liegen, wie einer vom Kerngedanken her ganz ähnlich aufgebauten schutzfähigen Erfindung auf hohem oder gar sehr hohem Niveau.

Ich möchte an dieser Stelle noch eine Bemerkung einfügen, die für beliebige Beispiel-Sammlungen, und damit auch für den vorliegenden Abschnitt gilt. Der ältere Ingenieur hat meist Zahnräder, Wellen und Elektroantriebe im Kopf, wenn er sich um Assoziationen bemüht. Der jüngere Ingenieur hingegen denkt gleichsam in Schaltkreisen. Er bedient sich selbstverständlich der Computerterminologie, zieht überwiegend Hochtechnologie-Bauelemente ins Kalkül, übersieht dabei nicht selten die vom älteren Ingenieur mit in Betracht gezogenen *Von Selbst*-Lösungen – und dies nur deshalb, weil sie „unmodern" erscheinen. Dem entsprechend fallen die Beispiele aus. Dies ist kein Werturteil, sondern ein ausbildungsbedingter und – bis zu einem gewissen Grade – altersbedingter Sachverhalt, der in geeigneter Weise zu berücksichtigen ist. Die für sich gesehen einseitigen Beispiele der älteren wie der jüngeren Generation müssen im Bedarfsfalle in die jeweils andere Denksphäre übertragen („übersetzt") werden. Da aber Beispiele, so treffend und didaktisch notwendig sie auch sein mögen, wegen der bereits besprochenen *hypnotischen Wirkung konkreter technischer Gebilde* stets einen kanalisierenden Effekt auf das Denken des an neuen Lösungen Interessierten ausüben, fällt die Übersetzung konkreter Beispiele in die eigene Fachsprache nicht leicht. Deshalb sei dem Leser dringend geraten, zusätzlich eigene Beispiele zu sammeln. Auch Assoziationen, die nur bedingt Beispielcharakter haben, können methodisch wertvoll sein, wenn sie das eigene fachbezogene Denken erweitern und befruchten.

Eigene und selbst gefundene Beispiele motivieren sehr, da sie methodisch wie sachlich genauer der eigenen Vorstellungswelt und den konkreten fachlichen Bedürfnissen entsprechen. Sie schulen somit das aktive erfinderische Arbeiten mit der Liste der Lösungsprinzipien. Allerdings haben selbst gefundene Beispiele auch gewisse Nachteile. Gerade weil sie der *eigenen Vorstellungswelt* entstammen bzw. durch den *Filter der eigenen fachlichen Interessen* gelaufen sind, können sie die für den Erfinder so wertvolle Abstraktion behindern, und die Chance zum Erzielen raffiniert einfacher Lösungen mindern. Ist sich der Erfinder dieser Wirkung bewusst und betrachtet selbst gefundene Beispiele entsprechend kritisch, so dürfte sich die Gefahr jedoch relativieren.

Methodisch versierte Erfinder interessieren sich, unabhängig vom Charakter der Beispiele, stets für das Allgemeine im Besonderen (von Linde treffend *hidden pattern,* d. h. *„Verborgene Muster"* genannt).

Die aus Sicht der jüngsten Ingenieure „unmodernen" Beispiele haben einen praktischen Vorteil: Sie zeigen, dass man auch heute noch mit raffiniert einfachen Mitteln zu hochwertigen Lösungen gelangen kann. Diese an sich banale Erkenntnis ist wichtig, da jede Generation ihre bevorzugten Mittel und Methoden hat – und nicht immer sind modernste Mittel erforderlich, wenn die vermeintlich weniger modernen Mittel schneller, billiger und besser zum Ziel führen. In diesem Sinne haben die unmodern anmutenden Beispiele sogar einen höheren methodischen Wert als z.T. sehr spezielle Hochtechnologie-Beispiele. Dies betrifft auch ihre Verallgemeinerungsfähigkeit. Gleiches gilt für die Frage, ob die Beispiele unbedingt der allerneuesten Patentliteratur entstammen müssen. Meine Erfahrung besagt, dass manchmal ältere Beispiele, sofern didaktisch instruktiv, besser als methodisch nichtssagende aktuelle Beispiele geeignet sind. Entsprechend wurde verfahren. Im Übrigen ist zu bedenken, dass die Durchsicht neuester Patentschriften immer wieder *Altschullers* Behauptung bestätigt: Die Anzahl der zugrunde liegenden Prinzipien (35, bzw., im Abschnitt 3.5 erläutert, 40) ist sehr begrenzt, und alle Versuche zur Ausweitung der Prinzipienliste wirken einigermaßen verkrampft. Die gelegentlich als „neue, zusätzliche Prinzipien" kreierten Vorschläge lassen sich zudem meist zwanglos den 40 bereits formulierten *Altschuller*-Prinzipien zuordnen bzw. hierarchisch unterordnen.

Unstrittig hilft die mit möglichst unterschiedlichen Beispielen illustrierte Liste der Lösungsprinzipien sehr, an sich naheliegende, aber in der Praxis eben doch immer wieder übersehene Innovationsmöglichkeiten aufzudecken. Der Erfinder wird gleichsam hellsichtig und kann nunmehr fast jede beliebige Aufgabe mit besten Erfolgsaussichten anpacken.

3 TRIZ-Werkzeuge in moderner Ausprägung

Wir wollen uns nun den wichtigsten modernen TRIZ-Werkzeugen zuwenden. Sie wurden im Wesentlichen – jedenfalls in ihrer methodischen Grundstruktur – noch von *Altschuller* selbst konzipiert, später dann von seinen Schülern ergänzt und den neuen Erfordernissen angepasst. Unsere nachfolgende Auswahl ist für den Praktiker bestimmt. Vollständigkeit wurde, schon aus Platzgründen, nicht angestrebt. Die beschriebenen Werkzeuge genügen jedoch nach eigenen Erfahrungen den Erfordernissen beim Lösen anspruchsvoller Aufgaben. Prinzipiell zu unterscheiden sind einerseits die algorithmierten Schemata zum stufenweisen Bearbeiten erfinderischer bzw. vergleichbar anspruchsvoller Aufgaben, andererseits die Einzelwerkzeuge *("tools")*.

Zunächst behandeln wir in den Abschnitten 3.1 und 3.2 die heute in der Praxis wichtigsten Stufenschemata, nämlich den ARIZ 77 sowie die Innovationscheckliste. Letztere stellt eine Kurzfassung des systemanalytischen Teiles des ARIZ dar. Im ARIZ (3.1) finden sich sämtliche Einzelwerkzeuge, die wir unter 3.3 bis 3.9 behandeln, jeweils an den entsprechenden Stellen bzw. in den entsprechenden Bearbeitungsstadien. Ich empfehle, das jeweilige Einzelwerkzeug stets genau an der dafür vorgesehenen Stelle des ARIZ einzusetzen. Die Innovationscheckliste (3.2) betrifft den systemanalytischen Teil des ARIZ und ermöglicht eine andere Vorgehensweise: Nachdem das System analysiert und damit verstanden worden ist, kann ein erfahrener Bearbeiter auch einzelne Werkzeuge (aus 3.3 bis 3.9) zur Lösung der Aufgabe einsetzen.

Grundsätzlich abzuraten ist vom sofortigen Einsatz der Einzelwerkzeuge. Wer versucht, ohne gründliche Systemanalyse – sei es mittels ARIZ, sei es per Innovationscheckliste – die Lösung der Aufgabe mit Hilfe eines oder mehrerer Einzelwerkzeuge direkt angehen zu wollen, der wird im Regelfalle vom Ergebnis enttäuscht sein.

Ein letzter Hinweis betrifft die 40 Prinzipien (Kap. 3.5 sowie Tab. 9 u. 10). TRIZ-Neulinge verkürzen das gesamte faszinierende *Altschuller*-System oft auf eben diese Tabelle sowie die Zuordnungsmatrix. Spontan – oder auch krampfhaft – wird versucht, einen Widerspruch zu finden, und dann sofort die Matrix anzuwenden. Meist wird auf die zuvor erforderliche gründliche Systemanalyse verzichtet, so dass der Misserfolg programmiert ist. Hinzu kommt die Unkenntnis der übrigen, fast noch wichtigeren Werkzeuge (z. B. der Separationsprinzipien, s. 3.3).

3.1 Der *ARIZ 77* als systematische Abfolge aller Arbeitsschritte

Wir haben im 2. Kapitel die von *Altschuller* entwickelte Methode nun prinzipiell kennen gelernt. Aus didaktischen Gründen hatte ich die wesentlichsten Merkmale dieser revolutionären neuen Denkweise an einer älteren, für diesen Zweck besonders geeigneten ARIZ-Version („ARIZ 68") erläutert.

Altschuller hat in den Folgejahren seinen ARIZ immer wieder verbessert und modernisiert. Die letzte noch von *Altschuller* selbst verfasste Version ist der ARIZ 85 mit 60 Einzelschritten. Die von seinen Schülern fortgeführte Arbeit gipfelte zunächst im ARIZ 93, der mit ca. 100 Arbeitsschritten bereits sehr ausführlich geraten ist (Terninko, Zusman u. Zlotin 1998, S. 45). Neuere, noch ausführlichere Versionen sind in Arbeit bzw. inzwischen bereits in Gebrauch.

Eine vorteilhafte, praktikable, noch heute durchaus taugliche Fassung mittleren Ausführlichkeitsgrades ist der ARIZ 77, den wir im Folgenden betrachten wollen, und der auch einem in diesem Buch behandelten ausführlichen Praxisbeispiel (s. Kap. 6.7) zugrunde liegt. Die folgende Übersicht basiert auf der von mir geringfügig modifizierten bzw. vereinfachten Fassung von 1984 (Altschuller 1984, S. 155) bzw. dem von *Möhrle* herausgegebenen, aktuell verfügbaren Nachdruck (Altschuller 1998, S. 231):

ARIZ 77 nach G.S. Altschuller

I. Bestimmen der Aufgabe.

1.1 Bestimmen des Endziels der Aufgabenlösung.

a) Welche Eigenschaften des Objektes sind zu verändern?
b) Welche Eigenschaften dürfen nicht verändert werden?
c) Welche Kosten werden mit der Lösung der Aufgabe gesenkt?
d) Wie hoch liegen (etwa) die zulässigen Aufwendungen?
e) Welcher grundlegende technisch-ökonomische Parameter ist zu verbessern?

1.2 Prüfen von Umgehungswegen. Angenommen, die Aufgabe sei grundsätzlich nicht lösbar: wie kommt man, indem man andere Aufgaben löst, zum gleichen Ziel?

a) Umformulieren der Aufgabe: Betrachtung des Obersystems, zu dem das in der Aufgabe gegebene System gehört.
b) Umformulieren der Aufgabe: Betrachtung der Untersysteme (bzw. Stoffe), die dem in der Aufgabe gegebenen System angehören bzw. aus denen das System besteht.
c) Umformulieren der Aufgabe auf drei Ebenen (Obersystem, System, Untersystem), indem die jeweils geforderte durch die komplementäre Wirkung ersetzt wird.

1.3 Entscheidung: wird die *eigentliche* Aufgabe, oder wird eine der infrage kommenden Umgehungsaufgaben bearbeitet?

1.4 Festlegen der quantitativ erforderlichen Kennwerte.

1.5 Präzisieren der Forderungen, die sich aus den konkreten Bedingungen ergeben.

a) Zulässiger Kompliziertheitsgrad der Lösung.
b) Einschätzen des voraussichtlichen Maßstabs/Umfangs der Anwendung.

1.6 Prüfen, ob die Aufgabe direkt mit Hilfe der Standards zum Lösen von Erfindungsaufgaben lösbar ist (Falls ja, Übergang zu 5.1; falls nein oder unbestimmt, Fortsetzung gemäß 1.7).

1.7 Präzisieren der Aufgabe unter Nutzung von Literatur- und Patent-Informationen.

a) Was ist zur Lösung der Aufgabe (oder sehr ähnlicher Aufgaben) bereits bekannt?
b) Welche Antworten ergeben sich für analoge Aufgaben, die einem führenden Zweig der Technik zuzuordnen sind?
c) Welche Antworten ergeben sich für Umkehraufgaben?

1.8 Anwenden des Operators „AZK" (Abmessungen, Zeit, Kosten).

a) Wie wird die Aufgabe gelöst, wenn man sich gedanklich die Abmessungen des Objekts zunächst als sehr klein, sodann als sehr groß vorstellt?
b) Was wäre, wenn der betrachtete Prozess „blitzartig" (Zeitaufwand „0") verliefe? Was wäre, wenn ich unbegrenzt Zeit zur Verfügung hätte?
c) Wie a) und b), nur bezogen auf die Kosten: Was wäre, wenn gar kein Geld zur Verfügung stünde? Was wäre, falls Geld keine Rolle spielte?

II. Aufbau des Modells der Aufgabe.

2.1 Bedingungen der Aufgabe, formuliert ohne Anwendung der Fachterminologie (Fachtermini kanalisieren das Denken in unzulässiger Weise).

2.2 Paar der miteinander in Konflikt stehenden Elemente
(Falls nur ein Element gegeben ist, erfolgt Übergang zu 4.2).

2.3 Welche Wechselwirkungen (WW) charakterisieren das konfliktbehaftete Paar? Vorhandene WW und die WW, welche eingeführt werden soll. Nützliche und schädliche WW.

2.4 Standardformulierung des Modells der Aufgabe mit Angabe des konfliktbehafteten Paars und des technischen Widerspruchs.

III. Analyse des Modells der Aufgabe.

3.1 Auswahl desjenigen Elementes, das sich leicht verändern lässt, aus den zum Modell der Aufgabe gehörenden Elementen.

3.2 Standardformulierung des Idealen Endresultats („IER").

3.3 Hervorheben der widerspruchsrelevanten Zone des bei 3.2 angegebenen Elements, welche den vom IER geforderten Komplex zweier Wechselwirkungen nicht gewährleistet.

3.4 Formulieren der widersprüchlichen Anforderungen, die an den Zustand der hervorgehobenen Zone des Elements durch die in Konflikt miteinander stehenden Wechselwirkungen gestellt sind.

a) Zur Gewährleistung ... (Angabe der nützlichen Wirkung, die wir erhalten wollen) ist es notwendig ...(Angabe des Zustandes: warm, beweglich, geladen) ... zu sein.
b) Zur Verhütung ... (Angabe der schädlichen Wechselwirkung oder der schädlichen Nebenwirkung der eingeführten Wirkung) ist es notwendig ... (in einem bestimmten physikalischen Zustand, z. B. kalt, unbeweglich, ungeladen) ... zu sein.

3.5 Standardformulierung des Physikalischen Widerspruchs.

3.6 Standardformulierung der Paradoxen Entwicklungsforderung.
(Diese von Altschuller expressis verbis nicht vorgesehene Stufe wurde in einem ähnlichen Zusammenhang im Rahmen des Systems WOIS (Abschn. 6.4, s.d.) von Linde eingeführt. Der Terminus ist m.E. an dieser Stelle hervorragend geeignet, um die gegebene Entwicklungssituation „auf den Punkt" zu bringen).

IV. Überwindung des Physikalischen Widerspruchs.

4.1 Analysieren einfachster Umformungen der hervorgehobenen Konfliktzone, Verteilung der widersprüchlichen Eigenschaften:

a) im Raum,
b) in der Zeit,
c) bei Anwendung von Übergangszuständen, in denen gegensätzliche Eigenschaften koexistieren oder abwechselnd auftreten,
d) durch Umgestalten der Struktur: Teile/Teilchen der hervorgehobenen Zone des Konflikt-Elements werden mit der vorhandenen Eigenschaft versehen/belassen, während die hervorgehobene Zone insgesamt mit der geforderten (im Konflikt befindlichen) Eigenschaft ausgestattet wird.

(Wird hier eine physikalische Antwort erhalten, so ist zu 4.5 überzugehen, ansonsten ist mit 4.2 fortzusetzen)

4.2 Anwenden des Verzeichnisses der Typenmodelle von Erfindungsaufgaben und ihrer Stoff-Feld-Umformungen (siehe dazu Abschn. 3.7)
(Wird hier eine physikalische Antwort erhalten, so ist zu 4.4 überzugehen, ansonsten ist gemäß 4.3 fortzusetzen).

4.3 Durchsicht der Tabelle Physikalischer Effekte. (Falls eine physikalische Antwort resultiert, ist zu 4.5 überzugehen, ansonsten mit 4.4 fortzusetzen).

4.4 Anwenden der 40 Prinzipien zum Lösen Technischer Widersprüche. (Falls zuvor bereits eine physikalische Antwort erhalten wurde, kann die Tabelle der Prinzipien besonders vorteilhaft zur Überprüfung dieser Antwort bzw. der vorgeschlagenen Lösung herangezogen werden).

4.5 Übergang von der physikalischen zur technischen Antwort: Formulierung des Verfahrens und Angabe des Schemas der Vorrichtung, die dieses Verfahren verwirklicht.

V. Vorläufige Einschätzung der gewonnenen Lösung.

5.1 Vorläufige Einschätzung der gewonnenen Lösung.

a) Gewährleistet die Lösung die Erfüllung der Hauptforderung des Idealen Endresultats (Das Element s e l b s t ....)?
b) Welcher physikalische Widerspruch wurde beseitigt? Wurde er durch die gewonnene Lösung beseitigt?
c) Enthält das neue System wenigstens ein gut steuerbares Element? Welches ist es, und wie erfolgt die Steuerung?
d) Ist die für das „Ein-Zyklus-Modell" der Aufgabe gefundene Lösung für die realen Bedingungen mit vielen Zyklen tauglich?

(Falls die gewonnene Lösung auch nur einer dieser Kontrollfragen nicht genügt, ist zu Schritt 2.1 zurückzukehren).

5.2 Überprüfen der technischen Lösung auf Patentfähigkeit.

5.3. Welche Teilaufgaben ergeben sich bei der technischen Umsetzung der gewonnenen Idee (weitere Erfindungsaufgaben, konstruktive Aufgaben, Berechnungsaufgaben, organisatorische Aufgaben?).

VI. Entwicklung der gewonnenen Antwort.

6.1 Wie muss nun das Obersystem verändert werden, dem das veränderte/neue System angehört?

6.2 Es ist zu prüfen, ob das veränderte System in Analogiefällen angewandt werden kann.

6.3 Ausnutzen der gewonnenen Antwort für die Lösung anderer technischer Aufgaben.

a) Kann die der gewonnenen Idee entgegengesetzte Idee sinnvoll genutzt werden?
b) Es ist eine Tabelle „Anordnung der Teile – Aggregatzustände des Erzeugnisses" oder eine Tabelle „Genutzte Felder – Aggregatzustände des Erzeugnisses" aufzustellen, und es sind die möglichen Variationen der gewonnenen Antwort nach den Positionen dieser Tabelle zu untersuchen.

VII. Analyse des Lösungsverlaufs.

7.1 Vergleich des Verlaufs der Lösung mit dem theoretischen Verlauf.

7.2 Vergleich der gewonnenen Antwort mit den Tabellenangaben. (Verzeichnis der Stoff – Feld – Umformungen, Tabelle der Physikalischen Effekte, Liste der Typenverfahren).

Wir sehen, dass bereits diese nicht mehr neue Version aus dem Jahre 1977 vergleichsweise zahlreiche Stufen aufweist und hohe Anforderungen an die methodische Disziplin des Nutzers stellt. Es lohnt sich aber, insbesondere für den Anfänger, konsequent jede einzelne Frage zu durchdenken bzw. jede Stufe vollständig abzuarbeiten (siehe dazu mein praktisches Anwendungsbeispiel im Abschnitt 6.7).

Für den Routinier ergibt sich früher oder später die Möglichkeit, vorzeitig aufhören zu können, weil sich die Lösung bereits in einer Zwischenstufe der Bearbeitung klar abzeichnet. Dies gilt nicht nur für die von *Altschuller* für das vorzeitige „Aussteigen" ohnehin vorgesehenen Stufen.

Der ARIZ 77 arbeitet nicht (wie der ARIZ 68) mit 35, sondern mit 40 Lösungsprinzipien. Wir werden diese im Abschnitt 3.5 näher kennen lernen. Die zur Ermittlung der besonders aussichtsreich erscheinenden Prinzipien dienende Matrix enthält nunmehr 39 Bestimmungsgrößen (siehe Anhang, Tab. 10). Beim ARIZ 68 waren es noch 32. Der wesentliche Unterschied zur 35-er Liste liegt in der bei der 40-er Liste vorgenommenen Einführung der *Dynamisierung*, was zu einer Verdopplung mancher Begriffe geführt hat (einerseits *statisch*, andererseits *dynamisch*).

Alle anderen relevanten Innovationsstrategien („TRIZ-Werkzeuge") finden sich im ARIZ an den methodisch jeweils zweckmäßigsten Stellen. Es sind dies die in den Abschnitten 3.3 bis 3.9 erläuterten „tools", welche (siehe dazu Abschnitt 6.1) von geübten TRIZ-Nutzern auch als Einzelwerkzeuge eingesetzt werden können – immer unter der Voraussetzung, dass zuvor ein Minimum an systemanalytischer Arbeit geleistet wurde.

3.2 Die Innovationscheckliste: Systemanalytischer Teil des ARIZ

Die Innovations-Checkliste dient, genau wie die ersten – systemanalytischen – Stufen des ARIZ, einer vertieften Analyse des zu bearbeitenden Problems. Aus einem etwas anderen Blickwinkel wird der unerschütterlichen und gut begründeten Auffassung professioneller Problemlöser Rechnung getragen: Eine präzis formulierte Aufgabe ist bereits mehr als die halbe Lösung. Wir stützen uns bei der folgenden gestrafften Fassung auf *Terninko, Zusman* u. *Zlotin* (1998, S. 69 ff.), ergänzt um einige von *Nähler* sowie von mir selbst vorgenommene Praxisanpassungen:

I   Kurze Beschreibung des Problems

Das Problem ist ganz kurz in umgangssprachlichen Formulierungen zu beschreiben (Fachbegriffe „kanalisieren" das Denken).

II   Informationen zum System

II.1   Systemname: Eingängige, zutreffende Standardbezeichnung.

II. 2   Systemstruktur
Elemente des Systems; Subsysteme; Zusammenhänge zwischen den Elementen. Können strukturelle Änderungen am System das Problem beseitigen oder die schädlichen Auswirkungen mindern?

II. 3   Funktionsweise des Systems
Primär nützliche Funktion (*Hauptaufgabe*). Funktionsweise im aktiven Zustand. Warum *diese* Funktionsweise ? Welche schädlichen (Neben)-Funktionen sind gegeben/zu beachten? Teilsystem-Funktionsanalyse.

II. 4   Systemumgebung
Obersystem? Systeme in der näheren Umgebung? Umgebungsbedingungen, welche die Funktion des Systems beeinflussen, d.h. sichern bzw. stören.

III   Informationen zur Problemsituation

III. 1   Beschreibung des zu lösenden Problems

Typische Möglichkeiten:
- Eine Fehlfunktion oder schädliche Wirkung ist zu beseitigen,
- Eine Fehlerursache ist zu finden,
- Ein Produkt, Prozess, Bauteil oder eine Operation ist zu verbessern,
- Es sind Informationen über den Zustand des Objekts zu ermitteln.

III. 2   Mechanismen, die das Problem verursachen
Ursache-Wirkungs-Beziehungen, die das Problem hervorrufen. Bei Unklarheiten hilft die Antizipierende Fehleranalyse. Dabei wird nicht wie üblich gefragt: "Was ist die Ursache des Problems", sondern es ist zu überlegen, wie die am System beobachtete schädliche Wirkung hervorgerufen werden kann *(„Fehler zum Zwecke ihrer Beseitigung erfinden").*

III. 3 Konsequenzen, falls das Problem ungelöst bleibt

III. 4 Entwicklungsgeschichte des Problems
Beschreibung der Systemgeschichte. Welche Schritte haben zum erstmaligen Auftreten des Problems geführt? Generationenbetrachtung.
Vorangegangene Lösungsversuche (eigene und fremde) mit ihren Auswirkungen: Warum konnte mit diesen Lösungen das Problem nicht beseitigt werden?
Führt eine bekannte Lösung zu neuen (anderen) Problemen, so ist zu prüfen, ob sich diese eventuell leichter als das Kernproblem lösen lassen (Aufgabe $\Rightarrow$ Umgehungsaufgabe)

III. 5 Systeme mit ähnlicher Problemstellung
Wo existieren Systeme mit ähnlicher Problemstellung? Wie wurde das Problem dort gelöst? Ist dieser Lösungsweg direkt (oder nach erfolgter Modifikation) auf unser Problem übertragbar?

III. 6 Weitere zu lösende Probleme
Falls das Problem unlösbar erscheint bzw. ist: Kann das System auch auf andere Art und Weise verbessert werden? Bringen Veränderungen in den Sub- oder Supersystemen etwas? Können Alternativfunktionen das Problem beheben? Eventuell müssen hier neue Zielsetzungen formuliert werden!

IV Beschreibung des Idealen Endresultats

- Ein Element, das eine notwendige, nützliche Funktion erfüllt, ist nicht mehr erforderlich,
- Ein Element, das einen schädlichen Effekt verursacht, wird aus dem System entfernt,
- Ein schädlicher Effekt eliminiert sich selbst.

(„Das Ideale System ist (fast) nicht (mehr) vorhanden, und dennoch wird die gewünschte Funktion erfüllt")

V Verfügbare Ressourcen

Infrage kommen: *Stoffe, Felder, Raum, Zeit, Informationen, Funktionen.* Um nichts zu vergessen, kann vorteilhaft eine *Ressourcen-Checkliste* eingesetzt werden. Diese ist ebenso umfassend wie phantasievoll aufzustellen. Bei den *Stoffen* finden wir dann beispielsweise *Sand, Eisen, Luft* usw., aber eben auch den „Nicht-Stoff" *Vakuum* (welcher sich natürlich ebenso gut den *Feldern* zurechnen ließe). Eine umfangreiche, wenn auch nicht in allen Punkten überzeugende Ressourcen-Checkliste findet sich bei *Herb, Herb* u. *Kohnhauser* (2000, S. 286-288).

VI Zulässige Systemänderungen

Art und Ausmaß der erlaubten Änderungen. Systemgrenzen. Was darf auf keinen Fall geändert werden? Restriktionen. (*„ABER"*, d. h.: Anforderungen, Bedingungen, Erwartungen, Restriktionen. Dieser Terminus geht auf *Rindfleisch* und *Thiel* zurück).

VII Kriterien zur Auswahl von Lösungskonzepten

Welche Maßstäbe sind an die entwickelten Lösungskonzepte anzulegen?

- Technische Eigenschaften, Leistungsparameter,
- Ökonomische/finanzielle Aspekte,
- Zeitliche Vorgaben,
- Grad der Neuheit des Systems,
- Erscheinungsbild, Marketingaspekte,
- Bedienung, Wartung, Service.

Nach eigenen Erfahrungen ist die Innovations-Checkliste, die sich, wie gesagt, als ein *Teil-ARIZ für den systemanalytischen Bereich* bezeichnen ließe, in der Praxis der Bearbeitung von Unternehmensthemen außerordentlich nützlich. Alle Fragen sind so beschaffen, dass die betrieblichen Experten vom Methodiker bei der Stange gehalten werden können. Dies ist für den Erfolg unerlässlich. Experten neigen dazu, ihren Status durch weitschweifige Ausführungen in einem für sie vermeintlich vorteilhaften, glänzenden Licht zu präsentieren. Mithilfe der Checkliste kann der Methodiker dann die allzu sehr ins Detail verliebten Experten immer wieder auf die Kernfragen zurückführen. Insbesondere die stufenweise Bearbeitung der Fragen liefert ein für alle Beteiligten überschaubares, logisches Gerüst. Mit dessen Hilfe lassen sich auch jene im Laufe des Bearbeitungsprozesses immer wieder auftauchenden Spontanideen, die wenig oder gar nichts mit einer guten Lösung zu tun haben, in Grenzen halten. Selbstverständlich erfüllt der ARIZ 77 diese Anforderungen, rein methodisch gesehen, in einem weit höheren Maße – nur ist er eben allzu umfangreich, so dass die Team-Mitglieder bei der Bearbeitung konkreter Unternehmensthemen nicht selten schon auf halber Strecke die Lust verlieren.

Wir sehen, dass die Innovationscheckliste – bezogen auf *Altschullers* elementare methodische Empfehlungen – mit der Definition des Idealen Endresultats endet. Wir sollten deshalb ergänzend unbedingt noch den zu lösenden Widerspruch definieren. Es sei daran erinnert, dass dieser Widerspruch uns lediglich daran hindert, bei Anwendung *konventioneller, herkömmlicher* Mittel das Ideal zu erreichen; hingegen kann er beim Einsatz *erfinderischer* bzw. äquivalenter Mittel überwunden werden. Haben wir den Widerspruch definiert, so brauchen wir – eine gewisse Fertigkeit in der TRIZ-Anwendung vorausgesetzt – unsere Arbeit nunmehr nicht unbedingt an der entsprechenden Stelle bzw. auf der entsprechenden Stufe des ARIZ fortzusetzen. Vielmehr können wir jetzt mit guten Erfolgsaussichten einzelne TRIZ-Werkzeuge anwenden. Die wichtigsten sind in den Abschnitten 3.3 bis 3.9 beschrieben. Es bleibt dem Nutzer an sich überlassen, welche Werkzeuge er bevorzugt. Nach eigenen Erfahrungen ist jedoch zu empfehlen, mit den zehn einfachen Standards zum Lösen von Erfindungsaufgaben (s. Abschn. 3.7) zu beginnen. Es ist verblüffend, wie oft wir es mit Standardsituationen zu tun haben, für die natürlich sinnvollerweise zunächst bewährte Standardlösungen eingesetzt werden sollten. Nunmehr, sofern sich noch keine Lösung abzeichnet, sind die vier Separationsprinzipien durchzugehen. Erst jetzt sollte man die Prinzipien zum Lösen Technischer Widersprüche (Abschnitte 2.4 bzw. 3.5) zu Rate ziehen. Die bei Anfängern zu beobachtende Tendenz, die 40 Lösungsprinzipien für das wichtigste bzw. gar einzige TRIZ-Instrument zu halten, oder TRIZ überhaupt mit der Matrix und den Lösungsprinzipien gleichzusetzen, ist recht irreführend. Zweckmäßig ist allerdings, auch wenn sich die Lösung (z. B. mit Hilfe der Separationsprinzipien) bereits in einem frühen Stadium abgezeichnet hat, zur Kontrolle stets noch ein oder zwei weitere Werkzeuge einzusetzen. Man gewinnt, sofern das zusätzliche Werkzeug zu ähnlichen Schlüssen bzw. Lösungsansätzen führt, die beruhigende Gewissheit, sich nicht geirrt zu haben.

3.3 Vier Separationsprinzipien: Unvereinbares vereinbar gemacht

Physikalische Widersprüche sind dadurch gekennzeichnet, dass bestimmte Zustände und die ihnen entgegengesetzten Zustände gleichermaßen gegeben sein müssen. Dies kann *Objekte, Funktionen* und *Eigenschaften* betreffen. Im gewöhnlichen Leben neigt man dazu, derartige Widersprüche für unlösbar zu erklären, und sich nicht weiter mit ihnen zu beschäftigen. Der auf erfinderischem Niveau denkende Kreative hingegen weiß, dass das Auftauchen eines solchen Widerspruchs signalisiert: „Achtung! Hochwertige Aufgabe!".

Die vier Separationsprinzipien sind, was ihre Rangfolge unter den TRIZ-Instrumenten anbelangt, als besonders wichtig einzustufen. Unabhängig vom sonstigen Vorgehen sollte man sie stets noch *vor* den Prinzipien zum Lösen Technischer Widersprüche (Abschn. 2.4 bzw. 3.5) einsetzen.

Befassen wir uns nunmehr mit den widerspruchsorientierten Aspekten von Objekten, Funktionen und Eigenschaften, und den sich daraus ableitenden Separationsprinzipien.

Objekte können gleichermaßen positive wie negative Eigenschaften bzw. Auswirkungen haben: Das Fahrwerk des Flugzeuges ist beim Starten und Landen absolut unerlässlich, ansonsten aber nur nachteilig.

Funktionen können gleichermaßen positive wie negative Aspekte haben: Mikrochips müssen fest verlötet sein, dürfen beim Verlöten jedoch nicht erhitzt werden.

Eigenschaften können gleichermaßen positiv wie negativ wirken: Eine Leiter sollte in Funktion möglichst lang, für den Transport hingegen möglichst kurz sein.

Es ist nun unter konventionellen Bedingungen kaum möglich, sich ein Objekt vorzustellen, das zugleich schwarz und weiß, oder heiß und dennoch kalt, anwesend und zugleich abwesend zu sein hat. Genau mit solchen Fragen hat sich aber das Denken auf erfinderischem Niveau auseinander zu setzten. Verlässliche Empfehlungen zum Trennen der einander behindernden – und dennoch gleichermaßen erforderlichen – Faktoren bieten die in allen modernen methodischen Werken (s. z. B. Terninko, Zusman u. Zlotin 1998) behandelten vier Separationsprinzipien:

I   Separation im Raum

Die widersprüchlichen Objekte, Funktionen, Eigenschaften sind räumlich so voneinander zu trennen, dass die gewünschte nützliche Wirkung nur in einem bestimmten räumlichen Bereich eintritt und der Rest des Systems nicht betroffen ist.

Beispiel: Bei der chemischen („stromlosen") Vernicklung muss konventionell in einem auf 92°C erhitzten wässrigen Nickelsulfat-Natriumhypophosphitbad gearbeitet werden. Bei dieser Temperatur läuft der erwünschte Prozess der Abscheidung einer glänzenden Nickelschicht auf dem Werkstück ab, zugleich besteht aber auch die Gefahr der Selbstzersetzung des Bades unter Ausscheiden grauschwarzer Nickelteilchen. Deshalb wird die zur Zersetzung neigende Lösung nicht insgesamt erhitzt, sondern nur das Werkstück („Zur rechten Zeit am rechten Ort"). Das ringsum ansonsten kalte Bad kann sich unter diesen Bedingungen nicht mehr zersetzen. Gelöst wird der Widerspruch somit dadurch, dass die gewünscht aktiven Bereiche heiß, und die gewünscht inaktiven Bereiche des Systems kalt betrieben werden (Abb. 29).

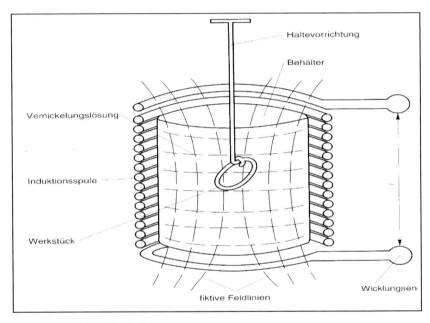

Abb. 29   Separation im Raum

Bei der reduktiv-chemischen ("stromlosen") Vernicklung behindern einander die Parameter *Abscheidung der Nickelschicht* einerseits und *Badstabilität* andererseits. Das Vernicklungsbad *muss heiß sein*, damit sich die Nickelschicht auf dem zu vernickelnden Werkstück schnell und in der erforderlichen Qualität abscheidet, das Bad *darf jedoch nicht heiß sein*, weil es sich in diesem Zustand unter Ausscheidung schwarzer Nickelteilchen alsbald zersetzt. Lösung: Induktive Erwärmung des Werkstückes, so dass das (ansonsten kalte) Bad nur im unmittelbaren Nahbereich der zu beschichtenden Oberfläche erhitzt wird (Ideen für Ihren Erfolg 1996, S. 182)

II   Separation in der Zeit

Die widersprüchlichen Objekte, Funktionen oder Eigenschaften sind zeitlich voneinander zu trennen, so dass die gewünschte Aktivität nur zu einer bestimmten Zeit ausgeführt wird. Die Funktionen des Systems sind zeitlich so zu unterteilen, dass die einander widersprechenden Bedingungen nicht mehr miteinander kollidieren können.

Beispiel: Als die ersten Breitwand-Kinofilme erschienen, konnten sie nur in den wenigen Kinos vorgeführt werden, die bereits mit den neuen Breitwand-Projektoren ausgerüstet waren. Für die herkömmlichen Normalformat-Projektoren war der Film zu breit. Der zeitliche Widerspruch bestand darin, dass eine einzelne Breitwand-Filmkamera bei der Aufnahme, und Monate später viele Normalformat-Projektoren miteinander in Einklang gebracht werden mussten. Eine Lösung bestand darin, das Breitwand-Format auf konventionellem Film mit einer um 90° gedrehten Kamera abzubilden und sodann Optik und Mechanik der Normalformat-Projektoren an das gedrehte Format anzupassen. Eine andere, aus heutiger Sicht modernere Lösung bestand darin, die Breitwandaufnahme optisch zu komprimieren und bei der Vorführung dann optisch zu dekomprimieren. Diese Vorgehensweise hat prinzipiellen Wert: Kompression und Dekompression von Computerdateien sind allgemein üblich.

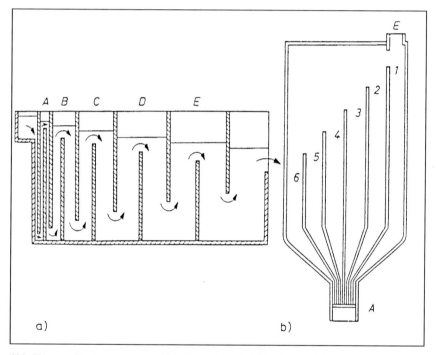

Abb. 30 Flockungsbecken (a) sowie vertikal unterteilter Kornspeicher (b)

a) Die Kammern A bis E arbeiten wegen der zeitlichen und räumlichen Trennung der Reaktionsphasen jeweils im Optimalbereich, während in chargenweise arbeitenden Flockungsbehältern gegen Ende des Vorganges die empfindlichen Flocken wieder zerrührt werden
b) E Eintritt von poliertem Reis unterschiedlicher Körnung A Austritt des Gutes, das (im Unterschied zu einem nicht durch die Kammern unterteilten Bunker) gleichmäßig gemischt ausfließt (Quellen für a und b: siehe Text)

Weitere Beispiele, die dem Prinzip II „Separation in der Zeit", und zugleich auch dem bereits behandelten Prinzip I „Separation im Raum" entsprechen:

In Abb. 30 a ist ein Flockungsbecken zur Abwasserreinigung dargestellt, in dem der Flockungsvorgang zeitlich „gestreckt" wird. Während in einem gewöhnlichen – nicht unterteilten – Flockungsbehälter das Flockungsmittel zugegeben und so lange gerührt wird, bis der Flockungsvorgang beendet ist (diskontinuierlicher Prozess), gelingt hier durch *zeitliche und räumliche Unterteilung des Vorganges* der kontinuierliche Betrieb der Anlage. Zugleich gilt hier auch das Prinzip Nr. 15 („Anpassen"): Jede einzelne Kammer arbeitet in einem der betreffenden Reaktionsstufe bzw. dem entsprechenden Umsetzungsgrad angepassten Optimalbereich, erkennbar an den in Strömungsrichtung immer größer werdenden und demzufolge immer langsamer durchströmten Kammern A bis E (Sakai, Pat. 1982).

Abb. 30 b zeigt einen vertikal unterteilten Bunker zum Ein- und Ausspeichern geschälten Reises unterschiedlicher Körnung. In einem großen, nicht unterteilten Bunker üblicher Bauart verlaufen beim Einspeichern eines solchen Gutes unvermeidlich unerwünschte Entmischungserscheinungen (Grobes rieselt bevorzugt nach außen, Feines sammelt sich innen: *„Segregation"*). Beim Ausspeichern wird dann ein Gut wechselnden Kornspektrums erhalten: Zunächst wird überwiegend Feinkorn ausgetragen, gegen Ende des Vorganges steigt der Grobkornanteil. Hingegen bietet der abgebildete vertikal unterteilte Bunker den Vorteil, dass die Segregation beim Einspeichern bewusst gestört und damit die Voraussetzung für ein vergleichmäßigtes Austragsgut geschaffen wird. Beim Einspeichern füllt sich zunächst die Kammer 1, dann erfolgt Überlauf in Kammer 2 (usw. bis Kammer 6). Entleert man nun den Bunker unter gleichzeitigem Gutaustrag aus allen Kammern, so erhält man ein weitgehend gleichmäßig gemischtes Gut (Mitsukawa, Pat. 1982).

III Separation durch Bedingungswechsel bzw. Zustandswechsel

Die Trennung der einander widersprechenden Anforderungen erfolgt hierbei durch Modifikation der Bedingungen, unter denen zeitgleich der gewünschte Prozess neben einem überflüssigen oder gar schädlichen Prozess abläuft. Das betrachtete System ist zum Zwecke der Elimination der Schwierigkeiten in einen anderen Zustand (fest, flüssig, gasförmig) zu überführen (gewöhnliche Phasenumwandlungen). Auch bestimmte *Zwischenzustände* sind manchmal von Interesse, wie z. B.: weich, elastisch, zähflüssig, thixotrop.

Beispiel: Ein Sägewerk kann reines Sägemehl gut verkaufen. Das rohe Sägemehl enthält unerwünschte Holzstückchen. Es wird direkt am Entstehungsort abgesaugt. Gewöhnlich gelangen die Holzstückchen mit in den Sammelbehälter. Erweitert man das Saugrohr jedoch auf einer kurzen Strecke, so scheiden sich die Holzstückchen dort ab und können separat entfernt werden.

Weitere Beispiele: Gewöhnliche Torpedos können nicht schneller sein, als es von Wasser umströmte – wenn auch strömungsoptimierte – Körper eben sein können. Eine Kavitationsdampfblase ermöglicht jedoch superschnelle Torpedos: Das Torpedo gleitet nun nicht mehr durch das Wasser, sondern "fliegt" gewissermaßen unter Wasser – in einer selbst erzeugten Dampfblase.

Pudding erstarrt zunächst und lässt sich dann durch Schütteln wieder verflüssigen. Thixotrope Schlämme verhalten sich im Ruhezustand fast wie feste Substanzen, bis sie durch Einbringen mechanischer Energie soweit verflüssigt werden, dass sie sogar gepumpt werden können. Der Vorgang ist reversibel.

IV Separation innerhalb eines Objektes und seiner Teile

Untersysteme üben die zum Gesamtsystem in Widerspruch stehende Funktion aus, ohne die Funktionsanforderungen an das Gesamtsystem zu beeinträchtigen. Sub-Systeme sind charakterischerweise in der Lage, Funktionen auszuüben, die für das Gesamtsystem erforderlich sind, jedoch vom Gesamtsystem nicht ohne die Hilfe dieser Subsysteme ausgeführt werden können.

Beispiele: Die Glieder einer Fahrradkette sind starr, die Fahrradkette ist flexibel. Kompliziert geformte Werkstücke lassen sich nur schwierig in einen Schraubstock einspannen. Lösung: Zwischen die Backen des Schraubstockes werden harte Bürsten eingebracht. So kann sich der Anpressdruck gleichmäßig verteilen.

3.4 Gesetze der Technischen Entwicklung, Historische Methode

Jedes System, auch jedes Technische System, unterliegt bestimmten Entwicklungsgesetzen. Berücksichtigt der Erfinder diese Gesetze nicht, so vermindert er seine Chancen, in der Nähe des Idealen Endergebnisses zu landen. Es ist das Verdienst von *Altschuller* (1984), die Gesetze der Entwicklung von Systemen erfindungsmethodisch erschlossen zu haben. Selbstverständlich kann nicht erwartet werden, dass er im ersten Anlauf bereits alle relevanten Gesetze fand und beschrieb. Neuere Erweiterungen finden sich insbesondere bei *Linde* u. *Hill* (1993) sowie *Linde* (2002), die im Zusammenhang mit der Entwicklung Technischer Systeme zwischen *Etappen, Phasen, Strategien, Faktoren, Gesetzen und Schritten* unterscheiden. Auch bei *Terninko, Zusman* u. *Zlotin* (1998) finden sich wesentliche Ergänzungen. Wir wollen uns hier jedoch zunächst mit *Altschullers* Basiserkenntnissen befassen. *Altschuller* (1984, S. 124) führt die folgenden acht Grundgesetze auf:

Gesetz der Vollständigkeit der Teile eines Systems

Dieses Gesetz besagt sinngemäß, dass ein komplettes technisches System nur dann lebensfähig ist, wenn seine Hauptteile nicht nur sämtlich vorhanden, sondern auch minimal funktionsfähig sind. Im Grunde gelten die Regeln der Teilsystem-Funktionsanalyse: Taugt ein wesentlicher Teil des Systems nichts, so ist das Gesamtsystem – bis zur Behebung des Defektes – nicht viel wert.

Gesetz der „energetischen Leitfähigkeit" eines Systems

Zu den notwendigen Bedingungen für die Lebensfähigkeit eines technischen Systems gehört der funktionierende Energiefluss durch alle Teile des Systems. Jedes technische System kann als Energiewandler aufgefasst werden. Die Energie kann materiell (über Wellen, Zahnräder usw.), über ein Feld (z. B. Magnetfeld) oder stofflich-feldförmig (z. B. durch einen Ionenstrom) übertragen werden. Zu analysieren ist, welche Energieübertragungsart beim alten System vorliegt und welche für das angestrebte neue System gewählt werden soll.

Gesetz der Abstimmung der Rhythmik aller Teile eines Systems

Zu den notwendigen Bedingungen für die Lebensfähigkeit eines technischen Systems gehört die Abstimmung z. B. der Schwingungsfrequenz, der Periodizität, des Taktverhaltens aller Teile des Systems.

Gesetz der allmählichen Annäherung an den Idealzustand

Die Entwicklung aller Systeme verläuft, wenn auch oft über langwierige Umwege, letztlich In Richtung auf die Erhöhung des Idealitätsgrades. Ein Ideales System in diesem Sinne ist ein am Endpunkt der Entwicklung schließlich nicht mehr notwendiges System, d.h. ein System, das sich beim Erreichen des Idealen Endergebnisses selbst als nunmehr überflüssig eliminiert, wobei jedoch seine Funktion auch weiterhin gewährleist ist. Dieser Endpunkt ist zwar in der Praxis niemals vollständig erreichbar, jedoch sind neue Lösungen, die weiter als Ihre Vorgängersysteme vom Ideal entfernt sind, nicht lebensfähig. Das Gesetz ist – von seinem objektiven Wirken abgesehen – deshalb vor allem als Maßstab für die Bewertung neuer Lösungen tauglich. Ein praktisches Problem besteht darin, dass moderne Systeme oftmals den Marsch in die Gigantomanie angetreten haben (Flugzeuge, Tanker, z. T. auch Kraftfahrzeuge). An solchen Systemen lässt sich oberflächlich nicht gleich erkennen, inwieweit der Grad der Idealität zugenommen oder gar abgenommen hat. Offenbar verdeckt der sekundäre Prozess (Zunahme von Leistung, Geschwindigkeit, Tonnage) den weit wichtigeren Prozess der Erhöhung des Idealitätsgrades.

Gesetz der Ungleichmäßigkeit der Entwicklung der Teile eines Systems

Je komplizierter ein System ist, desto ungleichmäßiger verläuft die Entwicklung seiner Teile. Das Gesetz ist letztlich die Grundlage des Heranreifens Technisch-Ökonomischer Widersprüche und damit auch von Erfindungsaufgaben. Jeder, der schon einmal eine Prozessanalyse gemacht und nach einigen Jahren wiederholt hat, kennt das Wirken dieses Gesetzes. Zunächst ist ein bestimmter Teil des Systems der Schwachpunkt. Dieser Teil wird verstärkt, damit wird ein anderer Teil zum Schwachpunkt usw. („Schwächstes Kettenglied"). Als großtonnagige Supertanker gebaut wurden, machten sich wesentlich stärkere Motoren erforderlich, während die technischen Mittel zum Abbremsen vorerst unverändert blieben. Damit entstand die Aufgabe, wie z. B. ein 300 000 t - Tanker aus voller Fahrt abzubremsen sei. Hinzu kommt, dass die Havarie eines Supertankers eine ungleich größere ökologische Katastrophe als die Havarie eines kleineren Schiffes nach sich zieht – hier überlappt das Gesetz mit dem zuvor besprochenen „Gesetz der Annäherung an die Idealität": Schiere Größe dürfte nicht nur bei diesem Beispiel von der Idealität wegführen.

Gesetz des Übergangs in ein Obersystem

Ist ein System in seinen Entwicklungsmöglichkeiten erschöpft, so wird es als Teilsystem in ein Obersystem aufgenommen: Jenseits des voll entwickelten Flugzeuges bekommen wir es dann mit dem *Space Shuttle* zu tun.

Gesetz des Übergangs von der Makroebene zur Mikroebene

Die Entwicklung der Funktionselemente alter Systeme erfolgt zunächst auf der Makroebene. Die technische Entwicklungstendenz verläuft insgesamt jedoch so, dass heute bevorzugt der Übergang von der Makro- zur Mikroebene erfolgt. Das Gesetz ist heute dermaßen wichtig geworden, dass zwei Beispiele zur näheren Erläuterung eingefügt seien. Besonders faszinierend sind die Möglichkeiten, mit fast grob mechanisch anmutenden Mitteln bis in den molekularen Bereich vorzustoßen. So wurden mechanisch kontrollierte Bruchkontakte zur Kontaktierung einzelner Moleküle beschrieben: Ein elastisches Substrat wird mit einer Goldschicht bedampft, die in der Mitte aus einer schmalen Brücke (ca. 50 nm breit) und nach rechts und links jeweils aus breiteren Zuleitungen besteht; mit einem Dreipunkt-Biegemechanismus (einer Stellschraube und zwei Gegenlagern) lässt sich das Substrat vor- und zurückbiegen. Durch Hochbiegen bricht die Brücke auf, und man hat nun zwei Elektroden, deren Abstand sich durch die Biegespannung extrem fein bis auf die Länge eines Moleküls (2 nm) abstimmen lässt (Nachrichten aus der Chemie 2002 a)

Geradezu spektakulär hat sich die Entdeckung der Existenz von graphitischen Nanoröhrchen im Jahre 1991 ausgewirkt. So führte das exponentielle Wachstum der Forschung auf diesem Gebiet zu 2300 (!) Publikationen im Jahre 2003, was nicht verwunderlich ist in Anbetracht wahrlich erstaunlicher Eigenschaften der *„Carbon Nanotubes"* (CNTs). Zunächst wurden CNTs mit wenigen 10 nm Durchmesser und einigen µm Länge gefunden, später einwandige CNTs mit nur einem nm Durchmesser. Fast alle theoretischen Vorhersagen zu den sagenhaften Eigenschaften konnten inzwischen bestätigt werden. So erreicht die mechanische Zugfestigkeit das Zwanzigfache der Zugfestigkeit von Stahl. CNTs können, je nach Struktur, metallischen oder halbleitenden Charakter haben. Es ist bereits gelungen, einzelne Nanoröhrchen-Transistoren mit einer dem derzeitigen Stand der Siliciumtechnologie überlegenen Leistungsfähigkeit herzustellen. Demnach sind CNTs inzwischen eine potenzielle Alternative zur Siliciumtechnologie. Bedenkt man, dass diese innerhalb der Halbleiterbranche einen Erfahrungsvorsprung von ca. 50 Jahren hat, so könnte der „aus dem Stand" auf Prototyp-Basis bereits erreichte Erfolg der CNTs sowie die Demonstration ihrer überlegenen Möglichkeiten durchaus zu einer Revolution der Mikro- (besser: Nano-) Elektronik führen (Hertel 2004)

Gesetz der Erhöhung des Anteils von Stoff-Feld-Systemen

Die Entwicklung moderner Systeme verläuft in Richtung auf die Erhöhung des Anteils und der Bedeutung von Stoff-Feld-Wechselwirkungen. Praktische Beispiele finden sich in Hülle und Fülle. Im Zusammenhang mit dem Makro-Mikro-Übergang wäre beispielsweise an die Erhöhung des Dispersitätsgrades eines Systems zu denken. Mit einer derartigen Maßnahme verlieren automatisch die klassischen Wechselwirkungen von Stoffen und Feldern (z. B. Massen im Gravitationsfeld) zugunsten „höherer" Stoff-Feld-Systeme an Bedeutung (z. B. Kolloiddisperse Stoffe: Zunehmende Rolle von Adsorptions-, Kohäsions-, Ladungs- und Umladungsvorgängen).

Die Gesetze der Evolution Technischer Systeme sollten in jeder Phase des kreativen Prozesses unbedingt berücksichtigt werden. In der systemanalytischen Phase ist zunächst zu ermitteln, welche Gesetze nicht oder nur unzureichend auf das aktuelle System Anwendung gefunden haben. Ist ein System beispielsweise auf der Makro-Ebene aktiv, so deutet dies auf eine Entwicklungsreserve in Richtung Mikro-Ebene hin. Ähnlich steht es um den Anteil an Stoff-Feld-Systemen: Sind die Verknüpfungen der Systemelemente über Felder unterrepräsentiert, so kann das System meist nicht mehr als modern angesehen werden. Schließlich führt die Ermittlung des Grades der Annäherung an das Ideal zu der Einschätzung, wie weit das gegenwärtige System noch von den Forderungen *Raffiniert einfach* bzw. *Von Selbst* entfernt ist.

Die erkannten Defizite des vorhandenen Systems werden nun in der systemschaffenden Phase mit Hilfe der o. a. Gesetze zur Basis des Handelns gemacht. Dabei ist wichtig, *alle* angeführten Gesetze zu beachten. Wer nicht erkennt, dass ein System am Ende seiner Entwicklungsmöglichkeiten angelangt ist, verpasst den hier fälligen Übergang in das Obersystem. Das Gesetz von der Ungleichmäßigkeit der Entwicklung der Teile eines Systems befiehlt uns regelrecht, das *Prinzip des schwächsten Kettengliedes* zu beachten. Wer eine ohnehin starke Stufe eines mehrstufigen Prozesses verstärkt, weil ihm ausgerechnet dazu gerade mal etwas eingefallen ist, sollte sich über die unbefriedigend gebliebene Leistungsfähigkeit des Gesamtprozesses nicht wundern.

Auch beim Gebrauch dieses wichtigen TRIZ-Werkzeuges gilt, dass die systemanalytische Phase absolute Priorität genießt. Wer das vorhandene System nicht auf seine Mängel und Schwächen im Kontext zu seiner geschichtlichen Entwicklung genau untersucht hat, dessen Chancen stehen schlecht, wenn es um eine wesentliche Verbesserung bzw. die Neuentwicklung des Systems geht.

Deshalb gehört die Historische Methode zu den unverzichtbaren Elementarmethoden. Die geschichtliche Analyse eines beliebigen Technischen (oder anderen) Systems zeigt uns zunächst, welche Bedürfnisse seinerzeit vorlagen, welche Widersprüche dem System eigen waren, wie sie gelöst wurden, und welche neuen Widersprüche sich mit der Einführung modifizierter bzw. prinzipiell veränderter Systeme herausbildeten. Technisch-Ökonomische Widersprüche und ihre historische Entwicklung lassen erkennen, ob konsequent gehandelt worden ist, oder unnötig viel Zeit bis zur Lösung der Widersprüche verstrich. *Altschuller* schreibt dazu: *„Das Zuspätkommen von Erfindungen ist geradezu ein ehernes Gesetz"* (Altschuller 1973).

Die Historische Methode umfasst, ihrer Natur nach, nicht nur die Vergangenheit, sondern auch die Gegenwart und die Zukunft (*Was war? Was ist? Was wird sein?*). In diesem Sinne ist Prognostik lediglich eine in die Zukunft gerichtete Anwendungsform der Historischen Methode.

Die Historische Methode gestattet die gesamte Entwicklung eines technischen Objektes/Verfahrens von der Idee über die Stufen *Konstruktion – Nutzung – beginnender moralischer Verschleiß – „Vergreisungspunkt" – Verschrottung – Schrottnutzung* so zu verfolgen, dass rechtzeitig Schlüsse gezogen werden können: Spätestens ab wann sind erfinderische Aktivitäten erforderlich?

Eine aufschlussreiche Darstellung der Lebenslinien Technischer Systeme geht auf *Altschuller* und *Seljutzki* (1983, S. 141) zurück (Abb.31).

Abb. 31 a zeigt den *zeitlichen Verlauf* der Entwicklung beliebiger technischer Systeme. Die erdachte, im Labor erprobte Basiserfindung entwickelt sich zunächst nur sehr zögernd (Startpunkt bis zum Punkt α). Erst mit dem Beginn der technischen Einführung des Verfahrens (Punkt α) beginnt eine stürmische Entwicklung. Jedoch werden bereits am Punkt β Verzögerungserscheinungen sichtbar (Knickpunkt!). Spätestens hier hat der verantwortungsbewusste Erfinder wach zu werden. Zwar entwickelt sich das System noch, die verzögerte Entwicklungsgeschwindigkeit setzt aber ein deutliches Alarmsignal: Wer jetzt nicht handelt, wird von der bereits absehbaren Überalterung des Systems („Vergreisungspunkt" γ) überrascht und verliert seine Konkurrenzfähigkeit. Der Erfinder sollte spätestens am Punkt β mit den Vorbereitungen für ein völlig neues System beginnen: Vorlauf ist zu einem Zeitpunkt zu schaffen, der beim Betriebsblinden noch keinerlei Beunruhigung auslöst.

Allerdings ist, wie *Thiel* u. *Patzwaldt* (Altschuller 1984, S. 118) in ihrem Kommentar zu bedenken geben, zum oben angegebenen Zeitpunkt β keineswegs grundsätzlich die Notwendigkeit des Startes in Richtung höchstwertiger Vorlauferfindungen gegeben. Vielmehr zeigt die betriebliche Erfahrung immer wieder, dass sich die am bewährten System hängenden Fachleute mit dem Eintreten dieser Entwicklungsphase im höchsten Maße provoziert fühlen. Dieser Provokationseffekt führt die Fachleute dann, oftmals mit überraschendem Erfolg, zu wesentlichen Verbesserungserfindungen, die nicht selten noch einmal einen kräftigen Innovationsschub innerhalb des bereits alternden Systems auslösen können. Basiserfindungen und daraus entwickelte Basisinnovationen sind zwar dringend erforderlich, sollten aber nicht ohne gründliche Prüfung möglicher Entwicklungsreserven des alten Systems in Angriff genommen werden, d.h. nicht immer und nicht um jeden Preis. *Thiel* und *Patzwaldt* schreiben dazu: *„Extrapolationen beobachtbarer Entwicklungskurven sind... nicht für absolute Aussagen über Entwicklungsreserven geeignet, sondern stets an ein System von Annahmen gebunden, das u. U. durch Erfindungen geändert werden kann... Diese können u. U. gewährleisten, dass mit geringem ökonomischem Aufwand erhebliche Effektivitätsgewinne erzielbar sind. Diese wiederum dienen der Erschließung wirtschaftlicher Reserven, die im Allgemeinen benötigt werden, um die ökonomischen Voraussetzungen für prinzipiell neue Technologien zu schaffen"* (Altschuller 1984, S. 118, Fußnote).

Eine sehr interessante Analogie zu Abb. 31 a ergibt sich, wenn wir das Grundschema der Entwicklung von Marktperioden betrachten. Es zeigt sich dann eine annähernd gleiche Verlaufsform der Kurve: schwach ansteigend in der Periode der Markteinführung, stark ansteigend in der Wachstumsperiode, nur noch schwach ansteigend in der Gipfelperiode, rapide abfallend in der Auslaufperiode. Dieses an sich bekannte Schema betrifft verkaufsfähige Erzeugnisse im unmittelbaren Sinne, es gilt aber, wie Abb. 31 a zeigt, eben auch für Technische Systeme aller Art.

Abb. 31 b zeigt uns die *Anzahl* der im Zusammenhang mit dem betrachteten System angemeldeten Erfindungen. Am Beginn der Kurve steht die Basiserfindung, mit der sich technisch noch nicht viel anfangen lässt. Zunächst muss eine Reihe von Anpassungserfindungen gemacht werden, ehe mit der technischen Realisierung des Systems (Punkt α) begonnen werden kann. Unmittelbar nach Einführung des Systems gibt es noch einige Kinderkrankheiten, dann aber läuft sich der Prozess ein. Das System arbeitet nun annähernd störungsfrei (Absinken der Kurve zwischen α und β).

Mit beginnender Alterung des Systems steigt die Kurve wieder an. Objektiv wird so unter rein wirtschaftlichen Aspekten versucht, das Altern hinauszuzögern; subjektiv kommt der verständliche Hang der Experten zum Ausdruck, das lieb gewordene, bewährte System zu stabilisieren und sich mit zahlreichen Verbesserungserfindungen zu profilieren. Mit Erreichen des Punktes γ wird dann jegliches Bemühen zwecklos. Die Zahl der Erfindungen sinkt nun rasch.

Allerdings gibt der Umstand, dass hier überhaupt noch Erfindungen angemeldet werden, zu denken. Wahrscheinlich sind methodisch weniger versierte Erfinder nur bedingt in der Lage, den offenkundigen Untergang des Systems zu begreifen und entsprechende Schlussfolgerungen zu ziehen. Hinzu kommt, dass ein gut beherrschtes etabliertes System dazu verführt, die noch vorhandenen – immer schmaler werdenden – Patentlücken mit zweit- und drittklassigen Anmeldungen zu füllen. Erfindungen in diesem Bereich sind aber praktisch überflüssig, da das System ohnehin nicht mehr überlebensfähig ist. Werden auf solche Erfindungen dennoch Patente erteilt, was im Zusammenhang mit stilistischen Bravourstückchen nicht selten gelingt, so haben diese Patente aus dem erläuterten Grunde keine Bedeutung mehr für die Praxis. Jedem Erfinder kann deshalb nur dringend geraten werden, die Lage seines Systems auf der Lebenslinie stets schonungslos zu analysieren. Nur so lassen sich Enttäuschungen und Fehlschläge vermeiden.

Abb. 31 c zeigt das *Niveau* der Erfindungen. Die Basiserfindung ist im Hinblick auf die erbrachte geistige Leistung von höchstem Wert. Die wenigen vor Beginn der technischen Einführung angemeldeten Anpassungserfindungen lehnen sich hingegen an die eigentliche Erfindung an; das Niveau sinkt demgemäß ab. Ein nicht unbeträchtlicher Niveauschub wird sodann am Punkt α beobachtet: Die technische Einführung des neuen Systems erfordert noch einmal hochwertige Lösungen, die zwar niemals das Niveau der Basiserfindung erreichen, deren immer noch vergleichsweise hohes Niveau aber Lebensfähigkeit, Zukunftsaussichten und Praktikabilität des technischen Systems maßgeblich bestimmen. Vom Punkt α an sinkt das Niveau dann unaufhaltsam.

Abb. 31

Die Lebenslinien Technischer Systeme
(nach: *Altschuller* u. *Seljutzki* (1983, S. 141) sowie *Altschuller* (1984, S. 117)).

a) Lebenskurve des Technischen Systems

b) Zahl der für dieses Technische System angemeldeten bzw. erteilten Erfindungen

c) Änderung des Niveaus der das System betreffenden Erfindungen

d) Mittlere Effizienz, Ökonomie des Verfahrens bzw. Systems bzw. Produkts

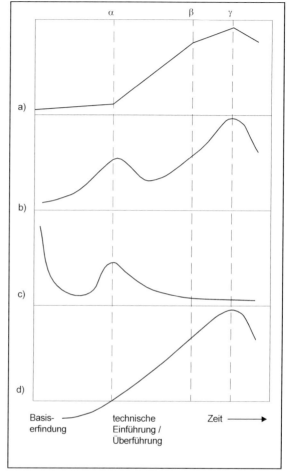

Kommen wir nun zur finanziellen Seite und betrachten Abb. 31 d. Die Kurve stellt die *Durchschnittseffizienz* der Erfindungen dar. Basis-Erfindungen sind zunächst alles andere als ökonomisch. Sie verschlingen in der experimentellen Erarbeitungs- und Vorbereitungsphase Geld, und kaum ein Mensch versteht, warum der vorausschauende Erfinder in dieser Phase an die ökonomischen Erfolgsaussichten seiner Erfindung glaubt. Oft wird ihm in dieser Phase selbst ein Minimum an Förderung versagt. Vor allem der Finanzvorstand ist kaum bereit, die aus seiner Sicht vagen Zukunftsaussichten für real zu halten. Gespräche mit dem Controller sind ebenfalls wenig sinnvoll: Er kann gar nicht verstehen, wovon überhaupt die Rede ist, da es noch nichts zu zählen und zu rechnen gibt. Gewinn beginnt das System erst mit dem Beginn der technischen Überführung (Punkt α) zu erwirtschaften.

Der Gewinn steigt nunmehr allerdings, und das macht die Sache bedenklich, selbst am Knickpunkt β – die Alterung des Systems ist bereits absehbar – noch immer stetig an. Genau hier versagen viele Manager. Sie lassen sich vom derzeit noch sicher erscheinenden Gewinn blenden und übersehen dabei die Signale der Kurve gemäß Abb. 31 a. Deshalb ist die komplexe Analyse aller vier Kurven von unmittelbar praktischer Bedeutung.

Schrauber lieferte eine Reihe eindrucksvoller Ergänzungen zur historischen Methode, speziell zur Lebenslinie Technischer Systeme. Folgende Aspekte sind besonders hervorzuheben:

- Jedes technische System strebt im Verlaufe seiner Evolution einem Sättigungswert zu.
- Immer kleinere Leistungssteigerungen erfordern immer größere Anstrengungen bzw. einen stets steigenden Aufwand.
- Es gibt innerhalb einer Systemgeneration Grenzen, die wegen der Ausschöpfung der Möglichkeiten des betreffenden Wirkprinzips nicht überschritten werden können. Was dann zwangsläufig folgt, ist als qualitativer Sprung zu beschreiben, wobei (über längere Zeit gesehen) die Feststellung von *Bernal* gilt: *„Der technische Fortschritt macht keine sehr großen Sprünge, sondern er verläuft in Tausenden von kleinen ... Veränderungen."*
- Für die Wirtschaftspraxis von Bedeutung ist, den richtigen Zeitpunkt für den Übergang von der vorliegenden Entwicklungskurve zur nächst höheren zu bestimmen.

Der Übergang zur neuen Technik erfolgt mit großer Wahrscheinlichkeit in einem bemerkenswert schmalen Bereich der betreffenden Leistungsgrenze des alten Systems (nach: Schrauber 1985, S. 22).

An den letztgenannten Gesichtspunkt anknüpfend, entwickelt *Schrauber* nun ein faszinierendes Bild. Ohne Bezugnahme auf *Altschuller* kommt er aus anderer Sicht zur „85-%-Regel", die geeignet ist, den Punkt β (Abb. 31) noch genauer zu charakterisieren. Im Ergebnis einer Analyse verschiedener technischer Systeme (z. B. Lichtquellen, elektronische Bauelemente, Verkehrsflugzeuge, Präzisionsuhren, Tieftemperaturverfahren, Reifencord-Materialien) zeigt sich, dass zum Zeitpunkt des Erreichens von etwa 85 % der Leistungsgrenze eines Systems die neue Technik bereits verfügbar und ökonomisch nutzbar sein muss. Vor diesem Zeitpunkt verfügt die alte Technik meist noch über Vorteile, und die neue Technik hat es dem entsprechend schwer, sich durchzusetzen. Danach steigt die Wahrscheinlichkeit stark an, dass die Konkurrenz neue Lösungen findet und konsequent nutzt. Das Fazit lautet:

Wer den „85-%-Punkt" verschläft, büßt seine Konkurrenzfähigkeit ein.

Abb. 31 zeigt nur Tendenzen, keine absoluten Größen. Diese liegen im Falle schnelllebiger Entwicklungen heute in der Umgebung des Punktes ß bei etwa zwei Jahren. Das gilt für den innerhalb einer derart kurzen Zeitspanne zwingend notwendigen Generationswechsel bei Spitzen-Erzeugnissen und -Verfahren ebenso wie für Verbesserungen innerhalb einer Generation (Übergang zu neuen Leistungsklassen).

Nicht übersehen werden sollten allerdings die Schwächen neuer Systeme. Störanfälligkeit und fehlende Wirtschaftlichkeit zum Überleitungszeitpunkt führen nicht selten dazu, dass die neue Technik zunächst wieder fallen gelassen wird. Hinzu kommt die wohl mehr subjektiv erklärbare Tatsache, dass gerade Basisinnovationen während ihrer Anfangsentwicklung nicht allgemein zu überzeugen vermögen, häufig auch für nicht notwendig gehalten werden. Als in den achtziger Jahren des 19. Jahrhunderts in Berlin die ersten Telefonleitungen verlegt wurden, interessierte sich kaum jemand für die neue Technik. Das erste Telefonbuch von Berlin war ein dünnes Heftchen. Es führte 88 Anschlüsse auf, und die wenigen privaten Besitzer von Fernsprechapparaten wurden – gerade in der Geschäftswelt, die eigentlich den Nutzen des Telefons hätte erkennen müssen – nicht recht ernst genommen.

Lord Kelvin meinte 1897: *„Radio has no future".* *H.M. Warner* (jener Warner von Warner Bros.!) äußerte sich 1927 zum Tonfilm: *„Who the hell wants to hear actors talk?".* *C.H. Duell,* U.S. commissioner of patents, empfahl 1899 gar die Schließung des US-Patentamtes mit folgender Begründung: *„Everything that can be invented has been invented".* *Kaiser Wilhelm II.* meinte 1905: *„Ich glaube an das Pferd. Das Auto ist eine vorübergehende Erscheinung"* (nach: Innovationsforum 2005, S. 20).

Parallel dazu wirkt der bereits behandelte Provokationseffekt: Die beginnende Einführung so mancher Erfindung stellt eine extreme Herausforderung an die Vertreter der alten Technik dar. Die etablierte Technik wird noch einmal forciert, so dass manche Weiterentwicklungen fast wie völlig neue Generationen erscheinen (Leuchtstofflampe/Halogenglühlampe; Transistor/Nuvistorröhre; Filmkamera/Videokamera).

Frappierende Beispiele zur 85-%-Regel zeigen, dass ihre Anwendung im Rahmen der Historischen Methode auch aus einem weiteren Blickwinkel für den Erfinder von hohem Praxiswert ist:

- Düsenverkehrsflugzeuge haben eine Maximalgeschwindigkeit, die bei der Schallgeschwindigkeit liegt („Mach 1"). In 11 000 m Höhe werden real 900 km/h geflogen. Das Verhältnis zur Maximalgeschwindigkeit liegt somit bei Mach 0,86 = 86 % der Leistungsgrenze.

- Die Lichtausbeute von Leuchtstofflampen wurde durch technologische Verbesserungen erhöht. Verbesserungen auf 90 bis 100 lm/W sind wirtschaftlich sinnvoll. Die Leistungsgrenzwerte liegen bei 115 lm/W. Die realen Spitzensysteme sollten demnach bei 78 bis 87 % der theoretischen Maximalleistung arbeiten (Sachstand zum Ende des 20. Jahrhunderts; nach: Schrauber 1985, S. 22).

Offenbar sind Arbeitsbereiche um etwa 85 % der jeweiligen Leistungsgrenze generell effektiv. Die restlichen 15 % fungieren als Leistungsreserve.

Im weiteren Sinne gehören zur Historischen Methode auch die ideengeschichtlichen Studien. Sie sind zwar überwiegend in der analytischen Phase aktuell, wirken sich aber – sofern die richtigen Schlussfolgerungen gezogen werden – in der synthetischen Phase unmittelbar positiv auf die Entwicklung des neuen Systems aus. Bei anspruchsvolleren ideengeschichtlichen Studien sollten nicht nur die rein technikgeschichtlichen, sondern *alle* erkennbaren Umstände betrachtet werden (z. B. Persönlichkeit des Erfinders, dessen materielle und soziale Bedingungen, methodisches Instrumentarium, Höhe der geistigen Leistung unter Berücksichtigung des verfügbaren Wissens).

In diesem Sinne ist auch das bewusste Nacharbeiten einer Erfindung von Wert (*Wie* ist der Erfinder vorgegangen? *Warum* ist er so vorgegangen?).

Für den Praktiker von Bedeutung sind heute vor allem ideengeschichtliche Studien, welche die Entwicklung eines technischen Gedankens unter historischen sowie denk- und erfindungsmethodischen Aspekten darstellen. Derart angelegte Studien analysieren Haupt- und Nebenwege der Entwicklung, Irrtümer, Fehlschläge und die praktischen Folgen des Vorliegens technischer Vorurteile. Das Werden, Wachsen und Vergehen Technischer Systeme wird nicht nur unter rein historischen Aspekten betrachtet, sondern es wird auch der – oft erst heute erkennbare – methodische Bezug hergestellt.

Der eigentliche Wert solcher Studien wird allerdings erst an der Nahtstelle zur synthetischen Phase sichtbar: Der Erfinder kann für die eigene Arbeit aus den Fehlern, Irrwegen und methodischen Schwächen seiner Vorgänger sehr viel lernen.

Betrachten wir unter diesem Gesichtswinkel die *Geschichte der Papierchromatographie*. Ich habe sie anhand der einschlägigen Monographie von *Hais* und *Macek* (1963) zusammengestellt, ergänzt um die persönlichen Eindrücke und Erfahrungen, die ich in den Jahren 1955/1956 als Mitarbeiter von *W. Matthias* in Quedlinburg a. H. (Institut für Pflanzenzüchtung der Akademie der Landwirtschaftswissenschaften der DDR) gewinnen konnte.

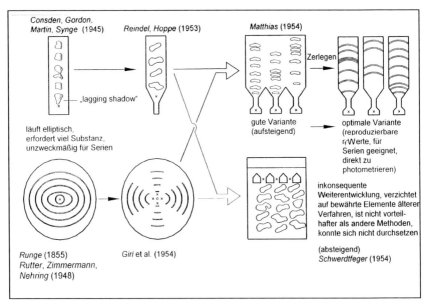

Abb. 32   Entwicklung der Papierchromatographie
Zusammenstellung nach *Hais* u. *Macek* (1963) sowie nach eigenen Beobachtungen und Erfahrungen aus den Jahren 1955 u. 1956 (Chemisches Laboratorium im Institut für Pflanzenzüchtung der Akademie der Landwirtschaftswissenschaften der DDR, Quedlinburg am Harz)

Abb. 32 (links oben) zeigt, wie *Consden, Gordon, Martin* u. *Synge* 1945 ihr Verfahren zur aufsteigenden Papierchromatographie gestalteten. Verwendet wurden rechteckige Papierstreifen. Die Substanzflecken sind nach erfolgter Trennung der Komponenten und Entwicklung des Chromatogramms unregelmäßig geformt und zeigen „Verzögerungsschatten". Für quantitative Analysen ist die Methode kaum geeignet. *Reindel* und *Hoppe* verbesserten 1953 das Verfahren: Das Lösungsmittel steigt nun über eine Papierzunge auf. Die im Bereich der Zunge hohe Strömungsgeschwindigkeit reduziert sich im keilförmigen Bereich. Dadurch wird eine deutliche Vergleichmäßigung der Lösungsmittelfront erreicht. Das bei x aufgetragene Substanzgemisch lässt sich so etwas besser als mit Hilfe der ursprünglichen Methode trennen.

Parallel dazu entwickelte sich die Rundfiltertechnik (Abb. 32, unten links). Das Papier liegt hierbei waagerecht in einer *Petri*schale, das Lösungsmittel wird mittig aufgetragenen Substanzgemisch (x) über einen Docht zugeführt. Die Weiterentwicklung des Verfahrens (außermittiges Auftragen des Substanzgemischs) schuf die Möglichkeit von Serienanalysen durch Mehrfachnutzung des Rundfilters (Giri et al. 1954, Abb. 42, unten Mitte). Die Kombination beider Verfahrensprinzipien wurde nun von zwei Autoren parallel betrieben. Während *Matthias* (1954) die optimale Kombination entwickelte, gelang *Schwerdtfeger* (1954) nur eine unbefriedigende Lösung, die sich nicht durchsetzen konnte. *Matthias* spöttelte seinerzeit, *Schwerdtfeger* habe bei einem Rundgang im Quedlinburger Labor die ersten Versuchsmuster gesehen, wohl nicht ganz verstanden, und das Prinzip „falsch abgekupfert". Jedenfalls modifizierte *Schwerdtfeger* offenbar sinngemäß den Papierzuschnitt der *Matthias*-Zwischenvariante (Abb. 32 r.o., *aufsteigend*, rechteckiges Papier mit *mehreren* angeschnittenen Zungen), wählte aber die *absteigende* Chromatographie (Abb. 32, r. u.) und nahm damit deren deutliche Nachteile in Kauf (Überlappung der Kapillarkräfte mit der Gravitation, verschmierte Trennungen durch abtropfendes Lösungsmittel).

Er verstärkte mit dem neuen Papierzuschnitt sogar die Nachteile dieser Methode, indem er sich den letzten Schritt verbaute: Die Last des bei der absteigenden Arbeitsweise vertikal frei hängenden feuchten Papierstreifens kann von einer schmalen Zunge allein nicht getragen werden, so dass eine analog zum *Matthias*schen Vorgehen durchzuführende Gestaltung in Form einzelner Streifen (ganz r.o.) nicht erwogen werden konnte. Alle Einzelheiten, insbesondere zum erfolgreichen Vorgehen von *Matthias*, sind Abb. 32 zu entnehmen. Wir erkennen, dass *Matthias* das *Prinzip des Zerlegens* anwandte, und die noch durch Randeffekte gestörte Zwischenvariante zugunsten der z. T. heute noch gebräuchlichen schmalen Papierstreifen entscheidend verbesserte. Diese separaten „Keilstreifen" zeigen scharfe Substanztrennungen. Die Streifen lassen sich nach dem Trocknen und Entwickeln bequem paraffinieren und sodann direkt fotometrieren. *Matthias* formulierte treffend: *„Es gelang uns, durch Kombination der gewöhnlichen Chromatographie mit der Rundfilterchromatographie die Vorteile beider Verfahren zu vereinen"* (Matthias 1954, S. 17)

3.5 Die 40 Innovativen Prinzipien, Zuordnung und Auswahl

Die im Abschnitt 2.4 an zahlreichen Beispielen erläuterte 35-er Liste ist zweifellos faszinierend, erweckt sie doch den Eindruck einer verlässlichen Sammlung wertvollster Lösungsstrategien. Allerdings fragt sich der kritische Leser, ob er nun mit Hilfe dieser Liste tatsächlich *alle* Technischen Widersprüche, und damit letztlich *alle* erfinderischen Aufgaben, lösen kann.

Diese Frage stellte sich auch *Altschuller*. Das sicherste Mittel zur Beantwortung schien zunächst das Ausdehnen des Untersuchungsfeldes – d. h. das Durchprüfen einer Vielzahl weiterer Patentschriften – zu sein. *Altschuller* ging diesen mühseligen Weg und gelangte zu folgendem Ergebnis:

„ARIS-68 enthielt eine Liste von Verfahren, für die 25 000 Patente und Urheberscheine analysiert worden waren. Bei der Vorbereitung von ARIS-71 erhöhte sich die Anzahl der analysierten Erfindungen um 15 000, doch die Verfahrensliste wurde nur um fünf neue Verfahren ergänzt (Altschuller 1984, S. 100).

Hinzu kommt, dass die nunmehr berücksichtigten (insgesamt 40 000) Patentschriften bereits eine Auswahl aus einem sehr viel größeren Pool darstellten:

„Die Anzahl der untersuchten Urheberscheine und Patente wurde ständig vergrößert. Die Liste zum ARIS 71 enthält vierzig Verfahren, für deren Ermittlung ein Patentfonds von mehreren hunderttausend Einheiten durchgesehen und über vierzigtausend starke Lösungen ausgewählt werden mussten, die dann sorgfältig analysiert wurden" (Altschuller 1984, S. 86).

Bereits der geringe zahlenmäßige Zuwachs an Prinzipien gibt zu denken. Offensichtlich hat die Ausdehnung des Untersuchungsfeldes praktische Grenzen, die nicht nur das immer ungünstiger werdende Verhältnis zwischen Arbeitsaufwand und methodischem Gewinn betreffen. Dies wird sofort klar, wenn wir die gewissermaßen „klassische" 35-er Liste mit der allen neueren Varianten des ARIZ zugrunde liegenden Liste der nunmehr 40 Verfahren (Lösungsprinzipien) kritisch vergleichen. Einerseits sind die neuen Prinzipien eigentlich nur präziser formulierte Empfehlungen zu bestimmten Teilaspekten der „klassischen" 35 Prinzipien – also durch Abspaltung gebildete „Sub"-Prinzipien. Andererseits haben die neuen Prinzipien (bis auf die *Dynamisierung*) einen vergleichsweise geringen strategischen Rang: Sie sind bestenfalls als *technische Empfehlungen für einzelne Branchen* tauglich. Damit der Leser sich ein eigenes Bild machen kann, sei die Liste der 40 Prinzipien zum Lösen Technischer Widersprüche (heute oft auch „Innovative Prinzipien" genannt) aufgeführt. Sie ist, von Verfeinerungen in den neuesten Softwareversionen abgesehen, bis heute gebräuchlich (nach: Altschuller 1984, S. 86-95):

Nr. 1 Zerlegen

a) Das Objekt ist in unabhängige Teile zu zerlegen.
b) Das Objekt ist zerlegbar auszuführen.
c) Der Grad der Zerlegung des Objektes ist zu erhöhen.

Nr. 2 Abtrennen

Vom Objekt ist der störende Teil (die störende Eigenschaft) abzutrennen, oder, umgekehrt, es ist der einzig notwendige Teil (die einzig erforderliche Eigenschaft) abzutrennen.

Nr. 3 Örtliche Qualität

a) Von der homogenen ist zur inhomogenen Struktur überzugehen. Dies betrifft das Objekt selbst, in anderen Fällen aber auch das umgebende Medium bzw. die Arbeitsumgebung.
b) Verschiedene Teile des Objektes führen unterschiedliche Funktionen aus.
c) Jedes Teil des Objekts soll sich unter Bedingungen befinden, die seiner Arbeit am meisten zuträglich sind.

Nr. 4 Asymmetrie

a) Übergang von der symmetrischen zur asymmetrischen Form.
b) Ist das System bereits asymmetrisch, so ist der Grad der Asymmetrie zu erhöhen.

Nr. 5 Kopplung

a) Gleichartige oder für zu koordinierende Operationen vorgesehene Objekte sind zu koppeln.
b) Gleichartige oder zu koordinierende Operationen sind zeitlich zu koppeln.

Nr. 6 Universalität

Das Objekt erfüllt mehrere unterschiedliche Funktionen, wodurch weitere Objekte überflüssig werden.

Nr. 7 Steckpuppe („Matrjoschka")

a) Ein Objekt ist im Inneren eines anderen untergebracht, das sich wiederum im Inneren eines dritten befindet (usw.)
b) Ein Objekt befindet sich im (bzw. verläuft durch den) Hohlraum eines anderen Objektes.

Nr. 8 Gegenmasse

a) Masse-Kompensation durch Anwendung einer Gegenmasse.
b) Die Masse des Objekts ist durch Wechselwirkung mit einem Kraft ausübenden Medium (insbesondere Wasser- oder Windkraft) zu kompensieren..

Nr. 9 Vorherige Gegenwirkung

Wenn gemäß den Bedingungen der Aufgabe eine bestimmte Wirkung erzielt werden soll, ist eine erforderliche Gegenwirkung vorab zu gewährleisten.

Nr. 10 Vorherige Wirkung

Die erforderliche Wirkung ist vorher zu erzielen (vollständig oder teilweise). Die Objekte sind vorher so zu positionieren, dass sie ohne Zeitverlust vom geeignetsten Ort aus wirken können.

Nr. 11 „Vorher untergelegtes Kissen"

Falls die Zuverlässigkeit des Objekts unbefriedigend ist, muss dies durch vorher bereit gestellte schadensvorbeugend wirkende Mittel ausgeglichen werden.

Nr. 12 Äquipotenzialprinzip

Die Arbeitsbedingungen sind so zu verändern, dass das Objekt weder angehoben noch abgesenkt werden muss.

Nr. 13 Funktionsumkehr

a) Statt der durch die Bedingungen der Aufgabe vorgeschriebenen Wirkung ist die umgekehrte Wirkung anzustreben.
b) Der bewegliche Teil des Objektes oder der Arbeitsumgebung ist unbeweglich zu machen (und umgekehrt).
c) Das Objekt ist im geometrischen Sinne umzukehren.

Nr. 14 Kugelähnlichkeit

a) Von geradlinigen Konturen ist zu krummlinigen, von ebenen zu sphärischen Flächen, und von kubischen zu kugelförmigen Konstruktionen überzugehen.
b) Zu verwenden sind Rollen, Kugeln, Spiralen.
c) Von der geradlinigen Bewegung zur Rotationsbewegung; Ausnutzen der Fliehkraft.

Nr. 15 Dynamisierung

a) Die Kennwerte des Objektes bzw. des Arbeitsmediums sind für die jeweiligen Arbeitsetappen so zu verändern, dass stets optimal gearbeitet werden kann.
b) Das Objekt ist in zueinander verschiebbare bzw. verstellbare Teile zu zerlegen.
c) Unbewegliche Objekte sind beweglich zu gestalten.

Nr. 16 Partielle oder überschüssige Wirkung

Falls 100% des erforderlichen Effektes nur schwierig zu erzielen sind, kann das Prinzip „ein bisschen weniger" oder „ein bisschen mehr" die Aufgabe erleichtern.

Nr. 17 Übergang zu höheren Dimensionen

a) Zweidimensionale statt eindimensionaler Bewegung.
b) Mehretagen- Anordnung von Objekten.
c) Das Objekt ist geneigt anzuordnen.
d) Ausnutzen der Rückseite des Objekts.
e) Ausnutzen der Lichtströme, die auf die Umgebung oder auf die Rückseite des gegebenen Objektes fallen.

Nr. 18 Ausnutzen mechanischer Schwingungen

a) Das Objekt ist in Schwingungen zu versetzen.
b) Falls es bereits schwingt, ist die Frequenz zu erhöhen (bis hin zur Ultraschallfrequenz).

c) Ausnutzen der Eigenfrequenz.
d) Übergang von mechanischen zu Piezo-Vibratoren.
e) Ultraschallschwingungen sind in funktioneller Verbindung mit elektromagnetischen Feldern zu nutzen.

Nr. 19   Periodische Wirkung

a) Von der kontinuierlichen ist zur Impulswirkung überzugehen.
b) Arbeitet das System bereits periodisch, ist die Periodizität zu verändern.
c) Die Pausen zwischen den Impulsen sind anderweitig zu nutzen (z.B., indem in diesen Pausen andere – zusätzliche – Wirkungen erzielt werden).

Nr. 20   Kontinuität der Wirkprozesse

a) Alle Teile des Objektes sollen ständig mit gleichbleibend voller Belastung arbeiten.
b) Leerlauf und Diskontinuitäten sind auszuschalten.

Nr. 21   Schnelle Passage

Der Prozess oder einzelne seiner Etappen (z.B. schädliche oder gefährliche) sind mit hoher Geschwindigkeit zu durchlaufen. Manche Prozesse erfordern ungewöhnliche Arbeitsbereiche, die zwar für den Prozess unerlässlich, zugleich aber schädlich sind und deshalb schnell wieder verlassen werden müssen.

Nr. 22   Umwandeln von Schädlichem in Nützliches

a) Schädliche Faktoren (z.B. die schädliche Einwirkung eines Mediums) sind für die Erzielung eines positiven Effektes zu nutzen.
b) Ein schädlicher Faktor ist durch Überlagerung mit anderen schädlichen Faktoren zu beseitigen.
c) Ein schädlicher Faktor ist bis zu dem Punkt zu verstärken, an dem er schließlich aufhört schädlich zu sein.

Nr. 23   Rückkopplung

Es ist mit Rückkopplung zu arbeiten. Falls bereits mit Rückkopplung gearbeitet wird, ist sie zu variieren.

Nr. 24   „Vermittler"

a) Es ist ein Zwischenobjekt zu verwenden, das die Wirkung überträgt oder weiter gibt.
b) Zeitweilig soll das Objekt mit einem anderen (leicht zu entfernenden) Objekt gemeinsam in Funktion sein.

Nr. 25   Selbstbedienung

a) Das Objekt soll sich selbst bedienen und Hilfs- wie Reparaturfunktionen selbst ausführen.
b) Abprodukte oder „Abprodukt-Analoga" (Energie, Material) sind zu nutzen.

Nr. 26 Kopieren

a) Anstelle eines unzugänglichen, schlecht handhabbaren, komplizierten, teuren, zerbrechlichen Objektes sind vereinfachte und/oder billige Kopien zu nutzen.
b) Das Objekt oder das System von Objekten ist durch seine optischen Kopien zu ersetzen. Die Kopien sind erforderlichenfalls maßstäblich zu verändern (zu vergrößern oder zu verkleinern).
c) Werden bereits optische Kopien benutzt, so ist zu infraroten oder ultravioletten Kopien überzugehen.

Nr. 27 Billige Kurzlebigkeit anstelle teurer Langlebigkeit

Das anspruchsvoll-teure Objekt ist durch kurzlebige billige Objekte zu ersetzen.

Nr. 28 Ersatz mechanischer Schaltbilder (Schaltungen)

a) Das mechanische Schaltbild (auch im Sinne von „Schaltung") ist durch ein optisches, akustisches oder geruchsaktives zu ersetzen.
b) Elektrische, magnetische bzw. elektromagnetische Felder sind für eine Wechselwirkung mit dem Objekt auszunutzen. Ferromagnetische Teilchen bevorzugen.
c) Von stationären ist zu bewegten Feldern, von konstanten zu veränderlichen, von strukturlosen zu strukturierten Feldern überzugehen.

Nr. 29 Pneumo- oder Hydrokonstruktionen

Anstelle der massiven Teile des Objektes sind gasförmige oder flüssige zu verwenden: Aufgeblasene oder mit Flüssigkeit gefüllte Teile, Luftkissen, hydrostatische und hydroreaktive Teile.

Nr. 30 Elastische Umhüllungen und dünne Folien

a) Es sind biegsame Hüllen und dünne Folien einzusetzen.
b) Das Objekt ist mit Hilfe biegsamer Umhüllungen und dünner Folien vom umgebenden Medium zu isolieren.

Nr. 31 Verwenden poröser Werkstoffe

a) Das Objekt ist porös auszuführen, oder es sind zusätzliche poröse Elemente (Einsatzstücke, Überzüge) zu verwenden.
b) Ist das Objekt bereits porös, so sind die Poren vorab mit einem bestimmten Stoff zu füllen.

Nr. 32 Farbveränderung

a) Die Farbe des Objekts oder des umgebenden Mediums ist zu verändern.
b) Der Grad der Transparenz des Objektes oder des umgebenden Mediums ist zu verändern.
c) Ist ein Objekt nur schwierig zu erkennen, so ist mit Farbzusätzen zu arbeiten.
d) Werden solche Zusätze bereits verwendet, so ist auf Fluoreszenzfarben überzugehen.

Nr. 33 Gleichartigkeit bzw. Homogenität

Objekte, die mit dem gegebenen Objekt zusammenwirken, müssen aus dem gleichen Werkstoff (oder einem Werkstoff mit ähnlichen Eigenschaften) gefertigt sein.

Nr. 34 Beseitigen bzw. Regenerieren von Teilen

a) Der Teil eines Objekts, der seinen Zweck erfüllt hat oder unbrauchbar geworden ist, wird beseitigt (verdampft, aufgelöst etc.) oder unmittelbar im Arbeitsgang umgewandelt.
b) Verbrauchte Teile eines Objektes werden unmittelbar im Arbeitsgang umgewandelt.
c) Verbrauchte Teile des Objekts werden unmittelbar im Arbeitsgang wiederhergestellt.

Nr. 35 Veränderung des Aggregatzustandes eines Objektes

Nicht nur einfache Übergänge (z.B. fest $\Rightarrow$ flüssig), sondern auch die Übergänge in „Pseudo"- oder „Quasi"-Zustände und in Zwischenzustände sind zu nutzen (elastische feste Körper, thixotrope Substanzen).

Nr. 36 Anwenden von Phasenübergängen

Die bei Phasenübergängen auftretenden Erscheinungen sind auszunutzen, z.B. Volumenveränderung, Wärmeentwicklung oder -absorption.

Nr. 37 Anwenden der Wärme(aus)dehnung

a) Die Volumenveränderung von Werkstoffen unter Wärmeeinwirkung ist auszunutzen.
b) Es sind Werkstoffe unterschiedlicher Wärmedehnung miteinander zu kombinieren.

Nr. 38 Anwenden starker Oxydationsmittel

a) Atmosphärische Luft ist durch mit Sauerstoff angereicherte Luft zu ersetzen.
b) Angereicherte Luft ist durch Sauerstoff zu ersetzen.
c) Luft oder Sauerstoff sind der Einwirkung ionisierender Strahlung auszusetzen.
d) Es ist ozonisierter Sauerstoff zu verwenden.
e) Ozonisierter (oder ionisierter) Sauerstoff ist durch Ozon zu ersetzen.

Nr. 39 Anwenden eines trägen Mediums

a) Das übliche Medium ist durch ein reaktionsträges zu ersetzen.
b) Der Prozess ist im Vakuum durchzuführen.

Nr. 40 Anwenden zusammengesetzter Stoffe

Von gleichartigen Stoffen ist zu zusammengesetzten Stoffen überzugehen.

Die Zugangsmatrix für diese Liste basiert nun nicht mehr, wie beim ARIZ 68, auf 32, sondern auf 39 Bestimmungsgrößen (auch „Technologische Parameter" genannt). Diese neuen Bestimmungsgrößen sehen wie folgt aus: Masse des beweglichen Objektes, Masse des unbeweglichen Objektes, Länge des beweglichen Objektes, Länge des unbeweglichen Objektes, Fläche des beweglichen Objektes, Fläche des unbeweglichen Objektes, Volumen des beweglichen Objektes, Volumen des unbeweglichen Objektes, Geschwindigkeit, Kraft, Spannung oder Druck, Form, Stabilität der Zusammensetzung des Objektes, Festigkeit, Dauer des Wirkens des beweglichen Objektes, Dauer des Wirkens des unbeweglichen Objektes, Temperatur, Sichtverhältnisse, Energieverbrauch des beweglichen Objektes, Energieverbrauch des unbeweglichen Objektes, Leistung bzw. Kapazität, Energieverluste, Materialverluste, Informationsverluste, Zeitverluste, Materialmenge, Zuverlässigkeit, Messgenauigkeit, Fertigungsgenauigkeit, von außen auf das Objekt wirkende schädliche Faktoren, vom Objekt selbst erzeugte schädliche Faktoren, Fertigungsfreundlichkeit, Bedienkomfort, Instandsetzungsfreundlichkeit, Adaptionsfähigkeit, Kompliziertheit der Struktur, Kompliziertheit der Kontrolle und Messung, Automatisierungsgrad, Produktivität.

Die vollständige Matrix zum Ermitteln der für die jeweilige Aufgabe relevanten Prinzipien findet sich im Anhang dieses Buches (Kapitel 10, Tab.9) sowie auch im Internet, z. B. unter "Widerspruchsmatrix nach *Altschuller*").

Wir wollen uns bei der nunmehr fälligen kritischen Analyse der Prinzipien-Listen (35 Prinzipien im Abschn. 2.4 sowie die heute gebräuchlichen 40 Prinzipien, s.o.) auf die wichtigsten Aspekte beschränken. Zum Einen ist, etwa ab Prinzip 30, ein deutlicher Qualitätsabfall unverkennbar. Zum Anderen sind einige Prinzipien ganz einfach nur die Umkehrprinzipien anderer – ebenfalls in den Listen enthaltener – Grundprinzipien. Schließlich fällt auf, dass zunächst der Eindruck erweckt wird, alle Prinzipien seien gleichrangig – was sie ganz offensichtlich nicht sind. Behandeln wir zunächst die Umkehrprinzipien. Die vorliegenden Listen der 35 bzw. 40 Prinzipien zeigen, dass jegliche Konsequenz fehlt. Einige der Umkehrprinzipien werden direkt aufgelistet. Beispielsweise ist Prinzip 40 „Anwenden zusammengesetzter Stoffe" sichtlich nur das Umkehrprinzip zu Prinzip 33 „Gleichartigkeit bzw. Homogenität". Besonders krass fallen in dieser Hinsicht die Prinzipien 38 und 39 auf: „Anwenden starker Oxydationsmittel" sowie „Anwenden eines trägen Mediums" – das ist schlicht nur die jeweils entgegengesetzte Empfehlung zum Handeln.

In anderen Fällen wird vom Nutzer wohl stillschweigend erwartet, dass er sich die zu vielen Prinzipien existierenden (jedoch hier nicht aufgelisteten) Umkehrprinzipien selbst ausdenkt. In diesem Sinne gehört zum Zerlegen zweifellos das Zusammenfügen, zur Mehrzwecknutzung (bzw. Kombination) die manchmal notwendige Rückkehr zu den Einzelfunktionen. Dem Kürzesten Weg entspricht der in Ausnahmefällen sicherlich nützliche Maximale Weg, zur kontinuierlichen gehört die diskontinuierliche Arbeitsweise, dem Schnellen Durchgang entspricht die Zeitlupenarbeitsweise (bei *Altschuller* „Pirschgang" genannt). Unter diesem Aspekt erweist sich „Umkehrung" als absolutes, methodisch universelles Oberprinzip: *Stets sollte auch an die jeweils umgekehrte Arbeitsrichtung bzw. Anordnung bzw. Verfahrensweise gedacht werden!*

Altschuller (1973) hat sich zwar im Ansatz mit diesem Problem befasst, jedoch letztlich keine konsequenten Schlüsse daraus gezogen, und dementsprechend seine – aus den oben erläuterten Gründen inkonsequenten – Listen der 35 bzw. 40 Lösungsprinzipien in der bekannten Form vorgelegt. Ein Schlüssel, der über die Zuordnungsmatrix hinausgeht, fehlt. Nicht behandelt wird die Frage der durchgängigen Anwendung des Umkehrprinzips als eines aus meiner Sicht für (fast) alle anderen Prinzipien gültigen Oberprinzips.

Es ließe sich nun einwenden, dass *Altschuller* seine Prinzipien direkt aus dem Patentfundus „herausgefiltert" hat, so dass eben manche Umkehrungen in ihrer Anwendung direkt sichtbar wurden, andere hingegen nicht. Das ist sicher richtig, nur kommt bei dieser Betrachtungsweise das Umkehrprinzip an sich, als absolut übergeordnetes Prinzip, zu kurz. Solche Betrachtungen sind alles andere als methodische Spielereien, denn neben dem Abstrahieren, Analogisieren und Transformieren gehört die durchgängige Anwendung des Umkehrprinzips unstrittig zu den wichtigsten erfinderischen Grundverfahren.

Folgendes Beispiel zur Umkehrung des „Schnellen Durchgangs", der „Zeitlupen-Arbeitsweise", soll den Zusammenhang belegen. Bereits der Titel der Offenlegungsschrift zeigt die unmittelbare Anwendung des Umkehrprinzips. Die Erfinder nennen ihren Apparat *„Langzeit-Wäscher"* (Hölter et al., Pat. 1980/1982). Beschrieben wird eine einfache Vorrichtung, die auf der extremen Verlangsamung der Strömungsgeschwindigkeit staubhaltiger Gase unter Einsatz entsprechend großvolumiger Räume beruht. Klar ist, dass hier tatsächlich das genaue Gegenstück zur verfahrenstechnisch üblichen Vorgehensweise, die bekanntlich hohe Raum-Zeit-Ausbeuten fordert, schutzrechtlich beansprucht wird. Erfindungshöhe und technischer Wert sind gering, dies stört aber bei unserer rein methodischen Betrachtung nicht.

In der kreativen Praxis sollte demnach zu jedem Prinzip stets das methodisch komplementäre (ergänzende) Umkehrprinzip gesucht und, sofern vorhanden, automatisch mit in Betracht gezogen werden. Erfahrene Erfinder – auch solche ohne nähere Methodenkenntnisse – arbeiten ohnehin in dieser Weise. Sie beziehen das Prinzip der Umkehrung, fast gefühlsmäßig, stets mit ein. Sehen wir uns die im dialektischen Sinne komplementären Prinzipien näher an, so wird klar, dass sie sämtlich nur durch einfache Umkehrung des „eigentlichen" Prinzips zustande gekommen sind. Deshalb besteht keine unbedingte Veranlassung, diese komplementären Prinzipien gesondert aufzuschreiben und damit nur unnötig die Liste zu verlängern. Wichtig ist jedoch, dass vom Erfinder immer daran gedacht wird, zu jedem Prinzip auch das genau gegenteilige Prinzip – falls vorhanden bzw. formulierbar – automatisch mit zu betrachten. Der Leser wird sicherlich für viele Prinzipien das erfinderisch brauchbare Gegenstück jeweils selbst formulieren können.

Ein weiterer Aspekt meiner Kritik betrifft die offensichtliche Notwendigkeit einer hierarchischen Gliederung der Liste der Prinzipien zum Lösen Technischer Widersprüche. Recht unvorteilhaft ist, dass in den betrachteten Listen (Altschuller 1973, 1984) Prinzipielles neben nur bedingt generalisierbaren Empfehlungen – als formal gleichrangig – aufgeführt wird.

Die Prinzipien sind aber alles andere als gleichrangig. Einige Beobachtungen dazu haben wir bereits unter 2.4 an diversen Beispielen erläutert. Etliche Prinzipien verdienen diese Bezeichnung eigentlich nicht, da sie anderen derart deutlich untergeordnet werden müssten, dass man durchaus mit einer weit geringeren Zahl von *wirklichen* Prinzipien auskommen könnte. Anders ausgedrückt: Manche der so genannten Prinzipien entsprechen ganz gewiss nicht dem, was wir sprachlich und sachlich unter einem Prinzip verstehen.

Nehmen wir beispielsweise *„Anwenden von Magneten"*. Zwar handelt es sich dabei um eine für bestimmte Fälle durchaus nützliche technische Empfehlung, nur ist ihr Anwendungsbereich offensichtlich begrenzt. Völlig klar wird dies, wenn wir *„Anwenden von Magneten"* mit hochwertigen Prinzipien (wie z. B. *Umkehrung, Kombination, Anpassen, Zerlegen, Von Selbst-Arbeitsweise*) vergleichen. Das *„Anwenden von Magneten"* erreicht, was den Universalitätsgrad – d. h. die umfassenden Anwendungsmöglichkeiten – betrifft, nicht entfernt das Niveau dieser mehr oder minder universell nutzbaren Prinzipien.

Auf deutlich niedrigerem Niveau stehen sichtlich auch solche Prinzipien wie *Verwenden elastischer Umhüllungen und dünner Folien* sowie *Verändern der Farbe und Durchsichtigkeit*. Man kann dabei kaum noch von Prinzipien sprechen. Es handelt sich eher um für bestimmte Fachgebiete nützliche Leitlinien, detaillierte technische Empfehlungen, die dem heutigen Entwicklungstrend entsprechen.

Der kritische Betrachter wundert sich, dass *Altschuller* bei der Weiterentwicklung seines phänomenalen Systems derart krass unterschiedlich zu wichtende Prinzipien in ein und dieselbe Reihe gestellt hat. Damit nahm die Tendenz zur Aufsplittung, und damit zur partiellen Banalisierung, von der 35-er zur 40-er Liste eindeutig zu. Folgendes Beispiel zeigt, was gemeint ist. Die ursprünglichen Prinzipien 10 und 11 (*Vorher-Ausführung* und *Vorbeugen*) sind schon recht ähnlich. Noch auffälliger wird die Sache bei den Prinzipien 9, 10 und 11 aus der 40-er Liste: Die Inhalte „Vorherige Wirkung", „Vorherige Gegenwirkung" und „Vorher untergelegtes Kissen" ließen sich ohne Not unter ein und demselben Prinzip abhandeln.

Das völlig unterschiedliche Gewicht der Prinzipien ist für den kritischen Leser wohl kaum noch strittig. Umso verwunderlicher erscheint, dass sich bisher nur wenige Autoren damit befasst haben, die Prinzipien hierarchisch zu ordnen und das System auf diesem Wege nutzerfreundlicher zu gestalten.

Polovinkin (1976) unternahm seinerzeit den ersten überzeugenden Versuch einer hierarchischen Gliederung, wobei zu berücksichtigen ist, dass sein System für die vom Rechner unterstützte erfinderische Arbeit – unter den technischen Bedingungen der siebziger Jahre – konstruiert worden ist. Ein direkter Vergleich mit den aus dem Patentfundus extrahierten *Altschuller*-Prinzipien ist somit nicht möglich. *Polovinkins* 15 „Grundverfahren" (Tab. 4) sehen wesentlich allgemeiner aus, decken sich jedoch in einigen Punkten sinngemäß mit den universelleren Prinzipien aus *Altschullers* Liste. Spalte 3 der Tab. 4 führt die Anzahl der technisch detaillierteren Empfehlungen (der so genannten *„Unterverfahren")* auf. Viele dieser Unterverfahren (siehe Originalquelle, *Polovinkin* 1976) enthalten Elemente oder Elementkombinationen, die ebenfalls aus der *Altschuller*-Liste stammen könnten, jedoch Prinzipien geringeren Verallgemeinerungsgrades betreffen. Ferner verbergen sich hinter der langen Liste der Unterverfahren zahlreiche technische Empfehlungen noch geringeren Verallgemeinerungsgrades. Diese hierarchische Anordnung gestattete bereits damals den Computereinsatz als Such- und Entscheidungshilfe.

Altschuller hielt von solchen Gliederungsversuchen – und damit auch von *Polovinkins* Vorgehensweise – herzlich wenig. Er schreibt dazu:

„*Die Verfahren und die Tabelle ihrer Anwendung sind wohl das einfachste im ARIS. Hinter der jetzigen kleinen Tabelle sehen einige Optimisten jedoch schon eine Vielzahl großer Tabellen und lange Verfahrenslisten, wonach der Einsatz von Elektronenrechnern bereits abzusehen wäre. Nach der Publizierung des ARIS 71 wurden viele Vorschläge unterbreitet, um den Fonds der Verfahren zu vervollkommen..... Polovinkin untergliederte die Verfahren in eine Vielzahl von Unterverfahren. Versuche solcher Art werden mit der besten Absicht unternommen, aber leider auf rein willkürlicher Basis ...*" (Altschuller 1984, S.100)

Tab. 4   **Gruppen heuristischer Verfahren** (Polovinkin 1976, S. 116)
I bis XV sind als *übergeordnete Strategien* zu verstehen, die jeweils durch eine Anzahl *technisch orientierter Lösungsverfahren* (rechte Spalte) untersetzt sind

Nr. der Gruppe	Bezeichnung der Gruppe	Anzahl der Verfahren
I.	Quantitative Veränderungen	21
II.	Umwandlungen der Form	26
III.	Umwandlungen im Raum	40
IV.	Umwandlungen in der Zeit	17
V.	Umwandlungen der Bewegung	23
VI.	Umwandlungen des Materials	14
VII.	Umwandlungen durch Ausschluss	20
VIII.	Umwandlungen durch Hinzufügen	33
IX.	Umwandlungen durch Ersetzen	41
X.	Umwandlungen durch Differentiation	49
XI.	Umwandlungen durch Integration	34
XII.	Umwandlungen durch prophylaktische Maßnahmen	16
XIII.	Umwandlungen durch Nutzen von Reserven	24
XIV.	Umwandlungen durch Analogiebildung	23
XV.	Kombination u. a.	39
	Gesamt	420

Diese Behauptung *Altschullers* halte ich – ganz abgesehen von der indirekten Fehleinschätzung des heute selbstverständlichen computergestützten Erfindens – für falsch. Versuche zur hierarchischen Gliederung in Hauptverfahren und Unterverfahren sind, sofern gut durchdacht, alles andere als willkürlich. Sie liefern dem Nutzer eine praktikable Übersicht, sie helfen Zeit zu sparen, und sie machen das System der Verfahren zum Lösen Technischer Widersprüche durchsichtiger. Hinzu kommt, dass es auch nach sauberem Herausarbeiten der auf dem Wege zum IER zu lösenden Widersprüche nicht immer leicht fällt, die einander behindernden Parameter in der Zuordnungs-Matrix (Tab. 3 sowie Tab. 9) richtig zu benennen bzw. anhand der doch recht präzisierungsbedürftigen Allgemeinbegriffe stets sicher zu erkennen, mit welchen Lösungsempfehlungen wir arbeiten sollten. Dies heißt, dass wir nicht immer die empfehlenswertesten Suchstrategien auch tatsächlich finden. Auch die zur 40-er Liste von *Altschuller* aufgestellte Matrix (mit 39 x 39 Parameterkombinationen) ist in dieser Hinsicht nicht wesentlich verlässlicher. Wünschenswert wäre demnach, *zusätzlich* eine hierarchische Ordnung zu haben, an deren Spitze dann nur noch wenige Grundprinzipien stehen sollten. So gesehen ist die *Polovinkin*sche Gliederung ein nützlicher Versuch in dieser Richtung. Mit Hilfe der Zuordnung erkennen wir, dass es tatsächlich nur sehr wenige Grundverfahren gibt. Auch ist *Altschuller*s generalisierend negative Bemerkung zur Frage der Einsatzmöglichkeiten des elektronischen Rechners ungerechtfertigt, wie die nützlichen neueren Software-Entwicklungen (Abschn. 6.4) zeigen. Die großen Genies, zu denen ich *Altschuller* zähle, erkennen manchmal nicht, dass sie für die nachfolgende Generation eine Basis geschaffen haben, die ungeahnte Höhenflüge ermöglicht. Solche Möglichkeiten werden dann zur Realität, wenn die „reine Lehre" von den gewissermaßen aufsässigen Schülern in entscheidenden Punkten modifiziert wird.

Sinngemäß ähnlich erging es übrigens *Einstein*, der mit seiner Relativitätstheorie die klassische Physik revolutioniert hatte, und dennoch vom strengen Determinismus nicht lassen wollte *(„Der Alte würfelt nicht")*. Ihn beunruhigte mehr und mehr die Denkweise der damals jungen Physiker *Heisenberg*, *de Broglie*, *Dirac* und *Schrödinger*, deren quantenmechanischer Ansatz zwar nicht in direktem Widerspruch zur Relativitätstheorie stand, die aber den Boden des Determinismus zugunsten von Wahrscheinlichkeiten und vom Beobachter abhängigen Wirkungen verlassen hatten. *Einstein*, der – mindestens indirekt – wesentlich zu den Anfängen der neuen Entwicklung beigetragen hatte, konnte sich mit den Konsequenzen niemals anfreunden und geriet dadurch im Alter regelrecht ins wissenschaftliche Abseits.

In einer früheren Veröffentlichung (Zobel 1982) hatte ich einen Vorschlag zur hierarchischen Gliederung der *Altschuller*-Prinzipien unterbreitet. Vorgeschlagen wurden damals Prinzipklassen abnehmenden Verallgemeinerungsgrades: Universelle Prinzipien (A), für mehrere Fachgebiete gültige Prinzipien (B), für mehrere Fachgebiete anwendbare Lösungsvorschläge (C) und überwiegend fachspezifische Lösungsvorschläge (D). Das gleiche Schema wurde auch in der „Erfinderfibel" verwendet (Zobel 1985). Allerdings sind die Übergänge zwischen den Klassen A, B, C und D ziemlich fließend. Wollte man die Klassen beibehalten, so bestünde die Gefahr der Überformalisierung bzw. der Zwang zum Benutzen allzu subjektiver Einordnungskriterien. Für die Praxis dürften in Anbetracht dieser Schwierigkeiten wahrscheinlich *zwei* Klassen genügen: die *Universalprinzipien* (im Sinne von Vorschlägen aufgeführt in Tab. 5), und die ihnen untergeordneten, z.T. auch selbstständigen Prinzipien geringeren Verallgemeinerungsgrades. Eine Detail-Darstellung der sich ergebenden Hierarchie habe ich am Beispiel des Umkehr-Prinzips vorgenommen (Tab. 5).

Tab. 5 Universalprinzipien zum Lösen Technischer Widersprüche (nach: Zobel 1991)

In Klammern: Komplementär- bzw. Umkehrprinzipien („KP") bzw., im Falle von „Umkehrung", Beispiele der hierarchischen Zuordnung von Prinzipien geringeren Verallgemeinerungsgrades. Viele, wenn auch nicht alle Prinzipien geringeren Verallgemeinerungsgrades lassen sich zwanglos den *fett*gedruckten Universalprinzipien zu- bzw. unterordnen. Wichtigstes Beispiel: **Umkehrung**

Nr. des Prinzips	Bezeichnung des Prinzips (Altschuller 1973)
1	*Zerlegen*
	(KP: Vereinigen)
2	*Abtrennen*
	(KP: Hinzufügen)
3 / 15	*Schaffen optimaler Bedingungen / Anpassen*
	(Prinzipien gehen ineinander über)
5	*Kombination*
	(KP: Übergang bzw. Rückkehr zu idealen Einzelfunktionen)
6	*Mehrzwecknutzung*
	(KP: Verlassen der Mehrzwecknutzung, falls eine Spezial-Funktion überragend ausgeführt werden soll und die Mehrzwecknutzung die Erfüllung dieser Forderung behindert)
9 / 10 / 11	*Vorspannen / Vorher-Ausführen / Vorbeugen*
	(Prinzipien weitgehend ähnlich; gehen ineinander über)
12	*Kürzester Weg*
	(selten angewandtes KP: Maximaler Weg)
13	**Umkehrung** samt untergeordneten Prinzipien:
	(Höchstrangiges Universalprinzip. Hierarchisch untergeordnet sind: 16 Nicht vollständige Lösung; 18 Verändern der Umgebung; 22 Umwandeln des Schädlichen in Nützliches; 23 Überlagern einer schädlichen Erscheinung mit einer anderen; 25 Zulassen des Unzulässigen; 27 Ersetzen der teuren Langlebigkeit durch billige Kurzlebigkeit)
20	*Kontinuierliche Arbeitsweise*
	(KP: Intermittierende Arbeitsweise = Impulsarbeitsweise)
21	*Schneller Durchgang*
	(KP: Zeitlupenarbeitsweise)
25	*Selbstbedienung, Von Selbst-Arbeitsweise*
	(dazu gehört die Nutzung „kostenloser" Umweltenergien)
26	*Arbeiten mit Modellen*
	(nicht nur wörtlich zu nehmen: im übertragenen Sinne steht es für das Elementarverfahren der Modellierung)
28	*Übergang zu höheren Formen*
	(umfassendes Prinzip der technischen Entwicklung; betrifft geometrisch, technologisch und physikalisch „höhere" Formen. Untergeordnet: ist u.a. Prinzip 17 „Übergang in eine andere Dimension")

Übertriebener Formalismus hilft bei der Beurteilung – besonders auch beim Anwenden der Prinzipien – allerdings nicht weiter. Epperlein bemerkte treffend, „*dass sich die erwähnten Prinzipien in ihren Anwendungs- und Wirkungsbereichen überlappen, so dass es mit einer gewissen Willkür verbunden ist, solche Prinzipien zu formulieren, abzugrenzen und mit Beispielen zu untersetzen*" (Epperlein 1988, H. 2, S. 314). Als wirklich entscheidend erkennt *Epperlein*, jedenfalls auf dem Gebiet der Technischen Chemie, nur das *Analogieprinzip*, das *Variationsprinzip*, das *Umkehr-* und das *Kombinationsprinzip* an, mit gewissen Einschränkungen auch die Prinzipien „*Transformation*" und „*Vereinfachung*" (Epperlein 1988, H. 5, S. 766, sowie 1989, H. 11, S. 325). Zu bemerken ist allerdings, dass *Epperlein* die Herkunft der Prinzipien völlig außen vor lässt – wurden sie doch, wie an sich bekannt, durch Extraktion aus einer Vielzahl immerhin realer Urheberscheine und Patente gewonnen. Dennoch ist eine derart radikale Straffung wohl eher nützlich als schädlich, zumal sie die mehr oder minder zwanglose Einordnung weniger universeller Empfehlungen („Multifunktionalisierung", „Bausteinprinzip", „Dekomposition plus Neukomposition") als dem Kombinationsprinzip hierarchisch untergeordnete Prinzip-Varianten zwanglos gestattet, wie an zahlreichen Beispielen aus dem Bereich der Fotochemie überzeugend belegt werden konnte (Epperlein u. Keller 1989).

Auch aus Sicht der Konstruktionsmethodik, die das systematische Arbeiten des Konstrukteurs nach übergeordneten Richtlinien zum Gegenstand der Lehre gemacht hat – und die somit zwangsläufig mancherlei Analogien zum *Altschuller*-System aufweist –, gibt es ebenfalls nur wenige wirklich elementarer Empfehlungen. Unter Berücksichtigung der grundlegenden Arbeiten von *Hansen, Kesselring, Koller, Polovinkin, Rodenacker, Roth* und *Müller* werden im Standardwerk von *Pahl* und *Beitz* unter „Methoden zum Entwerfen" überhaupt nur *fünf* Gestaltungsprinzipien abgehandelt:

- **Kraftleitung**
(Kraftfluss und Prinzip der gleichen Gestaltfestigkeit, Prinzip der direkten und kurzen Kraftleitung, Prinzip der abgestimmten Verformungen, Prinzip des Kraftausgleichs).
- **Aufgabenteilung**
(Zuordnung der Teilfunktionen, Aufgabenteilung bei unterschiedlichen Funktionen, Aufgabenteilung bei gleicher Funktion).
- **Selbsthilfe**
(Selbstverstärkende Lösungen, Selbstausgleichende Lösungen, selbstschützende Lösungen).
- **Stabilität und Bistabilität**
- **Fehlerarme Gestaltung** (Pahl u. Beitz 1997, S. XII)

Die infrage kommenden technischen Ausführungsformen werden dann jeweils eine Hierarchie-Ebene tiefer – unter Einsatz von Konstruktionskatalogen – näher betrachtet, beurteilt, ausgewählt und in die Konstruktion einbezogen.

Denkmethodisch gesehen könnte der routinierte, mit zahlreichen Effekten und Spezialtechniken vertraute Erfinder somit auf die Prinzipien geringeren Verallgemeinerungsgrades durchaus verzichten, zumal er sie ohnehin meist als Spezialfälle der Universalprinzipien erkennt und sie dann selbst unter diesen eingliedern kann. Sehr bald wird er ein praktisches Gespür dafür entwickeln, welche Unterverfahren sich hinter den sehr allgemein gehaltenen Oberbegriffen sonst noch verbergen.

Methodisch zwar interessant, für den Praktiker jedoch nicht sonderlich ergiebig finde ich die Versuche von *Mann* (2005) zur Ausweitung bzw. Ergänzung der Matrix-Parameter. Mann definiert im Ergebnis seiner Recherchen über die bisherigen 39 Parameter (s.o.) hinaus die folgenden 9 zusätzlichen Parameter: *Amount of Information, Function Efficiency, Noise, Harmful Emissions, Compatibility/Connectability, Security, Safety/Vulnerability, Aesthetics, Control Complexity*. Die Schwierigkeit, hinter den sehr allgemein gehaltenen Begriffen der Matrix auch immer die „richtige" Paarung zu finden, wird auch durch diese Ergänzungen nicht behoben.

3.6 Die Stoff-Feld-Darstellung als maximal mögliche Abstraktion

Auch die Stoff-Feld-Betrachtungsweise geht letztlich auf *Altschuller* (1983, 1984) zurück, der ein Technisches System als System von Wirkungen bzw. Wechselwirkungen zwischen Stoffen und Feldern definierte. Der enorme Vorteil dieses methodischen Ansatzes liegt darin, dass ein Technisches System aller Äußerlichkeiten entkleidet und nur noch unter abstrakt-physikalischen Gesichtspunkten betrachtet wird. Dies ist immer dann besonders wichtig, wenn die technischen Details des Systems den rein physikalischen Kern verdecken, wenn sie den Betrachter demzufolge daran hindern, das Prinzipielle der zu behebenden Störung bzw. des zu behebenden Systemmangels zu erkennen. Wer sich nur mit dem äußeren technischen Bild zufrieden gibt, ist im Allgemeinen nicht in der Lage, ungewöhnliche Lösungsmöglichkeiten zu finden. Hingegen eröffnet die rein physikalische Sicht der Dinge den Weg zu ausgesprochen überraschenden Lösungen.

Was Stoffe im physikalischen Sinne sind, bedarf kaum einer näheren Erläuterung. Es kann sich um ungeformte oder geformte Materie aller Art handeln (Wasser, Eis, Sand, Eisen, Holz, Ton – aber eben auch: Schrauben, Stahlträger, Bretter, Stühle, Ziegelsteine).

Der Begriff „Feld" wird ausgesprochen großzügig gehandhabt. Zu den Feldern zählen ohne Zweifel die magnetischen, elektrischen und die Gravitations-Felder, aber es gehören beispielsweise auch die Einwirkung von Wärme („Temperaturfeld") oder von Druckdifferenzen im System dazu.

Die Stoff-Feld-Betrachtungsweise erlaubt somit die maximal mögliche Abstraktion bezüglich der ein System physikalisch bestimmenden Beziehungen zwischen den Systemelementen. Ein technisches Minimalsystem im Sinne *Altschullers* besteht aus zwei miteinander in Wechselwirkung stehenden Stoffen, wobei die Wirkung aufeinander durch ein Feld ausgeübt wird.

Ein Beispiel möge dies verdeutlichen. Betrachten wir das Brennglas als Stoff 1, so sind die Sonnenstrahlen, welche mit Hilfe des Brennglases gebündelt werden, das Feld 1. Ein Stückchen Holz, das mit Hilfe des gebündelten Lichtes entzündet wird, ist der Stoff 2. Es bildet sich sodann eine Wechselwirkung heraus: Das brennende Holz erhitzt u. a. auch das Brennglas (diese Wirkung entspricht dann dem „Feld 2").

Das Grundmuster der Stoff-Feld-Betrachtungsweise ist demnach verblüffend einfach. Es bleibt auch einfach, wenn mit mehreren Stoffen und mehreren Feldern gearbeitet wird. Das technische Minimalsystem ist als „technisches Dreieck" besonders überzeugend darstellbar: Verknüpfung zweier Stoffe über ein Feld, wobei im Ergebnis der Verknüpfung eine Wechselwirkung zwischen den Stoffen eintritt (abstrakte Darstellung des. o.a. Brennglas-Holz-Beispiels). Stoff-Feld-Paarungen werden in der widerspruchsorientierten Kreativitätsliteratur in Anlehnung an das russische Original übrigens manchmal als VEPOL (*veschtschestvo i polje* = *Stoff und Feld*) bezeichnet.

Die Stoff-Feld-Betrachtungsweise ist besonders geeignet, die Nützlichkeit aller in diesem Kapitel betrachteten Elementarverfahren in der analytischen wie in der synthetischen Phase des kreativen Arbeitens zu zeigen. Wird das vorhandene – zu verändernde – System nach den einfachen Regeln der Stoff-Feld-Betrachtungsweise analysiert, so weiß man sofort, welche Stoffe und welche Felder vorliegen und welche Wechselwirkungen zwischen ihnen bestehen. Wahrscheinlich lässt sich überhaupt nur so die Funktion komplizierterer Systeme einfach und übersichtlich beschreiben.

Es gelten dann drei grundlegende heuristische Ansätze. Der erste lautet: *„Füge einen Stoff und/oder ein Feld hinzu".* Sofort drängen sich zahlreiche Assoziationen auf. Beispielsweise sind an sich unmagnetische Stoffe zweckmäßigerweise mit einem weiteren Stoff (einfachste Variante: Eisenpulver) zu versehen, damit sie über ein Magnetfeld beeinflusst/bewegt/abgetrennt werden können. Das Eisenpulver dient in solchen Fällen nur als Hilfsstoff (Schleppsubstanz, „Schlepper"). Es wird anschließend wieder vom nicht magnetischen Material getrennt und rückgeführt. Gravitationsbeeinflusste Körper sind bequem anzuheben/zu entlasten, wenn man sie mittels Magneten anhebt. Ein zum Heben von Stahlschrott verwendeter Elektromagnet ist selbstverständlich, aber ein ebenso funktionierender Elektromagnet, der zum Entlasten von Turbinenlagern durch „Beinahe-Anheben" der Welle dient, ist nicht selbstverständlich. Der Magnet ist Stoff 1, Stahlschrott bzw. Welle: Stoff 2, die Magnetwirkung ist das die beiden Stoffe verbindende Feld F 1.

Der zweite heuristische Ansatz fordert: *„Kann kein Element des Systems verändert werden, so ist die Umgebung zu verändern".* Beispielsweise sind die hohen Temperaturen, die bei gewöhnlichen *Otto*-Motoren auftreten, verfahrenstypisch. Sie sind zwar für den Motor schädlich, für die vollständige Verbrennung und damit das einwandfreie Funktion des Motors aber unerlässlich. Deshalb muss ein äußerer Stoff – ein Kühlmedium – eingesetzt werden, welcher mit „Feldwirkung" – der erforderlichen Wärmeabfuhr – arbeitet.

Der dritte heuristische Ansatz leitet zu den Physikalischen Effekten über: *„Ist ein bestimmtes Feld gegeben und wird am Ausgang des Systems ein anderes Feld gewünscht, so kann man die Bezeichnung des für die Transformation benötigten Physikalischen Effektes in Erfahrung bringen, wenn man die Bezeichnung der Felder in einer Matrix miteinander verknüpft."*

Betrachten wir einige Beispiele. Absolut typisch und ohne ausführlichen Kommentar direkt erkennbar sind die Stoff-Feld-Beziehungen beim *„Verfahren zur Nachbehandlung von Klärschlamm sowie Vorrichtung zur Durchführung des Verfahrens".* Der Patentanspruch lautet: *„Verfahren zur Nachbehandlung von Klärschlamm, bei dem der Klärschlamm entwässert und durch Zugabe von Zuschlagstoffen (Kalk) hygienisiert und pasteurisiert wird, dadurch gekennzeichnet, dass als Zuschlagstoff ein exotherm mit Wasser reagierender Stoff verwendet wird, dass der Temperaturanstieg während des Mischungsvorganges gemessen wird und der gemessene Temperaturanstieg für die Steuerung der Zugabemenge des Zuschlagstoffes verwendet wird"* (Panholzer, Pat. 1983/1984). Wir erkennen die Verknüpfung der Stoffe/Felder: Die Menge des insgesamt benötigten Zuschlag*stoffes* wird mit Hilfe der vom bereits zugegebenen Zuschlagstoff entwickelten Wärmemenge (*„Feld"*) gesteuert. So gesehen handelt es sich auch um ein interessantes Beispiel für das „Von Selbst"-Prinzip.

Typisch sind auch berührungslose Anordnungen, bei denen die Felder Fernwirkungen ausüben. Bekannt sind z. B. die Wirbelstrombremse, die Mikrowelle und der Induktionsofen. Auch in der Schweißtechnik liefert der Gedanke schutzfähige Lösungen, wie z. B. bei einer *„Vorrichtung zum Schweißen mit magnetisch bewegtem Lichtbogen"* (Gerlach et al., Pat. 1980/1981). Wir haben es dabei eigentlich mit einem Feld/Feld/System zu tun, das naturgemäß ganz ohne Stoffe – hier: Hilfswicklungen/Magnetleiter – nicht funktionieren kann:

„Erfindungsgemäß liegen eine oder mehrere Magnetspulen oder mehrere Magnetspulen oder Permanentmagnete sowie deren Kombination von der Schweißstelle räumlich getrennt und/oder außerhalb der Schweißebene, wobei im Lichtbogenbereich mindestens auf einem Magnetleiter einstellbare Hilfswicklungen angebracht sind" (Gerlach et al. Pat. 1980/1981).

Auch profane Apparate, wie beispielsweise Toilettenspülkästen, taugen in ihren modernen Ausführungsformen als Beispiele. Ein derartiger Spülkasten ist beispielsweise dadurch gekennzeichnet, *„dass die Bewegung des Schwimmers und/oder des Abflussventils mit Hilfe von Permanentmagneten zusätzlich gesteuert wird"* (Altmann, Pat. 1983/1984).

Raffiniert einfach ist eine *„Säuresäge",* mit der sich unter Zusatz einer Hilfsflüssigkeit (wässrige Lösung von HCl, H_2CrO_4 und HF) schneller, genauer und Material schonender als gewöhnlich arbeiten lässt (Eichler et al., 1988). Das „Feld" ist hier die chemische Wirkung.

3.7 Standards zum Lösen von Erfindungsaufgaben

Wenn nun, so sagte sich *Altschuller*, fast alle vermeintlich neuen Probleme im Prinzip bereits gelöst sind (obzwar in jeweils anderen, z. T. weit entfernten Branchen), dann spricht dies für das Vorliegen von Standardsituationen, für die es demgemäß auch Standardlösungen geben müsste. Das Auffinden und der systematisch-kreative Einsatz von Standardlösungen ist eine kongeniale Ergänzung zum Auffinden und zum systematisch-kreativen Einsatz der Prinzipien zum Lösen Technischer Widersprüche.

Auch diesmal verlief die Entwicklung stufenweise: Zunächst formulierte Altschuller zehn einfache Standardlösungen (Altschuller 1984, S. 128). Später erweiterte er das methodische Arsenal auf 76 Standards der Stoff-Feld-Analyse, die sich in allen modernen Publikationen zum Thema finden, und die inzwischen zu den unverzichtbaren TRIZ-Arbeitsinstrumenten zählen. Wegen ihrer besonderen Übersichtlichkeit und Einfachheit wollen wir jedoch zunächst die zehn „klassischen" Standards separat behandeln, zumal die Art der Darstellung ihren sofortigen Einsatz gestattet (*Wenn* die beschriebene Situation vorliegt, *dann* kann ich unmittelbar den entsprechenden Standard anwenden). Natürlich ist nicht jede der damit zu bewältigenden Situationen zwingend eine erfinderische Situation – dies wäre auch seltsam, da es sich, wie gesagt, um Standardinstrumente zum Bewältigen von Standardsituationen handelt. Ich habe mich im folgenden Abschnitt im Prinzip an die Originalquelle gehalten (Altschuller 1984, S. 128), jedoch die durch eine nicht immer geglückte Übersetzung etwas unübersichtlich gewordene Sprache vereinfacht sowie die Formulierungen z. T. erheblich gekürzt. In einigen Fällen habe ich auch andere bzw. mir einleuchtender erscheinende Beispiele gewählt.

Kommen wir also zunächst zu den einfachen Standards:

I.   Wenn ein Objekt sich nur schwierig nachweisen lässt oder mit der Umgebung nicht in Wechselwirkung treten kann, obzwar dies erforderlich ist, so füge man einen Stoff hinzu, der ein leicht nachweisbares Feld schafft oder mit der Umgebung in Wechselwirkung zu treten vermag.

(*Beispiele:*   Zumischen von Fluoreszenzstoffen zu Kältemitteln, um Leckstellen im Kältemittelkreislauf sofort ermitteln zu können. Gas wird mit geruchsintensiven Substanzen dotiert, um unerwünschten Gasaustritt unverzüglich zu signalisieren. Zumischen von "Dochtsubstanzen" zu schwer trockenbaren Gütern, um die notwendige Ableitung des Wasserdampfs zu intensivieren).

II.   Sollen Abweichungen zwischen zwei Objekten (Werkstück, Kopie/Muster, Normal) ermittelt werden, so sind deren gegensätzlich gefärbte Abbilder optisch miteinander zu vereinigen. Die Differenz tritt dann deutlich hervor (Optische Koinzidenz).

(*Beispiel:*   Eine Platte mit Aussparungen/Bohrungen wird kontrolliert, indem man die gelbe Darstellung der Platte mit der blauen Darstellung des Eichmusters zur Deckung bringt. Erscheint der Schirm gelb, so fehlt auf der zu prüfenden Platte eine Öffnung. Erscheint blaues Licht, so ist auf der Platte zuviel des Guten getan worden).

III.   Wenn bei der Berührung zweier zueinander bewegter Stoffe eine schädliche Wirkung auftritt, so ist ein dritter Stoff einzuführen, der einem der beiden Stoffe ähnelt oder eine Modifikation eines der beiden Stoffe darstellt.

(*Beispiele:*   Stahlkugeln, die innerhalb eines Rohrkrümmers von einem starken äußeren Magneten in Position gehalten werden, verhindern den Verschleiß des Krümmers beim pneumatischen Transport abrasiver Güter, indem die leicht ersetzbaren Kugeln als Verschleißschicht wirken).

Die statische Aufladung von Lichtpauspapier am Glaszylinder des Ablichtgerätes wird verhindert, wenn Transparentpapier zwischengelegt wird. Grubenfeuchte Kohle klebt nicht mehr auf Förderbändern, wenn diese kontinuierlich mit getrocknetem Kohlenstaub gepudert werden: Analogon zu Abb. 28).

IV. Soll ein Objekt bezüglich seiner Funktion, Form, Oberfläche, Viskosität, Porosität u.ä. leicht steuerbar verändert werden, so ist ein ferromagnetischer Stoff hinzuzufügen und ein Magnetfeld anzulegen.

(*Beispiele*: Magnetfeldrührer. Veränderung der Viskosität einer ferromagnetischen Flüssigkeit im Magnetfeld. Rohrpfropfen, bestehend aus einer ferromagnetischen Flüssigkeit, die im Magnetfeld aushärtet. Zugabe von Eisenfeilspänen während eines Fällungs- bzw. Flockungs-Vorganges, gefolgt von der Abtrennung der an sich nichtmagnetischen Fällungsprodukte mittels Magneten).

V. Sollen technische Kennwerte eines Systems verbessert werden, und stößt dies auf grundsätzliche Hindernisse, so ist das System in ein Obersystem einzubeziehen. Weiterentwickelt wird das System nunmehr nur noch innerhalb des Obersystems.

(*Beispiele*: Die Gravitation verbietet zunächst einmal generell das Schweben von Stoffen, welche schwerer als Luft sind. Durch Anwendung der aerodynamischen Effekte im Obersystem "Flugzeug" wird Schweben jedoch ermöglicht. Übergang Düsenjet $\Rightarrow$ Raumgleiter erfolgt dann innerhalb des Obersystems *space shuttle*).

VI. Ist es schwierig, eine Operation an dünnen, spröden, feinen, weichen Objekten durchzuführen, so füge man für die Dauer der Operation einen Stoff hinzu, der das Objekt zwischenzeitlich fest/hart macht und der sich anschließend durch Auflösen, Wegätzen, Verdampfen etc. bequem wieder entfernen lässt.

(*Beispiele*: Metallrohre, die beim Biegen nicht zusammenfallen sollen, werden für die Dauer des Biegevorganges mit Sand gefüllt (ein alter Klempner-Trick). Dünnen Stoffen wird Appretur hinzugefügt, damit man sie bedrucken kann. Dünnwandige Cr-Ni-Röhrchen werden über einen Aluminiumstab gezogen, der anschließend mit Säure oder Lauge herausgelöst wird).

VII. Wenn zwei einander ausschließende Wirkungen/Zustände gemeinsam benötigt werden, so sind sie intermittierend anzuwenden. Dabei muss der wechselweise Übergang von der einen zur anderen Wirkung durch das Objekt selbst erfolgen.

(*Beispiele*: Thermodiffusionsintervalltrocknung für Dragees bzw. für frisches Holz: Zwischenzeitlich wird trockene Kaltluft statt Warmluft verwendet, damit der Wasserdampf aus dem zu trocknenden, inzwischen relativ warmen Gut von innen nach außen gelangen kann. Induktionsofen mit Schmelztiegel, dessen *Curie*-Punkt dem Sollwert der Heiztemperatur entspricht. Selbsttätiges Aus- und Einschalten von Magnetkupplungen beim Erreichen eines Temperatursollwertes).

VIII. Soll ein elastisches System (mechanisches Feder-Masse-System, elektrischer Schwingkreis, zu verdichtendes Schüttgut u.ä.) große Ausschläge zeigen, so ist es mit seiner Resonanzfrequenz zu erregen.

(*Beispiele*: Elektromagnetischer Schwingförderer. Die Masse eines sich bewegenden Fadens wird nach seiner Eigenfrequenz bestimmt; früher schnitt man ein Stück ab und bestimmte seine Masse durch Wägung.

Unerwünschter Technischer Effekt: Eine Brücke kann einstürzen, wenn sie durch eine im Gleichschritt marschierende Kolonne in Resonanzschwingung versetzt wird).

IX. Reagieren zwei Stoffe nicht oder zu wenig bzw. zu langsam miteinander, so sind durch Übergang von der Makroebene zur Mikroebene aktivierte Zonen zu schaffen, in deren Einflussbereich völlig neue Stoff-Feld-Wechselwirkungen auftreten.

(*Beispiele*: Katalytische Reaktionen. Extreme Farbaufhellung bei Feinstmahlung, z.b. können tief grüne Chromverbindungen durch Feinstmahlung zu einem fast weißen, nur noch schwach grünlichen Pulver verarbeitet werden. Mechanochemische Aktivierung an sich völlig unlöslicher Phosphaterze, welche nach einer solchen Aktivierung direkt als Düngemittel verwendet werden können. Asbest-Makroteilchen sind relativ harmlos, Asbest-Feinststaub führt hingegen zum Lungencarcinom, desgleichen Dieselruß, weil besonders feinteilig und damit besonders oberflächenaktiv und besonders lungengängig. Möglicherweise ist auch der Übergang zur Nano-Technik, insbesondere der Umgang mit Teilchen im Nano-Bereich, aus eben diesen Gründen nicht unbedenklich, wie in einer neueren Arbeit diskutiert; zugleich werden jedoch neue Therapiechancen beim Einsatz solcher Teilchen gesehen (Krug 2003))

X. Wenn es notwendig ist, mit Zusätzen zu arbeiten, dies aber nach den Bedingungen der Aufgabe nicht gestattet ist, sind folgende Umgehungswege möglich: Ersetzen eines Stoffes durch ein Feld; "Äußerer" statt "innerer" Zusatz; Zusatz in sehr kleinen Dosen; Zusatz nur für sehr kurze Zeit; Zusatz in Form einer modifizierten Systemkomponente; Ersatz des Objektes durch sein Modell, dem Zusätze hinzugefügt werden dürfen; Zusätze in Form einer Verbindung, aus der sie dann freigesetzt werden ("Trojanisches Pferd"); Zusatz, der im System nicht stört und seine Wirkung erst an Ort und Stelle entfaltet.

(*Beispiele*: Provisorisches Abdichten von defekten Kühlsystemen durch so genanntes *Schlämmen* mit Sägespänen. Abdichten defekter Heizkreisläufe durch einen im zirkulierenden Wasser gelösten Stoff, der an der Defektstelle zusammen mit dem Wasser austritt, polymerisiert und so die Defektstelle verschließt. Magnetisches Orientieren von Schleif-Diamantkörnern mittels aufgebrachter Metallschicht, die beim Schleifen *von selbst* verschwindet. Ersetzen eines Streichholzes (der brennbare Streichholzkopf aus Antimonsulfid, Glaspulver und Leim ist ein *Stoff*) durch ein Piezo-Feuerzeug (der Piezo-Funke kommt durch Entladung eines *Feldes*, nämlich der sich beim Deformieren eines Kristalls aufbauenden Piezo-Spannung, zustande).

Diese an sich sehr einfachen und einleuchtenden Standards wurden inzwischen, parallel zur Entwicklung der Stoff-Feld-Betrachtungsweise, durch eine umfangreiche Sammlung anspruchsvollerer und detaillierterer

Standards ergänzt. Wir haben die wesentlichen Grundmuster der Stoff-Feld-Betrachtung im Abschnitt 3.6 bereits kennen gelernt. *Altschuller* und seine Schüler haben nun, unter konsequenter Ausformung dieser Betrachtungsweise, 76 Standardlösungen der Stoff-Feld-Analyse definiert. Diese sind, ebenso wie die oben behandelten zehn einfachen Standards, unmittelbare Empfehlungen zum Handeln. Allerdings ist der Zugang nicht ganz so offensichtlich wie bei den einfachen Standardlösungen. Ausgegangen wird nicht – wie bei letzteren – von technisch eindeutigen Situationen, sondern von abstrakten, modellhaften Betrachtungen der beteiligten Stoffe und Felder auf physikalischer Ebene. Der Erfinder hat sich zunächst zu fragen, welche Art von Mängeln sein gegebenes, zu verbesserndes Stoff-Feld-System aufweist. Daraus ergeben sich dann die Gruppen der Standardlösungen, innerhalb derer man zur Handlungsempfehlung gelangt. Wenn z. B. einem System noch Systemelemente (Stoffe und/oder Felder) fehlen, um perfekt funktionieren zu können, oder wenn es möglicherweise besser wäre, schädlich wirkende Systemelemente wegzulassen, so haben wir es sichtlich mit der Gruppe I („Aufbau und Zerlegung vollständiger Stoff-Feld-Modelle") zu tun. Ansonsten gilt, wie auch bei den oben behandelten einfachen Standards: Dieses Instrumentarium dient keineswegs nur der Lösung besonders hochwertiger erfinderischer Aufgaben. Oft handelt es sich auch um Empfehlungen für einfachere Systemverbesserungen, welche durchaus nicht unbedingt erfinderisches Niveau erreichen müssen. Nachfolgend werden die fünf Gruppen mit ihren konkreten Handlungsempfehlungen in Kurzform aufgeführt. Basis ist die Arbeitsmittel-Sammlung aus dem Werk „TRIZ – der systematische Weg zur Innovation" (Herb, Herb u. Kohnhauser 2000, S. 282 ff.). Ich habe wiederum erhebliche Kürzungen vorgenommen und manches einfacher zu formulieren versucht. Die methodische Substanz wurde jedoch nicht angetastet.

Verwendete Abkürzungen: SFA = Stoff-Feld-Analyse; SFM = Stoff-Feld-Modell

Gruppe I: Aufbau und Zerlegen vollständiger Stoff-Feld-Modelle

I.1   Aufbau von Stoff-Feld-Modellen (Vervollständige unvollständiges SFM. Falls interne Zusätze möglich, arbeite damit. Falls externe Zusätze möglich, dito. Nutze Ressourcen zur Vervollständigung. Veränderung der Systemumgebung. Komplettiere mittel Überschusses und entferne dann den verbliebenen Überschuss. Ist die Überschussarbeitsweise schädlich, so versuche sie auf eine andere Systemkomponente zu lenken. Zur Komplettierung eines SFM können auch lokal schützende Substanzen eingeführt werden).

I.2   Zerlegen von Stoff-Feld-Modellen (Schalte schädliche Wechselwirkungen durch Einführung eines dritten Stoffes S3 aus. S3 soll eine Modifikation der beiden Stoffe S1 und/oder S2 sein. Die schädliche Wirkung ist auf einen weniger wichtigen Stoff S3 zu lenken. Ein neues Feld ist zum Abfangen schädlicher Effekte einzuführen. Magnetfelder lassen sich ein- und ausschalten: nutze diese Möglichkeit).

Gruppe II: Verbessern von Stoff-Feld-Modellen

II.1 Übergang zu komplexeren SFM (Verketten mehrerer SFM. Verdoppeln eines SFM).

II.2 Weiterentwicklung von SFM (Einsatz besser steuerbarer Felder. Zerlegen/Fragmentieren eines Stoffes. Einsatz von Kapillaren oder porösen Stoffen. Dynamisierungsgrad erhöhen. Felder strukturieren. Stoffe strukturieren).

II.3 Koordination des Rhythmus (Die Frequenz des einwirkenden Feldes ist in Resonanz oder in Nicht-Resonanz mit einer wichtigen Systemkomponente zu bringen. Der Rhythmus bzw. die Frequenz von Feldern ist zu synchronisieren. Voneinander an sich unabhängige Aktionen sind in rhythmischen Zusammenhang zu bringen).

II.4 Komplex verbesserte SFM (Nutze ferromagnetische Stoffe und Magnetfelder. Nutze ferromagnetische Partikel, Granulate, Pulver. Einsatz ferromagnetischer Flüssigkeiten. Nutze Kapillarstrukturen im Zusammenhang mit Ferromagnetismus. Schaffe komplexe ferromagnetische SFMe, z. B. mittels externer Magnetfelder oder ferromagnetischer Zusätze).

Einsatz ferromagnetischer Stoffe im Systemumfeld. Verbessern der Kontrollierbarkeit ferromagnetischer Systeme, Einsatz der Effekt-Datenbank. Erhöhung des Dynamisierungsgrades in einem komplexen SFM. Strukturiere und unterteile Felder und Stoffe in komplexe SFM. Abstimmen der Rhythmen. Nutze elektrische Felder. Einsatz der Elektrorheologie).

Gruppe III: Übergang in das Super- bzw. Subsystem

III.1 Übergang zu Bi- und Poly-Systemen (Systeme sind zu Bi- oder Polysystemen zu kombinieren. Schaffen oder Verstärken von Verbindungen zwischen den Elementen in Bi- oder Poly-Systemen).

Verbessern der Effizienz durch Vergrößern des Unterschiedes zwischen den einzelnen Komponenten. Vereinfachung durch Weglassen überflüssiger oder redundanter Komponenten. Verbesserung der Effizienz durch Verteilen einander behindernder Komponenten auf verschiedene Systemelemente).

III.2 Übergang zu Mikrosystemen (Miniaturisiere Komponenten oder ganze Systeme).

Gruppe IV: Erkennen und Messen

IV.1 Indirekte Methoden (Umgehe die Notwendigkeit des Erkennens und Messens, z.b. indem eine „von selbst"-Lösung realisiert wird. Erkennen und Messen nicht am Objekt, sondern an einer Kopie des Objektes. Messen wird durch zwei aufeinander folgende Erkennungsvorgänge ersetzt)

IV.2 Aufbau von Mess-Stoff-Feld-Modellen (Erkennen oder Messen mittels zusätzlichen Feldes. Hinzufügen leicht zu erkennender bzw. leicht zu messender Stoffe. Einführen einfach zu messender Felder in die Systemumgebung. Der Systemumgebung werden einfach zu messende Stoffe hinzugefügt).

IV.3 Verbessern von Messsystemen (Nutze die Datei physikalischer Effekte. Nutze Resonanzphänomene. Resonanzphänomene verknüpfter Objekte lassen sich zur indirekten Messung nutzen).

IV.4 Übergang zu ferromagnetischen Messsystemen (Einsatz ferromagnetischer Stoffe und Magnetfelder. Ersatz nichtmagnetischer durch ferromagnetische Stoffe, Messung mittels Magnetfeldern. Erzeuge komplexe, verknüpfte SFMe mit ferromagnetischen Bestandteilen. Ferromagnetische Materialien sind in die Systemumgebung einzuführen. Physikalische Effekte, insbesondere *Curie*-Punkt, *Hopkins*- und *Barkhausen*-Effekt, Magnetoelastische Effekte).

IV.5 Evolution von Erkennen und Messen (Bi- und Polysysteme. Erkennen und Messen der mathematischen Ableitung anstelle der Originalfunktion).

Gruppe V: Hilfen

V.1 Einführung von Stoffen (Indirekte Methoden, z.B. Hohlräume als Stoffe betrachten, hoch aktive Zusätze in kleinsten Mengen, benötigter Stoff wird erst bei Bedarf „vor Ort" erzeugt. Zerteilen der Stoffe, Nutzen der Fragmente. Selbstelimination von Stoffen. Nutze Stoffe im Überschuss).

V.2 Einführung von Feldern (*Alle* vorhandenen Felder gehören zu den Ressourcen. Felder aus der Systemumgebung sind zu nutzen. Sinnvoll ist auch der Einsatz von Feld erzeugenden Stoffen, z. B. magnetischer Stoffe).

V.3 Phasenübergänge (Aggregatzustand oder Modifikation eines Stoffes sind zu verändern. Zwei Aggregatzustände eines Stoffes, z. B. Wasser und Eis, sind gemeinsam bzw. gleichzeitig zu nutzen. Die einen Phasenübergang begleitenden physikalischen Effekte sind zu nutzen. Effekte, die aus dem gleichzeitigen Vorliegen zweier Phasen resultieren, sind zu nutzen. Die Interaktion zwischen zwei Phasen ist zu verbessern).

V.4 Einsatz der Effektdatenbank (Eigengesteuerte reversible Transformationen sind zu nutzen, z. B. Phasenübergänge, Dissoziation bzw. Assoziation, Ionisation bzw. Rekombination. Speicher- und Verstärkungseffekte; Katalysatoren; Enzyme).

V.5 Stoffpartikel (Erzeuge Stoffpartikel durch Zerlegen eines höher organisierten Stoffes, z. B. Radikale oder Ionen aus Molekülen. Erzeuge Stoffpartikel durch Kombinieren nicht mehr teilbarer Stoffteilchen, z. B. Atome aus Elementarteilchen. Beim Zerlegen oder Kombinieren von Stoffpartikeln ist ein vom Zerteilungsgrad her ähnlicher Stoff einzusetzen).

Wenn wir uns nun diese Standard-Empfehlungen kritisch ansehen, so fällt zunächst ins Auge, dass sich einige Prinzipien zum Lösen Technischer Widersprüche hier deckungsgleich, zumindest aber sinngemäß, wiederfinden. Hinzu kommt, dass manche Empfehlungen sehr allgemein, andere wiederum – ohne einen im Sinne der systematischen Konsequenz erkennbaren Grund – sehr speziell formuliert sind, und dies auf gleicher Hierarchieebene. Einmal werden beispielsweise die Einsatzgebiete von *Feldern ganz allgemein*, dann wieder, und zwar sehr ausführlich, ganz speziell von *Magnetfeldern* empfohlen. Zwar sind magnetische Phänomene sehr interessant und z. T. auch technisch wichtig, aber bei dieser Vorgehensweise wäre dennoch die analog detaillierte Behandlung anderer spezieller, sicher ebenso wichtigen Felder gerechtfertigt. Nun werden jegliche Systeme schließlich immer noch von Menschen gemacht. Der sich aufdrängende Verdacht, dass *Altschuller*s Lieblingsfelder eben Magnetfelder und seine Lieblingsstoffe eben ferromagnetische Stoffe waren, entwertet die Empfehlungen jedoch keineswegs. Die Liste der 76 Standardlösungen stellt ohne Zweifel ein außerordentlich nützliches Hilfsmittel zum Lösen innovativer Probleme sehr unterschiedlichen Kalibers aus beliebigen Branchen dar. Auch die partielle Dopplung (Lösungsprinzipien einerseits, Standards andererseits) ist für den Praktiker eher nützlich als schädlich. Gelingt nämlich die Zuordnung der Technologischen Parameter nicht richtig, so liefert die Matrix (Tab. 3, Tab. 9) nur unzutreffende Empfehlungen bzw. leitet uns zu nicht relevanten Lösungsprinzipien. Besonders in solchen – nicht eben seltenen – Fällen kompensieren die o.a. 76 Standardlösungen das Defizit und sind dann ohne Zweifel sehr hilfreich.

3.8 Das Modell der kleinen intelligenten Figuren (*„Zwerge-Modell"*)

*Altschuller*s besonderes Verdienst besteht darin, den schöpferischen Prozess logisch interpretiert und mittels klarer Vorschriften nachvollziehbar gestaltet zu haben. Demgemäß sind fast alle in vorliegendem 3. Kapitel behandelten TRIZ-Werkzeuge weitgehend auch ohne intuitive Elemente bzw. ohne „Bauchgefühl" nutzbar. Dennoch räumt *Altschuller* ein, dass beim schöpferischen Arbeiten schließlich lebende Menschen am Werke sind; deshalb kann es sinnvoll sein, auch Verfahren zu nutzen, die nicht immer streng technisch arbeiten. Das wichtigste Beispiel dazu wollen wir in diesem Abschnitt besprechen. Es handelt sich um die „Modellierung mit Hilfe kleiner Figuren" (Altschuller 1984, S. 63), in den neueren TRIZ-Publikationen meist „Zwerge-Modellierung" genannt (Herb, Herb u. Kohnhauser 2000).

Altschuller bezieht sich auf die von *Gordon* in die Kreativitätslehre eingebrachte Methode der Persönlichen Analogie („Empathie" als Stufe des synektischen Vorgehens). Dabei versucht derjenige, der ein Problem zu lösen hat, sich in das zu verbessernde bzw. neu zu gestaltende Objekt körperlich hinein zu fühlen. Er versucht dann, die von der Aufgabe geforderte Aktivität selbst, als Mensch, auszuführen. Gelingt es ihm dabei, eine neue Idee oder eine Lösung für das Problem zu finden, wird anschließend diese Lösung in die Sprache der Technik übersetzt. Manchmal funktioniert das recht gut, manchmal ist die Empathie aber regelrecht schädlich. Warum, fragte sich *Altschuller*, ist das so?

„Der Erfinder, der sich mit einer Maschine oder einem ihrer Teile identifiziert und ihre möglichen Veränderungen betrachtet, wählt unwillkürlich solche Veränderungen, die für den Menschen annehmbar sind, und verwirft solche, die der menschliche Organismus nicht verträgt, z. B. Zerschneiden, Mahlen, Auflösen in Säuren usw. Die Unteilbarkeit des menschlichen Organismus stört also die erfolgreiche Anwendung der Empathie bei der Lösung vieler Aufgaben" (Altschuller 1984, S. 65)

Altschuller beseitigte diesen technisch relevanten Nachteil der Empathie, indem er den Menschen durch die Modellierung mit Hilfe des *Verfahrens der kleinen Figuren* („Männlein") ersetzte. Dabei wird das zu verändernde Objekt so aufgefasst, als bestehe es aus kleinen Figuren bzw. sei von einer Vielzahl kleiner Figuren beeinflussbar. Das Modell behält somit die Vorzüge der Empathie (Anschaulichkeit und Einfachheit), ist aber von deren Unzulänglichkeiten befreit: Die Männlein können definitionsgemäß alles und vertragen alles, was man dem Menschen nicht zumuten würde. *Altschuller* ging zunächst davon aus, dass die Männlein ihre Aufgabe konstruktiv sehen.

Herb, Herb und *Kohnhauser* (2000, S. 83) drücken das so aus:
„Das Zwerge-Modell der TRIZ-Methode basiert auf dem – virtuellen – Einsatz mehrerer oder gar vieler selbstloser, intelligenter und kooperativer Zwerge im zu bearbeitenden System. Diese Zwerge geben sich alle Mühe, die nützliche Funktion bereitzustellen und schädliche Faktoren zu vermeiden."

In Analogie zum wirklichen Leben müssen jedoch nicht zwingend *alle* Zwerge unbedingt kooperativ, dem Ziel verpflichtet, willig, „gut" sein. Ebenso kann in bestimmten Fällen auch mit der Annahme gearbeitet werden, manche Zwerge seien destruktiv, arbeiteten gegen das gewünschte Resultat, seien „böse". Konkurrierende Zwerge *beider* Richtungen machen dann die Sache, ganz in Anlehnung an die Verhältnisse im wirklichen Leben, erst richtig interessant.

Ein – mit „guten" Zwergen arbeitendes – Beispiel zeigt die Vorgehensweise:

A) Kern des Problems: Schnelle Schwungräder, eingesetzt zur Energiespeicherung, dürfen keine Material-Inhomogenitäten aufweisen und müssen sorgfältigst ausgewuchtet werden. Letzteres geschieht üblicherweise durch Abfeilen oder Aufpolstern und kann Stunden dauern. Inhomogenitäten können bei herkömmlichen Schwungrädern aber nicht mit absoluter Sicherheit vermieden werden. Hier sei eine eigene Erfahrung eingefügt: Auch nach Jahrzehnten kann die Katastrophe noch eintreten. Im Stickstoffwerk Piesteritz lief ein Kompressor der *Linde*-Anlage mit einem großen Gusseisen-Schwungrad seit 1915 störungsfrei. 1988 flog das Schwungrad in vollem Betrieb auseinander und tötete einen Monteur. Die Ursachenuntersuchung ergab, dass das Schwungrad an der primären Bruchstelle durch einen herstellungsbedingten Lunker – somit seit der ersten Betriebsstunde – geschwächt war.

B)	Abstraktion: Man stelle sich die Schwungscheibe als wohlorganisierte, gleichmäßig verteilte Gruppe von Zwergen vor. An manchen Stellen fehlt ein Zwerg, woanders herrscht Gedränge, und durchaus nicht alle Zwerge halten sich an den Händen fest.

C)	Differenzierung: Es gibt Zwerge, die sich rechts und links an ihren Nachbarn festhalten. Es gibt aber auch solche, die keinen Nachbarn haben, und solche, die sich nicht festhalten.

D)	Ausgangsmodell: Die Ungleichverteilung der Fehlstellen in der Zwerge-Gruppe gemäß C) führt bei schneller Rotation dazu, dass Brüche auftreten.

E)	Optimales Modell: Alle Zwerge sollten sich in konzentrischen, gleichmäßigen Kreisen anordnen und einander fest an den Händen halten. Um Ungleichmäßigkeiten auszugleichen, sollten sich die Zwerge bewegen können. Eine äußere „Mauer" muss verhindern, dass sie von der Zentrifugalkraft weggeschleudert werden.

F)	Technische Umsetzung: Die Zwerge werden als kleine Kugeln interpretiert, die durch einen äußeren Ring gehalten werden. Ein US-Patent schützt hohle Schwungräder, die mit Kugeln gefüllt sind. Ein wenig Öl im System gewährleistet die leichte Verschiebbarkeit der Kugeln untereinander in diesem sich selbst auswuchtenden Schwungrad (Herb, Herb u. Kohnhauser 2000).

Das Beispiel zeigt die nachvollziehbare, sichtlich nützliche Vorgehensweise. Dennoch sollten wir das Ergebnis kritisch analysieren. Methodisch gesehen wird das Ideal insofern nicht erreicht, als der äußere Ring immer noch ein starres Systemelement bleibt. Das heißt: Zwar wird eine eventuelle Unwucht des äußeren Ringes durch die beweglichen Kugeln im Inneren ausgeglichen, die strengen Forderungen bezüglich absoluter Materialhomogenität bei konventionellen Schwungrädern gelten jedoch auch, hier sogar ganz besonders, für den äußeren Ring. Entsprechende Sorgfalt in der Fertigung ist unerlässlich.

3.9 Naturgesetzliche Effekte

Wir kommen nun zum unmittelbaren Handwerkzeug des Erfinders, den Naturgesetzlichen Effekten. Effekte sind an sich nicht schutzfähig, da sie keinen Mittel-Zweck-Zusammenhang, sondern einen naturgesetzlichen

Zusammenhang von *Ursache und Wirkung* verkörpern und somit als *Entdeckungen* gelten. Tatsächlich ist ein jeder in der Natur existierender, zu einem bestimmten Zeitpunkt vom Menschen erstmalig bemerkter Ursache-Wirkungs-Zusammenhang zu eben diesem Zeitpunkt ohne Zweifel eine Entdeckung. Für die Schutzrechtspraxis ist uninteressant, ob der Effekt neu entdeckt oder bereits in der Literatur beschrieben ist, eben weil er grundsätzlich nicht schutzfähig ist. Wichtig zu wissen ist, dass niemals der Effekt, sondern stets nur seine technische Anwendung mit Hilfe konkreter Mittel Aussicht auf Patentschutz hat. Dabei kann im Text, bei der Beschreibung der erfinderischen Lösung, durchaus angeführt werden, welcher Effekt genutzt wurde. Der Patentanspruch hingegen sollte im kennzeichnenden Teil keine Angaben enthalten, welcher Effekt der Erfindung zugrunde liegt. Hier ist allein die Mittel-Zweck-Beziehung gefragt, d. h., die Ansprüche beziehen sich nur auf die zum Erreichen des erfinderischen Zwecks verwendeten Mittel.

Zu unterscheiden ist zwischen Physikalischen, Chemischen und Biologischen Effekten. Die in der kreativen Praxis wichtigsten sind ohne Zweifel die Physikalischen Effekte. Hinzu kommt, dass die Biologie bekanntlich eng mit der Chemie zusammenhängt – und dass, wie ein Spötter einst recht treffend formulierte, *„die Chemie doch eigentlich nur der unreinliche Teil der Physik"* ist.

Wir verfügen heute über eine Reihe von guten und z.T. recht ausführlichen Effektsammlungen, die dem Erfinder die Arbeit erleichtern. Diese Sammlungen enthalten meist ausschließlich physikalische Effekte. Sie bedürfen einer kurzen Erläuterung.

Koller (1971) arbeitet mit einer Kausalitätsmatrix, die den Zugriff vom Problem zum voraussichtlich anwendbaren Effekt gewährleistet. Der Effekt wird gefunden, indem der Tabellenplatz zwischen der Zeile *Ursache* („Was ist veränderlich?") und der Spalte *Wirkung* („Was soll verändert werden?") gesucht wird.

*Borodastov*s *„Verzeichnis physikalischer Erscheinungen und Effekte ..."* ist nach Sachgebieten gegliedert, wie z. B. Mechanik, Hydrostatik, elektromagnetische Erscheinungen. Formeln fehlen zwar, Anwendungsbeispiele werden dafür aber in Form konkreter Patentansprüche erläutert. Ergänzend folgen Literaturangaben (Borodastov et al., 1979). Der Wissensspeicher von *Roth* (1982) stellt überwiegend eine Anleitung zum Variieren und Kombinieren dar. Er dient somit weniger dem Erfinder, sondern eher dem rationell arbeitenden Konstrukteur. Für den Praktiker recht gut geeignet ist das Werk von *Schubert*. Über 350 Physikalische Effekte sind alphabetisch aufgeführt. Obwohl Formeln, Dimensionierungs- und Anwendungsbeispiele fehlen, wird der Sachverhalt jeweils derart klar erläutert, dass gerade der Nichtphysiker Gewinn aus der Darstellung ziehen kann (und, sofern er bei der Bearbeitung seines Problems stecken geblieben ist, neue Anregungen erhält). *Schubert*, ein *Siemens*-Mann, behandelt besonders qualifiziert die Gebiete Elektrotechnik, Elektronik, Magnetooptik und Elektrooptik (Schubert 1984).

Die derzeit noch immer beste gedruckt vorliegende Sammlung Physikalischer Effekte stammt von *v. Ardenne, Musiol* und *Reball* (1989). Es handelt sich um einen Wissensspeicher, in den 225 Effekte aus allen Bereichen der Physik (und, sofern physikalisch nutzbar bzw. physikalisch bedingt, aus anderen Fachgebieten) aufgenommen wurden. Der Inhalt ist jeweils gegliedert in: Historische Bemerkungen, Sachverhalt, Kennwerte und Funktionen, Anwendungen, Literatur. Stark betont werden die Anwendungen. Demgemäß ist das Werk besonders für Praktiker gedacht (Techniker, Ingenieure, Forscher). Die einzelnen Abschnitte differieren allerdings bezüglich ihrer Qualität, gemessen an den Kriterien *Praxisnähe* und *erfinderische Relevanz*. Trotz angestrebter Praxisnähe steht der Grundlagenaspekt im Vordergrund. Heute hat der Interessent zudem sehr gute Informationsmöglichkeiten im Netz.

Früher dienten die Physikalischen Effekte übrigens zur Unterhaltung des so genannten gebildeten Publikums. Beispielsweise rühmte *Goethe* den Wittenberger Dozenten *Chladni*, der trotz großer Leistungen in der Physik (*Chladni*sche Klangfiguren) keine Festanstellung bekam und nur selten Vorlesungen an der Universität hielt. So zog er von Kemberg aus mit seinem Planwagen im Lande umher und führte effektvolle physikalische Experimente vor. Moderne Fernsehsendungen („*knoff-hoff-show*") folgen, wenn auch wohl unbewusst, dieser schönen Tradition (Bublath 1987).

Dem Anfänger sei geraten, auch die ältere Literatur zu berücksichtigen. Alte Physikbücher, die manchmal noch einigermaßen erschwinglich im Antiquariat zu haben sind, beschreiben die grundlegenden Physikalischen Effekte sehr anschaulich (so Warburg 1899, Pfaundler 1904). In solchen älteren Büchern findet sich (historische Methode!) meist ein in doppelter Hinsicht sinnvoller Bezug zum Thema. Das Argument, ältere Literatur vermittele keine heute noch verwertbaren Anregungen, ist nicht stichhaltig. Ohne Kenntnis der Geschichte des Faches sowie ohne solide Grundlagenkenntnisse in der klassischen Physik verliert der nur an Hochtechnologien interessierte Entwickler früher oder später den Boden unter den Füßen.

Nicht minder anregend sind alte und neue Spiel- und Bastlerbücher (z. B. Wagner 1896; „Kolumbuseier" o.J.). Neben reinen Spielereien bieten solche Bücher eine Fülle interessanter Experimente, die äußerst praxisnah sind, und die auf der unmittelbaren Anwendung Physikalischer Effekte beruhen. In der gleichen Richtung liegen die Bastler- und Haushaltstipps, die von manchen Tageszeitungen in der Wochenendbeilage gebracht werden. Hier wird zwar im Allgemeinen nur der Sachverhalt selbst abgehandelt, aber der findige Leser ist oft durchaus in der Lage, den zugrunde liegenden Effekt zu erkennen. In anderen Fällen regen die Tipps dazu an, eben dieses Verständnis durch Nachschlagen und Nachdenken zu erwerben. Nützlich sind solche Tipps insbesondere deshalb, weil hier nicht nur Physikalische, sondern oft auch Chemische, Biochemische oder Biologische Effekte, wenn auch „nur" in ihren praktischen Auswirkungen, beschrieben werden. Eine sehr hübsche Sammlung von Hausfrauen- und Handwerkertricks, ebenfalls ohne jeden theoretischen Anspruch, heißt „Kerzenwachs & Fliegengitter" (Dienstmann 1995).

Ganz ähnlich aufgebaut sind die früher sehr beliebten Rezept-Sammlungen für Gewerbetreibende im weitesten Sinne. Ganz abgesehen davon, dass die Physiker und Chemiker damals manches noch nicht wussten, werden die zugrunde liegenden Effekte so gut wie niemals angegeben. Dies dürfte vor allem mit dem ausschließlich praktischen Zweck solcher Bücher zusammenhängen; hinzu kommt, dass die Autoren nicht immer Physiker oder Chemiker, sondern reine Praktiker waren.

Gerade deshalb ist es für den heutigen Leser reizvoll, die Physik bzw. die Chemie hinter den Anwendungen zu erkennen. Übrigens haben die Autoren nicht immer unter ihrem Namen publiziert. Der Verdacht liegt nahe, dass diese an sich beliebten Bücher als wissenschaftlich nicht ganz seriös galten, so dass anerkannte Fachgelehrte ihre Autorenschaft nicht offenbaren wollten. Als Beispiele seien die Werke von *Einem Liebhaber der Oeconomischen Wissenschaften E. L. W.* (1753), *G. S. Schubert* (1796) und H * n. (1797) genannt (hinter Letzterem könnte sich ein damals berühmter Professor an der Universität Königsberg, *C. G. Hagen*, verbergen *(D.Z.)*). Die in Werken dieser Art angegebenen Rezepte und technologischen Empfehlungen sind gleichermaßen amüsant wie lehrreich. Einige Beispiele seien genannt:

- *„Schwarze Dinte zu machen.*
- *Mittel, um die unterirdischen Quellen zu entdecken.*
- *Das schicklichste Mittel, Zähne, die vom Brand oder der Fäulniß angegriffen sind, davon zu befreyen, oder doch wenigstens so lang als möglich zu erhalten.*
- *Goldglätte zur japanischen Vergoldung.*
- *Den Ertrag des (Saamen=)Korns um die Hälfte zu vervielfältigen.*
- *Phosphorisches Feuerzeug.*
- *Englische Politur auf Eisen und Stahl.*
- *Composition zu einem nachgemachten Lapislazuli.*
- *Eine Schrift auszuwischen, ohne Verletzung des Papiers"* (Schubert 1796).

Beenden wir den historischen Exkurs und betrachten die heutige Situation. Während wir bereits über hervorragende Physik-Effektspeicher verfügen (s. insbesondere auch *Livotov* und *Petrov* 2002, ferner die Software *Innovation WorkBench* sowie *TechOptimizer*), fehlen weitgehend vergleichbare Kataloge zu Biologischen bzw. Chemischen Effekten. Eine Ausnahme bildet das Werk von *Livotov* und *Petrov* (2002), in dem neben den Physikalischen auch Chemische und Geometrische Effekte aufgelistet sind. Allerdings merkt man, dass hier keine Chemiker am Werke waren, auch wenn dies nicht unbedingt nachteilig sein muss. Die aufgeführten Chemischen Effekte sind fast ausschließlich Physikalisch-Chemische Effekte und stellen somit eine interessante Ergänzung zur Liste der Physikalischen Effekte dar. Übrigens ist die Existenz solcher Effektspeicher manchen Patentprüfern noch immer wenig geläufig, was für den pfiffigen Erfinder natürlich von erheblichem Vorteil sein kann.

Der Kreative gewinnt einen zusätzlichen Vorteil, wenn er sich über die souveräne Verwendung an sich bekannter (jedoch z.T. noch immer in der Fachliteratur verstreuter) Effekte hinaus eine *eigene* Effektsammlung zulegt. Noch nützlicher sind selbst gefundene Effekte, gewissermaßen individuelle Mini-Entdeckungen. Von erstrangiger Bedeutung ist deshalb – gerade für den Chemiker und den Biologen – fleißiges Experimentieren, nicht etwa ins Blaue hinein, sondern durchaus nach den fachlich anerkannten Regeln. Entscheidend ist nur, dass dieses an sich fachmännische Handeln ergänzt werden muss durch aufmerksames Beobachten und scharfsinnige Analyse der vom „Normalen" abweichenden Beobachtungstatsachen. Diese an sich selbstverständliche Forderung sei herausgestellt, weil leider manche Fachleute dazu neigen, Unerwartetes zu übersehen, wohl in der Annahme, jede Abweichung vom Normalen sei irgendwie mit einem experimentellen Fehler zu erklären.

Der wahre Fachmann hingegen interessiert sich fast ausschließlich für die Abweichungen vom Normalen. So genügt ihm beispielsweise bereits die Beobachtung, dass in einer bestimmten Phase einer chemischen Reaktion plötzlich lästiger Schaum auftritt. Der Nichterfinder ärgert sich an dieser Stelle, für den Erfinder hingegen kann es kaum etwas Besseres geben. Er hat seine *Mini-Entdeckung* gemacht und kann das Problem nun erfinderisch lösen.

Beispielsweise zerstört er den Schaum nicht sofort mit konventionellen Mitteln, sondern betrachtet die Tatsache der Schaumbildung zunächst nicht als schädlich, sondern als für seine Zwecke nützlich. Er denkt etwa so: Wenn der Schaum an einem bestimmten Punkt der Reaktion plötzlich auftritt, so ist das eine offenbar entscheidende Reaktionsphase. Was passiert an diesem Punkt? Viskositätssprung? Plötzlich verstärkte Gasentwicklung; wenn ja, warum?. Diese Denkweise führt letztlich dazu, dass der an sich lästige Schaum vom Erfinder nun direkt genutzt wird, z. B., um die weitere Reaktion zu steuern. So wäre an eine Leitfähigkeitssonde zu denken, die in einer bestimmten Höhe angebracht wird, und die auf den im Reaktor ansteigenden Schaum reagiert. Noch einfacher ist die Stromaufnahme des Rührwerksmotors als Messgröße zu verwenden: Steigt der Schaum in den Bereich eines entsprechend weit oben angebrachten – gewöhnlich im Gasraum unbelastet laufenden – Rührwerksflügels, so erhöht sich die Stromaufnahme des Rührwerksmotors, die sich wiederum als Steuergröße für die optimale Fahrweise gegen Ende der Reaktion eignet. Ob solche Vorschläge noch schutzfähig sind oder nicht, ist für unsere Betrachtung hier sekundär. Für das praktische Beherrschen einer Reaktion sind die nicht schutzfähigen Kniffe oft ebenso wichtig wie schutzfähige Systemlösungen. Das Beispiel soll nur die anzutrainierende Denkweise zeigen.

Gerade Chemie, Biochemie und Biotechnologie bieten dem aufmerksamen Experimentator eine Fülle von Möglichkeiten zum Aufspüren von Effekten. Indes ist die Anzahl der „reinen" Chemischen bzw. Biologischen Effekte, legt man scharfe Maßstäbe an, vergleichsweise gering. Viele von ihnen sind im Kern Physikalische Effekte, z. B. Schaumbildung, Viskositätssprünge, Flockungserscheinungen, Adsorptionsgleichgewichte, heterogene Katalyse, Entnebelung von Abgasströmen mittels Fasertiefbett-Filtern im Wirkungsbereich der *Brown*schen Molekularbewegung. Wie bereits erwähnt, erklärte ein spöttisch veranlagter Experte, die Chemie sei ja eigentlich nur der unreinliche Teil der Physik – wie wahr, wie wahr. Jedenfalls verschiebt sich der Anteil der relevanten Effekte immer mehr zugunsten der Physikochemischen und der rein Physikalischen Effekte, je weiter man sich von den Grundlagen entfernt und in den Bereich der angewandten Wissenschaften kommt (Chemie $\Rightarrow$ Chemische Technologie; Biologie $\Rightarrow$ Biotechnologie). Ein Beispiel aus dem Bereich der Chemischen Technologie soll einen solchen Grenzbereichseffekt und seine erfinderische Nutzung erläutern.

Das durch Ablöschen von Calciumcarbid (CaC_2) zwecks Gewinnung von Acetylen (C_2H_2) als Nebenprodukt erzeugte Carbidkalkhydrat ($Ca(OH)_2$) enthält noch Carbidreste. So neigte das in Piesteritz seinerzeit für Bauzwecke verkaufte Carbidkalkhydrat zum „Nachgasen" (Restacetylenentwicklung). Deshalb wurde den Kunden ein Merkblatt zwecks Einhaltung der erforderlichen Sicherheitsvorkehrungen beim Verarbeiten (z.B. beim Häusle-Bau) mitgegeben („Vorschrift..." 1983). Acetylen-Luft-Gemische sind, insbesondere im Aktionsbereich leidenschaftlicher Raucher, je nach Acetylenkonzentration gelegentlich explosibel. Wegen eines geringen, an der Luft selbstentzündlichen Phosphin-Diphosphin-Anteils explodieren sie unter ungünstigen Umständen aber auch spontan, ohne jede äußere Zündquelle. Wir benötigten nun für eine bestimmte Reaktion eine $Ca(OH)_2$-Suspension in Natronlauge und zögerten zunächst, dafür das gefährliche Carbidkalkhydrat einzusetzen. Da es aber weit billiger als das aus Naturkalk gebrannte und durch Ablöschen hergestellte Produkt ist und letzteres überdies nur unter Schwierigkeiten homogen suspendiert werden konnte, gingen wir unter entsprechenden Sicherheitsvorkehrungen zum Einsatz von Carbidkalkhydrat über. Die erwähnte $NaOH$-$Ca(OH)_2$-Suspension wurde in einem Rührwerksbehälter hergestellt. Eines Tages fiel das Rührwerk aus. Da ohnehin an anderen Anlagenteilen eine Inspektion geplant war, blieb der Inhalt des Rührwerksbehälters in diesem Zustand einige Tage sich selbst überlassen. Wir bemerkten nun voller Erstaunen, dass sich die $Ca(OH)_2$-Partikel in dieser Zeit kaum abgesetzt hatten. (Beim früher praktizierten Einsatz von gelöschtem Branntkalk setzte sich der Feststoff nach Abstellen des Rührwerkes hingegen ab, und war dann kaum noch aufzurühren). Die Untersuchung des Sachverhaltes ergab, dass die durch Nachgasen gebildeten Acetylenbläschen offensichtlich für längere Zeit an den $Ca(OH)_2$-Partikeln haften bleiben, und jedes Partikel dann an einem Bläschen in der relativ viskosen Natronlauge schwebt. Dies ist nun unstrittig ein – wenn auch sehr spezifischer – Effekt, dem Prüfer durchaus unbekannt, deshalb erfinderisch besonders vorteilhaft einsetzbar, aber eben (wie andere Effekte auch) *für sich* absolut nicht schutzfähig.

Da nun, ausgehend von o. a. Beobachtung, der Carbidkalkhydrateinsatz für den oben genannten Zweck geschützt werden sollte, wurden von uns die bekannten Gefährdungen beim Umgang mit diesem Produkt („Vorschrift ..." 1983) als Argumente gegen die von der Prüferin per Prüfbescheid zunächst als *"selbstverständliches fachmännisches Handeln"* bezeichnete Auswahl des Carbidkalkhydrates herangezogen. Nach dem Umformulieren der zunächst ungeschickt abgefassten Ansprüche – die „Mini-Entdeckung" bzw. der Effekt waren noch in missverständlicher Weise hineinformuliert – wurde schließlich folgender Anspruch bestätigt:

„Verfahren zur Herstellung weitgehend lagerstabiler wasserhaltiger Calciumhydroxid-Suspensionen, dadurch gekennzeichnet, dass frisches oder vergleichsweise kurzzeitig abgelagertes Carbidkalkhydrat in an sich bekannter Weise in wässrigen Lösungen, insbesondere Natronlauge, mittels gewöhnlicher Rühr- bzw. Mischvorrichtungen suspendiert wird, wobei die Rühr- bzw. Mischvorrichtung nur am Beginn des Vorganges in Funktion zu sein hat" (Zobel et al., Pat. 1980/1983).

Die strenge Trennung zwischen erlaubter (und manchmal zweckmäßiger) Darlegung des zugrunde liegenden Effektes in der Beschreibung von der reinen Aufzählung der Mittel und Parameter im Patentanspruch lässt sich in der Praxis nicht immer überzeugend durchführen. Auch ist nicht zwingend vorgeschrieben, Bemerkungen zum Effekt im Patentanspruch völlig zu unterlassen. Gerät aber eine auch nur indirekte Bemerkung zum Effekt in den kennzeichnenden Teil, so kann – selbst wenn es sich um absolut originelle Entwicklungen handelt – daraus kein irgend gearteter Schutz des Effektes im Sinne eines Benutzungsverbotes abgeleitet werden.

Befassen wir uns nunmehr mit der praktisch wichtigen Frage der *Umkehreffekte*. In der Einleitung zur Monographie „Physikalische Effekte" von *Schubert* findet sich eine hoch interessante Bemerkung:

"Bei einer großen Gruppe von Effekten lassen sich Ursache und Wirkung vertauschen. Man erhält so Paare von Umkehr-Effekten, wie z. B. Seebeck- und Peltier-Effekt, Wiedemann- und Wertheim-Effekt, Dufour- und Ludwig-Soret-Effekt usw. Diesen Effekten liegt meist eine einfache Proportionalität zwischen den Messgrößen zugrunde. Die Bezeichnung inverse Effekte ist ebenfalls üblich" (Schubert 1984, IX).

Liest man diese Sätze unbefangen, so drängt sich die Schlussfolgerung auf, die Beziehungen zwischen Effekt und Umkehreffekt seien einfach, klar und für jedermann verständlich. Damit scheint gleichzeitig festzustehen, dass zum Zeitpunkt der Entdeckung eines Effektes der Entdecker sofort an den möglicherweise zugehörigen *Umkehreffekt* hätte denken können bzw. müssen. Dies erscheint insbesondere deshalb naheliegend, weil ein Entdecker gewöhnlich an der geistigen Front seine Zeit operiert, so dass ihm ohne Weiteres zugetraut werden sollte, Ursache und Wirkung bei einem von ihm neu entdeckten Phänomen, das ihn gerade deshalb besonders fesseln müsste, gedanklich und/oder experimentell zu vertauschen. Folglich wäre eigentlich zu erwarten, dass in den meisten Fällen das Jahr der Entdeckung und der Entdecker eines Effektes identisch sein müssten mit dem Jahr der Entdeckung und dem Entdecker des zugehörigen Umkehreffektes.

Die Wirklichkeit sieht völlig anders aus. Fast nie wurde der Umkehreffekt vom gleichen Physiker gefunden, der den Originaleffekt – das zuerst entdeckte Phänomen – erstmalig beobachtete und beschrieb. Noch erstaunlicher ist die Zeitdifferenz zwischen der Entdeckung eines Effekts und der Entdeckung des Umkehreffekts. Meist vergingen Jahre, manchmal Jahrzehnte, bis der Umkehreffekt endlich gefunden wurde. Seltsamerweise ist diese Beobachtung (Zobel 1991, S. 161) von anderen Autoren bisher nicht kommentiert worden.

Betrachten wir Tab. 6. Sie wurde anhand der lexikalisch aufgebauten Monographie von *Schubert* (1984) zusammengestellt und zeigt den erläuterten Sachverhalt derart deutlich, dass wir uns bei unseren persönlichen erfinderischen Schlussfolgerungen kurz fassen können. Wenn noch nicht einmal die Avantgarde der Wissenschaft (siehe die großen Namen in Tab. 6) in der Lage ist, das universelle Umkehr-Denken konsequent anzuwenden, dann sollten wir, die wir bestenfalls Talente sind, die Qualität des eigenen Denkens sehr selbstkritisch beurteilen. Dies heißt nun keineswegs, man müsse resignieren. Ganz im Gegenteil: Möglicherweise ist heute die Denkmethodik endlich an einem Punkt angelangt, der jenem in der Dialektik viel zitierten Umschlag *Quantität* → *Qualität* gerecht wird. Somit sollten wir wenigstens denkmethodisch etwas vorteilhafter als unsere wissenschaftlichen Vorfahren arbeiten, denen offensichtlich der ganz besondere Vorteil des generellen Umkehr-Denkens nicht bewusst war. Aber möglicherweise ist es wenig hilfreich, nur durch die methodische Brille auf die entdeckerische Arbeit früherer Physiker-Generationen zu sehen. Vielleicht ist ein Entdecker von seiner Entdeckung und deren praktischen Nutzung einfach dermaßen gefesselt, dass methodisch geprägte Umkehr-Überlegungen jeweils außerhalb seines momentanen Interesses liegen.

Auf unsere Arbeit bezogen lautet die klare Empfehlung: Zu jedem Effekt – gleich, ob bekannt oder neu entdeckt – ist der Umkehreffekt zu suchen. Gibt es ihn nicht (z. B. ist der *Hall*-Effekt nicht umkehrbar), so ist zu überlegen, warum der Effekt nicht umkehrbar ist. In einzelnen – seltenen – Fällen ist auch heute noch vorstellbar, dass der zugehörige Umkehreffekt tatsächlich existiert, obzwar er bislang nicht gefunden bzw. beschrieben worden ist.

Tab. 6   Effekte und Umkehreffekte

Der Entdecker eines Effektes ist meist nicht der Entdecker des Umkehreffektes. Der Umkehreffekt wird oft sehr viel später als der Originaleffekt gefunden.

Effekt	Umkehreffekt
Seebeck-Effekt 1822 (In einem aus zwei verschiedenen Leitern gebildeten Stromkreis entsteht eine Thermospannung, wenn die Lötstellen unterschiedliche Temperaturen aufweisen)	**Peltier-Effekt** 1834 (Fließt in einem solchen Kreis ein Strom, so wird an den Lötstellen Abkühlung oder Erwärmung beobachtet)
Wertheim-Effekt 1852 (Verdreht man einen Draht aus ferromagnetischem Material, so tritt Magnetisierung ein)	**Dufour-Effekt** 1872 (Bringt man einen ferromgnetischen Draht in ein Magnetfeld und schickt einen Strom hindurch, so tordiert sich der Draht: *Magnetostriktion*)
Piezoelektr. Effekt, *Curie* 1880 (Mechanische Deformation eines Kristalls bewirkt elektrische Polarisation; es baut sich eine Spannung auf, die sich per Piezo-Funken entlädt)	**Inverser Piezo-Effekt**, *Lippmann* 1881 (Beim Anlegen einer elektrischen Spannung deformiert sich der Kristall)
Barnett-Effekt 1915 (Schnelle Rotation eines in Richtung seiner Längsachse frei aufgehängten Eisenstabes führt zur Magnetisierung)	**Einstein-De Haas-Effekt** 1915, von *Richardson* 1908 vorausgesagt (Ein in Richtung seiner Längsachse frei aufgehängter Eisenstab beginnt zu rotieren, wenn er magnetisiert wird)

Genau die gleichen Denkmuster sind zweckmäßigerweise auch auf die eigenen Erfindungen anzuwenden. Die selbst gestellten Fragen sollten lauten:

- Lässt sich das erfindungsgemäße Mittel so umkehren, dass der dem ursprünglichen Zweck genau entgegengesetzte Zweck erreichbar ist?
- Welches (Umkehr-)Mittel liefert welche (Umkehr-)Wirkungen?
- Lassen sich Mittel und Umkehr-Mittel derart pfiffig kombinieren, dass ungewöhnliche Mittel-Zweck-Relationen erzielbar sind? Ist, eventuell mit Hilfe eines Mittel-Umkehrmittel-Kombinationsverfahrens, ein pulsierender Prozess möglich?

Betrachten wir nunmehr die Gruppe der *Analogieeffekte*, die – ebenso wie die Umkehreffekte – dem Kreativen noch eigenen entdeckerischen Spielraum lässt. *Schubert* schreibt zu den Analogieeffekten:

„Weiterhin gibt es 'analoge' Effekte: Viele neue physikalische Erscheinungen lassen sich durch Analogie zu bekannten in einem ersten Schritt erklären. So lässt sich der elektrische Strom zunächst analog zu strömenden Flüssigkeiten deuten. Durch Analogie lassen sich die Ergebnisse der Schwingungsgleichung und der Wellengleichung vom rein mechanischen Fall z. B. auf die Optik oder elektromagnetische Schwingungen und Wellen prinzipiell übertragen. Die bestimmenden Größen müssen dann allerdings neu interpretiert werden. Ein Beispiel für analoge Effekte sind der Barkhausen- und der Portevin-Le-Chatelier-Effekt." (Schubert 1984, S. X).

Im Falle der Analogieeffekte ist die heuristische Situation demnach grundverschieden von der Sachlage bei den Umkehreffekten. Während bei den meisten Umkehreffekten nicht so recht einzusehen ist, warum die Spitzenphysiker ihrer Zeit nach Auffinden eines an sich umkehrträchtigen neuen Effektes nur äußerst selten sofort nach dem Umkehreffekt suchten, reicht der physikalische Wissensfundus des jeweils betrachteten Zeitabschnitts anscheinend nicht aus, um entdeckungsträchtige Analogiefelder *„nach vorn"* überblicken zu können. Prüfen wir, was für diese Vermutung sprechen könnte.

Tab. 7 zeigt einige Beispiele. So war die Unterkühlung von Schmelzen und die Übersättigung von Lösungen längst bekannt, als sich *Kamerlingh Onnes* mit der Tieftemperaturphysik zu befassen begann (Tab. 7 unten). Aus der Sicht der klassischen Physik fehlten jedoch zunächst jegliche Voraussetzungen, um irgendeine Analogie in einem fast noch nicht bearbeiteten, geschweige denn gedanklich erschlossenen Gebiet auch nur vermuten zu können.

Schubert (1984) hat für derartige Fälle also durchaus recht, wenn er die Denkrichtung umgekehrt angibt: *„Analogiebildung verläuft vom neu gefundenen Effekt zu den lange bekannten Effekten"*, also gewissermaßen rückwärts. Neue Effekte lassen sich besser erklären, wenn man Analogien zu *klassischen* Effekten zieht.

Ganz anders sieht es aus, wenn wir die Analogien *innerhalb* der Gruppe der klassischen Effekte untersuchen. Hier scheint die gleiche Situation wie bei den Umkehreffekten vorzuliegen. In vielen Fällen reichte das physikalische Wissen der Zeit ohne Zweifel bereits aus, um entdeckungsträchtige Analogiebetrachtungen anstellen zu können. Nehmen wir das Beispielpaar *Hall*-Effekt / Erster *Righi-Leduc*-Effekt (Tab.7, oben). Hier ist der mit dem seinerzeit moderneren Gebiet der Elektrizitätsleitung verbundene *Hall*-Effekt sogar älter als der mit dem klassischen Gebiet der Wärmeleitung verbundene *Erste Righi-Leduc*-Effekt. Für alle Fälle sollte deshalb immer so vorgegangen werden, als sei eine Analogie denkbar. Die gründliche Prüfung ergibt dann entweder, dass die Analogie bereits bekannt ist (Durchsicht der Effektsammlungen), oder dass sie aus naturgesetzlichen Gründen nicht vorstellbar ist (Achtung! Grenzen der eigenen Kenntnisse / der eigenen Vorstellungskraft?), oder dass sie durchaus vorstellbar – und somit ein entdeckerisch lohnendes Suchobjekt ist.

Tab. 7 Effekte und Analogieeffekte (Erläuterung: siehe Text)

Effekt	Analogieeffekt
Hall-Effekt 1879 (wird ein im Magnetfeld befindlicher Leiter vom elektrischen Strom I durchflossen, so entsteht eine Potenzialdifferenz)	1. *Righi-Leduc*-Effekt 1887 (wird ein im Magnetfeld befindlicher Leiter vom Wärmestrom W durchflossen, so entsteht eine Temperaturdifferenz)
Kerr-Effekt 1875 (optisch isotrope Materialien werden unter dem Einfluss eines homogenen elektrischen Feldes optisch anisotrop = „Elektrische Doppelbrechung")	*Cotton-Mouton*-Effekt 1907 (ein magnetisches Feld senkrecht zur Ausbreitungsrichtung des Lichts führt bei lichtdurchlässigen Materialien zur „Magnetischen Doppelbrechung")
Elektrostriktion (unter dem Einfluss elektrischer Felder kann es bei Isolatoren zu Form- und Volumenänderungen bzw. elastischen Spannungen kommen)	**Magnetostriktion** (Magnetisierung eines Körpers führt zu Änderungen in seinen geometrischen Abmessungen: *Joule* 1842)
Unterkühlung von Schmelzen *Übersättigung* von Lösungen (eine Schmelze bleibt zunächst unterhalb ihres Erstarrungspunktes flüssig; eine Salzlösung kristallisiert beim Erreichen der Löslichkeitsgrenze nicht sofort, dann jedoch „schlagartig")	**Unterkühlungs-Effekt bei Supraleitern** (der Übergang vom normal leitenden in den supraleitenden Zustand findet unterhalb des kritischen Punktes nicht sofort statt)

Geht man so vor, lässt sich für die Praxis viel gewinnen. Insbesondere ist anzuraten, diese an sich prinzipielle Denkweise vorrangig auf die selbst entdeckten Effekte anzuwenden. Solche Effekte sind meist hierarchisch den bekannten Effekten unterzuordnen; sie stellen also Sub-Effekte dar, die aber immerhin den Charakter eigener „Mini-Entdeckungen" haben. Genau dieses Feld ist nur dem fleißigen Experimentator, nicht aber dem bloßen Schreibtisch-Erfinder zugänglich. Dem Experimentator sei geraten, die eigenen Beobachtungen ständig mit dem vorhandenen Wissensfundus – insbesondere den Effektsammlungen – zu vergleichen und alle nur denkbaren Analogiebetrachtungen anzustellen, um auf diese Weise erfindungsträchtige Anwendungsmöglichkeiten zu erkennen und zu nutzen.

Befassen wir uns nunmehr mit der Zuordnung der Effekte sowie mit den besonderen Effekten. Ebenso wie bei den Prinzipien zum Lösen Technischer Widersprüche (2.4 sowie 3.5) ist es nicht jedermanns Sache, eine lange Reihe von Möglichkeiten ohne jedes Ordnungsprinzip in der Hoffnung durchzusehen, dass sich irgendwo vielleicht doch eine für den gewünschten Fall brauchbare Anregung findet. Gefragt sind deshalb, auch für die Naturgesetzmäßigen Effekte, *Ordnungsrichtlinien.*

Zunächst bietet sich die Gliederung nach sachlich zusammenhängenden Effektgruppen an. Sie liest sich in einigen Fällen bereits wie eine Ordnung nach Fachgebieten. Schubert (1984) unterscheidet in diesem Sinne: Allgemeine Effekte, Atom- und Quantenphysik, Astronomie, Elektrokinetik, Elektrolyte, Elektrizität und Magnetismus, Elektrooptik, Elektromechanik und Elektrothermik, Festkörper, Festigkeit, Flüssigkristalle, Galvanomagnetismus, Halbleiter, Halbleiterbauelemente, Kernphysik, Laser und nichtlineare Optik, Mechanik, Magnetomechanik, Magnetooptik, Optik, Photoelektrik, Photoeffekte in Halbleitern, Plasma, Relativistische Physik, Supraleitung, Stromleitung, Streuung, Tieftemperaturphysik, Thermoelektrizität, Thermodynamik und Kinetik, Thermomagnetismus.

Betrachten wir nun den „Modernitätsgrad" der Effekte. *Schubert* (1984) hat eine sinnvolle Gliederung in *klassische* und *neue* Effekte vorgenommen. Er stellt die Verknüpfung zwischen beiden Gruppen her, indem er die Quanteneigenschaften als Bindeglied betrachtet. So sind elektrische, magnetische, elektrolytische, elektrokinetische, elektromechanische, elektrothermische, elektrooptische, magnetomechanische, magnetooptische, mechanische, optische, Strömungs-, Stromleitungs-, thermodynamische sowie Tieftemperatureffekte (d. h. die „klassischen" Effekte) über die Quanteneigenschaften mit den neuen Effekten (Atom- und Quanteneffekte, Streueffekte, kernphysikalische Effekte, Plasmaeffekte, Festkörpereffekte, Supraleitungseffekte) direkt verknüpft.

Von besonderem Wert für den Praktiker sind die klassischen Effekte. *Schubert* (1984, S.XII) schreibt dazu:

„Der Anwendung längst bekannter Effekte steht häufig ein Materialproblem entgegen. Ein Beispiel ist der Hall-Effekt, der jetzt, unter Verwendung moderner Halbleiter (der sog. III/V-Verbindungen) in immer größerem Umfang angewendet wird. Aus diesem Grund sind auch ältere Effekte mit in das Buch aufgenommen worden, die nur in alten Lehrbüchern zu finden sind: sie warten auf moderne Anwendungen".

Diese Anschauung findet der Praktiker täglich bestätigt. Es bedarf noch nicht einmal immer neuer Materialien, um alte Effekte heute sinnvoll einsetzen zu können. Sie sollten grundsätzlich zum Wissens- und Assoziationsfundus des Erfinders gehören. Gerade die anzustrebenden *raffiniert einfachen Von Selbst-Lösungen* kommen nicht ohne diese Effekte aus (s. z. B. die *„Hängende Flüssigkeitssäule",* Abschn. 6.9).

Abschließend noch einige Bemerkungen zu den besonderen Effekten. Unter dieser Rubrik führt *Schubert* (1984) Belichtungseffekte, Entwicklungseffekte, weitere fotografische Effekte, Effekte bei Radiowellen, Effekte bei der kosmischen Strahlung, und schließlich Wahrnehmungseffekte auf.

Besonders die Belichtungs- und Entwicklungseffekte sowie die fotografischen Effekte sind faszinierend. Das Gebiet der Fotografie wurde im 19. und zu Beginn des 20. Jahrhunderts nicht nur von Wissenschaftlern, sondern auch von theoretisch wenig beschlagenen, aber leidenschaftlich engagierten, intensiv experimentierenden Dilettanten bearbeitet. Im Ergebnis dieser eher unsystematischen Bemühungen wurde ein – im Vergleich zu anderen Gebieten – extrem umfangreicher Erfahrungsschatz gewonnen, zu dem auch recht seltsame Spezialeffekte gehören. *Schubert* führt einige Beispiele an. Die älteren Monographien zur Fotografie enthalten eine Fülle weiterer Spezialeffekte. Der heutige Interessent muss in derartigen Werken (z. B. Eder 1927/1929) allerdings fleißig suchen. Nicht immer ist es dem seinerzeit berühmten, indes etwas langatmig formulierenden Hofrat *Eder* gelungen, diese Effekte systematisch – oder wenigstens bequem auffindbar – abzuhandeln.

Im weitesten Sinne zu den besonderen Effekten gehören für alle, die sich den Sinn für Humor bewahrt haben, schließlich der *Knalleffekt*, der *Vorführeffekt* und ganz besonders der *Dreckeffekt*.

Während *Schubert* den Knalleffekt im landläufigen Sinne definiert, teilt er im Vorwort zur zweiten Auflage seiner Monografie mit: *„Den Vorführ- und den Dreckeffekt, die ein Leser der ersten Auflage vermisst hatte, haben sie (Verfasser und Verlag) auch diesmal nicht aufgenommen"* (Schubert 1984, S. V).

Dies ist aus meiner Sicht bedauerlich, denn beispielsweise der Chemiker lebt geradezu vom Dreckeffekt. Jene oft kolportierte Geschichte vom zerbrochenen Quecksilberthermometer – das frei werdende Hg setzt eine bestimmte Reaktion, die lange Zeit überhaupt nicht funktionieren wollte, katalytisch in Gang – ist nur ein Beispiel unter vielen. Einen physikalisch-chemischen Effekt, der eigentlich ein Dreckeffekt ist, weil er nur mit definiert verschmutzten Substanzen funktioniert, haben wir am Beispiel der in Natronlauge suspendierten, an den C_2H_2-Gasbläschen schwebenden $Ca(OH)_2$-Teilchen bereits kennen gelernt. Auch das Dotieren von Halbleitermaterialien ist im Grunde ebenfalls nur ein ebenso pfiffig wie gezielt eingesetzter Dreckeffekt.

Heuristisch gesehen haben wir fast immer die erfinderische Umwandlung eines vermeintlich negativen in einen positiven Effekt vor uns. Besondere Bedeutung kommt dabei der persönlichen Sicht des Entdeckers/Erfinders zu. Was zwei Fachleute sehen, mag objektiv identisch sein; was sie jeweils wirklich sehen, ist oft subjektiv verfärbt. Jede an sich objektive Beobachtungstatsache wird von solchen Beobachtern unter dem Blickwinkel ihrer persönlich-fachlichen Interessen gesehen. Unerwartete Nebeneffekte werden zunächst fast automatisch als störend eingestuft. Nur universell orientierte Fachleute haben die Chance, sofort aus einem zunächst negativ erscheinenden Effekt positive Schlüsse ziehen zu können. Leider ist dieser Fall selten. Häufiger wird eine Bemerkung zu einem derartigen Nebeneffekt (in einer Publikation oder einer Fachdiskussion) zum Auslöser. Bedingung ist, dass ein Fachmann mit völlig anders gelagerten Interessen auf eine derartige Bemerkung stößt.

Jurjev berichtet, wie *Popov* auf den *Kohärer* stieß (Jurjev 1949, S. 119). *Popov* las in einem Fachartikel von *Lodge*, dass *Branly* bei seinen Versuchen zur Untersuchung der Leitfähigkeit von Metallpulvern plötzliche Widerstandsänderungen bemerkt hatte. *Branly* ärgerte sich und fahndete nach der Ursache. Er fand sie auch: Beim Einschalten einer Induktionsspule im benachbarten Laboratorium traten plötzliche Widerstandsänderungen in der Metallpulverschüttung auf. Nun interessierte sich *Branly*, ganz im Gegensatz zu *Lodge* und *Popov*, durchaus nicht für elektromagnetische Wellen. Immerhin glaubte *Branly* die auf seinem Gebiet arbeitenden Fachleute warnen zu müssen. In seiner Publikation lesen wir: *„Auf den Widerstand metallischer Feilspäne üben elektrische Entladungen, die in einiger Entfernung von ihnen vor sich gehen, einen Einfluss aus. Unter der Einwirkung dieser Entladungen ändern sie plötzlich ihren Widerstand und beginnen den Strom zu leiten"* (Jurjev 1949, S. 119).

Entscheidend war nun, dass *Branlys* flüchtiger Hinweis für *Lodge* eine ganz andere Bedeutung hatte. Er lieferte ihm eine glückliche Idee. Man müsste, so sagte sich *Lodge*, ein solches Glasröhrchen mit metallischen Feilspänen für die Vervollkommnung des *Hertz*schen Versuches verwenden. Er verfuhr entsprechend, kam auch zu Teilerfolgen, scheiterte dann aber an einem misslichen Umstand: Ein solcher Kohärer muss zwischenzeitlich immer wieder gerüttelt werden, damit die Feilspäne ihre Orientierung verlieren, regellos durcheinander rieseln und erneut aufnahmebereit werden. Es gelang ihm einfach nicht, *reproduzierbar zu rütteln*.

An die Nutzung dieser primitiven Vorrichtung zur drahtlosen Signalübertragung dachte *Lodge* ebenso wenig wie seinerzeit *Hertz*, der erstaunlicherweise seine revolutionären Grundlagenversuche für technisch bedeutungslos hielt. Völlig anders sah das *Popov*. Sein auf der geschilderten Metallpulverschüttung beruhender, im Verlaufe langwieriger Versuche immer wieder modifizierter und verbesserter Kohärer kann, allen noch verbliebenen Mängeln zum Trotz, als erster brauchbarer Empfänger für drahtlos übertragene Signale gelten.

Das Beispiel steht für viele ähnlich gelagerte Fälle. Was für den Einen ein negativer Effekt – ein Dreckeffekt – ist, hat für den Anderen den Charakter einer wunderbaren Anregung. In diesem Sinne ist der Dreckeffekt ein besonders wichtiger Bestandteil der kreativen Praxis. Gleiches gilt für den Vorführeffekt, der sich bei näherem Hinsehen meist als Dreckeffekt erweist. Beide Effekte erfordern ihrer Natur nach einen positiv eingestellten Erfinder mit universeller Sicht („Umwandeln des Schädlichen in Nützliches"). Er sollte zuallererst fleißiger Experimentator und scharfäugiger Beobachter sein, denn weit besser als eine zufällig bemerkte Fußnote in einer Fachpublikation taugt ein selbst entdeckter (Dreck-)Effekt als Basis für die eigene Erfindung.

4 Quellen und Vorläufer der *Altschuller*- Methodik

Kann man schreiben, ohne gelesen zu haben?
Stehen wir nicht alle auf den Schultern der anderen?
Thomas Mann (Geist und Kunst)

Auch das genialste Gedankengebäude ist ohne stabiles Fundament undenkbar. Wir wollen uns deshalb mit den Quellen des TRIZ-Denkens befassen, und wir werden feststellen, dass *Altschuller*s Verdienste um die Kreativitätsmethodik nicht hoch genug eingeschätzt werden können. Zwar finden sich etliche, z. T. auch wesentliche, Elemente des „TRIZ-Denkens" bereits bei älteren Autoren, eine Gesamtschau des auf technische Sachverhalte bezogenen widerspruchsorientierten Denkens hat vor *Altschuller* jedoch offensichtlich noch niemand versucht. Auch hier gilt, was wir zur Frage der Synergie bereits kennen gelernt haben: *Ein bloßes Zusammenfügen von gedanklichen Elementen bringt noch nichts Neues zustande!* Gerade weil dies so ist, schien es mir verlockend, jene gedanklichen Elemente aufzuspüren, die – in *Altschuller*s genialer Kombination – zur Universalmethode TRIZ führten.

Altschuller hat die von ihm bewusst genutzten Quellen stets angegeben. Einige – von ihm für selbstverständlich gehaltene – Zusammenhänge, wie z. B. der dialektische Charakter der Technischen Widersprüche, wurden nicht näher begründet und nicht mit speziellen Quellen belegt. Bestimmte relevante Quellen standen *Altschuller* offensichtlich nicht (bzw. nur über banalisierende Sekundärliteratur) zur Verfügung. Schließlich gibt es noch Quellen, die neueren Datums sind (nach 1950), und die, in offensichtlicher Unkenntnis von TRIZ, dennoch Elemente des widerspruchsorientierten Denkens behandeln. Diese konnten bzw. mussten weder von *Altschuller* noch seinen Schülern berücksichtigt werden. Die folgenden Betrachtungen erheben keinen Anspruch auf Vollständigkeit. Sie sollen exemplarisch zeigen, welche Gedankenelemente eine Rolle gespielt haben könnten bzw. gespielt hätten, wären sie bei der Schaffung von TRIZ bewusst mit berücksichtigt worden.

Den philosophischen Hintergrund des widerspruchsorientierten Denkens bildet zunächst einmal die *Dialektik*. Das gewöhnliche Denken – auch in der Technik – ist auf Optimierungen („Etwas ein bisschen besser machen") oder auf Kompromisse („Ein bisschen besser, auch wenn an einer anderen Stelle ein bisschen schlechter") gerichtet.

Dieses Vorgehen ist für uns alle derart selbstverständlich, dass die anspruchsvollere dialektische Denkweise keine Chance zu haben scheint.

Die Dialektik geht in ihrer modernen Form auf *Hegel* zurück, hat ihre Wurzeln aber bereits in der griechischen Philosophie (*Plato, Plotin, Proklos, Zenon d. Ä.*) als „Unterredungskunst". In ihrer ursprünglichen Form verstand man darunter die philosophische Auseinandersetzung im Sinne der Lösung von Gegensätzen in der Rede, im Denken, und der Lösung von Gegensätzen überhaupt, d.h.: Entwicklung und Gang des Seienden. Insbesondere in den westlichen Ländern ist die Dialektik zu Unrecht in Verruf geraten, wofür die angebliche Missdeutung durch *Karl Marx* sowie der – allerdings reale – Missbrauch im Zusammenhang mit dem nicht gerade geglückten sozialistischen Experiment verantwortlich sein dürften. Der Kern der Denkweise sei erläutert, weil ohne Verständnis der Dialektik ein wirkliches TRIZ-Verständnis kaum möglich ist.

Bei *Hegel* ist die Dialektik *Sinn- und Bedeutungsverwandtschaft zwischen Begriffen, die von sich aus Beziehungen, Übergänge, Zusammengehörigkeiten zwischen diesen Begriffen stiftet, und durch die der Weg des Denkens in diesen Begriffen bestimmt ist.*

Das methodische Prinzip, nach dem diese Begriffsverwandtschaften aufgestellt werden, ist die Überzeugung, dass jeder Begriff (als Thesis) aus sich sein Gegenteil (Antithesis) hervortreibt, beide in einem höheren Begriff (Synthesis) vereinigt werden, und damit der Gegensatz aufgehoben wird (nach: Brockhaus 1929, S. 733)

Die im Zusammenhang mit unserem Thema wichtige Ideen-Verbindung zwischen *Hegel, Feuerbach* und *Marx* wird insbesondere von *de Bono* überzeugend und einleuchtend erklärt:

„Deutsche Studenten dieser Zeit stürzten sich mit furchterregender Begeisterung in die Wogen der Hegelschen Dialektik. Denn Hegel – auf der Suche nach der universellen Welttheorie, jener Fata Morgana, die schon so viele deutsche Philosophen betört und ins Verderben geführt hatte – war klug genug einzusehen, dass die Veränderlichkeit der Welt aus jedem ein für allemal Gültigkeit beanspruchenden System Makulatur machte. Deshalb baute er die Veränderlichkeit in seine Welttheorie ein. Jede These – sagte er – bringt ihre Antithese hervor. Der Kampf zwischen ihnen führe zur Vereinigung beider: zur Synthese. Auf diese Weise werde eine neue Idee geboren. Nachdem sie die Welt verändert hat, werde sie ihrerseits zur These und müsse sich mit ihrem Gegenteil auseinandersetzen. Obgleich nach Hegel die Energie, die diese Maschine in Gang hält, von Gott geliefert wird, tendierten in Marx` Tagen junge Hegelianer zum Atheismus, oder genauer gesagt: zur Politik. Von großer Bedeutung für die Entwicklung von Marx` Ideen war 1841 das Erscheinen von „Das Wesen des Christentums".

Diese Schrift von Feuerbach zeigte Marx, wie sich Hegels Dialektik auf den Boden der Wirklichkeit holen ließ. Der dialektische Streit musste nicht im ätherischen Reich des Ideals stattfinden, sondern konnte Ausdruck realer Widersprüche in der greifbaren Welt sein" (de Bono 1980).

Dieser Gedanke, nämlich die Behandlung von Entwicklungsprozessen in Wirtschaft und Gesellschaft – und eben auch der Technik – gemäß dem dialektischen Konzept „Einheit und Kampf der Gegensätze" wurde von *Altschuller* zum wesentlichen Bestandteil des TRIZ-Konzeptes gemacht. Dabei ist interessant, dass nicht etwa *Altschuller* erstmalig die Anwendbarkeit der Dialektik auf die schöpferische Auseinandersetzung mit Technischen Widersprüchen beschrieb, sondern dass dieser Gedanke von *Friedrich Engels* zu stammen scheint. Der enge Freund von *Karl Marx*, Chef der Londoner Dependance der Fa. *Erben & Engels* – ein exzellenter Militärtheoretiker – beschreibt in seiner „Geschichte des gezogenen Gewehres" den Übergang vom Vorderlader zum Hinterlader. Der Vorderlader musste einen langen Lauf haben, um zielgenau zu sein; ein solches Gewehr erforderte aber beim Laden viel zu viel Zeit, eben weil mit einem langen Ladestock hantiert werden musste. Versuchte man es mit einem kürzeren Lauf, so stieg zwar die Ladegeschwindigkeit etwas an, jedoch verschlechterte sich die Zielgenauigkeit unzulässig. Durch Kompromissbildung ist hier (ganz ähnlich wie beim bereits behandelten Fernsehbeispiel) offensichtlich keine Verbesserung zu erreichen: Mäßige Zielgenauigkeit und mittlere – immer noch viel zu lange – Ladezeiten sind an der Front, wo es um das Überleben geht, nicht diskutabel. Gelöst wurde das Problem bekanntlich durch die Einführung des gezogenen Laufs, kombiniert mit dem hier entscheidenden Übergang zum Hinterlader. Nur durch diese konsequente Systemänderung (*Zielgenauigkeit auch bei vergleichsweise kurzem Lauf, fast momentanes Nachladen auf kürzestem Wege*) wurden alle Probleme auf einen Schlag gelöst.

Übrigens wurde das dialektische Prinzip von jenen, die sich für Marxisten hielten, keineswegs immer beherzigt, vielleicht noch nicht einmal verstanden. So kam es, dass in den achtziger Jahren in der DDR die Trainer der KDT-Erfinderschulen (*KDT = Ost-Pendant zum VDI*) erhebliche Schwierigkeiten bekamen, weil sie mit dem Widerspruchsbegriff operierten. Als einer der Leittrainer dieser – ansonsten erfreulich unpolitisch ablaufenden – Erfinderschulen erinnere ich mich noch sehr deutlich an diesen Versuch des Eingreifens in unsere ehrenamtliche Arbeit. Die politische Führung zeigte großes Misstrauen und ließ einige der Trainer wissen, dass es in der Technik keine Widersprüche geben dürfe, sondern dass von einer kontinuierlichen Evolution auszugehen sei. Hier wurde die Angst vor den heranreifenden gesellschaftlichen Widersprüchen, die sich dann im Oktober und November 1989 offen entluden, zur bestimmenden Richtschnur der Ideologie: Am besten gar keine Widersprüche zugeben! Recht Interessantes zu dieser merkwürdigen Verbiegung der Wirklichkeit weiß insbesondere *Thiel* zu berichten (Rindfleisch u. Thiel 1994, Thiel 1999).

Für den Dialektiker unterscheidet sich unsere heutige Situation nicht wesentlich von der geschilderten. 1990, so wurde es von fast allen – mit der Dialektik nicht vertrauten – Politikern interpretiert, hatte der Kapitalismus endgültig gesiegt. Oberflächlich betrachtet scheint das zu stimmen; bei näherem Hinsehen zeigt der Kapitalismus heutiger Prägung (für den *Rheinischen Kapitalismus* geht es uns inzwischen nicht mehr gut genug) jedoch deutlich rückwärts gerichtete Tendenzen, die das Heranreifen schwerwiegender innerer Widersprüche signalisieren. Eine einfache Wiederholung des nicht geglückten sozialistischen Experiments sollten wir uns ersparen – wie also weiter? Auch wenn es so manchem nicht passt: Es gibt kein Ende der Geschichte! Vorerst sollten wir uns mit dem Bonmot eines Kabarettisten aus den neunziger Jahren zufrieden geben: *„Der Kapitalismus hat nicht gesiegt, er ist nur übrig geblieben".*

Zu den wesentlichen TRIZ-Merkmalen gehört weiterhin das unbedingte Streben nach Einfachheit, repräsentiert u. a. durch das Prinzip „Von Selbst", aber auch durch die Grundtendenz der Technischen Evolution: „Systeme sollten sich vom Primitiven zum Einfachen entwickeln (bzw., falls sie – wie meist – bereits die Stufe des Komplizierten erreicht haben, unbedingt *zum raffiniert Einfachen weiterentwickelt* werden)".

Auch diese Grundgedanken finden sich – auf philosophischer Ebene – sinngemäß schon in alten Quellen. Bezogen auf Hypothesen und Erklärungsmöglichkeiten für unklare Sachverhalte wird bereits seit dem 14. Jahrhundert von „Occams razor" (Ockhams Rasiermesser, Ockhams Skalpell) ausgegangen. *Wilhelm von Ockham* (1280 - 1349) wird die Einfachheitsregel zugeschrieben (nach: wikipedia 2005):

„Entia non sunt multiplicanda sine necessitate".

Ockham selbst hat allerdings diese Formulierung nie wortwörtlich gebraucht, sondern nur sinngemäß in seinen Schriften verwendet. Der Satz in oben angegebener Form geht wohl eher auf *J. Clauberg* (1622 -1656) zurück. Er lautet im Deutschen, sehr frei übersetzt: „Ohne Notwendigkeit sollte man nicht unnötig viele Erklärungsversuche einsetzen". Gemeint sind: unnötig komplizierte Erklärungsversuche, bevor nicht die einfachen geprüft sind. Heute würde man das so ausdrücken:

„Von mehreren Theorien ist die einfachste allen anderen vorzuziehen".

Übrigens hat *Ockham* diesen Gedanken auch auf die Erklärung von Wundern angewandt, und sich damit arg in Gefahr begeben. Wenn, so ließ er seine Leser wissen, man es erst einmal mit den einfachen Erklärungen versucht, erweist sich so manches „Wunder" als auf natürliche Weise erklärbar.

Der an Wundern interessierte Klerus wollte diesem einfachen Gedankengang auf gar keinen Fall folgen – und hätte Ockham am liebsten ausgeschaltet.

Sinngemäß sollte Ockhams Rasiermesser bei der Entwicklung neuer Systeme unbedingt berücksichtigt werden.

Natürlich wurde alsbald auch die Gegenposition zu Ockhams „Sparsamkeitsprinzip" besetzt, wie wir uns als nunmehr sattelfeste Dialektiker vorstellen können. Walter Chatton, ein Zeitgenosse Ockhams, formulierte als Antwort sein Gegenprinzip:

„Wenn drei Dinge nicht genug sind, um eine klare Aussage über etwas zu treffen, so muss ein viertes hinzugefügt werden – und so weiter".

Immanuel Kant (1724 - 1804) brachte in seinem Gegenprinzip zum Ausdruck, dass die Vielfalt der Dinge nicht voreilig vermindert werden solle. Karl Menger formulierte sein Gesetz gegen die Armseligkeit: „Es ist sinnlos mit weniger zu tun, was mehr erfordert" (nach: wikipedia 2005).

Naturgemäß hat die Beschäftigung mit – tatsächlich oder vermeintlich – komplizierten Sachverhalten stets auch ihren gefährlichen Reiz:

„Die Freude, die uns das Verstehen schwieriger Gedanken bereitet, macht uns geneigt, ihren Folgerungen Glauben zu schenken"
Paul Valery (nach: Wissenschaft im Zitat 1985, S. 63).

Im uns interessierenden technischen Zusammenhang dürften besonders folgende Zitate die Spannung zwischen Prinzip und Gegenprinzip sowie ihre dialektische Auflösung überzeugend widerspiegeln:

Alle Dinge sollten so einfach wie möglich gemacht werden – aber nicht einfacher (Albert Einstein)

Die Genialität einer Konstruktion liegt in ihrer Einfachheit. Kompliziert bauen kann jeder (Sergej P. Koroljov)

Kommen wir nunmehr zu der – für TRIZ wie für jegliche Methode – wichtigen Grundfrage, wie das Gewinnen von Erkenntnissen eigentlich verläuft. Seit Plato waren die meisten Philosophen der Meinung, dass die Wahrheit im menschlichen Geist wohne. Von dort aus falle ihr Licht auf die Außenwelt und erkläre sie. Zuerst musste das Denken kommen, dann folgte die Beobachtung zur Bestätigung des Denkens. Francis Bacon (1561-1626) hingegen war der festen Überzeugung, die Wahrheit könne nur aus sorgfältiger Beobachtung der Natur gewonnen werden. Die Wahrheit fließe in den menschlichen Geist hinein, und nicht aus ihm heraus (nach: de Bono 1980).

Bacon wird deshalb als Vater der wissenschaftlichen Methode angesehen. Heute gilt es als unstrittig, dass eine in der Natur neu beobachtete Einzeltatsache Ausgangspunkt der Erklärungsversuche und Voraussetzung für die Theorienbildung ist (Induktiver Schritt). Die so gewonnene Theorie kann dann geeignet sein, andere, zunächst anscheinend mit der ursprünglichen Einzeltatsache nicht in Zusammenhang stehende Tatsachen mithilfe der Theorie als ähnlich zu erkennen (Deduktiver Schritt). Abb. 33 zeigt, welche Schritte von der Einzeltatsache zur Theorie, und welche von der Theorie zur *vermeintlich* völlig anderen – sich als analog erweisenden – Einzeltatsache führen.

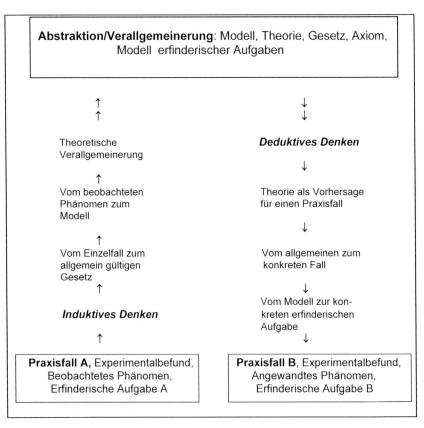

Abb. 33 Grundtypen des wissenschaftlichen Denkens: *Induktives* u. *deduktives* Denken (der direkte Weg von A nach B ist in der Praxis kaum gangbar)

In der Denkpraxis gibt es, insbesondere bei intuitiv begabten Menschen, in der zeitlichen und logischen Abfolge allerdings keine derart scharfe Trennung. Typisch sind Quer- und Rücksprünge. Gerade deshalb ist es zweckmäßig zu wissen, wo man sich jeweils befindet.

Die sich nunmehr aufdrängende Frage: „Warum so umständlich? Warum nicht direkt von A nach B, warum dieser lange Umweg?" lässt sich leicht beantworten. Gerade technische Objekte werden oft durch Äußerlichkeiten nahezu unkenntlich gemacht, was ihren wahren Charakter – ihren inneren Zusammenhang, das Prinzipielle, das Allgemeine im Besonderen – anbelangt. Deshalb ist in aller Regel der induktive Schritt unerlässlich, um von der nunmehr gewonnenen höheren Warte aus erkennen zu können, dass B gar so verschieden von A nicht ist, bzw. sogar analog erklärt bzw. bearbeitet werden kann.

Zwicky (1966, S. 11) meint zu eben diesem Sachverhalt, *„dass die meisten Menschen nicht ohne weiteres imstande sind, in umfassenden Allgemeinheiten zu denken und weitere Perspektiven zu entwickeln. Die Mehrzahl hält sich am Konkreten fest und kann nur vom Speziellen zum Allgemeinen vordringen, während der umgekehrte Weg ohne vorangehende Anleitung kaum begehbar ist".*

Genau diese Anleitung liefert uns nun *Altschuller*. Analog zu dem, was *Bacon* „Beobachtung der Natur" genannt hat, extrahierte und analysierte *Altschuller* zunächst den Patentfundus, d. h. die technische und schutzrechtliche Realität. Daraus „destillierte" er durch Verallgemeinerung bzw. Abstraktion seine „Prinzipen zum Lösen Technischer Widersprüche" (Induktiver Schritt). Diese bewusst sehr allgemein formulierten Prinzipien werden nunmehr auf die Lösung *vermeintlich* ganz neuer Aufgaben, die jedoch aus der – induktiv gewonnenen – höheren Sicht durchaus nicht absolut neu sind, erfolgreich angewandt (Deduktiver Schritt).

Wir haben bei der Behandlung des ARIZ die bestimmende Rolle einer möglichst umfassenden – und kritischen – Systemanalyse als Voraussetzung für die strukturierte Suche nach den *richtigen* Ideen kennen gelernt. Eine vorzügliche Methode zur umfassenden Systemanalyse ist die Morphologie, insbesondere die *Morphologische Tabelle* (s. dazu Abschn. 2.1, Tab. 1, sowie Abschn. 6.5, Tab. 8). Sie kann somit zu den Quellen des TRIZ-Denkens gerechnet werden, zumal sie von *Altschuller* (1984, S. 17) ausdrücklich gewürdigt wurde. An Perfektion ist diese Methode, wenn es um die Sammlung der ein System bestimmenden Faktoren und deren Verknüpfungsmöglichkeiten geht, kaum zu übertreffen.

Deshalb seien hier einige Zitate aus dem für unser Thema wichtigen Werk von *Zwicky* (1966) eingefügt:

„Die Anwendung der Morphologischen Methode gibt uns die größtmögliche Sicherheit, dass nichts vergessen wird, was für die Beleuchtung aller Aspekte eines vorgegebenen Problems von Wichtigkeit ist".

„Wer mit den Methoden der Morphologischen Forschung vertraut ist, besitzt die innere Sicherheit, dass es kaum ein Problem gibt, dessen Lösung er nicht... mit Aussicht auf Erfolg anpacken kann. Viele Dinge, die vorher unmöglich schienen, rücken in die Nähe und werden greifbar".

„Die Morphologische Forschung regt ständig zur Schaffung reicherer Lebensinhalte an; sie bewerkstelligt das nicht nur auf eine technisch wirkungsvolle, sondern auch auf eine gemütsmäßig vergnügliche Weise".

„Sie ermöglicht die Systematisierung der Erfindungsgabe. Sie produziert Erfindungen und Entdeckungen auf methodische Art und regt die Intuition an, ohne dass man sich aufs Pröbeln und auf den Zufall zu verlassen braucht".

Wir sehen, dass Zwicky von seiner Methode uneingeschränkt begeistert war, ihr geradezu universelle Kräfte – weit über die Technik hinaus – beimisst. Nach eigenen Erfahrungen ist das kaum übertrieben. Wie bereits dargelegt, ist die vollständige Übersicht zu einem System die unerlässliche Voraussetzung zum Verständnis der realen sowie der denkbaren Beziehungen zwischen den Elementen des Systems. So gesehen ist die Morphologische Tabelle das ideale Mittel in der systemanalytischen wie in der Ideen generierenden Phase – allerdings eben mit dem von Altschuller zu Recht bemängelten Nachteil, dass zwar alle denkbaren Variablen-Varianten-Kombinationen ins Blickfeld gerückt werden, jedoch keine Anleitung zur Auswahl und Wichtung der Kombinationen mitgeliefert wird. Dennoch kann der Praktiker das von Zwicky eingeführte *„Prinzip der Totalen Feldüberdeckung"* kaum hoch genug zu schätzen wissen. Mit oder ohne TRIZ ist die Morphologische Analyse das beste Mittel zum technischen Verständnis eines Systems. Von einem Genie wie Zwicky angewandt, ist die – systematisch erst von Altschuller in die allgemeine Erfindungsmethodik eingeführte – physikalische Abstraktion der technischen Sachverhalte fast selbstverständlich, so dass die von Zwicky erzielten Erfolge kaum verwundern können:

„Zu Anfang des zweiten Weltkrieges erforschte ich als Direktor für wissenschaftliche Untersuchungen bei der Aerojet Engineering Corporation in Pasadena die Gesamtheit aller möglichen mit chemischen Triebstoffen aktivierten Strahltriebwerke, die sich durch das Vakuum, durch die Atmosphäre, durch das Wasser und durch die Erde fortzubewegen und zu beschleunigen imstande sind. Es ergab sich, dass der symbolische Morphologische Kasten dieser Strahltriebwerke insgesamt 576 Geräte enthält. Von diesen waren vor meiner Untersuchung lediglich drei in der technischen Literatur erwähnt und auch konstruiert worden: Es sind dies die... Rakete, der Propellerantrieb durch Kolbenkraftmaschinen und der

sogenannte Aerodukt (Staustrahltriebwerk, Ramjet) .... Aus dem Studium des Morphologischen Kastens ergaben sich jedoch ganze Klassen von Geräten, wie der Aeropuls, der Hydropuls, der Hydroresonator, der Hydroturbostrahler, der Terrapuls und viele andere, von denen in der Zwischenzeit einige Dutzend mit Erfolg gebaut worden sind"

(Zwicky 1966, S. 252)

Zu den Quellen gehören ferner einige der unter 2.1 bereits behandelten *Spornfragen* nach *Osborn*. Wir finden die beiden ersten Stichfragen (*Vergrößern? Verkleinern?*) bei *Altschuller* wieder im Operator „Abmessungen, Zeit, Kosten" (AZK), Bestandteil des ARIZ bereits in der klassischen Fassung von 1968 in der Stufe II (s. Abschn. 2.3) sowie auch in der moderneren Fassung (ARIZ 77, Abschn. 3.1). *Altschuller* hat konsequenterweise außer der geometrischen Dimension (größer, kleiner) noch die zeitliche (schneller, langsamer) und die finanzielle (teurer, billiger) eingeführt. Damit hat er den Operator zu einem verlässlichen Instrument der Gegenkontrolle gemacht. Während der ARIZ ansonsten ausschließlich der Fokussierung auf das Ideal dient (Abb. 4), sichert der Operator AZK, dass, sofern vorhanden, auch die sich aus dem rein divergenten Denken ergebenden Möglichkeiten rechtzeitig beachtet werden (Abb. 3). Deshalb hat *Altschuller* seine „AZK-Stichfragen" auch bewusst extrem formuliert: Unendlich groß? Unendlich klein? Rasend schnell? Unendlich langsam? Beliebig teuer? Kostenlos?. Dass dieses Kontrollinstrument dem Hauptcharakteristikum des ARIZ (der konsequenten Fokussierung) völlig entgegenzulaufen scheint, ist keine Inkonsequenz, sondern aus dialektischer Sicht wohl eher besonders konsequent zu nennen.

Beim *Zwergemodell* ist die Sache ganz klar: *Altschuller* (1984, S. 17) gibt seine Quelle unmittelbar an (*Gordons* Synektik). Wir haben uns im Abschnitt 3.8 bereits damit befasst. Auch hier gilt, ähnlich wie beim Operator AZK, dass beim ersten Hinschauen die Aufnahme einer solchen Methode inkonsequent erscheint. Während ansonsten TRIZ streng logisch aufgebaut ist, basiert das Zwergemodell auf dem Prinzip der *Empathie*, also einem bewusst gefühlsmäßigen Herangehen („Hineinfühlen" in die technische Situation). Jedoch hat *Altschuller* die Synektik sehr geschickt modifiziert, indem er die fiktiven, intelligent und konstruktiv (bzw. auch destruktiv) handelnden Männlein erfand, die man sich – besser als dies beim doch recht empfindlichen Menschen möglich ist – beliebig stabil und strapazierfähig vorstellen kann.

Kommen wir abschließend noch zu zwei weiteren wichtigen Quellen des TRIZ-Denkens, den *Umkehrungen* und den *Paradoxa*. *Altschuller* hat die besondere Bedeutung dieser beiden Elemente seines Systems zwar stets herausgestellt, ist aber auf keine der allgemein zugänglichen Quellen näher eingegangen, so dass deren Behandlung an dieser Stelle unserer Betrachtungen gerechtfertigt erscheint.

Das *Umkehrdenken* ist von derart elementarer Bedeutung, dass es sich lohnt, seine Existenz und seine Wirkung auch außerhalb der Technik umfassend zu untersuchen. Das heißt: nicht nur das Lösungsprinzip „Umkehrung" in der Tabelle der Prinzipien zum Lösen Technischer Widersprüche (Nr. 13 in der alten 35-er Tabelle wie auch in der neuen 40-er Tabelle) ist unmittelbar wichtig, sondern das Umkehrdenken *selbst* ist es – im weitesten, fast universellen Sinne. Näheres dazu findet der interessierte Leser in einem meiner früheren Bücher (Zobel 2004). Hier sollen nur die wichtigsten Anregungen zur Sache aus der Literatur vermittelt werden, und zwar anhand der geradezu meisterhaften Umkehr-Aphorismen von *Karl Kraus* (1974):

„Sich keine Illusionen mehr machen: da beginnen sie erst".

„Künstler ist nur einer, der aus der Lösung ein Rätsel machen kann".

„Psychoanalyse ist jene Geisteskrankheit, für deren Therapie sie sich hält".

„Ich schnitze mir den Gegner nach meinem Pfeil zurecht".

„Er hatte eine Art, sich in den Hintergrund zu drängen, dass es allgemein Ärgernis erregte".

„An vieles, was ich erst erlebe, kann ich mich schon erinnern".

„Ein guter Psychologe ist imstande, dich ohne weiteres in seine Lage zu versetzen".

Kritiker haben *Kraus* sein im Grundmuster stets gleiches Umkehrdenken bzw. die sich daraus für fast jede Situation ergebenden Standard-Umkehrformulierungen vorgeworfen. Genau diese Art des bewusst standardisierten Vorgehens ist es jedoch, welche – von *Altschuller* auf die Technik übertragen – die Arbeit erleichtert. Es ist nicht einzusehen, warum man eine derart anregende Vorgehensweise auch außerhalb der Technik nicht bewusst einsetzen sollte. Die Alternative wäre die ständige spontane „Neuerfindung" von Umkehrungen, denn der Kreative kommt eben nicht am Umkehrdenken vorbei.

Ein großer Umkehrdenker war offensichtlich auch *G.Chr. Lichtenberg.* Der seinerzeit sehr berühmte Göttinger Physikprofessor (1742-1799) ist uns – abgesehen von den *Lichtenberg*schen Figuren – heute weniger als Physiker, denn als unübertroffener Aphoristiker geläufig:

„Die Leute, die niemals Zeit haben, tun am wenigsten".

„Er war ein solch aufmerksamer Grübler, ein Sandkorn sah er immer eher als ein Haus".

„Er schliff immer an sich und wurde am Ende stumpf, ehe er scharf wurde".

„Die Superklugheit ist eine der verächtlichsten Arten von Unklugheit".

„Die Fliege, die nicht geklappt sein will, setzt sich am sichersten auf die Klappe selbst".

„Ich behaupte, dass zu einem Dispute notwendig ist, dass wenigstens einer die Sache nicht versteht, worüber gesprochen wird, und dass in dem sogenannten lebendigen Disput in seiner höchsten Vollkommenheit beide Parteien nichts von der Sache verstehen, ja, nicht einmal wissen müssen, was sie selbst sagen" (Lichtenberg 1985).

Das letzte Zitat bringt uns ins Grübeln: Woher eigentlich wusste *Lichtenberg*, was unsere Talkmaster und ihre Gäste an jedem Sonntagabend so alles – meist weitgehend sinnfrei – daherplappern?

Nicht allzu weit entfernt vom Umkehrdenken, aber wesentlich umfassender – und methodisch noch bedeutender – sind die Paradoxa. Sie sind die Basis der klassischen Widerspruchsformulierungen nach *Altschuller*, weiterentwickelt von *Linde* (1993) zu den „Konstruktiv-Paradoxen Entwicklungsforderungen".

Sehen wir uns deshalb zunächst einige Paradoxa aus der klassischen Literatur näher an und beginnen mit *Goethe* (1941):

„Eigentlich weiß man nur, wenn man wenig weiß; mit dem Wissen wächst der Zweifel" (S. 44)

„Was ist das Allgemeine? Der einzelne Fall. Was ist das Besondere? Millionen Fälle" (S. 95)

„Alles ist gleich, alles ungleich, alles nützlich und schädlich, sprechend und stumm, vernünftig und unvernünftig" (S. 106)

„Es ist nichts inkonsequenter als die höchste Konsequenz, weil sie unnatürliche Phänomene hervorbringt, die zuletzt umschlagen" (S. 151)

Goethe hatte manchmal etwas von einem Oberlehrer. Er erläuterte dann das Paradoxon (erstes und letztes Beispiel, s.o.), was etwa so sinnvoll ist wie das umständliche und langstielige Erklären eines Witzes. Dennoch sind seine Paradoxa stets anregend und interessant.

Auch *Karl Kraus* war ein Meister des Paradoxons. In seinem Falle gehen Umkehrformulierungen und Paradoxa besonders häufig ineinander über. Sehen wir uns einige Beispiele an (nach: Simon 1974):

„Wiewohl ich viele Leute gar nicht kenne, grüße ich sie nicht".

„Mein Respekt vor den Unbeträchtlichkeiten wächst ins Gigantische".

„Ich mische mich nicht gern in meine Privatangelegenheiten".

„Es ist gut, vieles für unbedeutend und alles für bedeutend zu halten".

„Eine der verbreitetsten Krankheiten ist die Diagnose".

„Der Vielwisser ist oft müde von dem vielen, was er wieder nicht zu denken hatte".

Auch im täglichen Leben bedienen wir uns nicht selten paradoxer Formulierungen, um einen Sachverhalt besonders klar zu machen. Allerdings funktioniert das nur, wenn unser jeweiliger Gesprächspartner Sinn für diese nicht ganz banale Art der Kommunikation hat. Falls nicht, könnte es passieren, dass folgende Äußerung über einen abwesenden Dritten zu schweren Missverständnissen führt:

„Der steht so weit links, dass er rechts schon wieder vorguckt".

In die gleiche Richtung zielte ein Kabarettist, der sich in den ideologisch geprägten sechziger Jahren damit auch nicht nur Freunde machte:

„Der linke Radikalismus ist eine Erfindung des rechten Radikalismus".

Wir haben uns nun mit verschiedenen Quellen befasst, die z. T. von *Altschuller* bei der Entwicklung von TRIZ bewusst genutzt und zitiert wurden, z. T. auch zum allgemeinen Assoziationsfundus des Kulturmenschen gehören und somit gleichsam unterschwellig wirkten.

Altschullers unsterbliches Verdienst ist es, unter direkter und indirekter Einbeziehung solcher Quellen ein System geschaffen zu haben, das nach dem Synergieprinzip weit mehr leistet als die Summe seiner Bestandteile. Wir haben es mit einer ganz ähnlichen Situation wie im Falle der Relativitätstheorie zu tun. Zwar standen *Maxwell, Lorentz und Poincaré* – jeder an einem anderen Abschnitt der wissenschaftlichen Front – jeweils kurz vor dem entscheidenden Durchbruch; die zunächst nicht passgerecht erscheinenden Teilerkenntnisse vereinigt und etwas umwerfend Neues daraus entwickelt hat jedoch *Einstein*.

5 TRIZ – eine universell einsetzbare Methode

5.1 TRIZ als Branchen übergreifende Methode

TRIZ wurde von Altschuller ausdrücklich als Branchen übergreifend einsetzbare Methode angelegt. Allerdings fällt es zunächst nicht leicht, an die technische Universalität der Methode zu glauben, da die Hauptmenge der von den TRIZ-Autoren verwendeten Beispiele nach wie vor im weitesten Sinne aus dem Maschinenbau stammt. Zudem werden ermüdend oft die immer gleichen Beispiele angeführt.

Ich habe, insbesondere im 2. Kapitel, diesem Mangel mit einer Vielzahl neuer Beispiele – die keineswegs alle aus dem Maschinen- und Anlagenbau stammen – abzuhelfen versucht. Insbesondere die z.T. völlig neuen Beispiele aus den Bereichen der Technischen Chemie, der Medizin sowie der Medizinischen Technik (s.a.: Zobel 2004) demonstrieren die unbestreitbare Universalität der Methode.

An dieser Stelle wollen wir das Für und Wider so genannter Industriezweig-Algorithmen besprechen. Seit *Altschullers* Zeiten wird versucht, branchenspezifische Prinzipienlisten aufzustellen und zu nutzen. Grundsätzlich sollten dazu einige elementare Gesichtspunkte in Betracht gezogen werden, die ich nachstehend behandeln möchte.

Generell problematisch ist, wie erwähnt, die ursprünglich fachspezifische Orientierung fast aller auf dem Gebiet der Erfindungslehre tätigen Autoren. Die meisten der ernst zu nehmenden Methodiker sind heute – ihrer fachlichen Herkunft nach – im weitesten Sinne Maschinenbauer und Konstrukteure. Noch immer Seltenheitswert besitzen in der Methodiker-Gilde hingegen Physiker, Elektrotechniker / Elektroniker, Chemiker, Funktechniker, Geologen, Mediziner und Philosophen. So ist zu erklären, dass insbesondere die älteren Listen der Prinzipien (Altschuller 1973, Herrlich u. Zadek 1982, Altschuller 1984) überwiegend auf Basis maschinentechnischer Beispiele entstanden sind.

Abgesehen vom unstrittigen Wert der universellen Prinzipien gemäß Tab. 5 besteht somit die Schwierigkeit, dass sich Experten außerhalb der Maschinenbaubranche von vielen der minder universellen Prinzipien nicht angesprochen fühlen, und deshalb fachspezifische Erweiterungen für notwendig halten. Auch methodisch versierte Maschinenbauer erkennen durchaus an, dass die minder universellen Prinzipien (wie z. B. „Verwenden von Magneten", „Verändern von Farbe und Durchsichtigkeit", „Elastische Umhüllungen und dünne Folien") um hierarchisch gleichgestellte Detail-Strategien bzw. Lösungsverfahren aus anderen Fachgebieten ergänzt werden könnten und sollten.

Die Nicht-Maschinenbauer versuchten demgemäß fachspezifische Algorithmen zu kreieren. Solche Versuche – *Altschuller* bezeichnet sie ziemlich scharf als *„rein willkürlich"* – wurden beispielsweise von *Voronkov* zur Lösung allgemeiner Aufgaben auf dem Gebiet der Leitung und Organisation, von *Gutkin* hingegen für funktechnische Aufgaben unternommen (Altschuller 1984, S. 100). Die bereits behandelten und von *Altschuller* ziemlich ungerecht kritisierten Untergliederungsversuche von *Polovinkin* (1976, S. 121) haben dagegen einen methodisch weit höheren Wert, d.h. *Polovinkin*s Vorschläge gehen im Wesentlichen von übergeordneten Gesichtspunkten aus (Spalte 2 in Tab. 4) und entsprechen mit ihren zahlreichen Unterverfahren (Spalte 3 in Tab.4) zugleich jenen Kriterien, die für das rechnergestützte Lösen beliebiger Aufgaben gelten sollten bzw. vorausgesetzt werden müssen.

Die entgegengesetzte Arbeitsrichtung geht primär vom fachlichen Kenntnisstand des methodisch fähigen, kreativen Maschinenbauers aus. Sein Ziel ist die fachübergreifende Erweiterung des zunächst fachlich begrenzten Suchraumes (insbesondere bezüglich *Analogieweite* und *Kommunikationsbreite*). Er betreibt deshalb keine Untergliederung der vorhandenen Prinzipien, sondern erweitert sein Assoziationsfeld durch bewusst großzügige Aufnahme von Prinzipien, die dem Maschinenbauer zunächst fremd sind. Die bisherigen Versuche in dieser Richtung fielen allerdings recht hemdsärmelig aus. So vereinnahmten *Herrlich* und *Zadek* (1982, S. 59-60) beispielsweise mit den zusätzlichen Prinzipien „Biologisch einwirken" und „Chemisieren" ganz einfach komplette, eigenständige Fachgebiete. Zwar haben solche Flächen deckenden Pauschal-Empfehlungen für einen Maschinenbauer zweifelsohne ihren anregend-praktischen Wert, nur sollte man sie nicht „Prinzipien" nennen. In methodischer Hinsicht wird dies klar, wenn wir echte Universalstrategien (Umkehren, Anpassen, Zerlegen, Kombinieren usw.) mit der großzügigen Eingliederung ganzer Fachgebiete („Chemisieren", „Biologisch einwirken") vergleichen.

Für den Chemiker besteht die erläuterte doppelte Gefahr (einerseits: *Untergliederung bis hin zum fachmännischen Handeln*; andererseits: *großzügige Aufnahme ganzer Fachgebiete*) ebenso wie für den Vertreter einer beliebigen anderen Sparte. Hinzu kommt, speziell für den verfahrenstechnisch interessierten Chemiker, eine auffallende Ähnlichkeit derart gefächerter Prinzipien-Hierarchien zu den bekannten verfahrenstechnischen Grundoperationen (*„unit operations"*). Damit dürfte klar sein, dass *Altschuller*s Warnung vor *„großen Tabellen"* und *„langen Listen"* (Altschuller 1984, S. 100) ernst genommen werden sollte, sofern es sich um die Ausweitung der Methode auf allzu fachspezifische Untergliederungen handelt.

Schließlich ist der schutzrechtliche Aspekt solcher Versuche von Bedeutung. Bereits *Irrling* hat seinerzeit auf eine Liste von Lösungsprinzipien hingewiesen, bei deren Anwendung – gemäß damaliger DDR-Rechtsprechung, die in diesem Punkte bundesdeutscher Rechtsprechung sehr ähnelte – das Vorliegen einer erfinderischen Leistung meist in Abrede gestellt wurde. Es sind dies: *Baukastenprinzip, Standardisierung, Ersatz taktmäßiger durch kontinuierliche Schritte, Verwendung von Abfall- und Austauschstoffen, Ineinanderschachteln, Neuordnung in Raum und Zeit, kinematische Umkehr, Wiederholung zur Funktionsverstärkung oder -sicherung, energetisches Nullniveau im Ruhezustand, Ersatz von Dauer- durch Impulswirkungen* (Irrling 1977).

Zweifellos sind viele dieser Prinzipien den „klassischen" Altschuller-Prinzipien (Altschuller 1973, 1984) und den 10 bzw. 15 Ergänzungsprinzipien (Herrlich und Zadek 1982) verdächtig ähnlich. Die Schlussfolgerung, daraufhin sei nun bald gar nichts mehr schutzfähig, ist – wie die Erteilungspraxis zeigt – jedoch unzutreffend. Worauf es ankommt, ist das konkrete technische Mittel, der im betrachteten Umfeld ungewöhnliche Effekt, ganz besonders aber die *überraschende* Wirkung. Indes sei der Anfänger ausdrücklich gewarnt. Im Gegensatz zu früheren Jahren lesen heute die Patentprüfer gelegentlich bereits denkmethodische bzw. erfindungsmethodische Literatur. Die Folge ist, dass die vorhandenen Prüfkriterien künftig wohl schärfer als bisher gehandhabt werden dürften. Somit ist, da bereits das Anwenden derart allgemeiner Lösungsprinzipien bei strenger Auslegung (Irrling 1977) als nicht erfinderisch gilt, eine allzu weit gefächerte fachspezifische Untergliederung nur noch von fragwürdigem Wert. Trainierte Dialektiker denken allerdings sofort auch in entgegengesetzter Richtung: Eine pfiffig angelegte fachspezifische Hierarchie lässt die unmittelbare Zugehörigkeit einer ungewöhnlichen Spezialempfehlung zu einem „Oberprinzip" nicht unbedingt erkennen (!). Somit gelten die Gesetze der Evolutionsspirale:

Wird der Prüfer klüger, muss auch der Erfinder klüger werden.

Grundsätzlich taucht in TRIZ-Seminaren immer wieder die Frage auf, ob es denn wirklich nur die oben behandelten 35 bzw. 40 Prinzipien gibt, und ob sie tatsächlich in allen Branchen gleichermaßen zutreffen.

Die erste Frage wurde weiter oben bereits behandelt (Abschn. 3.5). Die Ausweitung der 35-er Liste auf die 40-er Liste hat – außer der Aufnahme des Dynamisierungsprinzips – m. E. keinen wesentlichen methodischen Gewinn gebracht. Hinzu kommt, dass die 35-er Liste auf einer *Auswahl* von 25 000 relevanten Patentschriften beruht, und auch für die 40-er Liste weit mehr als die letztlich in die engere Wahl gezogenen 40 000 Patentschriften durchgesehen werden mussten. Ohne näheren Beleg ist von mindestens 200 000 Patentschriften die Rede. In den neuesten Publikationen der in den USA wirkenden *Altschuller*-Schüler wird im Zusammenhang mit der Entwicklung der Computerprogramme sogar von 2 Mio Schriften gesprochen. Will man also diesen wenig Erfolg versprechenden Weg dennoch gehen, so müssten weitere Hunderttausende von Patentschriften durchgesehen werden, um eventuell doch noch einige weitere Prinzipien zu finden. Diese könnten dann allerdings wohl kaum noch als Prinzipien im *universellen* Sinne (wie Umkehren, Kombinieren, Abtrennen, Von Selbst, Vorher-Ausführen, Verändern der Umgebung) bezeichnet werden, sondern dürften eher in die Kategorie der fachspezifischen Empfehlungen fallen. *Mann* und *Dewulf* (2002) haben 150 000 neue US-Patente (1985 - 2000) analysiert. Es gelang zwar, die Widerspruchsmatrix zu aktualisieren und neue Entwicklungstrends aufzuspüren, es wurden jedoch nur zwei neue Prinzipien minderen Universalitätsgrades gefunden. Dieser vergleichsweise geringe methodische Gewinn steht wohl in keinem vernünftigen Verhältnis zum Aufwand.

Die zweite Frage wird von den meisten Autoren dahingehend beantwortet, dass die 40 anerkannten Prinzipien ausreichen, um – nach sinngemäßer Übersetzung in die jeweilige Fachterminologie – für alle Branchen das Erarbeiten hochwertiger Lösungen zu ermöglichen.

So hat sich *Mann* damit befasst, das Wirken der vierzig Original-Lösungsprinzipien auf dem Gebiet der Architektur zu belegen (Mann u. O`Cathain 2001). Ferner suchte er nach Beispielen auf dem Gebiet der Lebensmitteltechnologie und fand ebenfalls für alle 40 Prinzipien entsprechende Belege (Mann u. Winkless 2001). Sieht man sich diese Arbeiten näher an, so bemerkt man, dass einige Beispiele sehr „bemüht" wirken – etwa so, als wollten die Autoren das Wirken der Prinzipien mit aller Gewalt beweisen. Dies dürfte mit dem bereits behandelten Sachverhalt, dass TRIZ von einem Maschinenbauer bzw. Konstrukteur geschaffen wurde, zusammenhängen. Es ist eben nicht ganz leicht, die Sprache des Konstrukteurs in die Nomenklatur anderer Branchen zu übertragen, ohne gewisse Abstriche bezüglich der Güte einer sinngemäßen und dennoch möglichst genauen Übersetzung machen zu müssen. Indes kann hier, auch unter Berücksichtigung der selbst gefundenen neuen Beispiele aus den Gebieten der Chemischen Technologie, der Medizin und der Medizinischen Technik (Abschn. 2.4), die Anwendbarkeit der Methode für beliebige Branchen ohne Einschränkung bestätigt werden. Diese Auffassung wird nicht zuletzt in Auswertung der umfangreichen, anspruchsvollen Monografie von *Obernik* (1999) gefestigt. *Obernik* ist ein erfinderisch erfolgreicher Elektroniker; die von ihm vorgelegten Beispiele aus seinem Spezialfach überzeugen.

5.2 TRIZ als universelle Denkstrategie

TRIZ gewinnt heute in zunehmendem Maße als nicht nur für die Technik wichtige, sondern auch als denkmethodisch universelle Methode an Bedeutung. Viele Interessenten fragen auf Kongressen oder Seminaren, ob sich TRIZ denn nicht auch außerhalb der Technik einsetzen ließe. Zur Beantwortung dieser Frage erscheint es zweckmäßig, zwei der Hauptelemente des TRIZ-Denkens, nämlich die Prinziplösungen einerseits und die Widerspruchsformulierungen andererseits, an Beispielen aus nichttechnischen Bereichen zu betrachten. Wir sehen dann: *Denkmethode rangiert vor spezieller Erfindungsmethode*. Die Grenzen zwischen technischen und technik-analogen Widersprüchen erweisen sich überdies als unscharf, was die weitere Ausdehnung der Methode auf nicht-technische Bereiche eher erleichtert als erschwert. Wir sind (mit zwei Ausnahmen) heute noch nicht so weit, dass wir komplette Beispielsammlungen für nicht-technische Bereiche besitzen. Eigentlich ist dies, abgesehen vom Sachgebiet Management, auch nicht unbedingt nötig, denn mit einiger Phantasie ist das Wirken der – nur *vermeintlich* rein technischen – Prinzipien überall zu erkennen.

Mann und *Domb* untersuchten das der Organisationslehre zuzuordnende und damit im engeren Sinne nicht-technische Gebiet des Managements. Sie legten dazu eine umfangreiche, recht gelungene Arbeit vor, auf die ich hier aus Platzgründen nur empfehlend verweisen kann (Mann u. Domb 1999). Basis der Arbeit sind die 40 unverfälschten *Altschuller-Technik-Prinzipien*, auf die sich sämtliche Beispiele beziehen. Von weiteren oder anderen Prinzipien ist zunächst nicht die Rede.

Mann und *Domb* kommen für das Wirken der Prinzipien zum Lösen Technischer Widersprüche im Management zu dem Schluss, dass die sinngemäße Anwendung der 40 Original-Prinzipien völlig ausreicht, und sie belegen dies an z. T. verblüffend einfachen, wenn auch manchmal etwas bemüht wirkenden „Übersetzungs"-Beispielen.

Einen ganz anderen Ansatz wählten *Livotov* und *Petrov* (2002). Ohne erkennbare Begründung werden von ihnen 12 Doppelprinzipien für Business & Management benannt. Jedes Prinzip gibt zwei gegensätzliche Handlungsempfehlungen an, die bei der Suche nach einem Lösungsansatz beachtet werden sollten. Es sind dies:

Verbindung – Trennung, Symmetrie – Asymmetrie, Homogenität – Verschiedenheit, Vergrößerung – Verkleinerung, Beweglichkeit – Unbeweglichkeit, Verbrauchen – Wiederherstellen, Standardisierung – Spezialisierung, Wirkung – Rückwirkung, Kontinuierliche Wirkung – Unterbrochene Wirkung, Partielle Wirkung – Überschüssige Wirkung, Direkte Wirkung – Indirekte Wirkung, Vorherige Wirkung – Vorherige Gegenwirkung.

Bei allem Respekt für die Autoren halte ich diese Vorgehensweise für willkürlich. Einerseits werden Prinzipien und dazu gehörende Umkehrprinzipien der 40-er Liste (s. Abschn. 3.5) aufgeführt, andererseits Einzelprinzipien aus dieser Liste um ihre Gegenformulierungen ergänzt. Nach welchen Gesichtspunkten die Auswahl erfolgte, ist nicht erkennbar. Die Beispiele wirken recht bemüht: Verbindung – Trennung etwa wird mit „Aufteilen einer Organisation in unterschiedliche autonome Produkt- und Profitcenter", „Verbindung von Personalcomputern im Netzwerk", „Fusionieren von Firmen mit verwandten Produktpaletten", „Verbindung unterschiedlicher Kundenbedürfnisse im Internet-Cafe" belegt. Dennoch verdient dieser Versuch Beachtung, denn gerade auf dem Management-Gebiet grassieren bekanntermaßen nach wie vor reinste „Bauch"-Entscheidungen, und so kann es gewiss nicht falsch sein, einen gut strukturierten Katalog diverser Handlungsempfehlungen wenigstens in der Hinterhand zu haben. Es ist ein wenig so wie in der Morphologie: Auf diese Weise wird wenigstens nichts vergessen, so banal auch manche der Einzelempfehlungen zunächst klingen mögen. Auch wurde der dialektische Grundsatz, stets auch die Gegenstrategie mit zu bedenken, bei diesen Vorschlägen konsequent berücksichtigt.

Die immer wieder auftauchende Frage, ob denn nicht für *andere* außertechnische Gebiete neue, mindestens aber zusätzliche Prinzipien gesucht und gefunden werden müssten, kann ich hier nur mit dem Hinweis beantworten, dass sich dies nur anhand der Analyse des jeweiligen Wissensfundus feststellen ließe – und diese Arbeit hat bisher außer auf dem Managementgebiet (mit dem oben dargelegten Ergebnis von *Mann* und *Domb*) niemand auf sich genommen. Jedenfalls halte ich die 40 Technik-Prinzipien für völlig ausreichend – immer vorausgesetzt, dass wir die Fantasie aufbringen, die nicht-technischen Beispiele als eigentlich den technischen Lösungsprinzipien zugehörig zu erkennen und uns bei der sinngemäßen Übersetzung nicht gar so schwer zu tun. Auch der Ansatz von *Livotov* und *Petrov* ist, bei allen Vorbehalten (s. o.), ein schlüssiger Beleg dafür, dass die Zahl der wirklich *relevanten* Handlungsempfehlungen im außertechnischen Bereich ganz gewiss nicht bei mehr als 40, sondern eher bei weit weniger als 40 Prinzipien liegt.

Wir wollen nun einige Beispiele aus dem täglichen Leben, der Literatur, der Karikaturistik sowie der Werbung betrachten. Es geht mir dabei zunächst nicht darum, die aktive Anwendung von TRIZ für spezielle außertechnische Gebiete zu demonstrieren, sondern es soll lediglich nachgewiesen werden, dass sich – wie in der Technik – immer wieder die gleichen Muster finden lassen. Es sei hier noch einmal daran erinnert, dass TRIZ eigentlich durch Rückwärts-Arbeiten entstanden ist: Die immer wieder gleichen Muster wurden im vorhandenen Wissensfundus entdeckt, wobei uninteressant war und ist, ob die als typisch erkannten Lösungen intuitiv oder systematisch entstanden sind. Daraus schlussfolgerte *Altschuller*, dass sich die gefundenen Muster eben auch aktiv, im Sinne des Vorwärts-Denkens, zum Lösen neuer (bzw. *vermeintlich* neuer) Aufgaben einsetzen lassen müssten, und demonstrierte die Richtigkeit seiner Annahme an einer Reihe eindrucksvoller technischer Beispiele. Analog müsste auch auf den nicht-technischen Gebieten verfahren werden, wobei TRIZ wohl unmittelbar zum Einsatz kommen könnte – wiederum unter der Voraussetzung, dass den potenziellen Interessenten die sinngemäße Verwendung der an sich für die Technik bestimmten Nomenklatur keine allzu großen Schwierigkeiten bereitet. Dies scheint übrigens der eigentliche Grund zu sein, warum bisher von einer systematisch aktiven TRIZ-Anwendung für außertechnische Bereiche nicht die Rede sein kann. Vielleicht spielt auch eine Rolle, dass insbesondere Designer und Werbefachleute sich im Vergleich zu den Technikern für etwas Besseres halten – besser im Sinne der auf bloßer Intuition beruhenden Kreativität, die anscheinend von ihnen für die einzig wahre Kreativität gehalten wird. Es scheint in diesen Kreisen eine Selbstverständlichkeit zu sein, sich mit der oft geradezu chaotischen Arbeitsweise „aus dem Bauch" auch noch zu brüsten. Aber ich glaube, dass die härter werdende Konkurrenz zu der Einsicht führen wird, die Verwendung von in anderen Branchen bewährten Standardlösungen sowie ein systematischeres Vorgehen analog zur TRIZ-Denkweise seien nicht ehrenrührig, sondern überfällig. Im September 2017 habe ich mir die TV-Werbespots der Parteien zur Bundestagswahl im Sinne einer Ist-Zustandsanalyse angesehen, und mich packte das kalte Grausen: einfältig, penetrant, langweilig, öde, ohne jedes verblüffende Element – für den denkenden Bürger eine einzige Beleidigung. So ist denn das Ergebnis vom 24. September auch aus dieser Sicht keineswegs erstaunlich. Besten Falles kann davon ausgegangen werden, dass mehr oder minder *alle* Spots so gut wie wirkungslos geblieben sind.

Beginnen wir für unsere Betrachtungen zum „TRIZ-analogen" Denken zunächst mit den Widerspruchsformulierungen.

Widersprüche der hier zu besprechenden Art sind – wie wir aus dem 2. und dem 4. Kapitel wissen – keine logischen, sondern dialektische Widersprüche. Demgemäß haben sie den Charakter von Paradoxien, welche bekanntlich, unabhängig vom betrachteten Gebiet, stets besonders anregend sind. Denken wir nur an die Tragikomödie: Auch im täglichen Leben begegnen uns oft Situationen, die an sich traurig sind, über die wir aber dennoch lachen müssen. Schon der Ausdruck „trauriges Lächeln" zeigt, wie nahe Freude und Leid beieinander wohnen. Einerseits „lachen wir Tränen", andererseits führt eine extrem traurige Situation zu einem Weinkrampf, der unkontrolliert, und wohl auch unkontrollierbar, manchmal in eine Art Lachkrampf übergeht.

Betrachten wir nun einige Beispiele für widersprüchliche bzw. paradoxe Formulierungen aus dem täglichen Leben und die dazu gehörenden bzw. vorstellbaren Entsprechungen:

Entspannte Spannung	**Schöpferischer Rausch *(„flow")***
Zerstörendes Schaffen	**Typische Arbeitsweise des Hochkreativen**

Bedeutende Bedeutungslosigkeit	Landläufige Politikerrede (auch: „*Eine Art wehendes Vakuum*" – nach G. Chr. Lichtenberg)
Anwesende Abwesenheit	Der „Zerstreute Professor" (aber eben auch: Silber im Farbfilmprozess, s. dazu Abschn. 2.2)
Trennende Vereinigung	Deutsches Spezialphänomen („Mauer in den Köpfen")
Verantwortungsvolle Verantwortungslosigkeit	**Adolf Eichmann**s Arbeitsweise
Ordentliches Chaos	Schöpferische Wechselbeziehung zwischen Logik und Intuition
Ferne Nähe	Räumlich und zeitlich weit entfernte Personen oder Ereignisse werden glorifiziert oder banalisierend dargestellt; aber auch: moderne Kommunikation mit Lichtgeschwindigkeit
Tiefstapelnder Hochstapler	Verborgenes Karriere-Erfolgsmuster
Wer faul ist, muss fleißig sein	Selbst erklärendes Paradoxon.

Wir sehen, dass die Grenzen zwischen technischen und außertechnischen Entsprechungen fließend sind: Silber im Farbfilmprozess ist zunächst anwesend, es gewährleistet den fotografischen Primärschritt, gibt sodann die Information an die Farbschicht weiter und wird schließlich, in der Entwicklungsanstalt, vollständig herausgelöst und anschließend wiedergewonnen. Dem gleichen Paradoxon entspricht der „Zerstreute Professor". Er wirkt im gewöhnlichen täglichen Leben *abwesend*, weil er in seinem geliebten Spezialgebiet stets in höchstem Maße *anwesend* ist. In beiden Fällen erkennen wir als Mittel zur Lösung des Paradoxons jeweils eines der uns aus der Technik bekannten Separationsprinzipien (Separation im Raum, in der Zeit, durch Zustandswechsel, innerhalb des Objekts). Hier gilt sichtlich die „Separation in der Zeit", im übertragenen Sinne auch der „Zustandswechsel".

Als eine spezielle, besonders anregende Kategorie von Paradoxien können bestimmte Umkehr-Formulierungen gelten. Meisterhaftes auf diesem Gebiet hat der österreichische Schriftsteller *Karl Kraus* (1874 bis 1936) geleistet. Wir sind im 4. Kapitel bereits darauf eingegangen (s. d.). Hier soll nur ein Bonmot von *Kraus* wiederholt werden, das aus unmittelbar methodischer Sicht interessant ist:

Künstler ist nur einer, der aus der Lösung ein Rätsel machen kann.
Genau dies werfen übrigens die Methodik-Kritiker uns Methodikern vor: fertige Lösungen rückwärts so zu interpretieren, als seien sie streng methodisch entstanden – ein wohl nicht immer unberechtigter Vorwurf. Aber trösten wir uns. Etwas im doppelten Sinne Künstlerisches hat eine gute Methode eben auch!

Die bekannte Formulierung „Die Lage ist ernst, aber nicht hoffnungslos" ist vergleichsweise banal. Anders sieht es aus, wenn wir die Umkehrformulierung „Die Lage ist hoffnungslos, aber nicht ernst" betrachten. Wir haben damit ein typisches Muster für den so genannten *Galgenhumor* vor uns. Warum sollte ich mir, so fragt sich hier der hoffnungslos Verlorene, nicht noch ein paar schöne Stunden gönnen? Wir spüren die enorme Spannung und bewundern den Menschen, der zu einer derart souveränen Haltung fähig ist.

Eine paradoxe Umkehrformulierung hat stets ihren eigenen Reiz. In der täglichen Rubrik „Ein Hauch von Scherz" bringt die *Ärztezeitung* oft hübsche Beispiele, indem sie Bilder von Prominenten oder Schauspielern aus bekannten Filmen mit Sprechblasen-Sprüchen versieht. So verblüfft uns ein schwermütig dreinblickender *Michael Douglas* mit der Sprechblase: *„Am glücklichsten bin ich, Herr Doktor, wenn ich unglücklich bin. Das geschieht immer öfter, also bin ich häufiger glücklich, so dass ich von Tag zu Tag unglücklicher werde"* (Ärztezeitung 2005, Nr. 142).

Den Umkehr-Formulierungen eng verwandt, jedoch durchaus eigenständig sind Formulierungen, die Wichtiges und Unwichtiges – sofern untereinander vertauscht – in groteskem Missverhältnis zeigen. So teilt eine Ärztin ihrem offensichtlich zur Bequemlichkeit neigenden Patienten per Telefon mit: *„Gewiss lässt sich die Untersuchung auch telefonisch erledigen. Atmen Sie tief ein, halten Sie die Luft an, und schlucken Sie das Handy hinunter"* (Ärztezeitung 2005, Nr. 140).

Nicht minder hübsch ist eine Szene im hochvornehmen Sprechzimmer. Ein junger Arzt sagt zu seiner stark verunsicherten Patientin: *„Beruhigen Sie sich, Frau Kurt: Der Vater des Kindes ist sein leiblicher Vater. Vielleicht ist er sogar mit Ihrem Ehemann identisch"* (Ärztezeitung 2005, Nr. 131). Hier wird eine absolute Selbstverständlichkeit zur wichtigen Kernaussage gemacht, um das eigentliche Problem elegant in die zweite Reihe rücken zu können – die Politik lässt grüßen.

Wir erkennen eine gewisse Verwandtschaft zum *Armenischen Rundfunk*, in Westeuropa seinerzeit als *„Sender Jerewan"* bekannt. Versteckt unter der Rubrik „Frage an den Armenischen Rundfunk" machte sich der Sowjetbürger gern über die wirklichen Verhältnisse im Lande lustig, die im krassen Gegensatz zur Scheinwelt der Propaganda standen. So lautete eine dieser Fragen: *„Stimmt es, dass Stepan Trofimowitsch einen PKW „Wolga" als Prämie erhalten hat?"*. Antwort des Armenischen Rundfunks: *„Im Prinzip: Ja, nur war es nicht Stepan Trofimowitsch, sondern Alexander Iwanowitsch, ferner handelte es sich nicht um einen „Wolga", sondern um ein Fahrrad, und er hat es nicht als Prämie erhalten, sondern es ist ihm gestohlen worden"*. Dieses leicht irre Standardmuster (*„Im Prinzip: Ja ...."* – und dann folgt etwas ganz anderes, oft das genaue Gegenteil des zuvor Bestätigten) kennzeichnet grundsätzlich *alle* Fragen an den Armenischen Rundfunk und ist so eine gelungene Persiflage auf den offensichtlichen Missbrauch der Dialektik *(Tucholsky: „Die Dialektik erklärt, wie etwas kommen muss, und wenn es dann doch anders kommt, warum es gar nicht anders kommen konnte")*.

Eine besonders schöpferische Umkehrformulierung benutzte ein gestresster Klinikdirektor, dem das Hilfspersonal auszugehen drohte. Er sagte zu seiner engsten Mitarbeiterin, die für die Arbeitseinteilung der Beschäftigten zuständig war: *„Wir erklären den Zivildienst zur Pflicht, wobei Zivildienstverweigerer unter Umständen Dienst mit der Waffe leisten können"* (Ärztezeitung 2004, Nr. 117).

Bringen wir noch zwei Beispiele aus der Werbung. Wenn *Reinhold Messner* ein Arzneimittel mit dem Spruch bewirbt: *„Meine größte Herausforderung war nicht die Höhe des Himalaya, sondern das Tief danach"* (Ärztezeitung 2003, Nr. 5), so weckt damit eine vielen Menschen nur zu bekannte persönliche Erfahrung die werblich gewünschte Aufmerksamkeit: *flow* in der Schaffensphase, *down* unmittelbar danach – obwohl die vollbrachte Leistung nach landläufiger Auffassung doch eigentlich sofort Glück und Zufriedenheit erzeugen sollte.

Ähnlich steht es um die Werbung eines Finanzdienstleisters: *„Mein Unternehmen hat die gleichen Probleme wie ein Großkonzern. Aber wir haben nicht die gleichen Ressourcen, um diese Probleme zu lösen. Scheinbar müssen wir größer sein, um Probleme zu lösen, die dadurch entstehen, dass wir kleiner sind"* (Wirtschaftswoche 2002, Nr. 38).

Sicher können wir mit einer gewissen Berechtigung behaupten, dass sowohl Widerspruchs-Formulierungen bzw. Paradoxien wie auch ungewöhnliche Umkehrungen zum generellen Repertoire des Kreativen gehören. Einen Grund, hier streng zwischen technischer und künstlerischer Kreativität zu unterscheiden, sehe ich jedenfalls nicht. Auch zeigt die Erfahrung, dass ein wirklich gutes Brainstorming nicht nur von einem fähigen Moderator, sondern ganz besonders auch von der Mitwirkung fachfremder Kreativer abhängt. Besonders vorteilhaft für festgefahrene Situationen sind solche Kreative, die den jeweiligen technischen Sachverhalt wegen mangelnder Detailkenntnisse weitgehend unbefangen („von keiner Sachkenntnis getrübt") sehen, und deshalb zu verblüffend einfachen Vorschlägen kommen. Wenn dann der Moderator mit „Altschuller im Hinterkopf" arbeitet und das Team unauffällig lenkt, lässt sich oft in kürzester Zeit ein sehr gutes Ergebnis erreichen.

Betrachten wir nun das überall zu beobachtende Wirken der Lösungsprinzipien im nicht-technischen Bereich.

Eine immer wieder zu beobachtende Tendenz scheint heute – wie mehrfach erwähnt und unter 5.1 detailliert behandelt – dahin zu gehen, die Liste der 35 bzw. 40 in der Technik bewährten Lösungsprinzipien für erweiterungsbedürftig bzw. sogar unzutreffend zu halten, falls nicht-technische Aufgaben systematisch gelöst werden sollen. Altschuller hat sich bereits vor Jahrzehnten sehr reserviert zu dieser damals schon zu beobachtenden Tendenz geäußert, die übrigens nicht nur Gebiete außerhalb der Technik, sondern – auf der anderen Seite der Skala – auch Spezialgebiete innerhalb der Technik betraf. Das Wesentliche dazu habe ich im Abschnitt 3.5 sowie im Abschnitt 5.1 bereits behandelt.

Anhand einiger Beispiele aus dem Bereich der bildenden Künste, speziell an einigen Karikaturen, wollen wir nun das eindeutige Wirken „klassischer" technischer Lösungsprinzipien betrachten. Es sieht in Analogie zu den Ergebnissen von Mann und Domb (1999) tatsächlich so aus, als ob wir uns auch ohne krampfhafte Suche nach neuen bzw. zusätzlichen Prinzipien beim Lösen von Aufgaben außerhalb der Technik, und dies durchaus nicht nur im Management, sehr wohl der bekannten 40-er Liste (Anhang, Tab. 10) bedienen können.

Zwar schließt das die Suche nach neuen, zusätzlichen Prinzipien nicht aus, nur hätten wir dann, wie oben bereits begründet, ebenso wie Altschuller vorzugehen. Ehe nicht Zehntausende von Kreationen (z. B. aus dem Bereich der bildenden Kunst) methodisch analysiert worden sind, sollte auf eine Erweiterung der an sich für die Technik bestimmten, aber erfreulicherweise multivalenten 40-er Liste verzichtet werden.

Der bekannte Karikaturist Erich Schmitt hat seinerzeit im Eulenspiegel-Verlag ein hübsches „Berufslexikon" veröffentlicht, in dem seine Sicht auf wirkliche wie auch auf frei erfundene Berufe dargestellt ist. So erkennen wir beim Glöckner, der mit Steinen per Zwille auf die damit zum Klingen gebrachte Glocke schießt, zwanglos die Prinzipien „Abtrennung" und „Unterbrochene Arbeitsweise" (Abb. 34).

Abb. 34　　Glöckner (*Schmitt* 1974)　　　Abb. 35　　Gondoliere (*Schmitt* 1974)

Allerdings empfindet dies der Glöckner offensichtlich als Rückentwicklung der Technik, denn er sagt zum Pfarrer: *„Hoffentlich haben Sie bald das Geld für den neuen Klöppel zusammen, Hochwürden ..."*.

Ebenfalls dem Abtrennprinzip entspricht der Gondoliere, dem *„O sole mio"* live wohl zu mühselig ist, und der deshalb per Tonbandgerät singen lässt (Abb. 35). Der Witz liegt hier in der Abweisung der Reklamation des von einer hübschen Dame begleiteten Fahrgastes *(„Nein, das ist nicht meine eigene Stimme. Ist das vielleicht Ihre eigene Frau? Na also!")*. Der *Gummisucher* (Abb. 36) zeigt uns hingegen geradezu exemplarisch das Prinzip der Anpassung neben dem Prinzip der Vor-Ort-Arbeitsweise: Gummi-Schuhe, direkt auf der Haut erzeugt, sind für den Chemiker keineswegs Unsinn. Es gibt Beschleuniger für die Kaltvulkanisation von Latex (z. B. Kaliumpyrophosphat), und ein solcher Schuh/Strumpf, der ja aus nahe liegenden Gründen nur wenige Stunden auf der Haut bleiben sollte, könnte für bestimmte Zwecke durchaus sinnvoll sein – für den in der Karikatur dargestellten Zweck ist er es ganz gewiss.

Abb. 36

Gummisucher (Schmitt 1974)

Original-Legende:

„Na, Fido, wie gefallen dir deine neuen Gummischuhe?"

Wir erkennen das Prinzip der *Anpassung* in seiner unmittelbaren Ausprägung, der *Vor-Ort-Arbeitsweise*, sowie das *Prinzip des Ersetzens teurer langlebiger durch billige kurzlebige Produkte.*

Betrachten wir nun Abb. 37. *Schmitt* (1974, S. 80) zeigt uns, wie zwei kreative Musiker die Orchesterpause gestalten und schnell mal einige Eierscheiben fabrizieren. Neben dem Prinzip „Schneller Durchgang" erkennen wir noch das ebenfalls wirkende Umkehr-Prinzip: Beim allgemein bekannten Eierschneider werden die gespannten Drähte möglichst schnell durch das ruhende Ei geführt, während hier das Ei mit vergleichsweise hoher Geschwindigkeit durch die gespannten Harfensaiten geworfen wird. In beiden Fällen wird dafür gesorgt, dass sich das Ei, bevor der Trennvorgang einsetzt, gar nicht erst deformieren kann.

Ein anderes Beispiel hat geradezu pädagogischen Wert, was die sehr häufig missverstandenen Kombinationserfindungen anbelangt. Ein Multitalent führt beim Casting vor, dass er gleichzeitig Mundharmonika und Gitarre spielen, und – mit dem rechten Fuß – noch einen Synthesizer bedienen kann. Der Impresario fragt, aus seiner Sicht verständlich, den offenbar bereits stark überforderten Künstler: *„Was denn, und mit dem linken Bein können Sie gar nichts?"* (Abb. 38). Wir sind mit dem Erfinden inzwischen vertraut und ziehen die Analogie zur Eier legenden Wollmilchsau, sowie – ich kann es mir hier nicht verkneifen – zum Schweizer Militärmesser: Das Aufpfropfen von immer mehr Funktionen führt automatisch dazu, dass jede Einzelfunktion nur noch mangelhaft ausgeführt wird. Das Argument: *„Aber ich habe damit doch alles, was ich brauche,*

Abb. 37

Prinzipien „Schneller Durchgang" und „Umkehrung"

Original-Legende: *„Nun kauft euch doch endlich mal einen Eierschneider"*

E. Schmitt (1974, S.80) zeigt uns den umgekehrten Eierschneider: Das gekochte Ei passiert die gespannten Harfensaiten mit vergleichsweise hoher Geschwindigkeit, so dass die Trennung in Scheiben erfolgt, ehe sich das Ei deformieren kann. Selbst mit nicht straff gespannten Saiten funktioniert die Sache: Ehe die Saiten nachgeben können (Massenträgheit), ist der Trennvorgang bereits beendet.

dabei" ist in schutzrechtlicher Hinsicht nicht stichhaltig, denn nur Kombinationen mit *überraschenden Wirkungen* bzw. *Synergien* sind schutzfähig, und hier handelt es sich eben um einen typischen faulen Kompromiss. *Schmitt* zeigt uns, wohin das ständige „Aufpfropfen" von Funktionen ohne Bezug zueinander schließlich führt. Sein Universalkünstler ist wohl weder ein guter Gitarrist, noch ein erträglicher Mundharmonikaspieler, noch dürfte ihm die Bedienung des Synthesizers mit dem Fuß überzeugend gelingen. Entsprechend hoch ist der Heiterkeitswert der selbst erklärenden Karikatur (Abb. 38). Die bloße Anhäufung von Merkmalen wird in der Patentspruchpraxis als „Aggregation" bezeichnet. Aggregationen sind nicht schutzfähig. Da aber dem Prüfer schon seit langer Zeit keine Funktionsmuster mehr vorgelegt werden müssen, passieren Aggregationen mit z. T. sogar verschlechterten Merkmalen manchmal das Prüfverfahren. Lebensfähig sind solche Erfindungen jedoch nicht, wobei das Schweizer Militärmesser eine Ausnahme ist - obwohl jedes Miniwerkzeug *schlechter* als das jeweilige Spezialwerkzeug arbeitet.

Abb. 38

Kombinationserfindungen, bei denen die Einzelfunktionen in Kombination weniger gut als zuvor ausgeführt werden können, taugen nichts - und dürften, bei strenger Auslegung, keinen Patentschutz erhalten.

Originalunterschrift (Impresario zum Künstler): „Was denn – und mit dem linken Bein können Sie *gar* nichts? (*Schmitt* 1981, S. 93).

Ein wesentliches TRIZ-Prinzip ist, besonders im Zusammenhang mit den Gesetzen der Technischen Entwicklung (Abschn. 3.4), das Anstreben möglichst einfacher Lösungen. Betrachten wir hingegen die reale Entwicklung verschiedener Apparate und Geräte des täglichen Gebrauchs, so kommen uns Zweifel. Warum muss einem Handy, wenn ich doch nur telefonieren will, aller mögliche Schnickschnack aufgepfropft werden? Bei jedem Apparat gibt es eine Grenze, die im Interesse des Nutzers nicht überschritten werden sollte. Die Marketing-Abteilung eines großen Elektronikkonzerns hat vor einigen Jahren in einem Anfall von Selbstkritik einmal experimentell geprüft, ob der eigene Vorstand in der Lage sei, die für den Markt hergestellten Geräte zu programmieren. Das Ergebnis war kläglich. Gewiss sind inzwischen Vereinfachungen vorgenommen worden, jedoch nur unter dem aus solchen Experimenten resultierenden Druck. Die allgemeine Tendenz verläuft jedoch nach wie vor in Richtung einer Verkomplizierung. Kehren wir noch einmal kurz zum Handy zurück und sehen uns an, was der Karikaturist der „Wirtschaftswoche" im Jahre 2004 darüber dachte (Abb. 39). Inzwischen ist es fast unmöglich geworden, sich noch ein Handy ohne Kamerafunktion vorzustellen.

Abb. 39 „*Bleib mal eine Sekunde dran. Ich glaube, ich habe gerade ein Foto von meinem Ohr gemacht*" (Wirtschaftswoche 2004, Nr.10)

Immerhin zeigt die neuere Entwicklung auch eine gewisse Tendenz zur Umkehr. In seinem Artikel „Die Kraft des Einfachen" bringt Deysson (1999) das überwiegend psychologische Problem auf den Punkt: *„Wer möchte in einer Gesellschaft, die Einfachheit mit Einfältigkeit verwechselt und die das Komplizierte anbetet, schon als Einfacher, als Simpel dastehen?"*. Deysson gibt jedoch zu bedenken, dass Kompliziertheit immer auch Abhängigkeit und Verwundbarkeit nach sich ziehe, und der Verlust der Einfachheit deshalb durchaus morbide Züge trage:

„Die Dekadenz der großen Imperien und Kulturen setzte immer dann ein, wenn die Kompliziertheit ihrer Strukturen den Höhepunkt erreicht hatte. In der Arbeitswelt sitzt das Korsett der Kompliziertheit am engsten. Einfachheit ist Gewinn durch Reduktion und das diametrale Gegenteil von Primitivität, mit der sie zuweilen verwechselt wird" (Deysson 1999).

Während ich jetzt, 2017, an der 4. Auflage dieses Buches arbeite, wird mir jedoch klar, dass sich die Entwicklung in Richtung überkomplizierter Systeme nicht mehr aufhalten lässt. Inzwischen ist es fast zum Normalfall geworden, ständig mit glasigem Blick auf sein Smartphone zu starren – und auch bei „Rot" wie in Trance weiterzuschlurfen.

Abschließend wollen wir noch eine Karikatur betrachten, die – ohne dass sich die Quelle heute noch feststellen ließe – in etlichen Konstruktionsbüros aushängt (Abb. 40). Der Berliner Flughafen *BER* lässt grüßen!

Abb. 40 Anlagenbau – einmal anders gesehen

Ein Bild sagt mehr als tausend Worte: Wer ohne gründliche Vorbereitung (kritische Systemanalyse, Zielbestimmung, saubere Planung, Kontrolle) einfach nur „genial" drauflos arbeitet, wird mit absoluter Sicherheit vom Ergebnis schwer enttäuscht sein.

Fassen wir zusammen. Unsere Beispiele zeigen, dass die bereits vor etwa 70 Jahren von *Altschuller* begründete – und in den letzten Jahrzehnten erheblich weiter entwickelte – *Theorie zum Lösen Erfinderischer Aufgaben* weit mehr als eine nur für technische Objekte taugliche Erfindungslehre ist. Widerspruchsformulierungen sind geeignet, technische wie auch nicht-technische Spannungszustände perfekt auszudrücken. Für ein und dieselbe Formulierung finden sich nicht selten technische neben nicht-technischen Entsprechungen. Speziell im Bereich der Werbung sollte endlich einmal bedacht werden, dass einfache Sachstandsbeschreibungen banal sind, Kompromisse kontraproduktiv, und maßlose Übertreibungen verdächtig wirken. Hingegen können Widerspruchsformulierungen bzw. paradox klingende Statements stets mit einem aufmerksamen Publikum rechnen. Geschickt – und vor allem bewusst – ein-gesetzt, könnte die Werbung von diesem Gedankengut erheblich profitieren. Sehr gute Werbung, die es in Ausnahmefällen bereits gibt, zeigt stets die typischen Merkmale des Widerspruchsdenkens.

Das Wirken der zunächst in der Technik beobachteten und genutzten Lösungsprinzipien findet sich nahezu unverfälscht auch im Bereich der bildenden Kunst (in diesem Kapitel demonstriert an Karikaturen). Die akute Notwendigkeit für eine Suche nach weiteren „typisch nicht-technischen" Lösungsprinzipien besteht nach meiner Überzeugung nicht. Eine solche Suche müsste, sofern sie dennoch für erforderlich gehalten wird, unbedingt analog zu *Altschuller*s aufwändiger Arbeitsweise erfolgen. Diejenigen, welche immer wieder nach weiteren Prinzipien fragen, ohne die bekannten – vielfach bewährten – jemals praktisch angewandt zu haben, sollten diese mühselige und wenig Erfolg versprechende methodische Arbeit im Zweifelsfalle selbst erledigen.

6 Methodische Erweiterungen und praktische Beispiele

6.1 Stufenweises Arbeiten? Arbeiten mit Einzelwerkzeugen?

Wir haben über die TRIZ-Denkweise und über die infrage kommenden Werkzeuge einiges erfahren. Nun stellt sich die Frage, ob grundsätzlich stufenweise (z. B. nach dem ARIZ 77) gearbeitet werden sollte, oder ob auch der separate Gebrauch *einzelner* TRIZ-Werkzeuge infrage kommt. Die Antwort ergibt sich aus der besonderen Bedeutung der systemanalytischen Stufe des kreativen Prozesses sowie aus dem Schwierigkeitsgrad der jeweils zu lösenden Aufgabe.

Bei hoch komplexen Aufgaben empfiehlt es sich – sofern alle bisherigen Lösungsversuche versagt haben – den ARIZ 77 komplett abzuarbeiten. Allerdings zeigen sich während der Bearbeitung erfahrungsgemäß bestimmte Dopplungen in den Fragen, die deshalb durchaus nicht unbedingt alle wortwörtlich beantwortet werden müssen. Derartige Dopplungen sind vor allem in den Stufen „Aufbau des Modells der Aufgabe" sowie „Analyse des Modells der Aufgabe" zu beobachten. Der Bearbeiter tut gut daran, individuelle Kürzungen vorzunehmen. Was allerdings nicht zur Disposition steht, ist die möglichst genaue Ermittlung des Kern-Sachverhaltes auf physikalischer Ebene. Dies betrifft insbesondere die störenden, unerwünschten, auf dem Wege zu einem besseren bzw. völlig neuen System zu beachtenden / zu eliminierenden Effekte. Ansonsten hat der ARIZ den unschätzbaren Vorteil, fast alle überhaupt infrage kommenden Lösungsinstrumente „eingebaut" zu enthalten. Wird also die systemanalytische Stufe sorgfältig ausgeführt, so muss in der systemschaffenden Phase durchaus nicht immer mit allen infrage kommenden Lösungsstrategien gearbeitet werden. Vielmehr kann, ausgehend von den Erfahrungen des Bearbeiters, bevorzugt mit bestimmten Lösungsinstrumenten gearbeitet werden. Jedoch hat die komplette Abarbeitung des ARIZ den Vorteil, dass der sich meist schon nach Gebrauch weniger Lösungsinstrumente abzeichnende Lösungsansatz durch den Einsatz weiterer Lösungsinstrumente bestätigen lässt.

Kommen wir zur zweiten Möglichkeit, dem punktuellen Einsatz der Lösungsstrategien. Abb. 41 zeigt uns, dass auch in diesem Falle keineswegs sofort „drauflos" gearbeitet werden sollte. Ohne ein Minimum an systemanalytischen Bemühungen geht es einfach nicht. Empfohlen sei, vor dem Einsatz einzelner Lösungsstrategien entweder die Innovationscheckliste abzuarbeiten, oder mindestens die in Abb. 41 aufgeführten systemanalytischen Schritte vorzuschalten. Auch hier gilt die immer wieder zitierte – mehreren Autoren zugeschriebene – Binsenweisheit: „*Eine richtig gestellte Frage ist bereits mehr als die halbe Lösung*".

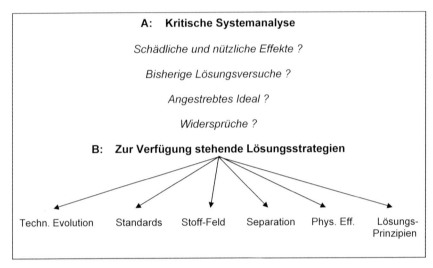

Abb. 41 Auch beim punktuellen Arbeiten mit einzelnen Lösungsstrategien muss zuvor ein Minimum an systemanalytischer Arbeit geleistet werden

6.2 Widerspruchsformulierungen für eine erfolgreiche Patentanmeldung

Beim Abfassen von Patentschriften wird bis heute nicht oder nur in Ansätzen mit widerspruchsorientierten Formulierungen – geschweige denn mit widerspruchsorientierten Standardformulierungen – gearbeitet, obwohl diese prägnante Ausdrucksweise nach meiner Auffassung gerade in einer Patentschrift besonders vorteilhaft eingesetzt werden kann. Niedlich (1999) weist zwar aus der Sicht eines Vorsitzenden Richters am Bundespatentgericht München auf die besonderen Vorteile des Vorliegens widerspruchsorientierter Lösungen für die positive Beurteilung der Erfindungshöhe hin, bringt aber keinerlei Empfehlungen, die Widerspruchsnomenklatur auch beim Abfassen der Patentschrift in eben diesem Sinne systematisch einzusetzen.

Es lohnt sich ganz gewiss, diesem Gedanken nunmehr die angemessene Aufmerksamkeit zu widmen.

Die nach meiner Kenntnis erstmalige Verwendung der exakten – gewissermaßen standardisierten – Widerspruchsnomenklatur erfolgte *expressis verbis* bei der Formulierung der Patentschrift
„**Verfahren zur Herstellung von reinem Natriumhypophosphit** ",
DD-PS Nr. 233 746 v. 23. 01. 1984, ert. gem. Abs. 2 Pat.-Ges. der DDR am 12.03.1986, Int. Pat.-Cl. C 01 B 25/165 (Erfinder: *D. Zobel*).

Die Entwicklung des Verfahrens wird im Abschnitt 6.7 ausführlich behandelt. Zur Vermeidung von Wiederholungen wird der interessierte Leser gebeten, sich mit eben diesem Abschnitt detailliert zu befassen. Hier nur so viel: Ein Mehrstoff-System soll über einen Kristallisationsvorgang auf möglichst einfache Weise in das erwünschte hoch reine kristalline Endprodukt sowie in die Mutterlauge getrennt werden, wobei die alle unerwünschten Verunreinigungen enthaltende Mutterlauge bequem regenerierbar sein soll, und die Zahl der für den Prozess insgesamt erforderlichen Verfahrensstufen möglichst zu minimieren ist.

Der entscheidende Abschnitt im Text der Beschreibung (Darlegung der technischen Aufgabe) lautet wie folgt:

„Die technische Aufgabe, die durch die Erfindung gelöst wird, lässt sich am besten anhand des vorliegenden technischen Widerspruchs erläutern. Zwar ist durch Kühlungskristallisation aus vergleichsweise phosphitarmen Lösungen in bekannter Weise ein sehr phosphitarmes Hypophosphit erhältlich, jedoch geht die Forderung nach einem zugleich auch sehr calciumarmen Produkt mit der Notwendigkeit einher, zuvor die Ausgangslösung in einer speziellen Verfahrensstufe vom Calcium befreien zu müssen. Will man diesen Aufwand vermeiden, so hat dies bei Anwendung bekannter Mittel zur Folge, dass man entweder Hypophosphit mit erhöhtem Phosphitgehalt oder Hypophosphit mit erhöhtem Calciumgehalt erhält.
Vorliegende Erfindung löst diesen Widerspruch".

Die Patentansprüche lauten dann:

1. *Verfahren zur Herstellung von reinem Natriumhypophosphit durch Kühlungskristallisation, dadurch gekennzeichnet, dass aus einer vergleichsweise P(III)-reichen und noch Ca** - haltigen heißen, konzentrierten, trüben Ausgangslösung durch Sedimentation ein Teil des Ca** in Form der mit $CaHPO_3 \cdot H_2O$ angereicherten unteren Phase abgetrennt wird, worauf nach an sich bekanntem chargenweisen Kühlen der gebildete Kristallbrei mit Wasser versetzt und durch Zentrifugieren ein praktisch calciumfreies und zugleich phosphitarmes Natriumhypophosphit erhalten wird.*

2. *Verfahren zur Herstellung von reinem Natriumhypophosphit durch Kühlungskristallisation nach Punkt 1, dadurch gekennzeichnet, dass vor Beginn der Kühlung der bis zu 16 Mol-% P(III) neben 0,02 bis 0,06 Masse-% Ca** enthaltenden heißen konzentrierten Ausgangslösung die Abtrennung der mit $CaHPO_3 \cdot H_2O$ angereicherten unteren Phase nach 0,5 bis 2 h erfolgt, wobei deren Anteil etwa 0,5 bis 2 % der Ausgangslösung beträgt.*

3. *Verfahren zur Herstellung von reinem Natriumhypophosphit durch Kühlungskristallisation nach den Punkten 1 und 2, dadurch gekennzeichnet, dass nach der in üblicher Weise durch Rühren und Kühlen erfolgten chargenweisen Kristallisation der gebildete Kristallbrei am Zentrifugeneinlauf mit 5 -10 % Wasser, bezogen auf die Gesamtmasse der zu zentrifugierenden Kristallsuspension, bei Mischzeiten von etwa 0,5 bis 1 sec versetzt wird.*

Um das hier behandelte Gedankengut Branchen übergreifend verallgemeinern zu können, sehen wir uns nunmehr etwas genauer an, wie die Abstraktion des o. a. Abschnittes „Darlegung der technischen Aufgabe" lauten sollte. Bezeichnen wir die erwünschte Hauptkomponente *Hypophosphit* mit **A**, den unerwünschten Nebenbestandteil *Phosphit* mit **B**, und den ebenfalls unerwünschten Nebenbestandteil *Calcium* mit **c**, so ergibt sich, abstrahiert, die folgende Formulierung:

Kristallisiere ich Lösungen mit der Hauptkomponente **A** neben sehr wenig **B** sowie etwas **c**, so erhalte ich ein zwar fast **B**-freies Salz, das jedoch noch zu viel **c** enthält. Kristallisiere ich hingegen Lösungen mit der Hauptkomponente **A** bei einer etwas erhöhten Konzentration an **B** sowie in Gegenwart von sehr wenig **c**, so erhalte ich ein zwar fast **c**-freies Salz, das aber noch zu viel **B** enthält.

Mit herkömmlichen Mitteln, d. h. unter Einsatz des fachmännischen Kristallisationsregimes, ist dieser Widerspruch nicht zu lösen. Das kristalline Endprodukt **A** enthält entweder zu viel unerwünschtes **B,** oder zu viel, ebenfalls unerwünschtes, **c**. Deshalb wird gewöhnlich vor Beginn der Kristallisation die weitgehende Abtrennung von **B** und **c** aus der zu kristallisierenden Lösung betrieben, was aber, entgegen unserer Aufgabenstellung, zusätzliche Verfahrensstufen erfordert.

Erfinderische Lösung: Von Selbst-Abtrennung von **B** und **c** durch Reaktion miteinander; weitgehendes Abtrennen der schwer löslichen **Bc**-Fällung durch Sedimentation vor Beginn der Kristallisation, Mehrzwecknutzung des Kristallisators; fast vollständige Abtrennung des verbliebenen **Bc**-Restes nach erfolgter Kristallisation durch Wasserzusatz.

Dabei verhindert das Prinzip *Schneller Durchgang* die Auflösung des erwünschten Endproduktes: **A** ist wasserlöslich, so dass der Wasserzusatz an der Zentrifuge seine *nützliche Wirkung* (die restlichen Verunreinigungen **Bc** mit Hilfe des Wassers in die Mutterlauge zu transportieren) entfalten muss, ehe die *schädliche Wirkung* (eine erhebliche, Ausbeute mindernde An- bzw. Auflösung des Fertigproduktes **A**) einsetzen kann.

Noch allgemeiner ausgedrückt ergibt sich als Empfehlung für den Einsatz der Widerspruchsnomenklatur im entscheidenden Abschnitt der Patentschrift (*Darlegung der erfinderisch zu lösenden Aufgabe*):

Zunächst ist zu erklären, welche Parameter einander behindern, und warum herkömmliche – z. B. optimierende – Lösungsversuche nicht zum Ziel führen können (Kurze Beschreibung der *nützlichen* wie der *schädlichen* Einflussgrößen). Nunmehr ist einiges an Formulierungskunst darauf zu verwenden, das Hindernis auf dem Weg zum angestrebten Ziel als anscheinend unlösbaren Widerspruch zu beschreiben. Sodann ist, ohne jeden Anflug von Zweifel, mit schönem Selbstbewusstsein zu behaupten: „*Vorliegende Erfindung löst diesen Widerspruch*".

6.3 Rationelles Bewerten mithilfe des widerspruchsorientierten Denkens

Die zahlreichen bekannten Methoden zum Bewerten von Plänen, Vorhaben, Lösungsansätzen, alten und neuen Verfahren sowie alten und neuen Produkten können und sollen hier nicht dargestellt werden. Sie würden zu ihrer kaum mehr als oberflächlichen Erläuterung ein weiteres Buch erfordern. Angewandt werden häufig: *Scoring-Modelle, Nutzwertanalyse, Wertanalyse nach DIN 69910, Gemeinkostenwertanalyse, Entscheidungstabellentechnik* und *Risikoanalyse* (Knieß 1995). Völlige Objektivität lässt sich mit keiner Bewertungsmethode erreichen. Anscheinend unbekannt blieb den auf diesem Gebiet tätigen Autoren bisher das *Altschuller*-Gedankengut. Wir haben die geradezu universelle Bedeutung dieses Gedankengutes inzwischen schätzen gelernt und wollen uns deshalb fragen, ob nicht auch die Bewertungsmethoden davon profitieren könnten. Nachfolgend unterbreite ich einen – nach meiner Kenntnis – ersten Versuch dieser Art. Wie bei jedem ersten Versuch sollte nicht bereits ein perfektes System erwartet werden. Worauf es mir ankommt: Das *Altschuller*-Denken sollte für Bewertungszwecke nicht ungenutzt bleiben.

Betrachten wir zunächst den Fall, dass wir **vorhandene bzw. gegebene Produkte, Verfahren oder Systeme** (im Folgenden generell als "Systeme" bezeichnet) zu beurteilen bzw. zu bewerten haben. Hierbei kann, in Modifikation der systemanalytischen Phase des ARIZ, mit einem stark verkürzten (der Bewertungsaufgabe angepassten) Fragenkatalog gearbeitet werden.

Gefragt ist nicht, wie beim ARIZ, eine angestrebte Veränderung, sondern zunächst nur die nüchterne Bewertung des Ist-Zustandes. Dafür könnte vorerst folgender Fragenkatalog als methodisches Minimum gelten:

a) Funktionsanalytische Bewertung aller Hauptparameter (Ist-Zustands-Aufnahme, Funktionsanalyse bzw. Teilsystem-Funktionsanalyse, Grad der Erfüllung der Hauptfunktion, Stärken und Schwächen des Systems; welche unerwünschten Nebeneffekte treten auf und beeinflussen – wie stark – das System?) Diese Analyse ist im Vergleich zu relevanten Konkurrenzsystemen vorzunehmen.

b) Ist erkennbar, ob das System durch die Lösung eines in der Vorläufer-Generation aktuellen Widerspruchs zustande gekommen ist? Welcher Widerspruch war das? In welcher Entwicklungsetappe befindet sich das System demzufolge jetzt? Was ist daraus bezüglich der Position des Systems auf seiner Lebenslinie zu schließen?

c) Gibt es noch Optimierungspotenzial, oder ist das System „ausgereizt"?

d) Wie überzeugend arbeitet das System, betrachtet unter dem Aspekt des derzeit aktuellen (noch ungelösten) physikalischen Kern-Widerspruchs?

e) Ist die derzeitige Lösung (zumindest in Ansätzen) bereits *raffiniert einfach*?

f) Funktioniert sie (wenigstens tendenziell, oder sogar fast) *von selbst*?

g) Lässt sich, ausgehend von den derzeitigen Mängeln, ein Ideal formulieren? Wie weit ist die derzeitige Lösung von diesem Ideal entfernt?

Insbesondere die Fragen unter a) ähneln durchaus manchen aus bisherigen Bewertungsverfahren bekannten Fragen. Dies kann auch gar nicht anders sein, denn die Beantwortung dieser Fragen ist methodenunabhängig. Die Fragen b) bis g) sind jedoch ohne Zweifel TRIZ-typisch. Man sucht sie im Zusammenhang mit etablierten Bewertungsmethoden vergeblich. Unter dem Aspekt des von uns nunmehr ins Kalkül gezogenen TRIZ-Denkens sind sie geradezu unerlässlich.

Sehen wir uns jetzt die zwecks **Beurteilung von Plänen bzw. Projekten bzw. Pflichtenheften** zu stellenden TRIZ-Fragen an. Wir erkennen, dass einige der Fragen den oben behandelten ähneln, andere jedoch im gegebenen Umfeld völlig neu erscheinen. Dies dürfte damit zusammenhängen, dass die Anwendung des TRIZ-Denkens auf Pläne, Projekte und Pflichtenhefte noch ungewöhnlicher ist als die Anwendung auf real existierende Systeme. Folgende Fragen sollten das methodische Minimum bilden:

a) Bewerten der geplanten Systemparameter, vorausschauende Funktionsanalyse bzw. Teilsystem-Funktionsanalyse, quantitative Mindestanforderungen an die Erfüllung der Hauptfunktion. Welche nicht vermeidbaren Nebeneffekte werden das System beeinflussen, und in welchem Maße?

b) Ist der Evolutionsstand des geplanten Systems klar beschrieben? Entspricht er dem Trend der technischen Entwicklung? Wie wird die gewählte Entwicklungsrichtung aus dieser Sicht begründet?

c) Ist erkennbar, dass es sich tatsächlich um eine erfinderische bzw. ein neues System schaffende Aufgabe handelt? (Unsere Fragen gehen davon aus, dass es sich um anspruchsvollere Aufgaben – nicht um gewöhnliche Optimierungsaufgaben – handelt).

d) Ist das Ideal formuliert, und werden quantitative Bewertungskriterien für den angestrebten Grad der Annäherung an das Ideal angegeben? Welcher Technische Widerspruch verhindert (bei Anwendung konventioneller Mittel) das Erreichen des Ideals?

e) Ist eine Strategie zur Lösung des Kernwiderspruchs angegeben? Wird darauf eingegangen, welche Ersatz- bzw. Umgehungsstrategien für den Fall vorgesehen sind, dass die vorgesehene Strategie nicht zum Ziel führt?

f) Inwieweit ist die Strategie "Raffiniert einfach" geplant und voraussichtlich anwendbar? Ist die Strategie "Von Selbst", mindestens für störanfällige Teile des Systems, berücksichtigt bzw. konkret vorgesehen? Ist schlüssig und überzeugend dargestellt, wie weit sich das Risiko durch die konsequente Verfolgung dieser beiden Strategien vermindern lässt?

Immer wieder wird beklagt, dass hoch innovative Projekte nicht genehmigt bzw. finanziell nicht gefördert werden. Dies trifft gewiss oftmals zu, nur sollte sich der Antragsteller auch einmal in die Rolle des Geldgebers versetzen. Ich bin der Auffassung, dass unter Einbeziehung der oben dargelegten TRIZ-Gesichtspunkte qualifiziert abgefasste Antragsunterlagen ganz gewiss weit höhere Genehmigungschancen hätten als die oft luschig und wenig aussagestark formulierten konventionellen Anträge. Allerdings dürfte der verantwortungsbewusste Banker, so es ihn denn gibt, beim gegenwärtigen Kenntnisstand wohl einen TRIZ-kundigen Gutachter anfordern müssen, was ja schließlich auch nicht verkehrt wäre.

Sehen wir uns abschließend die für die **Bewertung innovativer Lösungen bzw. neu geschaffener Systeme** zu empfehlenden TRIZ-Fragen an. Wiederum gibt es Überschneidungen neben spezifischen Besonderheiten, und wiederum gilt, dass alle Bewertungen im Vergleich zu den Leistungen der Konkurrenz vorzunehmen sind. Auch gelten fast alle Fragen nur für anspruchsvolle, erfinderische – oder de facto erfinderische – Lösungen, jedoch nicht oder in nur eingeschränktem Maße für Optimierungsergebnisse:

a) Quantitatives Bewerten der Hauptparameter (Funktionsanalyse bzw. Teilsystem-Funktionsanalyse). Bewerten des Erfüllungsgrades der Hauptfunktion. Welche nicht vermeidbaren Nebeneffekte beeinflussen das System noch immer? Wie wirken sie sich quantitativ aus?

b) In welcher Entwicklungsetappe befindet sich die Lösung? Welcher Entwicklungswiderspruch wurde auf dem Wege zur neuen Lösung ganz oder teilweise überwunden? Was ergibt sich daraus für die heute schon absehbaren Anforderungen an die nächste Generation?

c) Wie überzeugend wird die Funktion des neuen Systems, betrachtet unter dem Aspekt des gelösten Widerspruchs, erfüllt?

d) Ist die Lösung *raffiniert einfach*?

e) Entspricht die Lösung ganz oder in Näherung der *"Von selbst"* - Wunschvorstellung?

f) Wie weit, und in welchen Punkten, ist die Lösung vom Ideal entfernt? Quantitative Betrachtung.

g) Wie unterscheidet sich die Lösung, unter TRIZ-Gesichtspunkten beurteilt, von den Lösungen der Konkurrenz?

h) Was ergibt sich aus der von uns vorgenommenen TRIZ-orientierten Bewertung im Vergleich zu den Ergebnissen etablierter Methoden, wie z. B. der Gebrauchswert-Kosten-Analyse?

6.4 Methodische Variationen, Software, Entwicklungslinien

TRIZ ist in den letzten beiden Jahrzehnten mannigfach entwickelt und erweitert worden. Wir wollen uns exemplarisch zunächst mit zwei Methoden befassen, die zwar auf dem TRIZ-Gedankengut beruhen, jedoch berechtigten Anspruch auf Eigenständigkeit erheben können.

Zunächst zur *Widerspruchsorientierten Innovationsstrategie* (WOIS®).

Ausgehend von der Erkenntnis: „*Jede* Aufgabe ist zunächst falsch formuliert, es fragt sich nur, *wie* falsch", hat *Linde* – noch konsequenter als bisher beschrieben – das Herausarbeiten der eigentlichen Aufgabe in den Mittelpunkt der methodischen Arbeit gestellt. Dem entsprechend wird bereits in der Orientierungsphase ein wesentlicher Teil der Arbeit geleistet. Dieser Ansatz basiert auf *Linde*s These:

„Die rechtzeitige und treffende Herausarbeitung der wirklich wichtigen Entwicklungsaufgaben erfordert oft mehr Kreativität als deren Lösung. Dabei ist die richtig gestellte Aufgabe mehr als die halbe Lösung" (Linde, Mohr u. Neumann 1994, S. 77).

Der heute noch meist passive Weg zu Entwicklungsaufgaben wird von *Linde* außerordentlich kritisch gesehen:

„Entwicklungsaufgaben mit großem Erfolgspotential fallen nicht vom Himmel, sondern müssen immer aus komplexen und sehr diffusen Markt-, Bedarfs- und Technologiesituationen herausgearbeitet werden. Das ist eine bedeutende Aufgabe für erfolgreiche Entwicklungsprozesse. Für eine langfristig erfolgreiche Innovationsstrategie genügt es dazu nicht, von den Signalen des Marktes auszugehen. Vielmehr ist es notwendig, auch Indizien für die zukünftigen Bedürfnisse der Menschen und der Wirtschaft vorausschauend zu erkennen" (Linde, Mohr u. Neumann 1994, S.77).

Als nützliche Orientierungsmittel in dieser wichtigsten Phase haben sich nach *Linde* bewährt: Bestimmung des Oberzieles, Orientierung an Mega-Trends, Analyse des Standes der Technik zwecks Schwachstellenanalyse, Generationenbetrachtungen (was war, was ist, was könnte sein?), Orientierung an Evolutionsgesetzen, Definition Idealer Technischer Systeme.

Linde geht davon aus, dass Entwicklungsteams nicht in ein künstliches Vorgehenskorsett gezwängt werden, sondern sich besser an natürlich ablaufenden Vorgängen – wie der Technischen Evolution – orientieren sollten. So wird im *Linde*schen System WOIS® der Frage „Wo befindet sich mein System, und wie hat es sich bis heute entwickelt"? besondere Bedeutung beigemessen:

„Viele Entwicklungsaufgaben, an denen mit viel Aufwand gearbeitet wird, stellen sich aus der Sicht der Technikevolution als falsch dar. Das wirft die Frage nach einer effektiven Innovationsstrategie auf. Eine Gesetzmäßigkeit der Evolution besteht im zyklischen Entstehen und Lösen von Entwicklungswidersprüchen. Diese zunächst unüberwindbar erscheinenden Barrieren führen, wenn die paradoxen Forderungen an die Zielgrößen innerhalb eines Systems erfüllt werden, zu Effektivitätssprüngen" (Linde, Mohr u. Neumann 1994, S. 77)

Die bisher nur von *Linde* in wirklich konsequenter Weise praktizierte Generationenbetrachtung ist in mehrfacher Hinsicht nützlich. Betrachten wir die Geschichte eines Technischen Systems, so lernen wir es einschließlich seiner Mängel ganz genau kennen (Analytischer Aspekt). Untersuchen wir, mit welchen – heute oftmals vergessenen – Mitteln zur Erreichung des jeweiligen Zwecks früher gearbeitet wurde, so erhalten wir Anregungen zum abermaligen (modifizierten) Einsatz dieser Mittel unter den heutigen Bedingungen (System schaffender Aspekt). Oftmals waren „alte" Ideen ihrer Zeit weit voraus, und die Systeme arbeiteten, weil die Umsetzung mit nur bedingt tauglichen Materialien und Methoden vorgenommen wurde, nicht besonders effizient. Heute aber, mit völlig anderen Möglichkeiten und Materialien, kann eine alte Idee durchaus zur Basis einer neuen Technologie werden.

Aus der Synektik stammt die Anregung, die bei Vorliegen von Entwicklungswidersprüchen einander widersprechenden Forderungen im Sinne eines Paradoxons zu formulieren. *Linde* hat diese Stufe unter *„Paradoxe Forderung"* bzw. *„Konstruktiv-Paradoxe Entwicklungsforderung"* in sein System WOIS® eingebaut. Die Konstruktiv-Paradoxe Forderung hat, abgesehen von ihrer rein sachlichen Funktion, eine mental sehr wichtige Wirkung: Das Ausweichen in Richtung eines faulen Kompromisses kommt nun nicht mehr infrage.

So ist es beispielsweise wünschenswert, dass ein Bügeleisen möglichst leicht sein sollte (Bedienkomfort, Bewegungsfreundlichkeit). Dem entgegen steht die Forderung, dass das Bügeleisen schließlich die Wäsche zu glätten hat, weshalb es aus konventioneller Sicht *schwer* sein muss, um genügend Kraft aufzubringen (Funktionserfüllung, Glättvermögen). Beide Gesichtspunkte gleichzeitig sind ganz offensichtlich nicht so leicht „unter einen Hut" zu bekommen. Hier hilft die Konstruktiv-Paradoxe Forderung weiter. Sie lautet im vorliegenden Falle: „Kraft vergrößernde Gewichtsreduzierung". Wichtig ist wiederum die präzise Formulierung: Eigentlich handelt es sich nicht um das Gewicht des Bügeleisens, sondern um die von ihm selbst (nicht durch den starken Arm der treu sorgenden Hausfrau) auszuübende Bügelkraft. Nun fällt das Überwinden der Denkbarriere nicht mehr so schwer. Unter den auch von *Linde* eingesetzten *Altschuller*-Lösungsstrategien wählen wir mit Hilfe der Matrix das Prinzip „Impulsarbeitsweise, intermittierende Arbeitsweise" aus und kommen so zu einem *vibrierenden* Bügeleisen, bei dem *statische Masse* durch die in der Abwärts-Phase des Pulsationsvorganges ausgeübte *Kraft* ersetzt und die Wäsche somit „glattgeklopft" wird (Beispiel nach: Linde et al. 1994, S. 81). Abb. 42 zeigt das Beispiel in der WOIS®-typischen Art dargestellt: Die konträr erscheinenden Parameter sind als *Zielgrößen* (Erhöhung des Glättvermögens, Erhöhung der Bewegungsfreundlichkeit) dem *Widerspruchspaar* „Masse muss eigentlich größer werden, soll aber idealerweise reduziert werden" gegenüber gestellt.

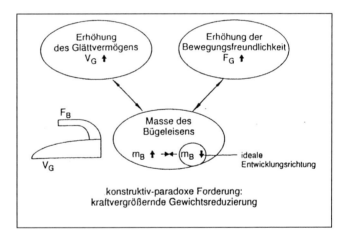

Abb. 42

Erfinderisch zu lösen ist der Widerspruch, dass das Bügeleisen sowohl *bedienfreundlich*, d.h. leicht, als auch *Kraft ausübend* zu sein hat
(nach Linde et al. 1994, S. 81)

Nachfolgende vereinfachte Übersicht (Abb. 43) zeigt das System WOIS® insgesamt. Zu erkennen sind wiederum die bewusst vorrangig behandelten systemanalytischen Stufen (von *Linde* „Orientierungsphase" genannt). Insbesondere die ersten fünf Stufen enthalten methodisch viel Neues. Hingegen sind die System schaffenden Stufen nicht entfernt so originär, sondern lehnen sich sehr deutlich an *Altschuller*s Lösungsstrategien an. Die konsequente Arbeit mit WOIS® gehört für Anfänger gewiss nicht zu den einfacheren Übungen. Die oben erläuterten zusätzlichen bzw. wesentlich modifizierten Schritte gestatten jedoch eine derart präzise Konzentration auf den physikalischen Kern, dass der zunächst sehr hoch erscheinende Aufwand für schwierige Aufgaben vollauf gerechtfertigt erscheint.

Abb. 43 Schematische Darstellung des Ablaufs der Widerspruchsorientierten Innovationsstrategie *WOIS®* nach *Linde* (Linde u. Hill 1993)

Die Widerspruchsorientierte Innovationsstrategie hat sich inzwischen bei der Bearbeitung innovativer Vorhaben in zahlreichen Unternehmen bewährt (Linde u. Hill 1993; Linde, Mohr u. Neumann 1994; Drews u. Linde 1995; Linde 1999, 2002). WOIS® wurde bereits auf mehreren Coburger Symposien einem interessierten Fachpublikum in zahlreichen Facetten sowie anhand immer neuer, überzeugender Praxisbeispiele vorgestellt und näher erläutert (Linde 1999). Auf dem 1999-er Symposium wurden u.a. auch die insbesondere in der systemschaffenden Phase sehr engen Querverbindungen zur *Altschuller*-Denkweise (Zobel 1999, S. 148) behandelt.

Kommen wir nun zu einer weiteren widerspruchsorientierten Methode, dem *Konzept der Problemzentrierten Invention*.

Der ARIZ in seiner klassischen Ausprägung (*Altschuller*-Versionen bis 1985) sowie WOIS® sind mehr oder minder streng sequenziell arbeitende Methoden. Allerdings verläuft der praktische erfinderische Prozess auch bei Anwendung dieser Methoden oft so, dass sich die Lösung bereits in einer vergleichsweise frühen Phase abzeichnet. Dann kann an dieser Stelle, ohne die noch nicht bearbeiteten Folgestufen unbedingt durchlaufen zu müssen, bereits eine der bewährten Lösungsstrategien angewandt werden (s. Abschn. 6.1: *modulare* Arbeitsweise, neben der *sequenziellen* Arbeitsweise Bestandteil aller modernen TRIZ-Versionen). Offenbar ausgehend von dieser Erfahrung schlugen *Möhrle* und *Pannenbäcker* das Konzept der *Problemzentrierten Invention* vor.

Sie basiert auf dem Rahmenmodell der *Fünf-Felder-Analyse* nach *Müller-Merbach*, das fünf Teile eines Problems unterscheidet: den *Istzustand*, die *Ressourcen*, den *Sollzustand*, die *Ziele* und die verknüpfend wirkende *Transformation* (Übergang vom Ist- zum Soll-Zustand, *Müller-Merbach* (1987)).

Möhrle und *Pannenbäcker* gingen nun davon aus, dass für jedes dieser Felder im Rahmen des TRIZ-Konzepts vorteilhafte Werkzeuge zur Verfügung stehen. Beispielsweise sind Systemanalyse und Widerspruchsdenken die entscheidenden Werkzeuge zur Ist-Zustands-Bestimmung, während die Parameter untersetzten Konstrukte der Idealen Maschine (entspr. *IER*) vor allem als Werkzeuge der Zielbestimmung dienen. Für die Transformation eignen sich erwartungsgemäß die Prinzipien zum Lösen Technischer Widersprüche einschließlich der Matrix, ferner elementare Umformungen nach Raum, Zeit, Struktur und Zustand, die Stoff-Feld-Betrachtungsweise sowie die Entwicklungsgesetze Technischer Systeme. *Möhrle* und *Pannenbäcker* betonen, dass sequenzielle und parallele Arbeitsweise einander keineswegs ausschließen müssen:

„Die Werkzeuge können im Rahmen eines durchdachten Ablaufs in einer sinnvollen Reihung bzw. in sinnvoller Parallelität angeordnet werden" (Möhrle u. Pannenbäcker 1997 a).

Abb. 44 zeigt die Anordnung der Hauptwerkzeuge im Fünf-Felder-Rahmenmodell.

Möhrle und *Pannenbäcker* haben ein Beispiel publiziert, das sich mit dem Ausrichten von Baumstämmen in einem Sägewerk befasst. Nach dem Entrinden fallen die Baumstämme zunächst völlig ungeordnet auf ein Förderband. Bisher bekannte Vorrichtungen sind kompliziert, beanspruchen viel Stellfläche und sind zudem nicht zuverlässig. *Systemgrenzen*: Bereich zwischen dem Abwurf nach dem Entrinden und der Aufnahmestelle für die nachfolgende Bearbeitung. *Widerspruch*: Bekannte Systeme (z. B. Ausrichten mit einem per Video gesteuerten Greifarm) sind teuer, kompliziert und weit ab von einer „Von Selbst"-Lösung. *Ideale Maschine, IER*: Förderband, das die Stämme von selbst ausrichtet. *Starke Lösung*: Muss zwingend in der Nähe des IER liegen. Nachfolgend wird der konkrete Gebrauch einiger der nunmehr benötigten *Transformationswerkzeuge* gezeigt:

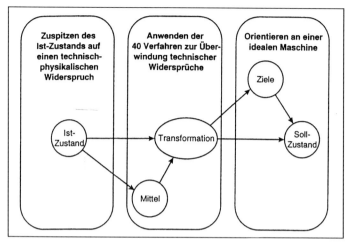

Abb. 44

Fünf-Felder-Modell nach *Müller-Merbach* in seiner Anwendung auf das Konzept der Problemzentrierten Invention nach *Möhrle* und *Pannenbäcker* (1997 a)

a) Prinzipien samt Matrix:

– *Dynamisieren sowie Zerlegen*
Es wird ein dreigeteiltes Förderband eingeführt. Das mittlere ist unterhalb der beiden anderen angeordnet. Es arbeitet in der gewünschten Förderrichtung; in dieser Richtung arbeitet auch eines der beiden oberen Bänder, das andere bewegt sich in Gegenrichtung. Quer oder schräg auf die Anlage fallende Stämme werden so zunächst gedreht, ehe sie parallel zur Förderrichtung auf das mittlere Band fallen.

– *Vorher-Ausführung*
Die Baumstämme sollen *vorher* schon ausgerichtet werden, ehe sie auf das Band fallen. Dies lässt sich mittels einer trichterförmig umkonstruierten Fallrinne erreichen.

b) Stoff-Feld-Betrachtungsweise

Wir haben ein unvollständiges Stoff-Feld-System vor uns, bestehend aus lediglich zwei Stoffen und je einer erwünschten sowie einer unerwünschten gegenseitigen Wirkung. Einzuführen ist (mindestens) ein weiteres Feld. Um die „Von Selbst"-Wirkung zu erzielen, bietet sich das *Gravitationsfeld* an. Wir kommen somit auch auf diesem Wege zum tiefer liegenden Transportband bzw. zur umkonstruierten Aufgabe-Schurre.

c) Entwicklungsgesetze Technischer Systeme

Gesetz des Übergangs von der Makro- zur Mikroebene: Dem Erfinder wird nahe gelegt, die transportierenden wie die ausrichtenden Elemente immer mehr zu verkleinern. So kommen wir zu einem *Kugelbett*, in dem beide Funktionen (Ausrichten wie Transportieren) gleichzeitig/nebeneinander ausführbar sind. Die konsequente Weiterentwicklung (hier: weitere Miniaturisierung der Elemente) führt dann zu *strömendem Wasser*, in dem bei geschickt gestaltetem trichterförmigem Einlauf die „Von Selbst"-Ausrichtung erfolgt (nach: Möhrle u. Pannenbäcker 1997 b).

Kommen wir nun zu der Frage, ob – und, falls ja, in welcher Weise – sich das faszinierende System TRIZ „teilautomatisieren" lässt.

Seit mehreren Jahrzehnten wird intensiv an Computer-Programmen zur Unterstützung kreativer Tätigkeiten gearbeitet. Wir wollen hier nicht näher auf die zahlreichen Versuche eingehen, die *klassischen* Methoden auf diesem Wege effizienter zu gestalten. Auch auf dem Software-Gebiet fällt auf, dass bis heute viele Autoren die widerspruchsorientierte Vorgehensweise nicht kennen, oder aber, aus welchen Gründen auch immer, nicht berücksichtigen (wollen?). Ein Grund könnte darin zu suchen sein, dass anspruchsvolles Erfinden gar nicht gemeint ist, wenn locker von Kreativität geplaudert wird. Dennoch mutet es ein wenig seltsam an, dass noch 1998 unter dem Titel *„Ideenmaschinen – Kreativitätswerkzeuge im Vergleich"* ausschließlich Software vorgestellt wird, die nur intuitive, Ideen strukturierende sowie ohne ausführliche Systemanalyse arbeitende assoziative Verfahren betrifft:

„Mind-Mapping-Werkzeuge stellen das Gros der hier vorgestellten Kandidaten. MindMan, Activity Map, VisiMap oder auch der Decision Explorer erstellen kognitive Karten, mit deren Hilfe man vorhandenes Ideenmaterial strukturieren und weiterentwickeln kann. Oft helfen Groupware-Funktionen bei der Arbeit im Team. Unterschiedliche Ansichten regen zum Nachdenken an. Ganz anders Idegen++ und ProEnergy: Beide Produkte wollen dem Benutzer in der schwierigen Phase der Ideensuche unter die Arme greifen. Idegen++ leitet und moderiert Sitzungen, die der Ideenfindung dienen. ProEnergy will die Produktivität und Lebensfreude des Anwenders steigern und greift zu diesem Zweck auf Strategien der Neurolinguistischen Programmierung (NLP) zurück. Inspiration hat sich auf Struktur- und Ablaufpläne spezialisiert. Topinfo hat es sich zur Aufgabe gemacht, die Planungsssstäbe und Organisationsstrukturen von Großunternehmen zu optimieren (Jungbluth 1998, S.142).

Im Zusammenhang mit der Erläuterung des Programms *Idegen* wird sodann allen Ernstes die uralte These „Quantität bringt Qualität" vertreten, die durch häufige Wiederholung auch nicht wahrer wird. Schließlich haben, wie z.T. bereits in den vorangegangenen Kapiteln ausführlich belegt, *Altschuller*, *Herrig*, *Herrlich*, *Rindfleisch* und *Thiel*, *Linde* und Mitarbeiter, *Möhrle* und *Pannenbäcker*, *Orloff*, *Livotov*, *Herb*, *Terniko*, *Zusman* und *Zlotin* sowie der Verfasser vorliegenden Buches nachgewiesen, dass diese „klassische" These sich insbesondere dadurch auszeichnet, dass sie falsch ist. Wir wollen uns deshalb im Folgenden ausschließlich mit Programmen befassen, die von der widerspruchsorientierten Denkweise ausgehen. Inzwischen gibt es auch in dieser Kategorie viele Varianten und Versionen, die zudem mit der heute gängigen Geschwindigkeit weiter entwickelt und ständig verbessert werden.

Somit kann und will ich nachfolgend nur eine Auswahl behandeln; auch sollte der Leser bezüglich der exemplarisch besprochenen Programme beim heutigen Entwicklungstempo keine Aktualität erwarten. Uns kommt es hier ausschließlich darauf an, den *prinzipiellen* Stand des vom Computer unterstützten kreativen Arbeitens kurz zu vermitteln.

Wichtige Arbeiten zum Rechnereinsatz leistete *Polovinkin* mit seiner Schule bereits in den siebziger Jahren. Er analysierte viele Elementarprozesse des Denkens und wählte einige von ihnen nach dem Gesichtspunkt der Formalisierbarkeit aus, gab Empfehlungen zur Methodik der Programmierung und schuf einen allgemeinen Algorithmus im Sinne eines Mensch-Maschine-Programms zur Suche nach neuen technischen Lösungen (Polovinkin 1976). *Polovinkins* Schule arbeitete zwar umfangreiche Programme aus, indes beklagte *Polovinkin* selbst, dass sie von seinen Studenten für das Generieren kreativer Lösungen kaum genutzt wurden.

Die ersten für den Praktiker wirklich nützlichen Programme wurden anscheinend von *Herrig* geschaffen. Er nannte sein Programmpaket **HEUREKA** (**H**ilfsmittel für das **E**rfinden **u**nter **Re**chner- und **Ka**rteinutzung). *Herrig* hatte diese Entwicklungsarbeiten bis 1986 zunächst im Wesentlichen allein ausgeführt. Ab 1987 wurden dann zusätzliche Programme im Rahmen einer überbetrieblichen Arbeitsgemeinschaft entwickelt, insbesondere aber die Dateien wesentlich erweitert (Herrig 1986, 1988).

HEUREKA bestand 1986 bereits aus folgenden Programmen:

- PATPRO (Patentrechercheprogramm)
- EFFPRO (Effektkettungsprogramm)
- WIDPRO (Widerspruchsmerkmalsprogramm)
- STARPRO (Standardsituationsprogramm)
- TREPRO (Trenddateiprogramm)
- ASSPRO (Assoziationsprogramm).

PATPRO ist eine pragmatische Hilfe für den Erfinder, wobei die bei der Recherche zu beachtenden Merkmalslisten nach dem Morphologischen Verfahren aufgebaut sind. ASSPRO ist *Herrigs* einzige (übrigens gelungene) Konzession an das unsystematische Vorgehen: Es werden Assoziationen zu Alltagsobjekten hergestellt. Dieses Vorgehen löst, wie bekannt, manchmal Denkblockaden. EFFPRO, WIDPRO, STARPRO und TREPRO sind hingegen unmittelbar dem *Altschuller*schen Gedankengut verpflichtet und nach eigenen Erfahrungen noch heute, obzwar inzwischen weit anspruchsvollere Programme vorliegen, für den Praktiker nützlich. Das Programm EFFPRO schrieb der Internationale Schachmeister *Grünberg*. Dazu erarbeitete *Rüdrich* eine Datei aus 211 Physikalischen Effekten, deren besonderer Wert in der Verknüpfungsmatrix liegt. Im Dialog mit dem Rechner können diejenigen Effekte und Wirkprinzipien – über vorgegebene Zwischengrößen – ausgewählt werden, welche Eingangs- und Zwischengröße sowie Zwischen- und Ausgangsgröße miteinander verbinden (Rüdrich u. Grünberg 1988).

Wenn wir die inzwischen vorliegenden Erfahrungen einbeziehen, erscheint die Prognose aus dem Jahre 1986 zwar gewagt, aber prinzipiell zutreffend: *„Der Weg von der Künstlichen Intelligenz zur Künstlichen Kreativität ist unaufhaltsam"* (Herrig 1986, S. 78).

Heute wird mit wesentlich anspruchsvolleren und umfangreicheren Programmen gearbeitet, von denen hier der *TechOptimizer*, die *Innovation WorkBench* sowie der *TriSolver* kurz besprochen werden sollen.

Beim heutigen Entwicklungstempo kann der Leser im Folgenden zwar eine sinngemäß zutreffende Wiedergabe, nicht aber die Besprechung der neuesten Versionen erwarten, worauf hier nachdrücklich hingewiesen sei. Wir befassen uns zunächst mit dem *TechOptimizer 2.5* der Fa. *Invention Machine* und stützen uns dabei auf die Analyse von *Möhrle* und *Pannenbäcker* (1998 a).

Der *TechOptimizer 2.5* startet mit dem ebenfalls als *TechOptimizer* bezeichneten Analyse-Modul. Die Teile *Project Data, Function Model* und *Trimming* stimulieren den Erfinder zu einer anspruchsvollen Systemanalyse sowie zum Checken von Möglichkeiten nahe liegender Vereinfachungen des vorhandenen Systems. Dabei dient *Project Data* der quantitativen Beschreibung des Objektes/Systems, das *Function Model* erlaubt und fordert hingegen die notwendige Abstraktion. Im *Trimming*-Teil stellt sich bei den Trimmversuchen heraus, ob wir es mit einem noch optimierbaren System zu tun haben oder nicht.

Das erste der Transformationsmodule heißt „*Effects*". Es bietet eine umfangreiche Sammlung Naturwissenschaftlicher Effekte und Phänomene aus verschiedenen Fachdisziplinen sowie instruktive Beispiele zur praktischen Anwendung. Mit über 2500 Effekten ist diese Sammlung viel umfangreicher als die in Buchform vorliegenden Sammlungen (z.B. Schubert 1984; v. Ardenne, Musiol u. Reball 1989). In Verbindung mit den zugehörigen Beispielen wird die Analogiebildung angeregt. Gelingt dem Erfinder das *Übersetzen eines annähernd zutreffenden Beispiels*, so kommt er mit Hilfe der „*Effects*" nicht selten zu guten Lösungen.

Das Modul *Principles* ist die praktisch deckungsgleiche elektronische Umsetzung der 40 Prinzipien samt Matrix und Beispielen. Hat der Erfinder zuvor (in der systemanalytischen Phase) sachgerecht gearbeitet, so findet er die einander bei konventioneller Arbeitsweise behindernden Parameter in der Matrix, kann dann die für eine erfinderische Lösung infrage kommenden Prinzipien ablesen, und schließlich die Beispiele auf für seinen Fall nützliche Anregungen bzw. Übertragungsmöglichkeiten durchsehen. Dieses Modul ist für kreative Anfänger besonders verlockend und gefährlich: Wer glaubt, die Aufgabe schon richtig verstanden zu haben, stürzt sich meist ohne ordentliche Vorbereitung auf die *Principles* und wird dann enttäuscht, da er bei ungenügend präziser Definition der einander behindernden Parameter zwangsläufig in den verkehrten Schubladen zu suchen beginnt.

Das Modul *Prediction* („Vorhersage") ist uneinheitlich angelegt. Eingegeben werden zunächst Elemente des betrachteten technischen Systems. Sodann werden zwei Elemente ausgewählt und die Wechselwirkung zwischen ihnen wird spezifiziert (entspricht der Stoff-Feld-Betrachtungsweise). Angeboten werden nun vier elementare Umformungsmöglichkeiten: nach Richtung, Intensität, Struktur und Zeit. Es folgen Empfehlungen, wie die zuvor ausgewählte Umformung vorgenommen werden könnte. Für jeden vorgeschlagenen Transformationsweg werden Beispiele angeboten. All dies hat nun mit *Prediction* im Wortsinne eigentlich kaum etwas zu tun, eher schon die Sonderfunktion „*Trends of Evolution*". Hier werden 17 Muster der technologischen Entwicklung angeführt. Der Erfinder erhält somit eine Perspektive zur künftigen Entwicklungsrichtung seines Systems. Das Transformationsmodul *Feature Transfer* hat integrative Funktionen. Aus verschiedenen Lösungsmöglichkeiten soll eine Lösung geschaffen werden, welche die Vorteile mehrerer der ursprünglichen Lösungsmöglichkeiten vereint. Dieses Modul erscheint als Fremdkörper, zumal keine Beispiele angegeben werden, wie die vorgeschlagene Transformation zweckmäßig erfolgen sollte. Auch ist nicht unbedingt erkennbar, ob (im Zuge der angestrebten Vorteilskombination) Nachteilskombinationen ausgeschlossen werden können.

Der *TechOptimizer* ist für Fortgeschrittene zu empfehlen. Der Anfänger steht vor dem Problem, dass der Ablauf explizit nicht vorgegeben wird. Der besondere Vorteil des Original-ARIZ (z. B. Altschuller 1984) ist aber gerade darin zu sehen, dass eben diese sequenzielle Abfolge den Anfänger von der gründlichen Systemanalyse über die Definition des Ideals bis zum Herausarbeiten der Widersprüche leitet, ehe z. B. mit der Matrix und den damit ausgewählten Standardstrategien (oder anderen) gearbeitet werden kann. So tut der Anfänger gut daran, sich vor Nutzung des *TechOptimizer* erst einmal gründlich z. B. mit dem ARIZ 77 (Altschuller 1984) vertraut zu machen, damit er weiß, wo er sich bei Nutzung eines Moduls gerade befindet, und welche Arbeit er dennoch abschnittsweise ohne Computerhilfe bewältigen muss. Ganz gewiss nicht nur für den *TechOptimizer* – sondern für alle Programme – gilt eben:

„Gleichwohl bleibt Erfinden nach wie vor Menschenwerk. Das Beste, was der Tech Optimizer 2.5 anbieten kann, sind Prinzipvorschläge und Beispiele, die der Erfinder in Form von Konkretisierungen oder Analogiebildungen in Verbindung mit seinem Fachwissen auf das zu lösende Problem anwenden kann. Der Computer kann also weder die Kompetenz noch die Kreativität des Erfinders ersetzen, er kann allerdings beide in einigen Aspekten verstärken" (Möhrle u. Pannenbäcker 1998 a).

Kommen wir zur *Innovation WorkBench* der Fa. *Ideation Internat. Inc.*

Möhrle und *Pannenbäcker* sind bei ihrer vergleichenden Analyse bezüglich der Innovation WorkBench 2.0 zu folgenden Schlüssen gelangt:

„Neben .... Gemeinsamkeiten unterscheidet sich die Innovation WorkBench 2.0 jedoch in vielem vom TechOptimizer 2.5, unter anderem im grundlegenden Konzept, in ihrem Erscheinungsbild und in ihrer Bedienung. So ist die Innovation WorkBench 2.0 mehr prozessbegleitend, weniger werkzeugartig konzipiert und um instruktive Sequenzen angereichert. Insgesamt verkörpert die Innovation WorkBench 2.0 die Theorie zur Lösung erfinderischer Aufgaben in wesentlich stärkerem Maße. Sie erweitert TRIZ, ist in diesen Erweiterungen allerdings weniger empirisch oder logisch fundiert als TRIZ, da sie sich vor allem auf die persönlichen Erfahrungen der Entwickler stützt" (Möhrle u. Pannenbäcker 1998 b, S.11).

Die Software bietet zum Einen *acht Instrumente*, die den Charakter isolierter Werkzeuge haben („Tools"). Zum Anderen werden *sieben Prozessschemata* angeboten, die bestimmte Vorgehensweisen kommentiert anraten und die Instrumente verknüpfen („Applications"). Allerdings unterstützt die Anwendung den Erfinder nicht bei seiner Entscheidung, welchen Einstieg er wählen soll. Dies dürfte vom Anfänger, der meist *einen* Leitfaden erwartet, als unbefriedigend empfunden werden. Deshalb sei dem Anfänger auch hier geraten, sich zunächst einmal mit den *Altschuller*-Grundlagen (Altschuller 1984) zu befassen. Besonders hilfreich ist zu diesem Zweck auch die Lektüre des von *Herb* hervorragend übersetzten und für den deutschen Leser kommentierten Buches von *Terninko, Zusman* u. *Zlotin* (1998).

Betrachten wir zunächst die acht Tools. Drei von ihnen sind überwiegend systemanalytisch orientiert, fünf eher auf Synthese ausgerichtet.

Die drei systemanalytischen Tools heißen *Innovation Situation Questionnaire, Problem Formulator* und *Algorithm for Inventive Problem Solving*. Die inzwischen mehrfach behandelte Erkenntnis, dass eine überzeugende Lösung nur bei genauester Analyse des zu verändernden Systems einschließlich seiner Mängel (abstrakt und/oder physikalisch formuliert) erwartet werden kann, liegt dem erst genannten Tool zugrunde.

Der *Problem Formulator* dient hingegen dem Formulieren der konkreten Problemstellung. Während diese beiden Tools trotz mancher Überschneidungen überzeugen, ist der *Algorithmus* insofern enttäuschend, als er den *Altschuller*schen Algorithmus nur extrem verkürzt bietet. Der Grund könnte sein, dass *Zusman* u. *Zlotin* mehr auf die modular-parallele als auf die streng sequenzielle Arbeitsweise setzen – für den Fortgeschrittenen ohne Zweifel praktikabel, für den Anfänger (s.o.) wohl eher nicht.

Die fünf überwiegend lösungsorientierten Tools seien im Folgenden ebenfalls kurz besprochen, wobei die ausführliche Rezension von *Möhrle* u. *Pannenbäcker* (1998 b) sowie eigene methodisch fundierte Erfahrungen zugrunde gelegt wurden.

Das Instrument *System of Operators*: Der Anbieter versteht darunter einen Oberbegriff für alle Erfindungsverfahren, Techniken und Standardlösungen nach *Altschuller*. Das *System of Operators* liefert dazu drei Hauptgruppen: Universelle Operatoren für fast jede beliebige Situation, generelle Operatoren zur Funktionalitätsverbesserung, und spezielle Operatoren. Hinzu kommen zwei Nebengruppen mit weiteren Operatoren. Die Freiheit der „Navigation" überzeugt den Fortgeschrittenen, frustriert aber wiederum den Anfänger.

Das Instrument *Innovation Guide* bietet dem Erfinder eine anspruchsvolle Sammlung Naturwissenschaftlicher Effekte und Erscheinungen sowie technischer Lösungen (Bauteile, Verfahrensgestaltung), illustriert durch Beispiele. Die Struktur erlaubt neben der alphabetischen Suche ein schöpferisch-pragmatisches Herangehen, z.B.: „Wie kann ich ein Objekt zum Oszillieren bringen", „Wie kann ich Strahlung absorbieren", „Wie kann ich eine Wirkung in eine andere Wirkung überführen", „Wie kann ich Ressourcen finden und nutzen", „Wie kann ich eine Erscheinung ermitteln oder messen, z.B.: Wie kann ich die Durchlässigkeit einer Membran bestimmen"?

Das Instrument *Patterns/Lines of Technological Evolution* bietet sieben Muster der technologischen Entwicklung an. Auch dieses Tool basiert direkt auf Altschuller (1984). Demgemäß decken sich einige der angegebenen Gesetze direkt mit *Altschuller*s Gesetzen der Entwicklung technischer Systeme. Es scheint allerdings so, als seien die wesentlichen Weiterentwicklungen von *Linde* und *Hill* (1993) nicht einbezogen worden.

Die *Contradiction Table* liefert die komplette elektronische Version der inhaltlich nicht veränderten 40 Erfindungsverfahren (Prinzipien) nebst Matrix nach *Altschuller* (siehe Kap. 10, Anhang). Ein Tutorial vermittelt dem Erfinder den Umgang mit der Matrix sowie den elementaren Erfindungsverfahren anhand eines durchgängig abgehandelten Beispiels.

Das Instrument *Utilization of Ressources* leitet den Erfinder zu intensiven Ressourcenbetrachtungen an. Zu den verschiedenen Arten von Ressourcen (Substanzen, Felder, Funktionen, Information, Zeit, Raum) sowie deren Akkumulation resp. Konzentration werden erläuternde Texte und zahlreiche Beispiele geboten.

Die erläuterten Instrumente sind das Grundgerüst der *Innovation WorkBench 2.0*. Sie werden ergänzt durch sieben Prozess-Schemata („Applications"), welche instruktive Schrittfolgen zur Lösung spezieller Arten von Problemen anbieten. Es werden vier übergeordnete und drei spezielle Applications angeboten. Die erst genannte Gruppe besteht aus den Schemata: *The ideation problem-solving process*, *Improve a product/process*, *Eliminate a harmful action* und *Synthesize a new system*. Die speziellen Prozess-Schemata heißen: *Develop a system for measurement*, *Develop the next generation of a product/process* und *Anticipatory failure determination*. Während die ersten sechs selbsterklärend sein dürften, bedarf die *Antizipierende Fehlererkennung* als methodisch neuer Baustein der Erläuterung.

Das Konzept verlangt vom Erfinder, sich zunächst die schlimmsten im System denkbaren Fehler vorzustellen, um sodann systematisch Strategien zu ihrer vorbeugenden Vermeidung einsetzen zu können. Qualifizierte Detail-Erläuterungen zu dieser über *Altschuller* deutlich hinaus gehenden Vorgehensweise finden sich bei *Terninko, Zusman* u. *Zlotin* (1998, S. 229 -238)

Die vergleichende Bewertung des *TechOptimizer 2.5* und der *Innovation Work Bench 2.0* hängt sehr davon ab, ob ein – wenn auch befähigter – Anfänger oder ein versierter Erfinder gefragt sind. Beide Systeme erfordern vorbereitend eine gründliche Beschäftigung mit *Altschullers* Denkmodell. Zwar sind entsprechende Einweisungen Bestandteil des jeweiligen Software-Marketing, jedoch erschließt sich dem Anfänger das gesamte Denkgebäude wohl doch besser auf Basis der Original-Quellen (Altschuller 1984).

Für nicht wenige Interessenten könnte von Belang sein, dass sowohl der *TechOptimizer* als auch die *Innovation WorkBench* ausschließlich in englischer Sprache geliefert werden; hingegen wird der nachfolgend behandelte *TriSolver* (s. u.) auch in einer recht guten deutschen Version angeboten. Wir sollten bedenken, dass Pidgin-English für anspruchsvollere Zwecke kein sonderlich geeignetes Idiom, Deutsch hingegen im Zweifelsfalle auch eine schöne Sprache ist.

Die spezifischen Merkmale des *TriSolver* „Ideengenerator & Manager" in seiner professionellen Version 2.1 lassen sich besonders übersichtlich darstellen, wenn Ideengenerator und Ideenmanager, weil funktionell und inhaltlich stark different, extra betrachtet werden (s. Livotov u. Petrov 2002, S. 296).

Der **Ideengenerator** arbeitet mit den 40 Lösungsprinzipien, der Widerspruchstabelle mit statistischer Auswertung der Lösungsprinzipien, den Separationsprinzipien, den 12 Innovationsprinzipien für Business und Management, einer Flächen deckenden Lösungssuche mit der speziellen *TriSolver*-Methode, Checklisten zum Mobilisieren von Systemressourcen, den 76 Stoff-Feld-Standard-Lösungen, den Verfahren zur Prognose der Technischen Evolution, sowie schließlich einem Anwendungskatalog Physikalischer, Chemischer und Geometrischer Effekte (s.a. Abschn. 3.9).

Der **Ideenmanager** hat die Funktion, die Arbeit sowie die Dokumentation der – auch zwischenzeitlichen – Arbeitsergebnisse übersichtlich und nachvollziehbar zu gestalten. Er ist charakterisiert durch eine übersichtliche Datenbank-Architektur mit einer Anwender-Datenbank, die stets erweitert werden kann für neue Lösungsprinzipien, Ideen und Beispiele, durch ein am Projekt orientiertes Wissens- und Ideenmanagement, die Protokollierung des Arbeits- und Ideenfindungsvorganges, durch eine Schlagwortsuche in Ideenpools, anderen Projekten und Datenbanken, durch eine automatische Generierung und den Export von Ideenpools, eine Ideenbewertung und Präsentation in grafischer und tabellarischer Form, die Verknüpfungsmöglichkeit mit externen Dokumenten (PC, Intranet und Internet), und seine Netzwerk-Ausbaufähigkeit.

Die wichtigsten Elemente der Software sind:

Wissensmanagement:
Die *TriSolver*-Datenbank mit allen wichtigen TRIZ-Bausteinen ermöglicht einen schnellen Zugriff auf jedes TRIZ-Werkzeug. Die Benutzer-Datenbank dient dazu, die TRIZ-Bausteine zu modifizieren und eigene innovative Ideen, Arbeitstools und Lösungsprinzipien zu entwickeln.

Lösungssuche mit der Widerspruchstabelle:
Denkvorgang und Auswahl werden automatisch dokumentiert. Im Hintergrund analysiert die Software Anwendungshäufigkeit und Relevanz der Prinzipien.

Ideenmanagement:
Jede neue Idee wird dokumentiert und verwaltet. Der Benutzer kann die Ideen kategorisieren und nach Marktpotenzial und Realisierungsaufwand bewerten.

Innovationsmanagement:
Die Software beinhaltet ein mehrstufiges Verfahren zur Flächen deckenden Lösungssuche. Sie beruht auf dem ARIZ. Die Ideenpools werden automatisch generiert und grafisch wie tabellarisch dargestellt.

Abschließend wollen wir noch den Übergang von *Altschuller*s individueller Arbeit am System (bis etwa 1985) zu den seither von seinen Schülern und Nachfolgern geleisteten Entwicklungsarbeiten kennen lernen.

Will man *Altschuller*s individuelle Leistungen angemessen würdigen, so sind einige biografische Details hilfreich. Ich stütze mich dabei auf die Angaben von *Terninko, Zusman* u. *Zlotin* (1998, S. 36) sowie von *Lerner* (1991). *Altschuller* wurde am 15.10.1926 in Tashkent geboren. Die längste Zeit seines Lebens verbrachte er in Baku/Aserbaidshan. Als Junge tauchte er gern im Kaspischen Meer. Mit 14 Jahren kam er auf die Idee, festes Peroxid als Unterwasser-Sauerstoffquelle für Tauchapparate anstelle der schweren Pressluftflaschen zu verwenden. Mit 16 Jahren erhielt er sein erstes Patent auf diese Erfindung. Im Zweiten Weltkrieg war *Altschuller* Leutnant bei der Marine und wurde dort später als Patentexperte beschäftigt. Nachdem er weitere Erfindungen gemacht hatte, begann er sich für die Frage zu interessieren, wie Erfindungen entstehen. Der psychologische Ansatz versagte kläglich, da keiner der befragten Erfinder so recht zu sagen wusste, wie der erfinderische Prozess eigentlich abläuft. *Altschuller* kam nun auf die bereits behandelte geniale Idee, zahlreiche Patentschriften aus unterschiedlichen Branchen in der Hoffnung durchzusehen, auf Gemeinsamkeiten zu stoßen. Das Ergebnis ist bekannt: Er fand die zuvor verborgenen Grundmuster in Form der Prinzipien zum Lösen Technischer Widersprüche (von ihm zunächst als „Elementarverfahren" bezeichnet). Die Schlussfolgerung, dass fast alle *vermeintlich* neuen Probleme (etwa 95 %) sinngemäß bereits gelöst seien, nur eben in einer jeweils anderen Branche, faszinierte *Altschuller* und seinen Jugendfreund *R. Shapiro*. Beide schrieben einen Brief an *Stalin*, in dem sie Sorge über den Zustand des sowjetischen Erfinder- und Neuererwesens äußerten und erste methodische Vorschläge zur Verbesserung unterbreiteten.

Aber die – wenn auch konstruktive – Kritik eines jüdischen Ingenieurs war nicht gerade das, was Stalin gefiel. Im Gegenteil: *Altschuller* und *Shapiro* wurden verhaftet und zu 25 Jahren Arbeitslager verurteilt (Begründung: „*Staatsfeindliche erfinderische Betätigung*"). Zuvor wurde er beim KGB verhört, und zwar Nacht für Nacht. *Altschuller* wurde vom Wachpersonal tagsüber daran gehindert zu schlafen, um ihn fertig zu machen. Der Häftling begriff, dass er seine eigene Methode anwenden musste, um zu überleben. Offensichtlich war das Problem zu lösen: *Wie kann ich schlafen und nicht schlafen zur gleichen Zeit?* In *dieser* Form war das Problem, jedenfalls im wörtlichen Sinne, in der Tat nicht lösbar. Die Übersetzung in die TRIZ-Praxis erwies sich jedoch als unmittelbar hilfreich: *Meine Augen müssen offen und zugleich geschlossen sein.* Hier kommt ganz deutlich die Methode des Lösungsansatzes durch *Separation* zum Zuge: *geschlossen* beim Schlafbedürftigen, *offen* für das argwöhnisch spähende Wachpersonal. Das war nun (für *Altschuller*) eine der leichteren Übungen. Er riss sich zwei Stückchen Papier aus einer Zigarettenverpackung entsprechend zurecht, malte Pupillen darauf und klebte sie mit Spucke auf die geschlossenen Lider. Die Wachen sahen die anscheinend geöffneten Augen des Häftlings, und die Vernehmungsoffiziere wunderten sich, wie vergleichsweise frisch *Altschuller* nachts erschien.

Die Arbeit in den Straflagern war extrem hart. Eines Tages wurde *Altschuller* in ein anderes Lager verlegt und kam dort mit vielen intellektuellen Häftlingen (Professoren, Rechtsanwälten, Künstlern) in Kontakt. Später nannte er diese Zeit seine Universität: Die Professoren waren glücklich, den intelligenten und wissbegierigen *Altschuller* unterrichten und sich so vor dem eigenen geistigen Verfall schützen zu können. *Altschuller* hingegen testete und verfeinerte seine Methode bzw. Denkweise in vielen anregenden Gesprächen mit seinen Mithäftlingen. Nach *Stalins* Tod wurde *Altschuller* vorzeitig entlassen. 1956 verfasste er gemeinsam mit *Shapiro* den denkmethodisch revolutionären Artikel „*Zur Psychologie der Erfindertätigkeit*" (Altschuller und Shapiro 1956). In den Folgejahren entwickelte *Altschuller* seine Methode, zunächst gegen massive Widerstände der Staatsbürokratie, immer weiter. Er initiierte in verschiedenen Städten regelrechte TRIZ-Schulen, auch als Sonderkurse in die universitäre Ausbildung integriert. Erfolgreiche TRIZ-Zentren waren Kiew (Ukraine) und Kishinjow (Moldawien). Eine Zusammenfassung seiner Leistungen findet sich in einer TRIZ-Monographie seiner dankbaren Schüler als Widmung:

Genrich Altschuller, dem Vater der Theorie des Problemlösens (TRIZ), in Anerkennung der vielen Ehrungen im Jubiläumsjahr 1996:

– dem 70. Geburtstag des TRIZ-Schöpfers Genrich Altschuller (1926),
– dem 50. Geburtstag der Erfindung von TRIZ (1946),
– dem 40. Geburtstag der ersten TRIZ-Publikation (1956),
– dem 25. Geburtstag der letzten Version seiner Widerspruchstabelle (1971)
– dem 11. Geburtstag von Altschullers letzter Version des Algorithmus der erfinderischen Problemlösung (ARIZ) (1985),
– dem 11. Geburtstag des Systems der Standardlösungen (1985).
(Terninko, Zusman u. Zlotin 1998, S. 5)

Da *Altschuller* zwischenzeitlich immer wieder, insgesamt während vieler Jahre, keinerlei Unterstützung genoss, verdiente er seinen Lebensunterhalt in solchen Phasen als Verfasser utopischer Romane und Novellen. Diese Bücher zeichnen sich durch eine fast poetische Sprache aus. Das Metier gab ihm aber zugleich die Möglichkeit, seine Widerspruchsmethodik anhand besonders ungewöhnlicher Beispiele exzellent zu demonstrieren. Als Beispiel sei die Novellen-Sammlung „*Der Hafen der steinernen Stürme*" genannt (Altow 1970/1986; *Altschuller* publizierte im utopischen Genre unter „*Genrich Altow*").

Ein persönliches Erlebnis soll diesen Abschnitt ergänzen. Im Oktober 1985 kam ich während einer Touristenreise nach Baku. Ich wollte bei dieser Gelegenheit *Altschuller* aufsuchen und erkundigte mich bei der Dolmetscherin nach seiner Adresse. Am nächsten Tag teilte sie mir – Feinfrost in der Stimme – pikiert mit, *Altschuller* sei nicht, wie von mir behauptet, ein weltberühmter Wissenschaftler und Methodiker, sondern ein „Fantast" (russ. Terminus für Verfasser fantastischer/utopischer Schriften), und außerdem sei seine Wohnung in Baku nicht zu erfragen – was auch immer das heißen mochte. Ich beschloss nun die Sache ohne Dolmetscherin selbst in die Hand zu nehmen, zog allein los und erkundigte mich auf dem Zentralen Telegrafenamt nach seiner Adresse. Zunächst hieß es, *Altschuller* wohne nicht in Baku. Da ich hartnäckig blieb, verwies man mich auf den nächsten Tag: man wolle inzwischen den Chef fragen und auch noch einmal in der *Spezkartejka* (Spezialkartei) nachsehen. Am nächsten Tag traf ich auf eine andere Angestellte, die von nichts etwas wusste. Ich beschwere mich heftig und wurde wiederum auf den nächsten Tag vertröstet. Am dritten Tag traf ich dann – immer am gleichen Platz – auf eine dritte Angestellte, die mich geradezu beschwor, von meinem Vorhaben abzulassen. Als ich hartnäckig blieb, schrieb sie mir, sich mehrfach ängstlich umschauend, *Altschullers* Adresse auf einen Packpapierfetzen. Ich bedankte mich und fuhr nun für 5 Kopeken mit der Metro in das verlotterte Neubaugebiet, in dem der große Mann damals wohnte. Als ich nach Passieren eines heruntergekommenen Hausflurs an seiner Tür läutete, öffnete mir seine Ehefrau *Valentina Nikolajevna Zhuravljeva*. Ich habe niemals einen erschrockeneren, ängstlicheren Menschen gesehen. Sie fragte mich zitternd und fassungslos: „*Mein Herr, wie haben Sie es bloß geschafft, an unsere Adresse zu kommen*"? Ich konnte nur ahnen, dass Frau *Zhuravljeva* irgendetwas Schlimmes befürchtete, was mit mir als einem nicht angemeldeten Ausländer und den Überwachungsbehörden zusammenzuhängen schien. Allerdings wusste ich damals noch nichts von *Altschullers* Biografie und seinem schweren Schicksal. Heute ist mir klar, dass *Altschuller* selbst damals noch – Gorbatschow war schon einige Monate an der Macht – unter ständiger Überwachung stand. Als sich Frau *Zhuravljeva* etwas beruhigt hatte, sagte sie mir, dass ihr Mann leider auf Vortragsreise in

Novorossisk sei, und bat mich herein. Ich übergab ihr mein erstes Buch (Zobel 1985) mit persönlicher Widmung für ihren Mann und berichtete von der Wertschätzung, die sein Werk im Ausland, speziell in der DDR, genoss. Frau *Zhuravljeva* zeigte sich interessiert; wir unterhielten uns, wenn auch auf Grund meines brüchigen Russisch und der geschilderten Umstände nicht sonderlich entspannt, noch eine Stunde. Zum Abschied schenkte sie mir sein damals neuestes Buch „*I tut pojavilsja izobretatjel*" (Altschuller 1984), in dem TRIZ und TRIZ-Beispiele gekonnt für Kinder behandelt werden. Auch dieses Buch ist, wie seine utopischen Romane, unter *Altschuller*s Pseudonym „*G. Altow*" erschienen.

Altschuller lebte seit 1990 in Petrozavodsk/Karelien. Er starb 1998. Wie viele große Geister wirkte er nach dem Zeugnis von Menschen, die ihn gut kannten, stark polarisierend. Er wurde entweder uneingeschränkt verehrt, oder aber krass abgelehnt. Hinzu kam ein in den Ländern der ehemaligen Sowjetunion doch recht stark ausgeprägter Antisemitismus. Andererseits war aber wohl auch *Altschuller* manchmal extrem in seiner Haltung zu Schülern, Mitarbeitern und Methodiker-Kollegen. Methodische Meinungsdifferenzen wurden nicht nur unterkühlt-kontrovers, sondern gelegentlich auch heftig polemisierend (so z. B. *Altschuller* versus *Polovinkin*) ausgetragen. Abgesehen von den ganz großen eigenen Leistungen wirkte *Altschuller* deshalb stets auch als provokanter Anreger, an dem keiner, der sich heute ernsthaft mit Kreativitätsmethodik befasst, auf Dauer vorbei kommt.

Besonders in der DDR hatten bereits vor längerer Zeit mehrere Autoren das *Altschuller*-Gedankengut aufgegriffen und weiter entwickelt. So hat *Herrlich* im Lehrmaterial der KDT (Herrlich u. Zadek 1982) sowie in seiner Dissertation (Herrlich 1988) neben einem Methodenüberblick auch zahlreiche Anregungen bezüglich einer verkürzten, unmittelbar praktischen Anwendung des ARIZ gegeben. *Rindfleisch* u. *Thiel* erkannten, dass *Altschuller* bei aller Konsequenz dennoch den analytischen Teil seines Systems nicht genügend ausgebaut hatte, und sie schufen deshalb ihr „*Programm zum Herausarbeiten von Erfindungsaufgaben und Lösungsansätzen*" (Rindfleisch u. Thiel 1986/1989). Ich lieferte neue Beispiele außerhalb des Maschinenbaus, darunter eigene Beispiele aus dem Gebiet der Chemischen Technologie, ferner Beispiele aus der Medizin und der Medizinischen Technik, schlug mehrere Varianten einer hierarchischen Gliederung der Prinzipien vor, vermittelte eine neue Sicht auf die Umkehr- und die Analogieeffekte und formulierte ein weiteres Gesetz der Entwicklung Technischer Systeme (Zobel 1982, 1985, 1991, 2004). *Linde* entwickelte, von den in seiner Dissertation gewonnenen Erkenntnissen ausgehend (Linde 1988), sein inzwischen etabliertes und in der inventiven Unternehmensberatung bewährtes System WOIS® (Linde 1999, 2002). *Herrig* sowie *Rüdrich* gehören zu den Pionieren der letztlich ebenfalls auf dem *Altschuller*-Gedankengut basierenden *Computer Aided Creativity* (CAI). Die wichtigsten der heute verwendeten Softwareversionen wurden in diesem Abschnitt bereits behandelt. Es sind dies die Produkte der Firmen *Invention Machine*, *Ideation International Inc.* sowie *TriSolver Consulting*.

Zu den modernen TRIZ-Werkzeugen gehört neben der *Ressourcen-Checkliste* (einer Auflistung aller uns zur Verfügung stehenden Ressourcen, ausgehend von anspruchsvollen Stoffen und Feldern bis hin zu Luft, Vakuum, Wasser und Sand) auch die recht nützliche *Innovations-Checkliste*, mit der wir uns im Abschnitt 3.2 befasst haben (Herb, Herb u. Kohnhauser 2000). Die klassischen TRIZ-Elemente sowie die von der *Ideation International Inc.* für wesentlich erachteten Erweiterungen wurden in der von *Herb* herausgegebenen Insider-Monographie zum Thema geschlossen dargestellt (Terninko, Zusman u. Zlotin 1998). *Teufelsdorfer* u. *Conrad* behandelten TRIZ auch unter dem Aspekt der methodischen Verknüpfung mit *QFD* (1998). *Obernik* fasste 1999 den aktuellen Stand der Entwicklung moderner Kreativitätsmethoden unter Einbeziehung eigener erfinderischer, methodischer und technischer Erfahrungen im INVENT-Handbuch zusammen; erläutert werden u. a. auch anspruchsvolle Beispiele aus dem *high-tech*-Bereich (Obernik 1999). *Orloff*, ein *Altschuller*-Schüler, nennt sein Werk „Meta-Algorithmus des Erfindens" (Orloff 2000). Es vermittelt die TRIZ-Denkweise und die Handhabung der TRIZ-Werkzeuge auf methodisch sehr hohem Niveau (siehe auch: Orloff 2002). *Herb, Herb* u. *Kohnhauser* (2000) behandeln TRIZ u.a. auch unter dem Aspekt aktueller Seminarerfahrungen; ferner bringen sie Erweiterungen, die sich aus der Kopplung mit der *Antizipierenden Fehlererkennung* ergeben.

Von *Gimpel, Herb* u. *Herb* stammt das Taschenbuch „Ideen finden, Produkte entwickeln mit TRIZ" (2000). *Schweizer* betrachtet TRIZ aus der Sicht eines mit Produktentwicklung und Innovationsmanagement befassten Unternehmensberaters und stellt u. a. auch die Verknüpfungen zu anderen modernen Methoden schlüssig und interessant dar (Schweizer 2001). *Pannenbäcker* untersuchte in einer umfangreichen Studie „...*das Methodische Erfinden in Unternehmen auf Basis von TRIZ kritisch und konstruktiv*" (Pannenbäcker 2001). *Livotov* und *Petrov* (2002) legten ein übersichtlich aufgebautes Handbuch zur Innovationstechnologie auf TRIZ-Basis vor, das die Grundstruktur des von den Autoren angebotenen – weiter oben behandelten – Computerprogramms *TriSolver 2.1* qualifiziert widerspiegelt. *Klein* nennt sein Taschenbuch „TRIZ/TIPS – Methodik des erfinderischen Problemlösens" (Klein 2002).

Meine eigenen Arbeiten haben, wie mir viele Interessenten aus der Industrie versicherten, inzwischen nicht wenig zur Verbreitung des zunächst gewöhnungsbedürftigen TRIZ-Denkens in Praktikerkreisen beigetragen (Zobel 2001 a u. b, 2003 a, 2003 b, 2004, 2009; Zobel u. Hartmann 2016). *Gundlach, Nähler* u. *Montua* betreuten in qualifizierter Weise die Website www.triz-online.de, über die weitere relevante TRIZ-Publikationen sowie aktuelle Arbeiten aus dem TRIZ-Arbeitskreis (z. B. Gundlach 2002, Nähler 2002, Gundlach, Nähler u. Montua 2002) zugänglich gemacht wurden. Eine gute Übersicht zum Stand sowie zu den Perspektiven der Methode gibt *Möhrle* in seiner Arbeit „*What is TRIZ? From Conceptual Basis to a Framework for Research*" (2005). *Mann* (2005) beschreibt seinen Weg von der erweiterten Technik-Matrix über die Spezialmatrix für *Business Problems* zur Idealen Matrix. *Müller* (2005) gibt einen ausführlichen und sehr instruktiven Überblick zu allen bisherigen methodischen Versuchen der Lösung von Managementaufgaben mittels TRIZ.

Bei der Überarbeitung der vorliegenden Neuauflage von TRIZ FÜR ALLE hat mir *Nähler* (2017) mit einer persönlichen Mitteilung zur aktuellen TRIZ-Software-Situation sehr geholfen. *Nähler* ist – wie ich – der Auffassung, dass völlig unvorbereitete TRIZ-Anfänger kaum erfolgreich sein können, wenn sie sofort und ausschließlich mit Software zu arbeiten versuchen. Jedoch kann TRIZ-Software hilfreich sein, wenn sie als Ergänzung zum in Lehrgängen und Seminaren erworbenen TRIZ-Wissen eingesetzt wird. Insbesondere gilt dies, wenn eine Bestätigung für die – zunächst ohne den Einsatz von Software – beim Bearbeiten von Unternehmensthemen mittels TRIZ gewonnenen Ergebnisse gewünscht wird. *Nähler* (2017) hat die konkurrierenden Produkte neutral beurteilt. Die aktuelle Situation wird von ihm wie folgt beschrieben:

"IHS Goldfire Innovator:
https://www.ihs.com/products/design-standards-software-goldfire.html
Die von Tsourikov gegründete Firma Invention Machine und das Software-Produkt TechOptimizer, aus dem später Goldfire Innovator wurde, wurden vor einiger Zeit an den Konzern IHS verkauft. Seitdem ist es sehr still geworden um die Software, die sich später eher mit semantischer Textanalyse und Data Mining beschäftigte. Die TRIZ-Module wurden nach meinem Erkenntnisstand noch als „Anhängsel" mitgeführt, allerdings nicht aktiv weiterentwickelt. Tatsächlich findet man heute kaum noch aktuelle Quellen zum Goldfire Innovator, auch nicht auf der Internetseite von IHS.

Ideation Internat. Inc. mit „Innovation WorkBench" etc.
www.Ideationtriz.com / www.synnovating.com
Die Fa. Ideation, gegründet von Zlotin und Zusman (beide ehemalige Mitarbeiter von Altschuller und TRIZ-Master/-Entwickler) sowie Bar-El, entwickelt und vertreibt weiterhin diverse Software-Produkte um TRIZ. In Deutschland wird die Software von der Firma Synnovating vertrieben. Ideation WorkBench: Die Lösung für Software-gestützte Problemlösung. Hier ist die originale, von Zlotin entwickelte „Innovations-Checkliste" enthalten sowie die Möglichkeit, Probleme grafisch aufzubereiten und anhand des Problemmodells (Problem Formulation) softwaregenerierte Lösungshinweise zu bekommen. Im Hintergrund sind TRIZ- Ansätze in Form eines Systems der Operatoren angelegt, die dem Anwender problembezogen zur Verfügung gestellt werden. Methodisch wird man verlässlich geleitet und erhält automatisch eine Dokumentation des Lösungsweges.

AFD („Anticipatory Failure Determination"):
Ein von Zlotin entwickeltes Verfahren, Fehler zu erkennen und zu vermeiden. Auch hier wird man von der Software methodisch an die Hand genommen und über TRIZ-basierte Anregungen unterstützt.

Intellectual Property Management:
Eine Software zur Unterstützung des IP-Managements, bei der ebenfalls TRIZ als Wissens-Basis und Anleitung im Hintergrund genutzt wird, und dem Anwender hilft, Patente zu formulieren und zu verbessern.

Directed Evolution:
Eine Software zur gerichteten TRIZ-basierten Entwicklung neuer Produkte und Prozesse. Das von Zlotin und Zusman entwickelte systematische Vorgehen basiert ebenfalls auf TRIZ-Grundgedanken und leitet den Anwender durch einen systematischen Prozess, mit Hilfe bekannter Evolutionsgesetze und erfolgreicher Strategien

neue Systeme gezielt zu entwickeln. Der Prozess ist recht komplex und beinhaltet bzw. erfordert sehr viel TRIZ-Wissen.

iWint:
www.iwint.com
Ein chinesischer Anbieter von TRIZ- Software, die Ähnlichkeiten zu Invention Machines „Tech Optimizer" haben soll. In Europa ist sehr wenig über die Software bekannt.

Southbeach Inc.: „Southbeach Modeller"
http://www.southbeachinc.com/
Southbeach Inc. ist ein amerikanisches Unternehmen, das eine grafische Oberfläche zur Modellierung von Situationen zur Verfügung stellt. Die Software weist Ähnlichkeiten zur Problemformulierung der Innovation WorkBench von Ideation auf, besitzt aber nicht den dort gebotenen umfangreichen TRIZ-Hintergrund.

TriSS Europe „TriS Aida:"
http://www.tris-europe.com
Entstanden aus dem TriSolver von Livotov. Die Software unterstützt durch TRIZ-basierte Prozesse und hinterlegte TRIZ-Tools die erfinderische Problemlösung. Weiterhin ist die Software auch geeignet zur Unterstützung des Ideenmanagements und der Zusammenarbeit über das Internet.

Innokraft „Innokraft":
http://www.innokraft.de/
Der Programmierer des TriSolver, Murnikov, hat diese Software aus dem TriSolver weiterentwickelt. Es handelt sich um eine webbasierte Anwendung, in der eigene Innovationsprozesse, auch mit TRIZ Ansätzen hinterlegt, gestaltet werden können. Weiterhin gibt es Tools zum Ideenmanagement. Leider ist es in den letzten Jahren auch um diese Software sehr still geworden.

Aulive „Patentinspiration":
http://www.patentinspiration.com/
Hinter diese Webapplikation verbirgt sich Dewulf, ehemals Mitbegründer von Creax. Die Softwareplattform bietet umfangreiche Patentanalysetools, die mit TRIZ-Hintergedanken angelegt sind. Inspiriert vom Grundgedanken Altschullers können hier Patente hinsichtlich Funktionalitäten, Wirkweisen und diversen anderen Kriterien analysiert werden. Die Webseite enthält weiterhin Links zu einer Effektedatenbank (http://www.productioninspiration.com/) und einer Datenbank mit innovativen Produktentwicklungen (http://www.moreinspiration.com).

Soley Modeler:
https://www.soley.io/
Die Software ist ein Analysetool zur Komplexitätsreduktion in Portfolios. Es enthält ein grafisches Modellierungstool, das die Funktionsanalyse nach TRIZ unterstützt.

TRIZ Consulting Group, „TRIZ Basic Software":
https://www.triz-consulting.de/downloads/
Adunka stellt mit dieser Software kostenlos ein nützliches Tool zur Verfügung, das klassische TRIZ- Tools abbildet und die Arbeit mit diesen Tools unterstützt.

Weiterhin existieren in den unterschiedlichen App Stores für Smartphones diverse TRIZ-Apps, die allerdings meist nur die Widerspruchsmatrix abbilden".

6.5 Die Morphologische Tabelle als Universalwerkzeug

Im Kapitel 2.1 habe ich die Morphologische Tabelle als ein geradezu klassisches Hilfsmittel bei der Ideensuche bereits erwähnt. Nachfolgend soll begründet werden, warum die Morphologische Tabelle („Morphologische Matrix") eine sehr empfehlenswerte Ergänzung zum *Altschuller*-System darstellen könnte. Es ist merkwürdig, dass *Altschuller* nicht selbst auf die Idee gekommen ist, dieses nützliche Instrument in seinen ARIZ einzubauen. Die Morphologische Tabelle ist sowohl in der analytischen Phase (im Sinne einer übersichtlichen Systemanalyse) wie auch in der erfinderischen Phase (ergänzende Darstellung der noch nicht praktizierten, jedoch denkbaren Varianten-Kombinationen) jeweils von besonderem Wert.

Der Vater der Morphologischen Methode für systemanalytische wie erfinderische – sogar für entdeckerische – Zwecke war der Schweizer Astrophysiker *Zwicky*. Die nachfolgend behandelte Morphologische Tabelle ist nur *ein* Werkzeug der viel umfangreicheren Morphologischen Gesamt-Methode, die von *Zwicky* und seinen Schülern (*Holliger-Uebersax, Bisang*) zur Vollendung gebracht worden ist. Im Rahmen dieses Buches kann dazu keine ausführlichere Würdigung erfolgen. Der Leser sei deshalb auf die Originalquellen verwiesen (Zwicky 1966, Zwicky 1971, Holliger-Uebersax 1989, Bisang 1992).

Die auch ohne nähere Kenntnis der Gesamtmethode für jedermann nützliche Morphologische Tabelle listet reale sowie denkbare Variablen-Varianten-Beziehungen auf. Der Grundgedanke ist, dass *alle* Aspekte eines Systems (Verfahrens, Produkts) nur dann einigermaßen umfassend erkannt, bedacht und zum Gegenstand schöpferischer Überlegungen gemacht werden können, wenn zunächst eine möglichst vollständige Sammlung der zu kombinierenden Elemente des Systems angefertigt wurde.

Ohne ein solches Hilfsmittel assoziiert der schöpferische Mensch, meist sogar im Unbewussten, nach dem „*Kaleidoskop*"-Prinzip. Alle mehr oder minder zufällig verfügbaren Wissens-Elemente, kombiniert mit Bildern und Vorstellungen, wirbeln gleichsam im Kopf herum, und manchmal bemerkt der an neuen Lösungen interessierte Mensch dann eine *für ihn* sinnhaltige Verknüpfung. Dieses ruckartige, für den Kreativen nicht ungewohnte, aber dennoch immer wieder verblüffende Erkennen von Beziehungen zwischen zunächst unabhängig voneinander existierenden Elementen gleicht einem immer wieder neuen *Kaleidoskop*-Bild. Dreht man dann das Kaleidoskop weiter, so verschwindet das Bild, und die – für sich gesehen, banalen – Elemente (Glassplitter beim Kaleidoskop, gedachte Abbilder technischer und anderer Objekte beim kreativen Kombinieren) wirbeln erneut durcheinander.

Dieser fast unbewusst ablaufende Prozess ist jedoch von vielen subjektiven Faktoren abhängig, und alles andere als optimal. Manche Wissens- oder Assoziationselemente sind momentan gerade nicht (oder überhaupt nicht) verfügbar, die Tagesform schwankt, der Mensch ist von Emotionen abhängig. Auch dreht sich das Kaleidoskop manchmal derart schnell, dass der flüchtige Gedanke wieder verschwindet, ehe er zu Ende gedacht werden konnte.

Deshalb wurde die Morphologische Tabelle entwickelt. Sie hat den Sinn, Assoziationsmaterial planmäßig zu sammeln, zu ordnen, und so die Möglichkeit zu schaffen, die Assoziationselemente systematisch miteinander in Beziehung bringen zu können. In der einfachsten Form werden nur die *bekannten* Ausprägungen aufgeschrieben und miteinander in Beziehung gesetzt. Damit kann eine *Morphologische Analyse* für ein bekanntes Objekt erstellt werden. Um Neues zu finden, müssen allerdings – zusätzlich – bisher noch nicht in Betracht gezogene Elemente eingebunden werden. Sehen wir uns, einer Anregung von *Gutzer* (1978) folgend, ein einfaches Beispiel an:

Gesucht sei, so unsere Annahme, das *Ideale Auto*. Stellen wir eine Morphologische Tabelle auf. Dazu werden links zunächst die wichtigsten *Variablen* (auch als *ordnende Gesichtspunkte* oder *Parameter* bezeichnet) untereinander geschrieben (z. B.: Motortyp, Getriebe, Bremssystem, Art des Kraftstoffes bzw. Energiequelle, Karosserieform usw.). Die Kopfleiste der Tabelle wird mit 1, 2, 3... beschriftet; senkrecht unter den Zahlen werden die zu den jeweiligen Variablen denkbaren *Varianten* eingetragen. Neben „Motortyp" lesen wir also beispielsweise: Elektromotor, Rotationskolbenmotor, Dieselmotor, Gasmotor, Zweitakter, Viertakter, Linearmotor usw.; neben „Art des Kraftstoffes bzw. Energiequelle" finden wir: Benzin, Diesel, Wasserstoff, Alkohol, Akkumulator, Solarzelle etc. Vorteilhaft ist, zunächst die gängigen, bekannten Varianten aufzuschreiben, und erst dann, mehr nach rechts in der Tabelle, getrost auch die ungewöhnlichen, derzeit noch nicht in Betracht gezogenen (darunter völlig „spinnerte") Varianten, zu notieren.

Eine dem Fachmann zusagende Variablen-Ausprägung (Variante) der ersten Zeile wird dann per Strich mit einer solchen der 2., 3. ... bis zur letzten Zeile verbunden. Auch mehrere Verbindungslinien sind möglich. Bei dieser Verfahrensweise lassen sich, neben nahe liegenden Verknüpfungen, auch eher ungewöhnliche Kombinationen finden. Auch nicht sinnhaltige Kombinationen kommen reichlich vor (wird „Solarzelle" mit „Dieselmotor" verbunden, so ergibt dies keine sinnhaltige Verknüpfung). Im Kapitel 2.1 (Tab. 1) wurde das prinzipielle Vorgehen bereits an einem nicht-technischen Beispiel erläutert.

Niemand sollte Wunderdinge von einer Morphologischen Tabelle erwarten. Morphologie allein führt bei schematischer Anwendung durchaus nicht automatisch zum Ziel. Sie liefert selbst bei sinnhaltigen Verknüpfungen zunächst besten Falles wertvolle Anregungen oder gar nur Kombinationen, die an und für sich – ohne das Vorliegen einer *kombinationsbedingten überraschenden Wirkung* – gar nicht schutzfähig sind. Aber die Einbindung der Tabelle in *Altschullers* System wäre dennoch, wie weiter unten erläutert, sehr sinnvoll.

Überlegen wir nun, wie die Sache aussieht, falls wir *drei* Gruppen von Kenngrößen kombinieren wollen. Eine Tabelle (zweiachsiges System), reicht dann nicht mehr aus, sondern wir müssen von drei Achsen ausgehen. Stellen wir uns drei über einen gemeinsamen Eckpunkt miteinander verbundene Kanten eines Würfels vor, so haben wir das Modell eines *Morphologischen Kastens*. vor uns. Jede der so erhaltenen Achsen kann, Abschnitt für Abschnitt, mit den Kenngrößen einer Gruppe beschriftet werden. Da das Prinzip klar ist, bringen wir kein spezielles, sondern besser ein sprachlich „tiefsinniges" Beispiel allgemeiner Art, das uns *Roda Roda* geschenkt hat:

Es gibt Tiere, Kreise und gibt Ärzte.
Es gibt Tierärzte, Kreisärzte und Oberärzte.
Es gibt einen Tierkreis und einen Ärztekreis.
Es gibt auch einen Oberkreistierarzt.
Ein Oberkreistier aber gibt es nicht.
(nach: Mehlhorn u. Mehlhorn 1979, S. 181).

Noch anregendere Beispiele für derartige Kombinationen – entsprechend den formal fast unbegrenzten Möglichkeiten eines Morphologischen Kastens – beschreibt Prokop in seinen „Kriminalgeschichten aus dem 21. Jahrhundert". Der von *Prokops* Meisterdetektiv *Timothy Truckle* betriebene Super-Computer *„Napoleon"* produziert sprachliche Spielereien folgender Art:

„denkspielwiese - seelenruhekissen - christkindergarten - steckdosenöffner - geheimdienstmädchen - superhirnschmalz - hosenträgerfrequenz - kontrollorganspender - lügenmaulsperre - satzbaugenehmigung" (Prokop 1983, S. 327).

Das Idealmodell des Morphologischen Kastens wurde von *Ernö Rubik* erfunden, einem ungarischen Design-Professor. *Rubik* hatte zunächst nichts Erfinderisches im Sinn. Er wollte lediglich eine Vorrichtung schaffen, mit deren Hilfe er das räumliche Vorstellungsvermögen seiner Architekturstudenten zu schulen gedachte. Dies führte ihn schließlich zu seinem berühmten „*büvöskocka*" („magic cube", „Zauberwürfel"), der noch immer bekannt, wenn auch inzwischen wohl aus der Mode gekommen ist. Die üblichen Aufgaben für den beim Drehen der Teilwürfel hässlich knarzenden Apparat lauten: Wiederherstellen bestimmter Würfelflächen, z. B. sollen die 9 Teilwürfelflächen zur weißen Hauptfläche vereinigt werden; alle 6 Flächen sollen farblich einheitlich wieder hergestellt, oder es sollen bestimmte Muster erzeugt werden.

Allerdings müsste man, falls ein derartiges Modell tatsächlich einem für erfinderische Zwecke nutzbaren Morphologischen „Superkasten" zugrunde gelegt werden sollte, für die reine Kombinationsarbeit auf das menschliche Gehirn verzichten. Ohne Computer ist hier nichts mehr zu machen, denn der Würfel lässt über 43 Trillionen Kombinationen zu. Indes nützt uns, abgesehen von der extrem hohen Zahl an Kombinationsmöglichkeiten, der Computereinsatz hier herzlich wenig. Das Auffinden einer möglicherweise interessanten Kombination erfordert ein derart komplexes Quer- und zugleich Parallel-Denken, dass selbst mit einem Super-Expertenprogramm im Hintergrund eine sinnvolle Auswahl per Computer *vorerst* wohl kaum möglich sein dürfte (siehe hingegen: Kap. 6.4!).

Heute wird vom Praktiker deshalb noch immer das zweidimensionale System, die Morphologische Tabelle, bevorzugt – und dies auch dann, wenn eine Vielzahl von Parametern zu berücksichtigen ist. Dieses einfache Hilfsmittel garantiert dem Erfinder, dass nichts, was halbwegs vorhersehbar mit der angestrebten Systemverbesserung zu tun haben könnte, vergessen wird. Selbstverständlich bleibt nach dem ersten Entwurf noch immer genügend nicht planbares bzw. nicht vorhersehbares Assoziationsmaterial übrig. Dessen nachträglicher Einbau in die Tabelle ist parallel zum Erkenntnisfortschritt jederzeit möglich und auch notwendig, damit schließlich die erhofften ungewöhnlichen Ergebnisse erzielt werden können.

Da die konventionellen Varianten zweckmäßig zuerst eingetragen werden, finden sich die ungewöhnlicheren Varianten schließlich in der rechten Tabellenhälfte. Die Tabelle ist einfach nur nach rechts zu verlängern, falls uns während der Bearbeitung noch etwas möglicherweise Relevantes einfällt.

Der geübte Erfinder achtet zunächst darauf, dass die Begriffe in der linken Spalte (die *Variablen, ordnenden Merkmale, Parameter*) hierarchisch gleichrangig zu sein haben. Will ich z. B. das *Luftschiff* grundlegend verbessern, gehören Begriffe wie „Auftrieb" und „Gondel" nicht in ein und dieselbe Tabelle.

„Auftrieb" ist rein physikalisch – und damit übergeordnet – definiert, „Gondel" dagegen, als Bestandteil des realen Gebildes, ein konstruktives Element, ein im Vergleich zur Auftriebskraft sekundäres technisches Detail.

Zweckmäßig ist, in derartigen Fällen *mehrere* Tabellen anzulegen, beispielsweise eine für das *Physikalisch-Prinzipielle*, dann für das *Technisch-Funktionelle*, und schließlich für das *Technisch-Konstruktive*.

Tab. 8 zeigt, wie die hierarchisch höchste – die physikalische – Ebene beim Luftschiff-Beispiel in einer Morphologischen Tabelle aussehen könnte:

Variable (Parameter, ordnende Merkmale)	**Varianten** (unterschiedliche Ausprägungen / Möglichkeiten)
Auftrieb	Wasserstoff Helium Methan Ammoniak Heißluft Vakuum H_2 He CH_4 NH_3
Stabilität	Spanten halbstarrer Kiel "Blimp" Unterteilung in Kammern
Energiequelle	Kerosin Wasserstoff Akku Brennstoffzelle Solarenergie

Tab. 8   **Morphologische Tabelle zur prinzipiellen Verbesserung des Luftschiffes**
(Die Tabelle ist sehr übersichtlich, denn es werden nur die physikalisch wichtigsten Parameter betrachtet. Konstruktive Details gehören nicht hierher, sondern in hierarchisch untergeordnete, e i g e n e morphologische Tabellen)

Wir sehen, dass die wirklich wichtigen Parameter nur *Auftrieb, Stabilität* und *Energiequelle* sind. Darunter angeordnet wären dann die Funktions- und Baugruppen des Luftschiffes in eigenen Tabellen zu betrachten.

Befassen wir uns nun mit den gemäß Tab. 8 zugänglichen Anregungen.

Nach meinen in vielen Kreativitätstrainings-Seminaren gewonnenen Erfahrungen ist es zunächst nicht selbstverständlich, was manche Teilnehmer im Zusammenhang unter *Auftrieb* verstehen. Der Moderator muss dann erst einmal auf den Unterschied der Funktionsprinzipien hinweisen: *leichter als Luft* (beim Luftschiff, das, in Anlehnung an einen besonders bekannten Luftschiff-Typ, oft nur „Zeppelin" genannt wird) sowie *schwerer als Luft* (beim Flugzeug). Geschieht dies nicht, so reden die Teilnehmer aneinander vorbei, weil für das Flugzeug wichtige (aerodynamische) Auftriebsphänomene, die beim Luftschiff funktional fast bedeutungslos sind, vorrangig diskutiert werden.

Allgemein bekannt sind für das Luftschiff die den Auftrieb bewirkenden Gase *Wasserstoff* und *Helium*. Möglich, aber völlig ungebräuchlich (weil – im Vergleich zum Wasserstoff – viel zu schwer), sind ferner *Methan, Ammoniak* oder auch *Heißluft*. Wer beim Aufstellen der Tabelle konsequent vorgeht, nennt dann noch die „völlig verrückte" Variante *Vakuum*. Hier scheiden sich die Geister bereits beim Aufstellen der Tabelle. Anscheinend sind nur Kreative in der Lage, sofort „Vakuum" zu nennen – ausgehend von der Erkenntnis, dass das für unseren Zweck beste (leichteste) Gas, der Wasserstoff, schließlich schon bekannt ist. Wollen wir also den Auftrieb weiter verbessern, so ist es fast logisch, dass nur ein *noch* leichteres Medium (hier: ein „Nicht-Medium") infrage kommt, und das ist eben Vakuum. Im Sinne von *Altschuller* wäre zu formulieren: *„Das ideale Medium ist k e i n Medium."*

Die Varianten zu „Stabilität" und „Energiequelle" sind weitgehend selbsterklärend – bis auf die Variante „Unterteilung in Kammern" zum Verbessern der Stabilität. Wir wollen darunter *alle* im Sinne einer Kammerung denkbaren Maßnahmen zum Verbessern der Stabilität verstehen, d. h. möglichst leichte Innenversteifungen aller Art (z. B. mit Traggas gefüllte Ballons, die innen an der Hülle anliegen). Auch Versteifungen im Sinne von Schotten kämen infrage, nur müssten sie extrem leicht und zugleich stabil sein. Noch besser wäre es, die Stützfunktion mit der Auftriebsfunktion direkt verknüpfen zu können.

Um die Kombinationen auf ihre Tauglichkeit prüfen zu können, lässt sich nun jeder Tabellenplatz jeder Zeile mit jedem anderen Tabellenplatz jeder anderen Zeile verbinden. Es ergeben sich dann sinnvolle neben nicht sinnhaltigen Verknüpfungen. Verbinden wir beispielsweise „Blimp" (ein mit Traggas prall gefülltes Luftschiff ohne Einbauten heißt im Englischen *blimp*) mit „Vakuum", so haben wir eine nicht sinnhaltige Kombination vor uns. Ein „mit Vakuum gefülltes" Luftschiff dieser Art würde sofort vom äußeren Luftdruck zerquetscht, bzw. eine Blimp-Hülle ergäbe beim/nach dem Evakuieren garantiert keinen Blimp.

Andererseits wissen wir, dass mit dem Wasserstoff bereits das leichteste bekannte Gas in Betracht gezogen wurde. Es bringt dementsprechend auch den größten Auftrieb. Helium – insbesondere aber Heißluft, CH_4 oder NH_3 – sind deutlich schwerer und kommen deshalb, wenn es *allein* um den maximalen Auftrieb zwecks Erreichens maximaler Tragfähigkeit geht, nicht in Betracht. NH_3 scheidet zudem aus Sicherheitsgründen prinzipiell aus. Wir kommen deshalb nicht am Gedanken „Vakuum" vorbei; leichter als Wasserstoff ist eben nur verdünnter Wasserstoff, oder eben Vakuum. Wir haben deshalb nach einer Verknüpfung für Vakuum zu suchen, die *nicht* mit dem Zerquetschen des Luftschiffes einhergeht. Wir stoßen auf „Unterteilung in Kammern". Weiter gedacht, könnten die „Kammern" sehr klein und ihre Wände sehr dünn, leicht und dennoch stabil sein – im Sinne einer *Füllung mit Schaumstruktur*, d. h. eine den Innenraum des Luftschiffes innerhalb der Hülle ausfüllende, sehr leichte und dennoch gegen den äußeren Luftdruck stabile, blasige bzw. poröse Masse. Wir suchen also einen trockenen / erstarrten Schaum, der ungewöhnlich druckfest zu sein hat. Seine Hohlräume (Blasen, Poren) sollen nicht mit Traggas gefüllt sein, sondern unter Vakuum stehen.

Nunmehr sind wir an einem Punkt angelangt, der einerseits typisch ist für die Leistungsfähigkeit, andererseits aber auch für die Grenzen der Methode. Zwar ist das Prinzip der möglichen Lösung nunmehr umrissen, nicht jedoch die Art der praktischen Ausführung beschrieben. In unserem Falle erkennen wir, dass eine *„Volumeneinheit Luftschiff-Füllung"* leichter zu sein hat als eine Volumeneinheit Wasserstoff, d. h. das Gewicht der blasigen/porösen Masse mit den unter Vakuum stehenden Blasen/Poren muss geringer sein als ein gleich großes, mit Wasserstoff gefülltes Raumelement. Die erfinderische Arbeit beginnt hier also erst, denn ein solcher Schaumstoff muss extrem leicht, und zugleich – unter Berücksichtigung des oft unterschätzten äußeren Luftdrucks – ungewöhnlich stabil sein. Fragen wir einen in der Kunststoffbranche tätigen Schaumstoff-Experten nach den praktischen Aussichten, so wird er wohl nur müde lächeln und uns sagen, dass die derzeit besten Schaumstoffe, die für einen derartigen Zweck zur Verfügung stünden, noch viel zu schwer seien.

Jedoch wird ein leidenschaftlicher Schaumstoff-Fachmann diese Frage niemals mehr vergessen.

Er wird sie vielmehr als persönliche Herausforderung betrachten und intensiv an der Entwicklung ultraleichter Schaumstoffe arbeiten, bis ihm vielleicht doch eines Tages die Lösung des Problems gelingt. Wir erkennen: *Erfindungsmethode liefert keineswegs fertige Erfindungen, sondern ungewöhnlich kreative Aufgabenstellungen sowie Erfolg versprechende Lösungsansätze, die stets noch detailliert auszuarbeiten sind.*

Der Leser wird sich nun fragen, wie denn – die Herstellbarkeit eines derart leichten und zugleich stabilen Schaumstoffes vorausgesetzt – das Vakuum in die Blasen kommen soll? Bei Gasblasen ist die Sache klar. Mit Gas, meist Luft oder Stickstoff, wird z. B. ein flüssiger Kunststoff aufgeschäumt; er härtet aus, und die erstarrten Blasen bzw. Poren enthalten dann eben das betreffende Gas. Hier aber funktioniert das nicht so einfach: Wie will man mit Vakuum (gewissermaßen dem idealen „Nicht-Gas") einen flüssigen Kunststoff denn „aufschäumen"? Ich überlasse die Lösung dem kreativen Leser und gebe ihm dazu lediglich den Tipp, bei der Interpretation des Terminus „Vakuum" nicht gar zu streng bzw. nicht absolut wörtlich vorzugehen, sondern die Strategie *„Partielle oder überschüssige Wirkung"* (Prinzip Nr. 16, Anhang) anzuwenden. Früher nannte *Altschuller* (1973) diese Strategie übrigens weit treffender *„Nicht vollständige Lösung"* (Tab. 2). Wir sollten also im vorliegenden Falle nicht den Fehler machen, das praktisch ohnehin nicht erreichbare *absolute* Vakuum zu fordern. Dennoch verbleibt als Denksportaufgabe für den Leser noch immer die Frage, wie man möglichst zweckmäßig ein solches „Beinahe-Vakuum" in die Blasen zaubern kann. Dazu ein weiterer Tipp: Es gibt offenporige, aber auch geschlossenporige Schaumstoffe. Jeder dieser Typen erfordert eine eigene Problemlösung.

Übrigens ist die Forschung auf dem Gebiet der ultraleichten Schaumstoffe inzwischen derart weit voran gekommen, dass das oben erläuterte Konzept eines Tages durchaus Realität werden könnte. Nehmen wir als Beispiel eine Notiz aus dem SPIEGEL (2013):

„Den zurzeit leichtesten Feststoff der Welt haben Polymer-Chemiker der Zheijang-Universität von Hangzhou entwickelt. Sie stellten eine Art Schaumstoff aus Kohlenstoffnanoröhrchen und Graphenoxid her. Mit 0,16 Milligramm pro Kubikzentimeter ist das Eigengewicht des Schwammes nur knapp doppelt so hoch wie das von Wasserstoff, dem leichtesten aller Gase. Der Grundstoff Graphen, der aus einer Schicht Kohlenstoffatomen besteht, wurde von den russischen Forschern Andrej Geim und Konstantin Novoselov erstmals hergestellt, die dafür 2010 den Nobelpreis erhielten".

Nun sind journalistische Artikel – manchmal sogar beim SPIEGEL – nicht immer verlässlich. Seien wir also misstrauisch und rechnen nach:

Ein Mol Wasserstoff H_2 wiegt 2,016 g = 2 016 mg. Ein Mol eines beliebigen Gases beansprucht ein Volumen von 22 400 cm^3. 1 cm^3 H_2 wiegt somit 2 016 : 22 400 = 0,09 mg. Der chinesische Wunder-Schaumstoff bringt es auf ein spezifisches Gewicht von 0,16 mg *(„...knapp doppelt so hoch wie das von Wasserstoff")*. Die Angabe stimmt also.

Das Beispiel hat derzeit wohl nur denkmethodischen Wert, weil eine Weiterentwicklung dieses sehr teuren Spezialstoffes für eine großtechnische Anwendung der genannten Art am Geld scheitern dürfte. Auch könnte es sein, dass sich die hohen Anforderungen bezüglich der mechanischen Stabilität gegen den Luftdruck nicht erfüllen lassen. Aber das umrissene Prinzip wird nach meiner festen Überzeugung früher oder später in der noch lange nicht ausgereizten Luftschiff-Technik eine Rolle spielen, zumal inzwischen an vergleichbar leichten Schaumstoffen auf der Basis von Siliciumverbindungen intensiv geforscht wird.

Hinzu kommt, dass *Altschullers* Prinzip *„Unvollständige Lösung"* auch im Falle unseres Beispiels greift. Bekanntlich wird anstelle des gefährlichen Wasserstoffs gern alternativ das inerte Edelgas Helium als Luftschiff-Füllung verwendet, auch wenn das spez. Gewicht des Heliums über dem des Wasserstoffs liegt, und der erzielbare Auftrieb somit entsprechend geringer ausfällt (spez. Gewicht H_2: 0,09 mg/cm^3; spez. Gewicht He: 0,18 mg/cm^3). Bezogen auf He wäre das Problem, die finanziellen Aspekte und die Frage der Druckstabilität für den Kohlenstoffschaum einmal ausgeklammert, somit – theoretisch – bereits gelöst.

Auch aus Sicht der inzwischen weltweit eingeschränkten Verfügbarkeit von Helium ist das Prinzip des „fliegenden Schaumstoffs" unbedingt verfolgenswert. So schreibt *Ehrensberger* (2013) in seinem Artikel „Helium: Überfluss im Weltall, Mangel auf der Erde":

„Helium ist im Weltall das zweithäufigste Element, doch auf der Erde wird es knapp. Das verbreitet Unruhe unter Analysechemikern, Teilchenphysikern und Radiologen".

Wenn schon derart exotische Anwender klagen, die nur vergleichsweise geringe Mengen an He benötigen, dann dürfte das beschriebene Konzept für die Entwicklung der Luftschifftechnik umso wichtiger sein.

Die Idee, evakuierte Systeme anstelle leichter Gase für Auftriebszwecke einzusetzen, ist an sich nicht neu. Bereits vor Jahrzehnten entwarf *Janke* ein *„Deutsches Raum-Kugel-Trajekt „Terra-Venussa" mit Vakuum-Kessel-Auftrieb"* (Petzold u. Autorenteam, o.J.)

Jedoch ist zu bedenken, dass *Janke*, der etwa 6 000 ausgesprochen ästhetische technische Zeichnungen hinterließ, fast 40 Jahre seines traurigen Lebens in der Psychiatrie zugebracht hat. Noch heute ist strittig, ob dies unbedingt notwendig gewesen wäre. Einigermaßen auffällig war *Janke* allerdings schon. In seiner Krankenakte lesen wir:

„*Patient ist über seine Person, örtlich und zeitlich orientiert. Beantwortet die an ihn gerichteten Fragen sinngemäß. (......) Patient rückt dann bald mit seinen paranoiden Ideen heraus, gab an, er habe 593 Erfindungen gemacht.*" (Petzold u. Autorenteam, o.J.).

In der Folge ging man von einer *paranoiden Schizophrenie* aus, die von einem *Erfinderwahn* geprägt sei. Es verwundert deshalb nicht, dass die fast künstlerisch ausgeführte technische Zeichnung zur *„Terra-Venussa"* samt umfangreicher Legende zahlreiche Merkwürdigkeiten aufweist. Innerhalb eines kugelförmigen Objekts (*„Durchm. der Kugel: 28 m, 36 m, 42 m, 62 m, 82 m - 200 m"*) befinden sich vier große, ebenfalls kugelförmige Vakuumkessel. Die Hülle des kugelförmigen Objekts ist zwar in Leichtbauweise ausgeführt, aber was nützt das, wenn wir an die großen, notwendigerweise schweren Vakuumkessel im Inneren denken. Zu diesen und zu allen anderen kniffligen Punkten des Trajekts hat *Janke* nichts Quantitatives angegeben. Denken wir nur an die Magdeburger Halbkugeln, und wir verstehen, warum *große* evakuierte Kugeln eben nicht besonders leicht sein können – was hier jedoch zwingend erforderlich wäre. Der Antrieb des Raum-Kugel-Trajektes sollte zudem, so die Legende wörtlich: *„Ohne Treibstoff! Durch Raumelektrizität ins Weltall!"* erfolgen. Diese *„Raumelektrizität"* sollte durch eine *„Atom-Nadel-Antenne"* eingefangen und für den Antrieb genutzt werden. Auch *Janke*s Formulierung *„Das Fahrzeug ist schwerelos durch die Luft- und Raumverdrängung"* klingt, vorsichtig ausgedrückt, mehr als absonderlich.

Wir denken hier wohl unwillkürlich an die populäre Theorie von *Cesare Lombroso* (1835 bis 1909), der bestimmte Gemeinsamkeiten hoch Kreativer und Wahnsinniger angenommen hatte. Diese Theorie ist Gegenstand von Lombrosos Werk *„Genio e follia"* („Genie und Irrsinn", 1887) und wird aktuell bei *Wikipedia* wie folgt beschrieben:

„....In der zeitgenössischen Diskussion um das Genie vertritt er die Position, dass es sich hierbei um einen permanenten psychischen Ausnahmezustand handele, der in seinen verschiedenen Ausformungen Analogien zur „Verrücktheit" im Sinne der Ekstase zeige....Gemeinsam ist.... eine angeborene Abweichung von der zivilisierten, vernunftbegabten Norm. Sowohl Genies als auch Wahnsinnige fallen regelmäßig in einen chaotischen, regellosen Naturzustand zurück....."

Zwar werden von *Lombroso* als Beispiele nur Nicht-Naturwissenschaftler/Techniker (*Tasso, Rousseau, Hölderlin, Kleist*) genannt, aber im Volke wird bekanntlich auch vom „verrückten Erfinder" gesprochen. *Lombroso* hat also ganze Arbeit geleistet. Mir scheint jedoch, dass *jede* Abweichung von der Norm (wer definiert „Norm"?) beim Publikum – auch ohne *Lombroso* – ohnehin schnell als Verrücktheit gilt.

Dabei ist der bei *Lombroso* vorkommende Terminus „Ekstase" eher positiv als negativ zu sehen. Im heutigen Schrifttum wird von *„flow"* gesprochen, einer rückhaltlosen Begeisterung, die den Kreativen trägt, alles leicht erscheinen lässt und zu ungewöhnlichen Leistungen befähigt.

Es genügt jedoch nicht, eine vielversprechende Idee zu haben, wenn fast alle wichtigen Parameter des angestrebten Objektes irreal sind bzw. die Beschreibung ihrer Funktionalität purem Wunschdenken entspringt. Dies gilt sogar für den eigentlichen Kern von *Jankes* Idee. Während für sehr *kleine* Hohlräume – beim erstarrten Schaum – leichte, dünne und dennoch erstaunlich stabile Wände vorstellbar und auch realisierbar sind, ist dies für *große* Vakuumkessel beim heutigen Stand nicht der Fall. Eine einfache Analogie, die ich in meinem ersten erfindungsmethodischen Buch (Zobel 1985) auf Basis einer Anregung von *Gilde* (1978) gebracht hatte, soll dies verdeutlichen. Ich schrieb damals:

„Was beim sachgerechten Verarbeiten „unlogischer" Ideen – die dem „gesunden Menschenverstand" völlig zu widersprechen scheinen – herauskommen kann, zeigt ein von Gilde veröffentlichtes Beispiel. Eine Stahlhohlschwelle sollte für höhere Raddrücke umkonstruiert werden. „Normalerweise" hätte man stärkeres Material wählen müssen. (Achtung! Formulierung! Was heißt „normalerweise"? Warum eigentlich „müssen"?). Die Erfinder kamen jedoch auf die „abwegige" Idee, die Schwelle niedriger zu machen und gleichzeitig Material geringerer Stärke zu wählen. Die Erfindung brachte im Braunkohlentagebau der DDR eine Materialeinsparung von jährlich 9 000 Tonnen..."

Auf der Zeichnung zu o.a. Text ist zu sehen, dass die neuartige Schwelle unter Verwendung *schwächeren* Materials nicht nur *flacher*, sondern auch *schmaler* ausgeführt wurde. Das umschlossene Volumen ist damit *kleiner* geworden. Nur die Bodenplatte wurde in der ursprünglichen Breite belassen, so dass sie nunmehr seitlich jeweils etwas überstand, was den bequemen Austausch gegen die bisher verwendeten Schwellen ermöglichte. Aus Sicht eines fähigen Konstrukteurs ist die Sache alles andere als überraschend; entsprechend gering ist die Erfindungshöhe. Nur hätte der berühmte „gesunde Menschenverstand" die Schwelle eben tatsächlich *größer* und *schwerer* gemacht.

Kehren wir noch einmal zu *Janke* zurück. Die aus dem erläuterten Beispiel abzuleitende Annahme, man brauche sich schließlich nicht mit den Schöpfungen Geisteskranker zu befassen, greift zu kurz.

Ich habe mir einige weitere Zeichnungen *Jankes* angesehen. Meist findet sich ein ungewöhnlicher Grundgedanke. Die detailliertere Ausführung des jeweiligen Objekts ist dann allerdings, wie beim oben erläuterten Beispiel, durch Wunschdenken und technische Phantasterei bestimmt. Wir sollten dies aber nicht zum alleinigen Maßstab für unser Urteil machen, sondern uns vielmehr am Wert des schöpferischen Grundgedankens orientieren. Dazu passt die folgende methodische Erweiterung.

Dirlewanger (2016) beschreibt in seinem faszinierenden Buch „*Innovation der Innovation*" das Operieren in der Kategorie *Leben, Denken und Handeln in einer außerirdischen Welt* als methodisches Hauptelement einer originellen Kreativitätsmethode. Er arbeitet mit so genannten Parallel-Welten, in denen – in jeglicher Hinsicht – völlig andere Bedingungen als auf der Erde herrschen. So haben wir uns mit ganz anderen Gesetzen, Umständen, sozialen Verhältnissen, Materialien, Lebewesen und Kräften auseinanderzusetzen. Im Abschnitt „*Star Trek View*" wird das Denken und Schlussfolgern unter Extrembedingungen behandelt. Es treten die in Fan-Kreisen hoch geschätzten Figuren *Mr. Spock, Engineer Scotty* und *Captain Kirk* auf. Ihre individuell verschiedene Sicht auf gefährliche Situationen, die während der Reise durch den Weltraum zu meistern sind, erweitert unseren Horizont. Auch kann die „astronautische" Sicht auf irdische Probleme in einem Workshop weiterhelfen, Denkblockaden zu lösen. Ferner wird der Umgang mit fiktiven Aliens behandelt, wobei deren exotische Welt – und die damit verbundenen Möglichkeiten – zu wahrhaft ungewöhnlichen Ideen führen können.

Ein solches Vorgehen mag exzentrisch erscheinen, es versetzt uns aber in die Lage, völlig andere Problemlösungen in Betracht zu ziehen. Phantasiebegabte sind dann fähig, diese aus konventioneller Sicht „spinnerten" Lösungsansätze auf ihre mögliche Übertragbarkeit hin abzuklopfen. Eine solche Übertragung kann, das ist naheliegend, nie deckungsgleich erfolgen, sondern immer nur *sinngemäße* Verknüpfungen zu unseren ganz anders gearteten Bedingungen herstellen. Dieser Transformations-Schritt fordert die Kreativität in hohem Maße heraus.

Wir erkennen übrigens interessante Ähnlichkeiten zu den Beispielen, mit denen *Altschuller*s Prinzipien zum Lösen Technischer Widersprüche belegt werden bzw. untersetzt sind. Diese Beispiele zu bestimmten (z. B. von der *Altschuller*-Matrix empfohlenen) Prinzipien sind, sofern die bearbeitete Sache neu ist, niemals genau zutreffend. Sie sind fast immer in fremden Fachgebieten angesiedelt, und es fällt Nicht-Kreativen erfahrungsgemäß schwer, die Analogien zu erkennen und die *sinngemäße* Übertragung in das eigene Fachgebiet vorzunehmen.

Wir tun auf jeden Fall gut daran, die ungewöhnlichen Querverbindungen kreativen Denkens – wie auch immer sie entstehen und wo auch immer sie auftauchen – nicht gering zu schätzen. Es gibt bekanntlich eine ganze Reihe von schnoddrigen Ausdrücken, die im Volke auf exzentrische Persönlichkeiten angewandt werden, wie z. B.: „*Der läuft wohl nicht ganz rund, ……. hat einen an der Glocke, ……einen Sprung in der Schüssel, …..einen leichten Haschmich, ……ist anscheinend nicht ganz dicht*". Ich habe in diversen TRIZ-Seminaren und Kreativitäts-Workshops Erfahrungen sammeln können: Abwertende Bemerkungen dieser Art gehörten bevorzugt zum Repertoire der eher *nicht* kreativen Teilnehmer.

Wir sollten ungewöhnliche Persönlichkeiten ernst nehmen. Sie haben nicht selten die besonders unkonventionellen Ideen; ihr exzentrisches Wesen ist tolerierbar. Zudem verfügt fast jedes kreative Team über mindestens einen Tüftler, der es als persönliche Herausforderung ansieht, aus den „spinnerten" Ideen des Exzentrikers praxistaugliche Lösungen zu entwickeln. Diese besondere Fähigkeit des Tüftlers macht, im Sinne von *Zwicky* (1971) formuliert, sein *„ganz persönliches Genie"* aus.

Fragen wir uns abschließend, welche generellen Anforderungen aus methodischer Sicht an eine gute Morphologische Tabelle zu stellen sind.

Eine grundsätzliche Anforderung hatte ich bereits erwähnt: *Die Variablen (Parameter) müssen unbedingt hierarchisch gleichwertig sein.* Berücksichtigt man das nicht, so erstickt man im Kuddelmuddel aus wichtigen (physikalisch-grundsätzlichen) Gesichtspunkten und diversen konstruktiven Einzelheiten, die zwar – für sich – ebenfalls wichtig sind, aber in hierarchisch untergeordnete eigene Tabellen gehören.

Die zweite generelle Anforderung sei auf Basis der Erfahrungen von *Zwicky* erläutert. Sie betrifft die Frage, wie vollständig eine solche Tabelle sein sollte. Im Kap. 4, auf den Seiten 175 bis 177, bin ich auf *Zwicky*s Forderung eingegangen, man müsse unbedingt die „totale Feldüberdeckung" anstreben. Das heißt, es sollte buchstäblich *alles*, was irgendwie mit dem jeweiligen System in Zusammenhang steht oder stehen könnte, in die Untersuchung einbezogen werden. *Zwicky* (1971) erkannte schließlich selbst, dass dies kaum praktikabel ist. Lesen wir, was er unter *„Anregungen aller durch alle"* dazu schreibt:

„Ich bedaure gelegentlich, so viel Nachdruck auf die Notwendigkeit einer totalen Durchmusterung der verschiedenen Aspekte des Lebens gelegt zu haben. In der Tat, wenn ich mit einigen Morphologen zusammensitze und, um zu irgendeinem Entscheid zu kommen, einen bestimmten be-

grenzten Vorschlag mache, ohne denselben nach den Regeln der Kunst morphologisch optimal zu begründen, springt sicher immer einer hoch und foppt mich mit der Frage: „Ist das Alles?". Mein Freund, Professor John Strong, Vizepräsident unserer Gesellschaft für Morphologische Forschung, kam mir glücklicherweise zu Hilfe mit seinem Vorschlag einer BESCHEIDENEN MORPHOLOGIE (INTRODUCTION TO MODEST MORPHOLOGY, Engineering and Science Magazine, California Institute of Technology, Pasadena, May 1964)".

„Bescheidene Morphologie" klingt etwas missverständlich. Wir sollten besser vom „bewusst begrenzten Suchfeld" sprechen. Dies hieße im Zusammenhang mit der Aufstellung einer Morphologischen Tabelle, dass unser Ehrgeiz nicht darin bestehen sollte, absolute Vollständigkeit bezüglich aller überhaupt denkbaren Varianten anzustreben. Hingegen müssen die Variablen innerhalb der jeweiligen Hierarchiestufe (physikalisch bzw. technisch-konstruktiv) unbedingt vollständig erfasst sein.

Bei der Entscheidung, welche Varianten wir gar nicht erst berücksichtigen, sollten wir allerdings auch nicht zu restriktiv vorgehen. Sonst könnte es passieren, dass wir ausgerechnet die „erfindungshöffigen", uns jedoch allzu exzentrisch erscheinenden Varianten weglassen.

Allgemein gültige Empfehlungen, wo die Grenze zu ziehen ist, lassen sich kaum formulieren. Auch sollten wir bedenken, dass es so etwas wie eine „Schere im Kopf" gibt, die manchmal allzu früh – weil wir unserer Phantasie nichts zutrauen? – in Aktion tritt („Diese Variante ist doch sowieso völlig unrealistisch"). Klar ist aber, dass es im Zweifelsfalle mehr auf Qualität als auf Masse ankommt: Hätten wir in unserer bewusst variantenarm angelegten Beispiel-Tabelle „Vakuum" weggelassen, wären wir nie zu einer ungewöhnlichen Lösung gelangt.

Fragen wir uns nun, an welcher Stelle des ARIZ die Morphologische Tabelle sinnvoll in das System eingebaut werden könnte. Die Antwort ergibt sich aus dem Doppelcharakter der Tabelle. Einerseits haben wir es mit einer Zusammenstellung bekannter und erprobter Ausführungsformen zu tun (Morphologische Analyse), andererseits sind denkbare, noch nicht erprobte Varianten als Anregungen mit aufgeführt.

Eine Trennung in jeweils zwei Tabellen (Erprobtes bzw. Bekanntes einerseits – Denkbares, noch nicht Erprobtes andererseits) käme nicht infrage, denn gerade die Kombination bewährter mit noch nicht erprobten Elementen ist erfinderisch interessant. Deshalb wäre die Morphologische Tabelle zunächst in der systemanalytischen Phase, und dann noch einmal in der erfinderischen Phase einzusetzen.

Für die erstgenannte Phase wäre Pkt. 1.8 des ARIZ 77 (s. Kap. 6.7) zur Einordung zu wählen, zumal nicht einzusehen ist, dass dort bisher *nur* die Patentliteratur aufgeführt ist. Nach meinem Verständnis gehören wissenschaftliche und andere Publikationen sowie das allgemeine Wissen zum jeweiligen Thema – und damit eben auch die Morphologische Analyse – gleichermaßen in diese ARIZ-Stufe. Zwar interessieren wir uns hier zunächst nur für den Stand der Technik, es kann aber sein, dass uns im Zusammenhang mit den ungewöhnlichen, noch nicht erprobten Varianten bereits hier etwas Neues einfällt. Wir können dann in der unten beschriebenen zweiten Phase unter vergleichendem Einsatz mehrerer Lösungsinstrumente prüfen, ob an der Idee etwas „dran" ist.

In dieser zweiten – der lösungsorientierten – Phase wäre dann, bevorzugt unter Punkt IV (*Überwindung des Physikalischen Widerspruchs*, s. Kap. 6.7), dieselbe Morphologische Tabelle als methodisch gleichwertiges Instrument einzusetzen, zumal an dieser Stelle bereits jetzt jene „Denkzeuge" zum Einsatz kommen, die auf der physikalischen Ebene arbeiten (Prinzipien zum Lösen Technischer Widersprüche, Stoff-Feld-Umformungen, Physikalische Effekte). Die Morphologische Tabelle, das zeigt unser Luftschiff-Beispiel, kann dort ein vergleichbar wertvolles Lösungsinstrument sein: Ohne physikalisches Herangehen ist die Idee des extrem leichten „fliegenden Schaumstoffs" nicht zugänglich.

6.6 Der AZK-Operator in seiner systemischen Doppelfunktion

Den AZK-Operator haben wir im Kap. 2.3 bereits kennen gelernt. Ferner findet sich im Kap. 6.7 unter Pkt. 1.9 ein Beispiel dafür, welche Rolle er im Verlaufe einer konkreten Problembearbeitung spielen kann.

Hier soll nun der methodisch-prinzipielle Aspekt betrachtet werden. *Altschuller* führte den AZK-Operator ein, um bereits in einer frühen Phase der Problembearbeitung unser Gesichtsfeld so zu erweitern, dass auch extreme Gebiete beim weiteren Herausarbeiten der Aufgabe nicht übersehen werden. Zu diesem Zwecke stellen wir uns das betrachtete System gedanklich als unendlich klein bzw. unendlich groß (***A****bmessungen*), den Prozess als unendlich schnell / unendlich langsam (***Z****eit*), und die ***K****osten* als verschwindend gering bzw. beliebig hoch vor. Wird die AZK-Stufe übersprungen, so besteht die Gefahr, dass wir unser Denken zu frühzeitig „kanalisieren". Der AZK dient also zunächst dem abermaligen Hinterfragen der – in dieser Bearbeitungsstufe schon vergleichsweise präzis beschriebenen – Aufgabenstellung.

Wenn wir nun die gedanklich durchgespielten Extremfälle analysieren, können wir günstigen Falles Anregungen zur weiteren Bearbeitung der bisher definierten, vom Stand der Technik ausgehenden Aufgabe gewinnen. Diese Anregungen sorgen dann dafür, dass wir zwar auch weiterhin fokussiert arbeiten, jedoch besondere Extremfälle – die durchaus praxisrelevant sein können – nicht mehr unberücksichtigt lassen.

Weit häufiger führt uns die Betrachtung der Extremfälle jedoch zu *völlig neuen Aufgabenstellungen*, die praktisch nichts mehr mit einer – wenn auch erfinderischen – Verbesserung des etablierten Standes der Technik zu tun haben. Vielmehr bewegen wir uns nunmehr völlig außerhalb unseres ursprünglichen Suchfeldes. Wir erkennen hier eine methodisch interessante Nähe zu den oben bereits erläuterten, für die Gewinnung sehr ungewöhnlicher Ideen von Dirlewanger (2016) in Betracht gezogenen außerirdischen Extrembedingungen.

Nunmehr ist zu entscheiden, ob wir die völlig neue Aufgabenstellung anstelle der bisher definierten Aufgabenstellung bearbeiten. Noch besser wäre, beide Aufgabenstellungen parallel zueinander in Angriff zu nehmen, und die Ergebnisse dann zu vergleichen. Methodisch Interessierte werden in dieser Bearbeitungsstufe ihre Entscheidung nicht ausschließlich von finanziellen Gesichtspunkten abhängig machen, zumal sich die Kombination *„ist völlig kostenlos, benötigt dafür aber allerhand Zeit"* ganz nebenbei – fast ohne Aufwand – durchprüfen lässt.

Folgendes Beispiel soll zeigen, was gemeint ist. Nehmen wir an, unsere Aufgabe laute, ein *neues Kopierverfahren* zu entwickeln. Nun ist die Kopiertechnik ein bereits stark „abgegrastes" Gebiet. Zudem steht bei uns ein Kopierer auf dem Schreibtisch, oder unser Drucker kann die Funktion ohnehin mit übernehmen. Hinzu kommt, dass die Geschichte der Kopiertechnik funktionierende Lösungen in Hülle und Fülle bietet. Beispielsweise bestimmten Fotokopien, basierend auf dem klassischen Silberhalogenidverfahren, lange Zeit den Stand der Technik. Zudem waren Blau- und Braunpausen in den Konstruktions- und Architektur-Büros jahrzehntelang allgemein üblich. Bereits in der berühmten Monographie von Eder und Trumm (1929) werden sehr viele Nicht-Silberhalogenid-Kopierverfahren ausführlich beschrieben. Einige Kapitelüberschriften aus dieser Monographie seien stellvertretend genannt:

Übersicht verschiedener photographischer Kopiermethoden mittels lichtempfindlicher Eisenverbindungen.
Wirkung des Sonnenspektrums auf Eisen- und Uransalze.
Lichtpausen mittels Zyanotypie (weiße Linien auf blauem Grunde).

Lichtpausen mittels Pelletschen Gummi-Eisen-Verfahrens (Blaue Linien auf weißem Grunde).
Fotoldruck-Zyanotyp-Gelatinedruck oder Lichtpausdruck..
Lichtpausen mittels des Tintenkopierprozesses auf lichtempfindlichen Eisensalzen (Schwarze Linien auf weißem Grunde).
Photographische Kopierverfahren mit Uranverbindungen.
Kopierverfahren mittels Mangansalzen.
Kopierverfahren mittels Kupfersalzen.
Kopierverfahren mittels Kobaltsalzen.
Kopierverfahren mittels Quecksilbersalzen.
Lichtpausverfahren mit Chromaten.
Kopierverfahren mit Molybdän- und Wolframsalzen.
Diazotyp-Prozesse – schwarze Diazotypie.

Wir sehen also, dass unsere Aufgabe eine sehr spezielle Herangehensweise erfordert. Es dürfte wenig sinnvoll sein, nach weiteren lichtempfindlichen anorganischen oder organischen Nicht-Silberhalogenidverbindungen zu suchen, zumal das Periodensystem in dieser Hinsicht bereits weitgehend „abgeklappert" zu sein scheint. Auch sind so gut wie alle der von *Eder* und *Tamm* (1929) beschriebenen Kopierverfahren ohnehin nur noch von historischem Interesse.

Es bleiben also die moderneren Kopierverfahren (z. B. Xerografie, Laserkopierer, Farbkopierer, Digitalkopierer).

Nun ist auf dieser Welt kaum ein Verfahren völlig ausgereift. Bei „jungen" Verfahren sind oft genug entscheidende Verbesserungen, sogar solche auf *erfinderischem* Niveau, erforderlich. Bei „alten" Verfahren hingegen sind meist noch immer kleinere *Optimierungsschritte* möglich.

Hier haben wir aber ein rein denkmethodisches Beispiel vor uns. Betrachten wir deshalb die modernen Verfahren *ausnahmsweise* einmal als völlig ausgereift, so muss unsere Ideensuche zwangsläufig in Gebieten erfolgen, die technisch weder mit den beschriebenen „klassischen" Verfahren, noch mit den hoch entwickelten modernen Kopierverfahren irgendetwas zu tun haben. Denkmethodisch, in seltenen Glücksfällen auch beim Auffinden schutzrechtlich interessanter Lösungen, kann uns hier (und in analogen Situationen) der AZK-Operator weiter helfen.

Formulieren wir also: *„Ich möchte ein Kopierverfahren entwickeln, das völlig kostenlos arbeitet. Akzeptiert wird, dass die Kopie weder in kurzer Zeit fertig, noch perfekt im Sinne heutiger Standards sein muss".*

Wir haben somit die Kopplung der AZK-Grenzfälle *„Das Verfahren soll kostenlos arbeiten"* mit *„Zeit spielt keine Rolle"* vor uns, flankiert vom erfinderischen *Altschuller*-Prinzip *„Unvollständige Lösung"*.

Da die Kostenlosigkeit unser primäres Anliegen sein soll, kommen als Kopiermaterialien z. B. Abfallstoffe infrage, die lichtempfindlich sind. Wie per Aufgabenstellung formuliert, sind wir hinsichtlich Arbeitsgeschwindigkeit des Kopierprozesses und Qualität der Kopien *ausnahmsweise* zu Kompromissen bereit (Kostenlosigkeit hat eben ihren Preis).

Überlegen wir also, welche Stoffe, die als Abfallstoffe gelten können, ohne jede Behandlung lichtempfindlich sind. Da die Verfärbung als Folge der Lichteinwirkung nicht schnell verlaufen und der Prozess nicht perfekt sein muss, fällt uns z. B. ein, dass sich neue, zunächst sehr helle Holzverkleidungen allmählich bräunlich bis braun verfärben. Dies ist nicht nur bei Außenverkleidungen der Fall, sondern auch in Innenräumen zu beobachten, falls genügend – und genügend lange – Sonnenlicht auf die Verkleidung fällt. Wir besorgen uns also Abfallholz (Verschnitt, der ohnehin verbrannt werden soll), und experimentieren.

Da für Verkleidungen oft auch Sperrholz genommen wird, führen wir unser Experiment mit einem Stückchen hellen Abfall-Sperrholzes durch. Auf das Sperrholz wird ein altes Silberhalogenid-Schwarz-Weiß-Negativ gelegt und mit einer Glasscheibe beschwert. Das Ganze wird bei sonnigem Wetter auf der inneren Fensterbank eines Süd-Fensters positioniert. Nach 30 d ist das Experiment beendet. Wir erkennen eine gut sichtbare Kopie (Abb. 45). Das Negativ hat erwartungsgemäß ein Positiv geliefert: Die dunklen Partien des Negativs werden weniger intensiv durchstrahlt als die hellen Partien, die Negativ-Abstufungen der Grautöne führen zu den komplementären Positiv-Abstufungen. Das Ergebnis ist akzeptabel, wenn man die oben definierten Kriterien zugrunde legt:

Kostenloses Verfahren, Zeit spielt keine Rolle, Verzicht auf Perfektion im Sinne einer herkömmlichen Fotografie.

Technisch-kommerziell ist das Ergebnis uninteressant. Anders sieht es aus, wenn wir die Sache unter denkmethodischen Aspekten analysieren. Zunächst einmal finden wir bestätigt, dass keine noch so ärmliche Arbeitsumgebung uns davon abhalten kann, kreative Lösungen zu entwickeln. Hinzu kommt, dass das Ergebnis (Abb. 45) sogar zwei Überraschungseffekte bietet. Verkantet man das Sperrholz-Bild bzw. blickt nicht mehr senkrecht darauf, sondern in flachem Winkel, so erscheint die Abbildung fast plastisch, wie bei einem Hologramm. Ich vermute, dass dies mit der faserigen Holzstruktur zusammenhängen könnte.

Abb. 45 Positivkopie von einem gewöhnlichen Schwarz-Weiß-Silberhalogenid-Negativ auf unbehandeltem Sperrholz. Expositionszeit: 30 d. Funktionsprinzip: Graduell abgestuftes Vergilben / Bräunen einer zunächst fast weißen Holzoberfläche durch Bestrahlen mit Sonnenlicht.

Es könnte sein, dass die – physikalisch gesehen – geradezu rabiat intensive Belichtung nicht nur rein oberflächlich, sondern (mindestens im Mikrometerbereich) sogar in die Tiefe gewirkt hat. Da nun die Holzfasern strangförmig strukturiert und in Faserrichtung parallel zueinander angeordnet sind, ließe sich der beschriebene Effekt unter Berücksichtigung dieser Umstände möglicherweise erklären.

Der zweite überraschende Effekt hängt, wie der erste, mit dem „lebendigen" Substrat zusammen, auf dem die Kopie angefertigt wurde. Haucht man die Sperrholz-Kopie an, so wird die Abbildung deutlicher und kontrastreicher. Der Effekt lässt sich verstärken, wenn wir mal schnell in die Küche gehen und das Bild über heißem Wasserdampf „entwickeln".

Auch hierbei dürfte die Faserstruktur eine Rolle spielen: Beim Aufquellen der Fasern im Wasserdampf wird das Bild verstärkt, nach abermaligem Austrocknen des Sperrholzes verschwindet das Phänomen.

Leider lassen sich beide Effekte aus oben beschriebenen Gründen nicht an der Reproduktion (Abb. 45), sondern nur am Original beobachten.

Wir sehen, dass ein mithilfe des AZK-Operators gewonnenes, technisch nicht interessantes Ergebnis unsere Sicht auf unkonventionelle Kopierverfahren bereichert und unsere Kenntnisse erweitert hat.

Nun könnte ein Kritiker einwenden, auch Sperrholz-Verschnitt habe noch einen gewissen Wert. Deshalb sei die Bedingung, das Verfahren solle kostenlos arbeiten, nicht erfüllt. Überlegen wir also, was noch weniger wert ist als Holzverschnitt. Falls wir gedanklich im nunmehr erprobten neuen System bleiben wollen, fällt uns spontan *Zeitungspapier* ein. Es wird gewöhnlich aus Holzschliff hergestellt und vergilbt, wie bekannt, mit der Zeit. Dass dies bevorzugt unter Licht- und Sauerstoffeinwirkung geschieht, wissen wir ebenfalls, denn zwischen Buchseiten aufbewahrte Zeitungsausschnitte vergilben auch nach Jahrzehnten kaum.

Abb. 46   Kopie des gleichen Negativs wie in Abb. 45 auf einem Zeitungsrand Expositionszeit: 20 d   (Sonnenlicht).   Zeitungspapier wird aus Holzschliff hergestellt; so entspricht das Funktionsprinzip dem der Abb. 45

Es ist also naheliegend, unser Experiment zu wiederholen, und anstelle von Sperrholz einen Zeitungsrand zu verwenden. Die Anordnung ist die gleiche, wie bereits beschrieben: Zeitungsrand; darauf das gleiche Negativ, wie für Abb. 45 verwendet; dann die Glasplatte zum Beschweren, und schließlich die Positionierung am sonnigen Südfenster.

Abb. 46 zeigt das Ergebnis. Es entspricht weitgehend der Abb. 45, zeigt jedoch einige Besonderheiten. Der verstärkend wirkende Anhauch-Effekt ist weniger ausgeprägt als beim Sperrholz-Bild, und der Effekt, das Bild in schräger Aufsicht räumlich erscheinen zu lassen, fast nicht zu erkennen. Dies dürfte damit zusammenhängen, dass Holzschliff-Papier aus zerteilten, ungeordneten Fasern besteht, Sperrholz-Furnier hingegen parallel angeordnete, nicht beschädigte, längere Fasern aufweist.

Gewiss wird nun ein Öko-Ultra des Weges kommen, um uns mit der Bemerkung zu nerven, alte Zeitungen seien schließlich ein wertvoller Sekundärrohstoff; von Kostenlosigkeit könne also keine Rede sein. Ehe wir uns unnötig darüber ärgern, überlegen wir, ob sich nicht doch noch eine bessere Annäherung an das Ideal erreichen lässt.

Versuchen wir es also:

Chlorophyll, der grüne Blattfarbstoff, ist im aktiven „Normalbetrieb", d. h. in den Blättern an Bäumen und Sträuchern, für die Fotosynthese zuständig. Sie sorgt dafür, dass komplexe organische aus einfachen anorganischen Stoffen entstehen, gewährleistet so das Leben der Pflanzen und damit auch der Tiere. Im Herbst verfärben sich die Blätter, ehe sie abfallen. Dies liegt am Abbau des Chlorophylls, woraufhin die in den Blättern ebenfalls vorhandenen – jedoch bisher vom Grün optisch überdeckten – gelben, roten, violetten und braunen Farbträger sichtbar werden.

Damit wollen wir uns hier nicht näher befassen. Betrachten wir hingegen den Fall, dass einige Blätter mitten in der Vegetationsperiode ihre gewöhnliche Funktion in der Fotosynthese einstellen müssen. Dies kann beispielsweise eintreten, wenn die Blätter bei einem Sturm abgerissen oder beim Sommerschnitt mit den Ästen zusammen entfernt werden. Solche Blätter vertrocknen dann, wobei sie entweder ihre grüne Farbe weitgehend behalten, sich gelb-bräunlich verfärben, oder ausbleichen. Was jeweils geschieht, hängt sichtlich von der betrachteten Art und / oder von den herrschenden Wetterbedingungen (Luftfeuchte, Intensität und Dauer der Einwirkung des Sonnenlichtes) ab. Auf jeden Fall lässt sich vermuten, dass insbesondere das *Ausbleichen* durch Einwirkung des Sonnenlichtes verursacht bzw. erheblich beschleunigt wird.

Ein indirektes Indiz für die Rolle des Sonnenlichtes ist die Beobachtung, dass zwischen Buchseiten gepresste und dort aufbewahrte grüne Blätter auch nach Jahrzehnten noch nicht völlig verblichen sind. Gehen wir also davon aus, dass ein frisch gepflücktes Blatt lichtempfindlich ist. Der zugrunde liegende Mechanismus soll uns hier nicht näher interessieren, jedoch ist klar, dass *diese* Art von Lichtempfindlicheit absolut nichts mit der Lichtaktivität des Chlorophylls während der Fotosynthese zu tun haben kann. Wenn aber ein frisch gepflücktes grünes Blatt in irgendeiner Weise dennoch lichtempfindlich ist, so liegt die Vermutung nahe, dass sich auf diesem Blatt *Kopien* anfertigen lassen müssten. Die experimentelle Anordnung ähnelt sehr derjenigen, die wir im Zusammenhang mit den Abb. 45 und 46 bereits kennen gelernt hatten. Zusätzlich erforderlich sind nur eine dünne transparente Schutzfolie zwischen dem Negativ und dem frischen Blatt sowie ein saugfähiges Papier auf der Rückseite des Blattes. Die Folie schützt die Schicht auf dem Negativ vor dem Verkleben mit dem Blatt, das rückseitige Papier nimmt das Schwitzwasser auf. Wir müssen bedenken, dass unsere Versuchsmaterial (das gilt auch für die Holz-Kopien Abb. 45 und 46) im Südfenster bis zu 55°C heiß werden kann, und dass im Falle der frischen Blätter unter diesen Umständen störende Mengen an Wasser abgegeben werden.

Abb. 47   Kopie auf einem Blatt des Süßkirschbaumes.   Gleiches Negativ wie für Abb. 45 und 46.   Expositionszeit: 20 d.   Funktionsprinzip: Abgestuftes Ausbleichen der unterschiedlich stark vom Sonnenlicht getroffenen Partien.   So wird das *Negativ als Negativ* originalgetreu wiedergegeben.

Das Ergebnis unseres ersten Versuches dieser Art ist in Abb. 47 zu sehen. Wenn wir als Funktionsprinzip das Ausbleichen des Chlorophylls im Sonnenlicht annehmen, so wäre zu erwarten, dass die am stärksten durchstrahlten Partien des Negativs das stärkste Ausbleichen auf dem Blatt bedingen müssten. Dies erwies sich als zutreffend. Das eingesetzte Negativ hat demgemäß – als Kopie – ein weiteres Negativ geliefert.

Nicht jede Art von Blättern kommt für derartige Experimente infrage. Ich fand, dass die Blätter des Süßkirschbaumes sowie die des wilden Weines besonders geeignet sind. Absolut ungeeignet hingegen sind beispielsweise Efeu-Blätter. Sie zeigen kaum Spuren des in Abb. 47 dargestellten Effektes, sondern werden fast gleichmäßig gelb-braun, so gut wie unabhängig von der Intensität des einwirkenden Sonnenlichtes.

Wenn wir nun im Direktverfahren eine *positive* Kopie erzeugen wollen, müssen wir – nach den gewonnenen Erfahrungen (Abb. 47) – als Vorlage ein *Positiv* nehmen. Gängige Positive sind aber auf Fotopapier kopiert. Falls wir also nicht zufällig ein transparentes Dia-Positiv zur Hand haben, sollten wir überlegen, ob uns das Fotopapier stört. In Anbetracht der gewählten Lichtquelle, der Sonne, fällt die Antwort leicht: Fotopapier lässt sich durchaus von der Rückseite her durchstrahlen. Zudem hatten wir uns darauf verständigt, dass es ruhig etwas länger dauern darf.

Auch bei diesem Versuch haben wir es mit Schwitzwasser zu tun. Die experimentelle Anordnung sollte deshalb wie im Falle der Abb. 47 gewählt werden: Saugfähiges Papier, darauf ein Blatt des Süßkirschbaumes, sodann eine dünne transparente Folie, darauf – mit der Schichtseite nach unten – das Papier-Positiv, welches kopiert werden soll, und schließlich das Deckglas zum Beschweren und Fixieren des Ganzen.

Abb. 48 (a, b) zeigt die innerhalb von 25 bis 37 d gewonnenen Ergebnisse. Auch hier können wir – das zeigt sogar die Reproduktion – beinahe ein wenig „in die Tiefe" schauen, d. h., die Kopie erscheint fast dreidimensional. Auffällig ist dies im Falle der Abb. 48 a (links).

Wichtig ist die Belichtungszeit. Abb. 48 a zeigt, dass der Kontrast noch zu wünschen übrig lässt. Fast originalgetreu fallen die Kopien hingegen bei entsprechend längerer Belichtungszeit aus (Abb. 48 b: 37 Tage).

An der Kostenlosigkeit des Verfahrens kann nun nicht mehr herumgekrittelt werden. Selbstverständlich erhebt das Ergebnis nicht den geringsten Anspruch, technisch nützlich zu sein. Aber sein denkmethodischer Wert steht wohl außer Zweifel.

Abb. 48 (a, b) Kopien von Papier-Schwarz-Weiß-Positiven auf Blättern des Süßkirsch-Baumes. Lichtquelle: Sonnenlicht im Juli / August 2017

Das Positiv wurde jeweils mit der Schichtseite auf das mit einer dünnen transparenten Folie abgedeckte Blatt gelegt; deshalb sind die Kopien fast scharf.
Die Durchstrahlung des Foto-Trägerpapiers mit Sonnenlicht erfolgte von der Rückseite her.
Abb. 48 a (links): 25 d Belichtung. Abb. 48 b (rechts): 37 d Belichtung. Funktionsprinzip: s. Abb. 47 (dort: aus dem Negativ wird ein Negativ; hier: aus dem Positiv wird ein Positiv)

Da der Aufwand bisher fast bei null lag, habe ich ergänzend noch einige Versuche gemacht, den aktiven Stoff – das Chlorophyll – vom Blatt abzutrennen, und dann sein Verhalten zu testen. Zu diesem Zweck wurden Blätter der Großen Brennnessel, die besonders viel Chlorophyll enthalten, zerkleinert. Das Chlorophyll wurde sodann mit einer wässrig-alkoholischen Lösung *("Nordhäuser Doppelkorn")* extrahiert. Die Rückstände wurden abfiltriert. Dann wurde saugfähiges Papier mit dem tiefgrünen Filtrat getränkt. Es zeigte sich, dass das Papier nach einmaligem Tränken und nachfolgendem Trocknen sich nur schwach verfärbt hatte. Der Vorgang wurde deshalb so lange wiederholt, bis das Papier dunkelgrün verfärbt war. Nun wurde untersucht, ob sich das präparierte Papier zum Kopieren eignet. Es erwies sich nach lang andauernder Bestrahlung mit Sonnenlicht als nur sehr schwach lichtempfindlich, d. h. also – im Sinne des angestrebten Zieles – als fast inaktiv. Möglicherweise ist der auf den Abb. 47 und 48 dargestellte Effekt nur bei ungestörter Struktur des originalen Blattes zu erzielen. *Die von der Natur direkt gelieferte Lösung, das Blatt selbst, wäre demnach die zugleich beste Lösung.* Derartige Kopien sind nicht ewig haltbar. Gerahmt an die Wand gehängt, dürften sie allmählich ausbleichen; im Album bleiben sie über lange Zeit fast unverändert und können immer wieder betrachtet werden.

Fassen wir zusammen, was wir aus den besprochenen Beispielen zum Operator *„Abmessungen, Zeit, Kosten"* lernen können:

Die Aufgabe erscheint unter Berücksichtigung extremer Grenzfälle in völlig neuem Licht. Ohne den Einsatz des AZK-Operators wären wir wohl kaum auf diese vergleichsweise exotischen Varianten verfallen. Wir sollten nicht erwarten, dass bei diesem Vorgehen technisch-kommerziell nützliche Lösungen entstehen, jedoch den denkmethodischen Nutzen zu schätzen wissen. Zudem lassen sich bei geschickter Auswahl der Kombinationsmöglichkeiten die erforderlichen Experimente ohne jeden Aufwand – ganz nebenbei – durchführen (*„Von Selbst"*- Prinzip).

In Sonderfällen, weitab von unseren gewohnten Lebensumständen, kann der AZK-Operator hilfreich sein: Wenn nachts zwei finstere Herren auftauchen und uns zu einer längeren Lagerhaft abholen, ändert sich für uns *alles*; die Zeit wird quälend lang. Wir sind dann froh, ein Lebenszeichen mit Hilfe der beschriebenen Kopiertechniken geben zu können. Ein Papier, über den Lagerzaun geworfen oder einem Kurier mitgegeben, wird bei Kontrollen entdeckt. Dagegen sind Holzreste bzw. Blätter als Kommunikationsmittel unverdächtig – besonders, wenn die Kopien matt („schlecht") sind. Der Kontrolleur sieht dann besten Falles nichts, der durch die Umstände sensibilisierte Adressat ist so jedoch informiert.

Auch wenn die vom AZK-Operator angeregten Lösungen technisch nicht unmittelbar interessant sein mögen, erweitern sie doch unser Gesichtsfeld und unser Wissen. Die erworbenen Kenntnisse können sich früher oder später auf einem ganz anderen Gebiet als nützlich erweisen.

Ist das Ergebnis *technisch* nicht nutzbar, so kann es doch *künstlerisch* von Interesse sein. Eine kostenlose Kopie auf Holz, die über Wasserdampf kontrastreicher wird, und die in einem bestimmten Winkel dreidimensional erscheint, kann sich mit den Werken der Konzept-Künstler wohl messen. Ein Gesicht, das aus einem grünen Blatt hervorlugt, wird den Betrachter vielleicht sogar ins Grübeln bringen.

6.7 Der ARIZ 77, demonstriert an einer Erfindungsgenese

Nachstehend wird eine fertige Patentschrift so analysiert, als sei die beschriebene Erfindung nach den Regeln des ARIZ 77 erarbeitet worden. Eine solche Vorgehensweise ist ungewöhnlich und könnte den Verdacht nähren, der Autor habe hier nachträglich etwas „hingebogen", um die Wirksamkeit der Methode zu demonstrieren. Dem ist jedoch nicht so. Vielmehr zeigt die nachfolgende (aus didaktischen Gründen vorgenommene) methodische Aufarbeitung, dass ein mit der *Altschuller*-Methodik prinzipiell vertrauter Erfinder bis in die Formulierungen hinein das widerspruchsorientierte Denken und Arbeiten praktiziert, ohne immer ganz exakt nach dem ARIZ verfahren zu müssen. Dem Anfänger sei allerdings empfohlen, zunächst einmal mehrere Praxisaufgaben vollständig und unter Berücksichtigung aller von *Altschuller* angegebenen Stufen durchzuarbeiten. Erst mit wachsender Routine kann man dann, falls sich die Lösung vorzeitig abzeichnet, auf die eine oder andere Stufe verzichten.

Gegenstand unserer methodischen Analyse ist das

„**Verfahren zur Herstellung von reinem Natriumhypophosphit**", DD-PS Nr. 233 746 v. 23. 01. 1984, ert. gem. § 18 Abs. 2 Pat.-Ges. d. DDR am 12.3.1986, Int. Pat.-Cl. C 01 B 25/165, VEB Agrochemie Piesteritz, 4602 Wittenberg-Piesteritz. Erfinder: *Dietmar Zobel*

Diese Patentschrift wurde seinerzeit – ganz offensichtlich bereits unter dem Einfluss der erfindungsmethodischen Erfahrungen des Verfassers – so aufgebaut, als sei die Erfindung selbst in praktisch allen Stufen streng nach der widerspruchsorientierten Vorgehensweise entstanden. Dies ist zwar im Wortsinne nicht der Fall, d.h. es wurde nicht nach einem formellen Schema gearbeitet. Indes lässt die nachträgliche Analyse der Schrift ein hohes Maß an Systematik erkennen, so dass eine sequenzielle widerspruchsorientierte Darstellung im Sinne einer Erfindungsgenese gerechtfertigt erscheint. Als Rahmen gewählt wurde dafür das System ARIZ 77 nach *Altschuller* (1984). Dieses System wurde allerdings niemals dem realen Ablauf „aufgedrückt". Lag keine Koinzidenz vor, so wurde dies durch Modifikation bzw. begründetes Weglassen der entsprechenden ARIZ 77-Stufe berücksichtigt. Dies entspricht nach den Erfahrungen des Verfassers der realen erfinderischen Vorgehensweise: ein methodisch gut durchdachtes Schema ist stets ein wertvoller Leitfaden, den man nicht ohne Not aufgeben sollte – aber sinngemäße Modifizierungen werden, sofern erforderlich, vom Praktiker wohl stets vorgenommen.

Gleiches würde übrigens für den Fall gelten, dass wir *Linde*s System WOIS (Linde u. Hill 1993) zugrunde gelegt hätten. Bedenkt man, dass *Altschuller* wie auch *Linde* im weitesten Sinne aus den Bereichen des Maschinenbaus bzw. der Konstruktionslehre stammen, so wird klar, dass ein rein chemisch-technologisches Beispiel nicht von vornherein, Stufe für Stufe, in ein Schema passt, das im Bereich o.a. Fachgebiete entwickelt wurde. Als Beispiel sei *Linde*s Generations-Tabelle genannt: während im Maschinenbau tatsächlich Systemgenerationen (und sich zuspitzende Generationswidersprüche) eine zentrale Rolle spielen, ist die technische Chemie nicht selten dadurch gekennzeichnet, dass völlig unterschiedliche Technologien, die dem gleichen Zweck dienen bzw. letztlich zum gleichen Produkt führen, beinahe friedlich nebeneinander existieren. Es ist dann nicht gerade einfach, die z.T. sehr unterschiedlichen (weil verfahrensspezifischen) Mängel im Rahmen der Systemanalyse so zu verdichten, dass ein einheitliches Bild zur Frage des erfinderisch zu wählenden Ansatzpunktes entsteht. Andererseits gilt auch hier das Umkehrprinzip, diesmal in methodischer Hinsicht: Gerade weil die Möglichkeit der Betrachtung derart verschiedenartiger Mängel gegeben ist (ein Verfahren ist in einem Punkt besonders mangelhaft, ein anderes in einem ganz anderen Punkt), gewährleistet diese umfassende Betrachtung des Systems besonders viele Aspekte, unter den sich die wirklich wichtigen Mängel – evtl. auch in Kombination – besser als bei nur einem einzigen Basissystem herausarbeiten lassen.

In einem entscheidenden Punkt enthält die nachfolgend betrachtete Schrift des Verfassers Formulierungen, die in einer Patentschrift wohl erstmalig angewandt wurden. Dies betrifft expressis verbis die Darlegung der zu lösenden Aufgabe in Form einer scharfen Widerspruchs-Formulierung, gefolgt von der kühn klingenden, jedoch unmittelbar danach sachlich begründeten Behauptung: *„Vorliegende Erfindung löst diesen Widerspruch".*

Wer so vorgeht, nutzt den Umstand aus, dass der zuständige Patentprüfer zwar sicherlich im Patentrecht detailliert bewandert, mit den Finessen der auch heute noch weitgehend unbekannten Erfindungsmethodik jedoch sehr wahrscheinlich nicht vertraut ist. Somit wird die Formulierung, dass der zu lösenden Aufgabe ein – anscheinend – unlösbarer Widerspruch zugrunde liegt, der dann verblüffender Weise doch gelöst wird, zum Schlüssel des Erfolgs.

Es sei jedoch klargestellt, dass es sich hier keineswegs um eine rein taktische Finte oder gar um so genanntes *Patent-Chinesisch* handelt, sondern um eine nicht nur subjektiv zweckmäßige, sondern objektiv gerechtfertigte Formulierung (siehe dazu: Kap. 6.2).

Gehen wir nun – wie oben begründet und erläutert – nach dem *ARIZ 77* vor, so ergibt sich die folgende Erfindungsgenese:

I   Bestimmen der Aufgabe

1.0.   Vorläufiges Formulieren der Aufgabe

Herstellung reinen kristallinen Natriumhypophosphits aus verunreinigten Ausgangslösungen.

1.1   Endziel der Aufgabenbearbeitung

Angestrebt wird ein möglichst einfaches und kostengünstiges Verfahren zur Herstellung reinen kristallinen Natriumhypophosphits (Produkt: $NaH_2PO_2 \cdot H_2O$), das den hohen Qualitätsanforderungen für den Einsatz in der „stromlosen" (reduktiv-chemischen, d.h. der nichtgalvanischen) Vernicklung zu entsprechen hat.

a)   Welche Eigenschaften des Objektes sind zu verändern?

aa)   Produkt
Die Produkteigenschaften sind nicht zu verändern. Es sind die bekannten und für die stromlose Vernicklung zwingend erforderlichen Qualitätskennziffern anzustreben, die allerdings in konventioneller Weise nur vergleichsweise umständlich im Zuge eines vielstufigen Verfahrens erreichbar sind.

ab)   Verfahren
Die Aufgabe läuft auf die Schaffung eines wesentlich vereinfachten Verfahrens zur Herstellung eines genau definierten Erzeugnisses (Natriumhypophosphit) hinaus.
(Die zu verändernde Haupteigenschaft betrifft demnach den Kompliziertheitsgrad des konventionellen Herstellungs-Verfahrens).

b) Welche grundlegenden Kennzahlen sind gegenüber den Konkurrenzverfahren mindestens konstant zu halten, gegebenen Falls zu verbessern?

Das Ausgangsmaterial zur Herstellung reinen kristallinen Natriumhypophosphits ist eine rohe Natriumhypophosphitlösung, die neben dem erwünschten Hypophosphit (Hauptkomponente; Symbol: P(I)) noch unerwünschtes Phosphit (Nebenkomponente; Symbol: P(III)) sowie ebenfalls unerwünschte Calciumionen (Spurenkomponente; Symbol: Ca^{++}) enthält.
Das erwünschte Produkt darf – im Zusammenhang mit seinem Einsatz im Bereich der stromlosen Vernicklung – diese beiden unerwünschten Komponenten nur bis zu einer jeweils klar definierten Konzentrations-Obergrenze enthalten. Niedrigere Konzentrationen sind nicht zwingend notwendig, aber erwünscht, falls sie kostenlos zu haben sind, d.h. falls sie nicht zu einer Verteuerung des Herstellungs-Prozesses führen.

1.2 Prüfen von Umgehungswegen: Sollte sich die Aufgabe als nicht lösbar erweisen, so ist zu untersuchen, welche andere Aufgabe gelöst werden muss, um das gewünschte Ergebnis zu erzielen

a) Umformulieren der Aufgabe: Übergang auf die Ebene des Obersystems

Das Obersystem ist hier das System der für die reduktiv-chemische Vernicklung in Frage kommenden Bäder, in denen die Hauptmenge des insgesamt produzierten Natriumhypophosphits Verwendung findet. Das in solchen Bädern eingesetzte Reduktionsmittel für die Nickelionen muss nicht zwingend Natriumhypophosphit sein. Allerdings ist die Einsatzbreite von Bädern, die an Stelle von Hypophosphit z.B. mit *Natrium-Tetraboranat* arbeiten, wegen ihrer thermischen Empfindlichkeit und der höheren Kosten stark eingeschränkt. Somit verbleibt, sofern kein völlig neues Vernicklungssystem entwickelt werden soll – was erkennbar wesentlich schwieriger wäre als die Lösung der oben definierten Aufgabe – die Notwendigkeit der Herstellung reinen Hypophosphits.

b) Umformulieren der Aufgabe: Übergang auf die Ebene der Untersysteme

Die Untersysteme sind im vorliegenden Falle diejenigen Einsatzstoffe, aus denen die Natriumhypophosphitlösung synthetisiert wird, welche als Ausgangsmaterial für die Kristallisation des Endproduktes fungiert. Diese Einsatzstoffe sind: Gelber Phosphor, Natronlauge, Calciumhydroxid und Wasser. Selbst wenn diese Einsatzstoffe chemisch rein wären, würde dies keineswegs zu einer – in anderen Fällen sinnvollen – banalen Arbeitsweise („Reinste Einsatzstoffe garantieren reinste Endprodukte") führen: Die Bildung des unerwünschten Phosphits, unabhängig von der Reinheit der Einsatzstoffe, erfolgt über eine nicht zu unterdrückende Nebenreaktion, und der unerwünschte Ca^{++}- Gehalt ist ganz einfach löslichkeitsbedingt. Somit bestätigt auch die Betrachtung der Untersysteme, dass eine sinnvoll zu bearbeitende *Umgehungsaufgabe nicht gegeben* ist.

1.3 Entscheiden zwischen Aufgabe und Umgehungsaufgabe

Zu bearbeiten ist die Aufgabe. Es existiert keine u n m i t t e l b a r e Umgehungsaufgabe. Die im Obersystem angesiedelte m i t t e l b a r e Umgehungsaufgabe zeigt aber, dass zu einem späteren Zeitpunkt an die Entwicklung völlig neuartiger stromlos arbeitender Vernicklungssysteme gedacht werden könnte *(Dies ist eine nicht nahe liegende, hochwertige Entwicklungsaufgabe, auf die der ausschließlich mit seinem Herstellungsverfahren befasste Hypophosphitfachmann ohne diese Problemanalyse wohl kaum gestoßen wäre).*

1.4 Quantitativ definierte Kennwerte

- Der Gehalt an Phosphit (P(III)) darf im Fertigprodukt nur maximal 0,09 % betragen.
- Der Gehalt an Calciumionen (Ca^{++}) darf im Fertigprodukt nicht höher als 0,003 % liegen.

1.5 Verbessern (hier: Absenken) der quantitativ definierten Kennwerte

Jegliche weitere Qualitätsverbesserung ist erwünscht, aber nur, falls sie kostenlos zu haben bzw. im Prozess *von selbst* zu realisieren ist. Falls sich dies als nicht möglich erweisen sollte, so gilt das bereits behandelte Ingenieursprinzip (Abb. 21): *Nicht so gut wie möglich, sondern so gut wie nötig.*

1.6 Präzisieren der Forderungen an das anzustrebende Herstellungsverfahren

a) Zulässiger Kompliziertheitsgrad

Komplizierte Lösungen sind unzulässig. *Das Verfahren soll möglichst einfach werden, die Einsparung mindestens einer Verfahrensstufe gegenüber den Konkurrenzverfahren ist anzustreben.*

b) Voraussehbarer/angestrebter Maßstab der Anwendung

Das zu schaffende Verfahren soll uneingeschränkt industriell anwendbar sein

1.7 Prüfen, ob die Aufgabe durch direktes Anwenden der Standards zum Lösen von Erfindungsaufgaben bewältigt werden kann

Die (nachträgliche) Prüfung hat ergeben, dass dies nicht möglich gewesen wäre.

1.8 Präzisieren der Aufgabe unter Einbeziehung der in der Patentliteratur aufgeführten Verfahren

1.8.1 Stand der Technik

1.8.1.1 Z. Uhlíř, S. Scholle u. J. Beneš, Chemicke Průmysl 8 (33/1958) 281-296

Phosphor wird mit einer wässrigen $Ca(OH)_2$-Suspension zu Phosphin und einer rohen Calciumhypophosphit($Ca(H_2PO_2)_2$)-Aufschlusssuspension umgesetzt. Ungelöstes bzw. unumgesetztes $Ca(OH)_2$ sowie im Zuge von Nebenreaktionen gebildetes schwer lösliches Calcium-Phosphit (P(III), vorliegend als $CaHPO_3 \cdot H_2O$), werden gemeinsam abfiltriert. Das überschüssige gelöste Calciumhydroxid ($Ca(OH)_2$) wird durch Einleiten von Kohlensäure (CO_2) als Calciumcarbonat ($CaCO_3$) gefällt. Dieses wird anschließend abfiltriert. Nun wird das in Lösung vorliegende Calciumhypophosphit unter Zusatz von Sodalösung (Na_2CO_3) zu Natriumhypophosphit konvertiert, das gebildete Calciumcarbonat sodann abfiltriert. Die klare Lösung wird eingedampft. Durch abschließende Kühlungskristallisation resultiert (neben Mutterlauge) reines Natriumhypophosphit $NaH_2PO_2 \cdot H_2O$.
Kritik: Das Verfahren liefert, da wegen der simultan verlaufenden Calciumphosphitfällung kaum lösliches P(III) in der rohen Aufschlusssuspension vorhanden ist, fast Phosphit freies Natriumhypophosphit. Zugleich ist das Produkt auch annähernd frei von Calciumionen, da Calciumcarbonat praktisch unlöslich ist. Die Qualität des Produktes ist somit hervorragend, jedoch ist das insgesamt fünfstufige Verfahren teuer und ausgesprochen umständlich. Jede Stufe ist für sich gesehen zwar logisch und erscheint notwendig, eine Gesamt-Betrachtung des Prozesses mit dem Ziel der Prüfung auf komplexere Nutzung einzelner Stufen zwecks Vereinfachung des Gesamtprozesses wurde jedoch offensichtlich nicht vorgenommen.

1.8.1.2 F.P. 1 152 431 v. 20.6.1956 bzw. DAS 1 145 588 v. 16.1.1958

In der Aufschlussstufe wird der Phosphor nicht mit reinem $Ca(OH)_2$, sondern mit einer Calciumhydroxidsuspension in Natronlauge (NaOH) oder Sodalösung (Na_2CO_3) umgesetzt. Die rohe Aufschlussmasse enthält dann schwerlösliches Calciumphosphit neben löslichem Natriumphosphit. Nach Filtration verbleibt ein gewisser Anteil von gelöstem P(III) neben Ca^{++} in der aufzuarbeitenden Natriumhypophosphitlösung, so dass das ohne weitere Maßnahmen

aus einem solchen Filtrat produzierte Natriumhypophosphit nicht den Qualitätsforderungen entsprechen würde. Demgemäß muss das Ca^{++} vor Erreichen der Kristallisationsstufe abgetrennt werden.
Kritik: Zwar wurde das Verfahren gegenüber 1.8.1.1 um eine Stufe vereinfacht, der Nachteil der Notwendigkeit einer eigenen Verfahrensstufe für die Abtrennung der an sich geringen Calciumspuren ist jedoch noch immer gegeben. Gearbeitet wird wie bei 1.8.1.1 durch Einleiten von Kohlensäure und Abfiltrieren des Calciumcarbonats.

1.8.1.3   UdSSR-Pat. 157 340 v. 5.2.1962

Calciumhypophosphitlösung wird mit Natriumphosphit haltigen Hypophosphitlösungen (Mutterlaugen der Natriumhypophosphitkristallisation) zu schwer löslichem Calciumphosphit und leicht löslichem Natriumhypophosphit umgesetzt. Das Calciumhypophosphit wird abfiltriert, das Filtrat eingedampft und durch Kühlungskristallisation zu Natriumhypophosphit verarbeitet.
Kritik: Das Verfahren wurde direkt für die Mutterlaugen-Regenerierung geschaffen. Die Mutterlaugen der Hypophosphitkristallisation enthalten stets mehr Natriumphosphit als die Ausgangslösungen (d.h. Phosphit reichert sich in der Mutterlauge an, was der Reinheit des Salzes zugutekommt, aber zugleich bedeutet, dass vor Wiederverwendung der Mutterlauge diese von der nunmehr zu hohen Phosphitkonzentration befreit werden muss). Diese Regenerierung sollte bis zu einer erlaubten Restkonzentration von ≤ 5 Mol-% P(III) im P(I+III) durchgeführt werden, dann lässt sich nach Kühlung, Kristallisation und Zentrifugation besonders P(III)-armes Salz erzielen (DAS 1 119 237 v. 21.6.1957, ausg. 14.12.1961). Problematisch ist, dass zum Zwecke der Mutterlaugenregenerierung bei dem hier besprochenen Verfahren extra Calciumhypophosphitlösungen hergestellt werden müssen, was wiederum einen eigenen Verfahrensschritt erfordert.

1.8.1.4   *V.J. Latatujev* u. *N.J. Zakabunina*, Issled. v oblasti chimii i technol. min. solej i okislov, AN „Nauka" M-L (1965), S. 39-43

Die Fällung des sich in der Mutterlauge anreichernden unerwünschten Phosphits (s. 1.8.1.3) wird bei diesem Verfahren unter Verwendung von $Ca(OH)_2$-Suspension durchgeführt, wobei schwer lösliches Calciumphosphit gebildet und sodann abfiltriert wird.
Kritik: Zwar ist $Ca(OH)_2$-Suspension im Vergleich zu mühsam hergestellter Calciumhypophosphitlösung als Regeneriermittel geradezu spottbillig, jedoch hat $Ca(OH)_2$ einen vergleichsweise schwer wiegenden Nachteil. Die Umsetzung verläuft nach der folgenden Gleichung: $Ca(OH)_2 + Na_2HPO_3 \Rightarrow CaHPO_3 + 2\ NaOH$,
d.h., dass die vom unerwünschten Phosphit befreite Lösung nunmehr freie Natronlauge enthält und deshalb extrem alkalisch reagiert. Beim anschließend erforderlichen Eindampfen besteht dann die Gefahr der Zersetzung gemäß $NaOH + NaH_2PO_2 \Rightarrow Na_2HPO_3 + H_2$, so dass die Lösung vor Beginn des Eindampfens neutralisiert werden muss. Dies kann, um keine Fremdionen einzuschleppen, praktisch nur mittels Unterphosphoriger Säure (H_3PO_2) erfolgen. Diese Säure ist recht teuer, da sie letztlich auch nur aus Hypophosphit hergestellt werden kann, was den vermeintlichen Vorteil des Einsatzes von Calciumhydroxid an Stelle von Calciumhypophosphit völlig zunichtemacht.

1.8.1.5   F. P. 1 164 005 v. 24.12.1956, ert. 6.10.1958

Stark Phosphit haltige Mutterlauge wird dem nächsten Aufschluss zugesetzt, wobei man das zum Aufschluss des Phosphors vorgesehene Natronlauge-Calciumhydroxid-Verhältnis so variiert, dass dem Natriumphosphitäquivalent entsprechend weniger Natronlauge (resp. relativ mehr Calciumhydroxid) zum Einsatz kommt, was die erforderliche P(III)-Ausfällung in Form von Calciumphosphit direkt in der ohnehin zu filtrierenden Aufschlussmasse ermöglicht.

Kritik: Dieses Verfahren berücksichtigt – bezüglich des unerwünschten P(III) – besser als alle bisher besprochenen Verfahren den Gesichtspunkt, dass sich bei geschickter Arbeitsweise bestimmte Verfahrensstufen kombinieren lassen. Durchaus nicht gelöst ist jedoch nach wie vor die Ca^{++}- Frage. Noch immer ist eine eigene Abtrennstufe erforderlich.

1.8.1.6   *D. Zobel,* DD-PS 137 799 v. 29. 03. 1977, ausg. 26. 09. 1979

Werden die Aufschlüsse unter Einsatz einer entsprechend eingestellten Calciumhydroxid-Suspension in Natronlauge stets so gefahren, dass fast kein lösliches Phosphit in der Aufschlussmasse enthalten ist, dann kann die Mutterlaugenregenerierung halbkontinuierlich dadurch erfolgen, dass jeder Charge (Aufschlussmasse) eine bestimmte Menge Mutterlauge aus der Fertigproduktkristallisation zugesetzt wird. Die mit Mutterlauge unter Rühren versetzte stark verunreinigte Aufschlussmasse wird filtriert und weiter verarbeitet (das Verfahren wurde für den Einsatz von Phosphorschlamm an Stelle reinen gelben Phosphors entwickelt). Überraschend ist, dass die Regenerierung besser funktioniert, als anhand der Stöchiometrie reiner Lösungen zu erwarten gewesen wäre. Offenbar sind die während der Aufschlussreaktion z.T. angelösten/aktivierten Feststoffanteile des Phosphorschlammes in vorteilhafter Weise an der Reaktion beteiligt.

Kritik: Das bezüglich der Phosphitabtrennung einigermaßen günstige Verfahren verzichtet zwar unter wesentlicher Vereinfachung des Prozesses völlig auf eine separate Calcium-Abtrennstufe, erreicht aber bezüglich der Produktqualität nicht die Qualitätskennziffern eines mit eigener Ca^{++}-Abtrennstufe arbeitenden Verfahrens. Das Endprodukt enthält immer noch 0,01 bis 0,02 % Ca^{++} und genügt damit nicht den gestellten Anforderungen.

1.8.2   Schlussfolgerungen zur erfinderischen Aufgabe aus dem Stand der Technik

Der Stand der Technik liefert Ansatzpunkte, welche auf reale Möglichkeiten zur angestrebten Vereinfachung des mehrstufigen Produktions- und Reinigungsverfahrens hindeuten. Diese Ansatzpunkte liegen nicht im Bereich der Verfahrenstechnik, d.h. der für die Ausführung des Prozesses erforderlichen Apparate, sondern im Bereich der Eigenschaften der chemisch (und chemisch-physikalisch) interagierenden Komponenten des Systems, d.h. im Bereich der *Stoff-Eigenschaften.* Zur ordnungsgemäßen Bearbeitung der Aufgabe sollten deshalb zunächst alle bekannten, aber möglicherweise bisher im gegebenen Zusammenhang noch nicht beachteten Eigenschaften der relevanten Systemkomponenten zusammengestellt werden. Erforderlichen Falls ist zusätzlich (insbesondere experimentell) nach Eigenschaften zu suchen, die in der Literatur, vor allem in den konventionellen Tabellenwerken, nicht aufgeführt sind.

Die erfinderische Aufgabe sollte vor allem auch die Prüfung von Möglichkeiten berücksichtigen, diese bisher nicht „ausgereizten" Stoffeigenschaften (bei gleichzeitiger Verminderung des konventionell erforderlichen apparativen Aufwandes bzw. durch Mehrfach-Nutzung ohnehin erforderlicher Verfahrensstufen) zur Erreichung des Zieles einzusetzen.

1.9   Anwenden des Operators AZK („Abmessungen / Zeit / Kosten")

Die sinngemäße Übersetzung des Terminus *Abmessungen* dürfte im vorliegenden Falle *Konzentration an Verunreinigungen* lauten. Der infrage kommende Prozess, rahmenweise beschrieben unter 1.8, wird mit Hilfe des Operators AZK nun so betrachtet, als verliefe er extrem (bezüglich der Konzentration an Verunreinigungen, der zur Verfügung stehenden Zeit, der zur Verfügung stehenden finanziellen Mittel). Dabei beziehen sich die anzustellenden Betrachtungen jeweils auf die Grenzwerte *Null* sowie *Unendlich.* Der Prozess soll also, im Sinne eines Gedankenexperiments, entweder völlig reines oder extrem verschmutztes Produkt liefern, in Windeseile verlaufen oder extrem lange dauern; bei den Kosten sollen die Grenzfälle „darf nichts kosten" und „Geld spielt keine Rolle" betrachtet werden.

1.9.1   Konzentration an Verunreinigungen

a) Stellen wir uns zunächst vor, die Konzentration an Phosphit sowie an Calciumionen im Endprodukt solle nicht mehr nachweisbar sein (bzw. jeweils „bei 0,00000 %" liegen). Für diesen Fall gilt wiederum: Brächte ein solches höchst reines Produkt im Obersystem (den reduktiv-chemisch auf Hypophosphitbasis arbeitenden Vernicklungsbädern) einen messbaren Nutzen, so sollte dieser Bereich näher untersucht werden. Ein solcher Nutzen tritt jedoch nicht ein, da die anderen Hauptkomponenten der Bäder, insbesondere das Nickelsulfat, ebenfalls Spurenverunreinigungen enthalten, deren Entfernung dann sehr wahrscheinlich ebenfalls notwendig wäre. Hinzu kommt, dass auch völlig fremdstofffreie Bäder vergleichsweise schnell von den zu vernickelnden Materialien vergiftet werden, so dass *extreme* Reinheits-Forderungen bezüglich P(III) und Ca** an die Bad-Einsatzkomponenten, sofern sie nicht kostenlos bzw. völlig von selbst erfüllbar sind, *keinen praktischen Wert* haben. *Fazit:* Sofern die Nullkonzentration an o.a. Verunreinigungen ohne jeden Zusatzaufwand zu realisieren wäre, bestünde ein gewisses Interesse, ansonsten nicht.

b) Stellen wir uns nunmehr alternativ vor, die Konzentration an Verunreinigungen im Produkt sei nach oben nicht begrenzt. Diese Modellvorstellung ist im vorliegenden Falle weder sachlich noch denkmethodisch sinnvoll und wird deshalb nicht weiter verfolgt.

1.9.2   Zeitaufwand

a) Unter der Annahme, der Herstellungs- und Reinigungsprozess solle *blitzartig* verlaufen, d.h. der Zeitaufwand sei *null*, wird das Suchfeld für sinnvolle Verfahrensverbesserungen erheblich eingeengt. Unter 1.8.2 wurde erläutert, dass insbesondere die Eigenschaften bzw. Eigenschaften-Kombinationen der agierenden Komponenten die Ansatzpunkte für die angestrebten Verbesserungen/Vereinfachungen liefern. Unter den in Frage kommenden Stoff-Eigenschaften sind jedoch auch solche, welche sich nicht momentan auswirken. Dazu gehören beispielsweise der Verteilungskoeffizient P(I) : P(III) während des Kristallisationsvorganges sowie die Eigenschaft des an sich schwer löslichen, aber nicht sofort quantitativ ausfallenden Calciumphosphits, das während des Eindampfens der bereits filtrierten Lösung deshalb stets eine *Nachfällung* bildet. Demgemäß führt eine *Zeitaufwand Null* - Betrachtung offensichtlich weg vom Ziel.

b) Stellen wir uns nunmehr vor, es stehe beliebig viel Zeit zur Verfügung, um im Rahmen eines wesentlich vereinfachten, aber prinzipiell auf den bisherigen Verfahrensvarianten basierenden Prozesses zu reinem Natriumhypophosphit zu gelangen. Im Umkehrschluss zu 1.9.2 a) ergibt sich, dass dieser Betrachtungsbereich interessant sein könnte. Speziell ist an die Calciumphosphit-Nachfällung während des Eindampfens zu denken, die sich umso vollständiger bildet, je mehr Zeit man dem System lässt (d.h., die Gleichgewichtseinstellung erfolgt verzögert). Dies gilt insbesondere auch für das Sedimentationsverhalten des Calciumphosphitniederschlages nach Beendigung des Eindampfens. Wird anstelle einer nochmaligen Filtration eine Sedimentationsstufe zwecks Klärung der konzentrierten Lösung vor Beginn der Kühlungskristallisation erwogen, so wird dafür vor allem Zeit benötigt.

1.9.3   Kosten

a) Die Betrachtungsvariante „Was wäre, wenn ich die Aufgabe ohne jeden finanziellen Aufwand zu lösen versuchte?" sollte eigentlich immer, speziell aber im vorliegenden Falle, ernsthaft geprüft werden. Die modifizierte Aufgabe besteht hier darin, unter Einsatz bekannter Apparate und Verfahrensschritte so vorzugehen, dass mit einem Minimum an Aufwand ein (relatives) Maximum an Produktqualität erreicht wird. Dies heißt, dass nur die für das Herstellungs- und Reinigungsverfahren absolut unumgänglichen Verfahrensstufen beizubehalten sind, dafür aber so betrieben werden, dass alle Reinigungsschritte weitgehend *von selbst* ablaufen.

b) Die Betrachtungsweise „Geld spielt keine Rolle" bringt uns im vorliegenden Falle weder sachlich noch denkmethodisch weiter, zumal, wie unter 1.9.1 a) bereits erläutert, eine im Ergebnis der Bemühungen anfallende Superqualität nicht erforderlich ist.

II Aufbau des Modells der Aufgabe

2.1 Bedingungen der Aufgabe (ohne Verwendung der Fachterminologie formuliert)

Wir wollen ein reines Produkt gemäß den Forderungen (1.4) erhalten, und wir haben uns vorgenommen, zu diesem Zweck mit einem Minimum an Apparaten bzw. Verfahrensstufen auszukommen. Damit dies gelingt, sind zunächst alle Vorgänge zu untersuchen, die sich im Verlaufe des Prozesses ohnehin abspielen, d.h. die im Rahmen der unstrittig erforderlichen Stufen (z.B. im Verlaufe des Eindampfens) von selbst unter Beteiligung der Bestandteile der zu reinigenden Lösungen ablaufen. Dies eröffnet die Aussicht, dass per Mehrfachnutzung der ohnehin unerlässlichen Verfahrensstufen vorgegangen werden kann, eventuell unter zusätzlicher Anwendung geeigneter Stoffe und/oder Felder, die in der gewünschten Richtung wirken. Ausgeschlossen werden soll hingegen eine Komplizierung des Prozesses. Unser Betrachtungsbereich beginnt mit der nach erfolgtem Aufschluss des Phosphors bzw. Phosphorschlammes filtrierten Lösung, die wir am Anfang des Eindampfprozesses zur Verfügung haben. Diese Lösung (Einsatzlösung) enthält neben dem Hauptbestandteil P(I) noch den Nebenbestandteil P(III) sowie die Spurenkomponente Ca**.

P(I) liegt in Lösung als Natriumsalz vor. P(III), ebenfalls als gelöstes Natriumsalz vorliegend, ist noch wesentlich besser wasserlöslich als P(I). Daraus folgt, dass P(III) in bekannter Weise sich während der Kristallisation weitgehend in der Mutterlauge anreichert. Erfindungsgemäß soll allerdings in einem Bereich so hoher P(III)-Eingangskonzentration gefahren werden, dass das produzierte kristalline P(I) ohne *besondere* Maßnahmen, d.h. bei konventioneller Fahrweise, relativ noch zu viel P(III) enthalten würde. Bei chargenweiser Kristallisation ist davon auszugehen, dass wegen der steigenden P(III)-Konzentration in der Mutterlauge gegen Ende des Kristallisationsvorganges auch der P(III)-Gehalt des Salzes steigt.

Ca** ist gemäß der geringen Löslichkeit des zuvor bereits abgetrennten Calciumphosphits nur als Spurenkomponente in der Einsatzlösung enthalten. Ca** bildet mit den P(III)-Anionen im Verlaufe des Eindampfprozesses eine Nachfällung (flockiges Calciumphosphit). Eine solche Nachfällung tritt bei den üblichen Verfahren nicht auf, da das Ca^{**} bei diesen Verfahren vor Beginn des Eindampfens bereits völlig abgetrennt ist. Wollen wir diese Stufe ohne Qualitätsverlust im Endprodukt einsparen, so ist bei den Eigenschaften der Calciumphosphit-Nachfällung anzusetzen. Zum Einen sedimentiert die Nachfällung, sofern man vor Beginn der Kühlung die konzentrierte Lösung zunächst in Ruhe temperaturkonstant hält. Zum Anderen zeigt die Nachfällung die Eigenschaft der *Peptisation*, d.h. sie bildet unter Wasserzusatz z.T. eine kolloidale Lösung, mindestens aber eine feinstteilige Dispersion.

2.2 Miteinander in Konflikt stehende Elemente des Systems

A P(I), Hauptkomponente, gelöst vorliegend in Form von Na-Ionen sowie von H_2PO_2-Ionen, 84-87 Mol-% bezogen auf P(I)+P(III), nach erfolgter Kristallisation vorliegend als $NaH_2PO_2 \cdot H_2O$

B P(III), unerwünschte Nebenkomponente, gelöst vorliegend in Form von Na-Ionen sowie HPO_3-Ionen, 16-13 Mol-%, bezogen auf P(I)+P(III). Reichert sich zwar bei der Kristallisation in der Mutterlauge an, es gelangt aber dennoch zu viel davon in das kristalline P(I)-Produkt.

c $Ca^{\cdot\cdot}$, unerwünschte Spurenkomponente, in Lösung vorliegend gemäß dem Löslichkeitsprodukt des Calciumphosphits, bildet während des Eindampfens mit dem P(III) eine $CaHPO_3$-Nachfällung. Je mehr P(III) in Lösung vorliegt, desto intensiver erfolgt die c-Selbstabtrennung: Da das Produkt aus der c-Konzentration und der B-Konzentration konstant ist, drängen hohe B-Konzentrationen die c-Konzentration automatisch zurück.

Versuchen wir nunmehr (unter Verzicht auf die konventionell vorgeschalteten B- und c-eliminierenden Verfahrensschritte) aus derartigen Lösungen direkt kristallines **A** herzustellen, so liegt der P(III)-Wert im **A**-Produkt um ca. 50% rel., der $Ca^{\cdot\cdot}$-Wert sogar um ca. 300% rel. über der erlaubten Obergrenze.

Wollen wir dennoch B und c *zunächst* im System belassen, so sind demgemäß erfinderische Maßnahmen erforderlich, die gewährleisten, dass die Entfernung der Überkonzentrationen an P(III) und $Ca^{\cdot\cdot}$ gegen Ende des Prozesses erfolgt, ohne dafür *zusätzliche* Verfahrensstufen vorsehen zu müssen.

Konfliktsituation I:

Der Verteilungskoeffizient P(III) Kristallisat : P(III) Mutterlauge liegt für das o.a. P(I) : P(III)-Einsatz-Verhältnis so, dass nach bisheriger Kenntnis im Ergebnis der Kristallisation, gefolgt von der Zentrifugation und der Trocknung, kein genügend reines Salz entstehen kann.
Konventionell wird deshalb mit höheren P(I):P(III)-Verhältnissen, d.h. P(III)-ärmeren Einsatzlösungen, gefahren.

Konfliktsituation II:

Die $Ca^{\cdot\cdot}$-Eingangskonzentration liegt so hoch, dass nach bisheriger Kenntnis zu viel $Ca^{\cdot\cdot}$ in das fertige Salz gelangen muss.
Konventionell werden deshalb zuvor bereits vom $Ca^{\cdot\cdot}$ befreite Lösungen eingesetzt.

2.3 Konflikt behaftete Paare, nützliche und schädliche Wechselwirkungen

2.3.1   B   (P(III))

a) Einsatzlösungen mit 5-8 Mol-% P(III), bezogen auf (P(I)+P(III)), liefern nach der Kristallisation ein Hypophosphit mit dem geforderten geringen Phosphitgehalt. *(Konventionelles Vorgehen).*

b) Einsatzlösungen mit > 12 Mol-% P(III) liefern nach der Kristallisation ein Hypophosphit, dessen Phosphitgehalt zu hoch liegt. Dabei reichert sich bei chargenweiser Kristallisation besonders gegen Ende des Kristallisationsvorganges P(III) im P(I)-Kristallisat unzulässig an.
(Aus solchen Lösungen soll dennoch einwandfreies Hypophosphit hergestellt werden).

2.3.2   c   ($Ca^{\cdot\cdot}$)

a) Einsatzlösungen, die zuvor weitgehend vom $Ca^{\cdot\cdot}$ befreit wurden, liefern nach der Kristallisation das gewünschte $Ca^{\cdot\cdot}$-arme Hypophosphit.
(Konventionelles Vorgehen).

b) Einsatzlösungen, die noch $Ca^{\cdot\cdot}$-haltig sind, liefern nach der Kristallisation ein Hypophosphit, dessen $Ca^{\cdot\cdot}$-Gehalt zu hoch liegt.
(Aus solchen Lösungen soll dennoch einwandfreies Hypophosphit hergestellt werden).

2.4 Standardformulierung der Aufgabe

Gegeben ist eine Hypophosphitlösung, die zu viel P(III) und auch zu viel $Ca^{··}$ enthält, um nach der Kristallisation/Zentrifugation gemäß bisherigem Kenntnisstand qualitativ einwandfreies Hypophosphit liefern zu können. *Aus einer solchen Lösung soll ohne Komplizierung des Prozesses reines Hypophosphit hergestellt werden.*

III Analyse des Aufgabenmodells

3.1 Auswählen der leicht zu verändernden bzw. zu beeinflussenden Elemente des Systems

a) Wenn B leichter löslich ist als **A**, und sich deshalb zwar überwiegend in der Mutterlauge anreichert, sich aber dennoch vor allem gegen Ende der chargenweisen Kristallisation in unzulässiger Konzentration im Salz wiederfindet, so kommt der Löslichkeitsunterschied zwischen B und **A** als Ansatzpunkt für erfinderische Maßnahmen infrage.

b) Die während des Eindampfprozesses aus c und B gebildete Calciumphosphit-Nachfällung hat die Eigenschaft, sich bei außer Betrieb genommenem Rührwerk im Eindampfer abzusetzen, und hat ferner die Eigenschaft, sich im frisch gefällten Zustand unter Wasserzusatz partiell so zu verhalten, als neige sie zur Peptisation bzw. bilde feinstteilige Dispersionen. Beide Eigenschaften erscheinen im Zusammenhang mit einfachen erfinderischen Maßnahmen interessant.

3.2 Standardformulierung des IDEALEN ENDRESULTATES („IER"):

Reines Hypophosphit aus unreinen Einsatzlösungen nach dem „Von Selbst"-Prinzip

Sachvoraussetzungen, welche die Annäherung an das IER möglich erscheinen lassen:
B und c schaffen bzw. durchlaufen während des Eindampf- und Kristallisationsvorganges diejenigen Bedingungen, unter denen sie anschließend (fast) von selbst oder mit einfachsten Mitteln abgetrennt werden können.

3.3 Zu überwindende Physikalische Widersprüche

a) Der vergleichsweise hohe Gehalt von B und c im Fertigprodukt ist unvermeidlich, aber unzulässig.

(Einsatzlösungen mit zu hohen Gehalten an B und c führen ohne erfinderisches Handeln zwangsläufig zu einem Fertigprodukt mit zu hohen B- und c- Gehalten).

b) Die Abtrennung von B u. c am Ende des Prozesses muss sein, darf / kann aber nicht sein.

(Es sei daran erinnert, dass sich eine derart „irre" Formulierung immer auf die – hier nicht gegebene – Einsetzbarkeit von konventionellen Verfahren bezieht. „Darf" lässt sich durch „kann" ersetzen (s.o.). Aber: sachlich-semantisch schärfer ist zweifellos „darf". Denken wir an den selbst erklärenden Stoßseufzer aus dem täglichen Leben: „Das darf doch nicht wahr sein!", womit ja eigentlich gemeint ist: „Das kann nicht wahr sein". Übertragen auf unser Beispiel lautet die Formulierung aus der Sicht der konventionellen Lösungen: „Das kann gar nicht funktionieren", erfinderisch ergänzt um: „....hat aber gefälligst dennoch zu funktionieren).

IV Überwindung des Physikalischen Widerspruchs

4.1 Einfachste Umformung/Verteilung der widersprüchlichen Eigenschaften

4.1.1: B (P(III), vorliegend als Natriumphosphit)

4.1.1.1: Verteilung im Raum

Da sich B insbesondere gegen Ende des chargenweisen Kristallisationsvorganges (wegen der ständig steigenden P(III)-Konzentration in der Mutterlauge) schließlich auch im Salz in unerwünscht hoher Konzentration findet, kann davon ausgegangen werden, dass die Außenzonen der größeren Kristalle und die gegen Ende der Kristallisation gebildeten kleinen Kristalle phosphitreicher als die Innenzonen bzw. die anfangs gebildeten Kristalle sind. Da B leichter wasserlöslich als A ist, ergibt sich hier ein erster Ansatzpunkt für die gezielte Suche nach einfachen Möglichkeiten für die erwünschte partielle Abtrennung.

4.1.1.2: Zeitliche Verteilung

Die Konfliktzone liegt hinsichtlich des zeitlichen Ablaufs am Ende des chargenweisen Kristallisationsprozesses. Der für einfache erfinderische Eingriffe zur Verfügung stehende Zeitraum beginnt kurz vor dem Abschluss des Kristallisationsvorganges und endet mit dem Auftreffen des gekühlten Mutterlauge-Salz-Kristallbreis auf die Siebzentrifugentrommel (Trennung des Salzes von der Mutterlauge mittels Zentrifugalkraft).

4.1.2 c (Ca$^{..}$, vorliegend als Calciumphosphit)

4.1.2.1 Verteilung im Raum

Während des Eindampfprozesses bildet sich aus Ca$^{..}$ und P(III) zunehmend Calciumphosphit, feinteilig und gleichmäßig verteilt, das nach Abschalten des Rührwerkes partiell sedimentiert und am Boden des Rührwerksbehälters als Brei abgelassen werden kann. Der nicht abgetrennte bzw. auf diese Weise nicht abtrennbare Anteil gelangt in die Kristallisationsstufe und dürfte sich (ebenso wie für B unter 4.1.1.1 erläutert) bevorzugt in den Außenzonen der größeren Kristalle und in den zuletzt gebildeten kleineren Kristallen finden. Allerdings sind Calciumphosphit und Natriumhypophosphit kristallographisch recht verschieden, so dass ein echter Einbau in das Gitter wohl kaum stattfinden dürfte. Demgemäß sind für das erfinderische Ziel, wie auch beim P(III), vor allem auch *einfache Maßnahmen zur Beeinflussung der Mutterlauge nach Beendigung des Kristallisationsprozesses* von großer Bedeutung.

4.1.2.2 Zeitliche Verteilung

Es gilt wörtlich die für B unter 4.1.1.2 angestellte Betrachtung.

4.1.2.3 Übergangszustände, in denen gegensätzliche Eigenschaften koexistieren

Es koexistieren die dem Löslichkeitsprodukt des Calciumphosphits entsprechende Schwerlöslichkeit von c (verbunden mit der Sedimentationsfähigkeit der Nachfällung in konzentrierten, heißen, in Ruhe belassenen Lösungen) mit der partiellen Peptisationsneigung des Calciumphosphits, d.h. mit der Fähigkeit, unter Wasserzusatz kolloidale Lösungen oder zumindest feinstteilige Dispersionen zu bilden. Da die Sedimentation ohnehin nicht vollständig verläuft, ergibt sich die Möglichkeit bzw. die Notwendigkeit, die zweitgenannte Eigenschaft anschließend an die Sedimentation zum Zuge kommen zu lassen.
Erfindungsmethodische Bemerkung: Mit 4.1.1 und 4.1.2 sind die infrage kommenden recht einfachen erfinderischen Maßnahmen bereits annähernd umrissen. Wir wollen den ARIS 77 dennoch fortsetzen, weil die nächst folgenden Stufen als perfekte Prüfsteine für die Richtigkeit unserer sich abzeichnenden erfinderischen Vermutungen dienen können.

4.2 Verwendung des Verzeichnisses der Typenmodelle von Erfindungsaufgaben und ihrer Stoff-Feld-Umformungen (alle Systembestandteile lassen sich modellhaft als Stoffe oder als Felder beschreiben)

Zutreffend erscheint Typ 1: *Gegeben sei ein Element, das sich nicht ohne Weiteres verändern lässt.*

B ist ein Element, c ein anderes Element. Versuchen wir eine getrennte Betrachtung von B und c.

Allgemeiner Lösungsansatz: *Aufbau eines vollständigen Stoff-Feld-Systems (Einführung eines zweiten Stoffes und eines Feldes)*

a) Element B

Als *Stoff* kommt, wir ahnten es bereits unter 4.1.1, W a s s e r in Frage. Als *Feld* im übertragenen Sinne (Intensivierung der Wirksamkeit des bereits vorhandenen Zentrifugal-Feldes) kann die mit dem Wasserzusatz automatisch verbundene *Verminderung der Viskosität der Mutterlauge* betrachtet werden.

b) Element c

Als *Feld* kommt im Zusammenhang mit der Sedimentationsfähigkeit der c-Nachfällung die *Gravitation* in Frage. Lässt man das Schwerefeld genügend lange einwirken, so sedimentiert ein Teil des Calciumphosphits. Als Stoffzusatz für diese Verfahrensstufe käme an sich noch ein Sedimentationshilfsmittel in Frage. Wir verzichten jedoch auf ein solches, da wir im Zusammenhang mit dem Wasserzusatz zwecks Absenkung der B-Konzentration im Salz auch gleichzeitig eine Wirkung auf die weitere Absenkung der c-Konzentration erwarten können. Als einfachster Stoff kommt also auch hier zunächst nur W a s s e r infrage *(falls das nicht funktionieren sollte, so käme die Variante des Sedimentationshilfsmittels, s.o., zum Zuge).*

4.3 Durchsicht der Tabelle Physikalischer Effekte und Erscheinungen

Wir haben bereits mit den letztlich physikalischen Begriffen *Löslichkeit, Sedimentation* und *Peptisation* operiert. Zusätzliche Empfehlungen aus der Tabelle sind nicht direkt abzuleiten.

(Wir erkennen am bisherigen Verlauf der Analyse, dass, bei ohnehin durchgehend physikalischer Betrachtungsweise, der Stufe 4.3 nur noch eine Kontrollfunktion zukommt. Wenn es auch erstaunlich erscheinen mag: Insbesondere die industrielle Chemie spielt sich überwiegend im Grenzgebiet zur Physik ab).

4.4 Durchsicht der Tabelle der Prinzipien zum Lösen Technischer Widersprüche

Wir haben bis hierher die Lösung bereits derart eng eingekreist, dass wir die Tabelle nur noch zur Bestätigung der Richtigkeit unserer vorläufigen Ansätze benötigen. Hinzu kommt eine *Anregung, wie ganz konkret zu verfahren ist* (Prinzip Nr. 21).

(Zugleich erkennen wir, dass die Matrix zum Herausfinden der erfolgträchtigsten Lösungsstrategien nicht unbedingt eingesetzt werden muss. Im Ergebnis einer sehr ausführlichen Analyse wird direkt erkennbar, welche Prinzipien zutreffen bzw. mit hoher Wahrscheinlichkeit zutreffen könnten).

Offensichtlich gelten für unseren Fall innerhalb der 40-er Tabelle:

- Nr. 2: *Prinzip der Abtrennung*
  (Vom Objekt ist die störende Eigenschaft abzutrennen).

- Nr. 3: *Prinzip der Kopplung*
(Zu koordinierende Operationen sind zeitlich zu koppeln, d.h. in unserem Falle sind die Anreicherungs-, Abreicherungs- und Abtrennvorgänge mit den ohnehin erforderlichen Grundoperationen, wie Eindampfen und Zentrifugieren, zu koppeln).

- Nr. 16: *Prinzip der partiellen Wirkung*
(Wir akzeptieren, dass wir keine vollkommene B- und c-Abtrennung anstreben. Damit erscheinen einfachste, ersichtlich nicht hundertprozentig wirksame Maßnahmen, wie *Sedimentation nach dem Eindampfen* und *Wasserzusatz am Zentrifugeneinlauf*, absolut tauglich).

- Nr. 21: *Prinzip „Schneller Durchgang"*
(Die entscheidende Phase des Prozesses ist derart schnell zu durchfahren, dass schädliche Nebenwirkungen gar nicht erst auftreten können. Da das fertige A-Kristallisat wasserlöslich ist, darf der dem Kristallbrei zugesetzte Stoff (Wasser) nur sehr kurzzeitig einwirken, um möglichst nur die *gewünschte* Wirkung zu erzielen).

- Nr. 25: *„Von Selbst"-Prinzip*
(Die aus konventioneller Sicht zu hohe P(III)-Eingangskonzentration begünstigt quantitativ die Selbstabtrennung des Ca^{++}. Das gebildete Calciumphosphit sedimentiert unter der Wirkung der Gravitation *von selbst*).

4.5 Übergang von der physikalischen zur technischen Antwort: Formulierung der erfinderisch anzuwendenden Verfahrensweise sowie Angabe des Schemas

Nach erfolgtem Eindampfen der P(III)- und Ca^{++}-haltigen Einsatzlösung wird ein Teil des ausgefallenen Calciumphosphits durch Sedimentation abgetrennt. Die sich nach erfolgter Außerbetriebnahme des Rührwerkes im konischen Bodenteil des Eindampfers ansammelnde stark Calciumphosphit haltige Suspension wird abgelassen und praktisch verlustlos der ohnehin im Prozess integrierten Mutterlaugenregenerierung zugeführt. Der Eindampfer wird nunmehr als Kristallisator gefahren. Nach erfolgter Kristallisation wird der Kristallbrei unmittelbar am Zentrifugeneinlauf mit Wasser versetzt. Die Wassermenge und die Kontaktzeit bis zum Erreichen der Zentrifugentrommel werden so bemessen, dass die gewünschte Absenkung der P(III)- und der Ca^{++}-Gehalte im Salz erfolgt, ohne eine wesentliche Verminderung des Salzaustrages pro Charge (durch Anlösen des wasserlöslichen Produktes) hinnehmen zu müssen. Es resultiert ein bezüglich B und c qualitativ einwandfreies Salz, das nur noch wie üblich getrocknet werden muss, sowie eine mit den entsprechenden Verunreinigungen belastete Mutterlauge, deren Regenerierung konventionell beherrscht wird.

(Schutzrechtliche Bemerkung: Für die Formulierung des Schutzrechtes ist es nicht wichtig, welche Wirkungen sich hinter den angewandten technischen Mitteln verbergen, zumal Wirkungen/Effekte ohnehin nicht schutzfähig sind. Rein erfindungsmethodisch interessiert uns jedoch die dem Verfahren zugrunde liegende Wirkung ganz besonders, zumal wir ja den physikalischen Weg zur Lösung gegangen sind. Die Hauptwirkung dürfte hier nicht das zunächst vermutete Anlösen der in den Außenzonen relativ phosphithaltigen Hypophosphitkristalle sein, sondern vielmehr auf der Verminderung der Viskosität der phosphithaltigen Mutterlauge beruhen; auch auf hochtourigen Zentrifugen lässt sich nicht unverdünnte Mutterlauge nicht völlig abschleudern, so dass ein Film vergleichsweise phosphithaltiger – später eintrocknender – Flüssigkeit auf der Kristalloberfläche verbleibt. Der Wasserzusatz sorgt wohl über die Viskositätsverminderung dafür, dass diese unerwünschten P(III)-haltigen Reste auf der gleichen Zentrifuge intensiver als bisher abgeschleudert werden).

Schematische Darstellung der Gesamt-Vorgehensweise:

I Vorstufe („Aufschlussstufe") bis zur Einsatzlösung
(Zum Verständnis nützlich, aber außerhalb des erfinderischen Betrachtungsbereiches)

Phosphorschlamm wird mit einer Calciumhydroxidsuspension in Natronlauge unter Rühren aufgeschlossen. Die Disproportionierungsreaktion führt zu einem Phosphin-Wasserstoff-Gasgemisch sowie einer stark verunreinigten phosphithaltigen Hypophosphitlösung („Aufschlusssuspension"). Das Gasgemisch wird zu Phosphorsäure verbrannt und in dieser Form genutzt; die Aufschlusssuspension wird filtriert. Dabei werden alle aus dem Phosphorschlamm stammenden Feststoffverunreinigungen sowie das während des Aufschlusses gebildete schwer lösliche Calciumphosphit abgetrennt. Es resultiert ein Filtrat, das wir hier als „Einsatzlösung" bezeichnen. Damit beginnt der erfinderische Betrachtungsbereich.

II Von der Einsatzlösung bis zum Fertigprodukt

(Betrachtungsbereich für das erfinderische Vorgehen)
Abb. 49 zeigt den Gesamtprozess als Schema. Es ist zu erkennen, dass die gestellte Aufgabe, ohne spezielle Ca^{**}- und P(III) - Abtrennstufen auszukommen und dennoch qualitativ einwandfreie Ware zu produzieren, im angegebenen Bereich unter Einsatz extrem einfacher erfinderischer Mittel in vollem Maße erfüllt werden konnte.

**P(I)-Einsatzlösung mit 16 -13 Mol-% P(III)
sowie 0,02-0,06 % Ca^{**}**

⇓

Eindampfen im Rührwerks-Behälter; dabei
fällt Calciumphosphit aus. Nach Abstellen des
Dampfes wird der **Eindampfer als Sedimentations-
Apparat** genutzt. Nach **Abtrennen des Calciumphosphit-** ⇒ $CaHPO_3$
Sediments wird der gleiche Apparat als Kristallisator gefahren. Der Kristallbrei wird der Zentrifuge zugeführt.

⇓
Wasser ⇒ ⇒ ⇓
⇓

Zentrifugations-Prozess

⇓ ⇓

Produkt   **Mutterlauge**
(mit erhöhtem P(III)- sowie Ca-Gehalt)
⇓   ⇓

Trocknung   Regenerierung

Es resultiert ein Produkt mit ≤ 0,09 % P(III) sowie ≤ 0,003 % Ca^{**}. Wird der gleiche Prozess in den gleichen Apparaten ohne Anwendung der erfinderischen Mittel gefahren, so resultiert ein Produkt mit P(III) - Gehalten, die um bis zu 50% rel., und mit Ca^{**}-Gehalten, die um bis zu 300% rel. über den o.a. erlaubten bzw. für die Anwendung erforderlichen Werten liegen.

Abb. 49   Schema der von selbst verlaufenden Ca^{**}- und P(III)-Abtrennung beim **Verfahren zur Herstellung von reinem Natriumhypophosphit** (Zobel, Pat. 1984/1986)

V Vorläufige Einschätzung der gewonnenen Lösung

5.1 Vorläufige Einschätzung der gewonnenen Lösung

a) Das erfinderische Ergebnis gewährleistet weitgehend die Erfüllung der Hauptforderung „*Von Selbst*". Die Reaktion zwischen c und B verläuft *von selbst*, die Gravitation zwecks partieller Abtrennung des $CaHPO_3$-Sediments wirkt *von selbst*, und der Wasserzusatz am Zentrifugeneinlauf ist eine derart einfache Maßnahme, dass die mit der Viskositätsverminderung der Mutterlauge verbundene verbesserte Abtrennung von B und c auf der Zentrifuge ebenfalls, wenigstens beinahe, dem *Von Selbst-Prinzip* entspricht.

b) Die Begünstigung der $CaHPO_3$-Fällung unter der Wirkung hoher P(III)-Konzentrationen entspricht an sich fachgemäßer Erwartung. Allerdings kämen unter konventionellen Aspekten derart hohe B- und c-Konzentrationen in der Eingangslösung gar nicht erst in Betracht. Insofern kann von der Auflösung des Widerspruchs bzw. Paradoxons „*Reines Salz direkt aus unreinen Einsatzlösungen*" gesprochen werden. Die Ausnutzung der Sedimentationsfähigkeit von c nach erfolgter Fällung als $CaHPO_3$ ist allerdings nicht mit der Überwindung eines Widerspruchs verbunden. Es handelt sich dabei um eine zwar durch das erzielte Patent mit geschützte, dennoch bei strenger Auslegung eigentlich nicht erfinderische, wenn auch recht praktische Maßnahme. Bezüglich der B- u. c-Abreicherung im **A**-Zentrifugat wurde hingegen der Widerspruch überwunden, dass ein derart B- u. c-armes **A**-Produkt unter Einsatz derart B- u. c-reicher Einsatzlösungen konventionell *nicht* hergestellt werden kann.

c) Das neue System enthält als leicht steuerbares Element die Viskosität der Mutterlauge.

d) Das gewonnene System ist prinzipiell geeignet, in mehreren Zyklen zu arbeiten. Soll beispielsweise höchst reines Hypophosphit für Spezialanwendungen hergestellt werden, so käme die Umkristallisation von **A**, gefolgt von den o.a. erfinderischen Maßnahmen, insbesondere dem Wasserzusatz am Zentrifugeneinlauf, ohne Weiteres in Frage.

5.2 Patentfähigkeit des Verfahrens. *Erstmalige systematische Anwendung der Widerspruchs-Nomenklatur für die Formulierung des Patentes*

Das Verfahren wurde am 23. 01. 1984 zum Patent angemeldet. Das Patent wurde am 12. 03. 1986 erteilt.

Altschuller hat in dieser Stufe tatsächlich nur die Beantwortung der Frage: *Patentfähig? Ja oder nein?* vorgeschrieben und gegebenen Falles eine Patentanmeldung vorgesehen, und zwar ohne nähere Erläuterungen. TRIZ bietet nun aber nach meiner Auffassung eine hervorragende Möglichkeit, durch den gezielten Einsatz widerspruchsorientierter Formulierungen die Erteilungschance für ein Patent ganz wesentlich zu verbessern.

Die nach meiner Kenntnis erstmalige Verwendung der exakten Widerspruchsnomenklatur erfolgte expressis verbis bei der Formulierung der hier analysierten Patentschrift. Die Sache erscheint mir derart wichtig, dass ich sie in einem eigenen Abschnitt (unter 6.2) ausführlich behandelt habe (s.d.).

VI Entwicklung der gewonnenen Antwort

6.1 Veränderungen im Obersystem

Das veränderte System passt nach wie vor in das prinzipielle Obersystem (das Herstellungs-Gesamtverfahren). Allerdings regt die gefundene sehr einfache Lösung dazu an, auch die Vorstufen (hier: die Aufschlussstufe) nach den gleichen Prinzipien zu untersuchen. Daraus könnten sich dann Veränderungen für das Obersystem ergeben.

(Anmerkung: Im hier gegebenen Zusammenhang verstehen wir unter „Obersystem" nicht, wie unter 1.2, das System der Vernicklungsbäder, sondern das eigentliche Hypophosphit-Herstellungsverfahren. Da wir uns zur Bearbeitung der Aufgabe (nicht aber der Umgehungsaufgabe „Neues Vernicklungssystem", s. Pkt.1.3) entschlossen hatten, ist der Begriff „Obersystem" zur unmittelbaren Anwendung frei geworden).

6.2 Wo kann das veränderte System noch angewandt werden?

Analogiefälle dürften sich in vielen Bereichen der Anorganischen und wohl auch der Organischen Chemie finden, vor allem, was die gemeinsame Kristallisation unterschiedlich löslicher Komponenten anbelangt. Als Zusatz käme nicht nur Wasser allein, sondern z.B. auch ein Stoff oder ein Stoffgemisch, das die Löslichkeitsunterschiede noch verstärkt, infrage (man könnte beispielsweise an Alkohol-Wasser-Mischungen denken, oder, im Falle organischer Verbindungen, an Gemische organischer Lösungsmittel).

(Schutzrechtliche Bemerkung: Je häufiger solche direkt verwertbaren Anregungen publiziert werden, desto mehr werden die Patentprüfer in Zukunft davon ausgehen müssen, dass der vom Erfinder jeweils konkret beanspruchte Mittel-Zweck-Zusammenhang bereits ziemlich genau vorgezeichnet in der Literatur angegeben ist. Allerdings wird erfindungsmethodisch relevante Literatur von den Patentprüfern erfahrungsgemäß nur selten gelesen).

6.3 Ausnutzen der Antwort für die Lösung anderer technischer Aufgaben

a)   Zunächst ist zu überlegen, welche Analogien zu Gebieten gezogen werden können, die sich außerhalb des unmittelbaren Assoziationsfeldes (hier: Kristallisationsprozesse) befinden. Infrage kommen alle Prozesse, bei denen innerhalb von Zwei- oder Mehrstoffsystemen An- oder Abreicherungen im Zusammenhang mit Phasenübergängen stattfinden. Wir sehen, dass sich damit ein *riesiges erweitertes Assoziationsfeld* aufspannt. Grundsätzlich muss es sich dabei nicht nur um flüssig-fest-Übergänge, sondern es könnte sich beispielsweise auch um dampfförmig-fest-Übergänge („Desublimation") handeln. Natürlich entfernen wir uns mit diesem Gebiet bereits weit von den direkten Analogien, da ja schwer vorstellbar ist, dass sich eine aus der Gasphase abgeschiedene Feststoffkomponente anschließend aus dem Stoff-Gemisch wieder partiell entfernen lässt, und ein „Mutterlaugen-Analogon" in diesem Zusammenhang nicht vorliegt. Dennoch: *Wir haben uns zu fragen, unter welchen Umständen und mit welchen Zusätzen, immer bezogen auf ein konkretes System dieser oder ähnlicher Art, ist die am Hypophosphitbeispiel erprobte Lösungsstrategie vielleicht doch (sinngemäß oder fast sinngemäß) erfolgreich übertragbar?*

B)   Nun ist zu überlegen, ob eine Idee, die das *Gegenteil der gewonnenen Idee* darstellt, sinnvoll eingesetzt werden kann. Im Wortsinne entgegengesetzt wäre ein Verfahren, bei dem ein *viskositätserhöhendes Mittel* zugesetzt wird. Völlig unsinnig ist das nicht. Angenommen, die Aufgabe laute, das Kristallisat sei definiert zu umhüllen, und ein reproduzierbarer Film aus eingetrockneter Mutterlauge sei dafür geeignet. *In solchen Fällen könnte die Zugabe eines viskositätserhöhenden Mittels am Zentrifugeneinlauf sogar sinnvoll sein.*

VII Analyse des Lösungsverlaufs

7.1 Vergleich des realen Verlaufs mit dem theoretischen Verlauf

Diese Betrachtung kann im vorliegenden Falle nicht angestellt werden, da es sich, wie eingangs ausgeführt, um die nachträgliche Analyse einer fertigen Patentschrift handelt. Grundsätzlich lässt sich aber feststellen, dass sich die von *Altschuller* angegebenen methodischen Elemente fast vollständig in der Patentschrift wiederfinden, wie ein Vergleich des Textes der Schrift mit der erfindungsmethodischen Analyse zeigt.

7.2 Vergleich der gewonnenen Antwort mit den strategischen Empfehlungen

a) AZK-Operator:
Der AZK-Operator lieferte eine erste konkrete Orientierung im Sinne des Zeitbedarfs für die Nachfällung und für die Sedimentationsphase.

b) Stoff-Feld-Betrachtung:
Es wurde sehr schnell klar, welcher Stoff (Wasser) und welches Feld (Viskositätsverminderung als „Feldverstärker" in der Zentrifugationsphase) für unsere Aufgabe zutreffend sein dürften.

c) Physikalische Effekte:
Direkt gearbeitet wurde von Anfang an mit den physikalisch determinierten Begriffen *Löslichkeit, Sedimentation unter Gravitationseinwirkung* sowie *Peptisation*. Zusätzliche physikalische Effekte in der von *Altschuller* angebotenen sehr allgemeinen und zugleich abstrakten Form erwiesen sich als im vorliegenden Falle nicht relevant.

d) Prinzipien zum Lösen Technischer Widersprüche:
Eine technologisch direkt verwendbare Empfehlung liefert Prinzip Nr. 21 („Schneller Durchgang"). *Das Wasser muss wirken* (in der gewünschten Weise), *es darf aber nicht wirken* (d.h. das wasserlösliche Zielprodukt darf nicht nennenswert an- oder gar aufgelöst werden). Tatsächlich umreißt Prinzip Nr. 21 exakt den Kern der erfinderischen Vorgehensweise:

Die Misch- bzw. Kontaktzeit des Wassers mit dem Kristallbrei muss so bemessen sein, dass die erwünschte nützliche Wirkung (bereits) eintritt, während die unerwünschte schädliche Wirkung (noch) nicht eintritt.

6.8 Das TRIZ-Denken im Schnellverfahren

Jeder Praktiker ist daran interessiert, möglichst schnell zum Ziel zu kommen. Unter der Voraussetzung, dass die widerspruchsorientierte Denkweise zuvor an Praxisbeispielen gründlich trainiert und dabei gleichsam verinnerlicht worden ist, sind orientierende Kurzfassungen für den Fortgeschrittenen tatsächlich sinnvoll. Allerdings liefern sie nicht mehr als eine Vergewisserung, dass man den Kern des Problems richtig verstanden hat, und die daraus resultierende Formulierung der zu lösenden Aufgabe demgemäß als korrekt gelten kann. Erste Lösungsansätze ergeben sich dann fast von selbst. Sie sollten aber eben tatsächlich nur als Lösungs*ansätze* (und nicht mehr) aufgefasst werden. Auch die ausführliche Bearbeitung eines Themas mittels TRIZ liefert nur selten bereits im ersten Anlauf fertige Erfindungen, und dies gilt umso mehr für das hier behandelte Schnellverfahren.

Beim folgenden Beispiel habe ich die *ausführliche* Problemanalyse ausnahmsweise weggelassen, da der Kern der Sache jeweils derart klar erkennbar ist, dass er als unmittelbar zugänglich vorausgesetzt werden kann. Indes kann man beim Schnellverfahren ebenso wenig wie bei der – wie auch immer gearteten – ausführlichen Bearbeitung auf ein Minimum an systemanalytischer Arbeit verzichten.

Unser Beispiel betrifft das *Rutschen von Autos auf plötzlich spiegelglatter Fahrbahn*, wie sie z.B. durch unterkühlten Regen bei Bodentemperaturen um den Gefrierpunkt (so genanntes „*Blitzeis*") entsteht. Die Wunschvorstellung, das IER, lautet dann:

Mein Auto soll auf plötzlich eisglatter Fahrbahn nicht rutschen, wenigstens dann nicht, wenn ich anhalten oder wieder anfahren will.

Die Technisch-Ökonomischen (TÖW), Technisch-Technologischen (TTW) und die Technisch-Physikalischen (TPW) Widerspruchsformulierungen lauten dann:

TÖW: **Je intensiver ich mit *konventionellen* Mitteln versuche, das überraschend auftretende Problem wenigstens zu entschärfen, desto teurer und aufwändiger wird das System.**

(Winterreifen, Schneeketten, Spikes etc. sind teuer, für den speziellen Fall praktisch unwirksam, überdies für den Normalbetrieb nachteilig bzw. – im Falle der Spikes – sogar verboten. Elektronisch geregelte Bremsen sind überfordert).

TTW: **Der Reifen – oder die Lauffläche des Reifens – *muss* verändert werden, *kann/darf* aber konventionell *nicht* verändert werden.**

(Es wird verlangt, dass der Reifen im Normalbetrieb einen geringen Rollwiderstand, in dem hier in Rede stehenden Sonderfall hingegen plötzlich einen hohen Reibungswiderstand aufweist. Konventionell ist das nicht erreichbar).

TPW: **Das Auto *muss* bei Geschwindigkeitsveränderung zwangsläufig rutschen, *darf* aber nicht rutschen *("rutscht und rutscht nicht").***

Fast zwanglos ergibt sich damit die Paradoxe Entwicklungsforderung: **Bremsendes Rutschen bzw. Rutschendes Bremsen.**

Die nun fällige Übersetzung des TPW *("...muss rutschen, darf nicht rutschen")* in die Sprache des Fachgebietes unter Einschalten widerspruchsorientierter Lösungs-Strategien ergibt: Das Rutschen ist physikalisch bedingt und somit gegeben. Es sollte, da es stattfindet, aber nicht stattfinden darf, sofort *von selbst*, vor Ort, eine automatische Anti-Rutsch-Aktivität auslösen.

(Auch ohne die Matrix tauglich erscheinende Lösungsstrategien: "Umwandeln des Schädlichen in Nützliches", "Von Selbst", "Impulsarbeitsweise").

Bei der konkreten Lösung ist davon auszugehen, dass das Problem, physikalisch klar umrissen, ganz allein im Grenzflächenbereich (Lauffläche des Reifens, Wasserschicht, Eisoberfläche), letztlich also zwischen den statisch (Fahrbahn) und dynamisch (rollender Reifen) agierenden Systemelementen, zu suchen und demgemäß nur d o r t zu beheben ist. Damit ergibt sich, dass das ABS allein, obgleich es auf beginnendes Rutschen anspricht, für extremes Blitzeis *nicht* die beste Lösung sein kann. Dies gilt auch, wenn eine intelligente Elektronik die Bremsaktivitäten den Verhältnissen angepasst regelt, denn eine solche Elektronik versagt in derartigen Extremfällen meist wegen dort nicht mehr eindeutiger Messdatensituation und gibt den "Schwarzen Peter" an den hilflosen Fahrer zurück. Da es sich gemäß Aufgabenstellung nur um die beschriebene *Ausnahmesituation* handelt (sicheres Halten, sicheres Anfahren), und der Eingriff aus physikalischen Gründen im Grenzflächenbereich erfolgen muss (s.o.), kommen nunmehr auch banal anmutende Lösungsvorschläge zu ihrem Recht. Im Katalog der Standardlösungen finden wir *Einführen eines dritten Stoffes,* d. h. hier: feinster, stets rieselfähiger Sand, der aus einem Notreservoir bei

266

beginnendem Rutschen durch eben dieses Rutschen *von selbst* aktiviert wird, und dann *vor Ort* das Abstumpfen und damit die Wiederherstellung der Haftung zwischen Reifen und Fahrbahn bewirkt. Natürlich löst ein solcher – zudem sichtlich der Bahn bzw. Straßenbahn entlehnter – Vorschlag bei allen high-tech-Gläubigen und Autofreaks zunächst Gelächter aus. Indes trifft ein solcher oder ähnlicher Vorschlag den physikalischen Kern der Sache und hat somit, Gelächter hin oder her, für *Ausnahmesituationen* zum Zwecke des sicheren Bremsens bzw. kontrollierten Anfahrens als ernst zu nehmende Maßnahme volle Berechtigung.

Dieses Beispiel habe ich bereits in der ersten und zweiten Auflage meines Buches „Systematisches Erfinden" (Zobel 2001) in der bis hierher unverändert wiedergegebenen Form gebracht. Da gezeigt werden sollte, wohin die Methode ohne Literaturkenntnis *automatisch* führt, wurde – ausnahmsweise – bewusst nicht recherchiert. Ich habe das Beispiel dann auch in einem Kreativitätstrainingsseminar verwendet. Ein Teilnehmer wies mich darauf hin, dass genau dieser Vorschlag (Sand „vor Ort") nach seiner Kenntnis Gegenstand eines bereits existierenden Patentes sei. Die Recherche ergab, dass dies tatsächlich der Fall ist: Sand wird in trichterförmigen Behältern aufbewahrt und im Bedarfsfalle mittels Pressluft auf die Lauffläche der Reifen gefördert (Klein und Wirths, Pat. 1987/1989). Von einer automatischen Auslösung durch das bei Blitzeis einsetzende Rutschen ist in der Patentschrift jedoch nicht die Rede. Das Beispiel zeigt aus einer anderen Sicht noch einmal die besondere Stärke des *Altschuller*-Systems: Auch ohne Literaturstudium führt uns die Methode gewissermaßen automatisch zu sinnvollen Lösungen. Falls diese, wie im vorliegenden Falle, schon existieren, kann die weitgehende Deckungsgleichheit mit dem methodisch gewonnenen Vorschlag ein sicheres Indiz für die Güte der bereits in anderer Weise (meist spontan bzw. intuitiv) entstandenen Lösung sein. Diesen bisher in der Literatur noch nicht erwogenen Aspekt der Anwendung des TRIZ-Denkens für das *Bewerten fertiger Lösungen* haben wir im Abschnitt 6.3 bereits kennen gelernt.

Auch hier gilt eben das universelle *Umkehrprinzip*: Falls in der sich aus der Widerspruchsanalyse ergebenden Richtung bereits gearbeitet wird, oder, wie bei unserem Beispiel, mehr oder minder deckungsgleiche Lösungen vorliegen, so ist dies ein sicheres Indiz für die Qualität der Bearbeitungsrichtung beziehungsweise der bereits erarbeiteten Lösungen.

6.9 „*Von Selbst*": Hohe Schule des Systematischen Erfindens

Wir haben das „Von Selbst"-Prinzip als eines der Prinzipien zum Lösen Technischer Widersprüche bereits im Abschnitt 2.4 an einigen Beispielen kennen gelernt. Das Prinzip hat jedoch eine derart überragende Bedeutung, dass wir es hier noch einmal separat als besonders wichtiges, eigenständiges Instrument – hierarchisch fast gleichrangig mit den unter 3.3 bis 3.9 besprochenen TRIZ-Werkzeugen – behandeln wollen. Der bewusste und routinierte Einsatz des Prinzips kann ohne jede Übertreibung als die *Hohe Schule des Systematischen Erfindens* bezeichnet werden. Wir wollen die unterschiedlichen Aspekte, unter denen das Prinzip betrachtet werden kann, nun an diversen Beispielen abhandeln.

Grundsätzlich zeigt sich bei der Suche nach Beispielen, dass das „Von Selbst"-Prinzip entweder für sich steht oder als übergeordnetes Prinzip für andere, minder universelle Prinzipien fungiert.

Meist werden die Elemente des betrachteten Systems, d. h. die verwendeten Apparate, die wirkenden Kräfte bzw. Bewegungsformen, die anwesenden Substanzen etc., oder die in der Umgebung gewissermaßen kostenlos vorhandenen Kräfte (z. B. Auftrieb oder Gravitation) unmittelbar für die „Von Selbst"-Lösung eingesetzt. Es ist allerdings eine Ermessensfrage, wie man die jeweils konkrete technische Lösung unter methodischen Aspekten interpretiert. Beispielsweise ließe sich der Einsatz eines – aus anderen Gründen – ohnehin im System vorhandenen Apparates für eine „Von Selbst"-Lösung getrost als *Mehrzwecknutzung* interpretieren. Ferner könnte die automatische Regulierung eines Prozesses mittels im Prozess selbst gewonnener Messgrößen unter *„Schaffen optimaler Bedingungen"* rangieren. Auch in derartigen Fällen bliebe das „Von Selbst"-Prinzip stets das übergeordnete Prinzip.

Betrachten wir zunächst einige Beispiele, die zwar nicht mithilfe von TRIZ entstanden sind, die aber das Prinzip und seine besondere Bedeutung dennoch überzeugend illustrieren. Es sei daran erinnert, dass auch *Altschuller* seine Beispiele aus dem normalen – seinerzeit noch keineswegs „TRIZ-verdächtigen" – Patentfundus gewonnen hatte. Überhaupt spricht der Umstand, dass es auch heute noch nur vergleichsweise wenige gemäß TRIZ entstandene Beispiele gibt, nicht gegen die Methode. Erstens ist TRIZ noch immer vielen Erfindern und Innovationsmanagern völlig unbekannt, und zweitens sind nach eigenen Erfahrungen etliche der Firmen, welche TRIZ – meist mithilfe eines Methodikers – anwenden, an strengster Geheimhaltung interessiert.

Nun also zu den Beispielen.

Ein koksloser, gasgefeuerter Kupolofen (Abb. 50) lässt sich mit geringen konstruktiven Änderungen sowie einfachen regelungstechnischen Mitteln so herrichten, dass ein vollständiges Ausbrennen des Gichtgases, unabhängig vom Anteil seiner unverbrannten Bestandteile, erreicht wird. Der Gichtgasaustritt durch die Beschickungsöffnung wird verhindert, indem in Abhängigkeit von der gemessenen Temperaturdifferenz die Menge der angesaugten Falschluft und die Absaugmenge des dem Rekuperator nachgeschalteten Saugzuges aufeinander abgestimmt werden (Ideen für Ihren Erfolg 1995, S. 268/269).

Das Beispiel zeigt geradezu mustergültig die Möglichkeiten der Selbstregulierung: Allein die im Prozess ohnehin entstehende Wärme (bzw. die sich zwischen zwei relevanten Prozessstufen einstellende Temperaturdifferenz) löst die automatische Zufuhr der für die stöchiometrische Verbrennung erforderlichen Falschluftmenge aus, parallel zu der in gleicher Weise *von selbst* gesteuerten Absaugmenge des dem Rekuperator nachgeschalteten Saugzuges. Wie bei jeder guten Erfindung fragt man sich auch hier: „*Was soll daran Besonderes sein?*". Antwort: Bisher wurde mit einer nicht von den Prozessparametern *unmittelbar* angesteuerten (sondern einer externen, „aufgepfropften") Regelung gearbeitet.

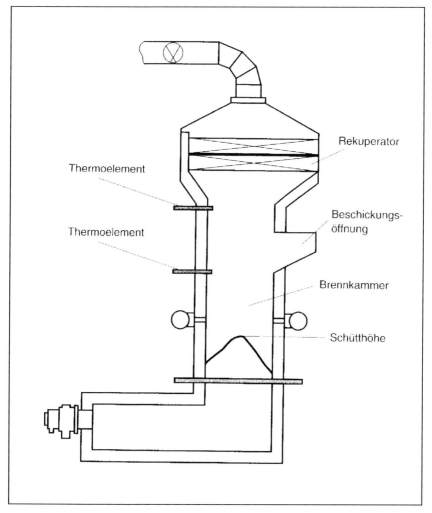

Abb. 50 **Koksloser, gasgefeuerter Kupolofen** (Ideen für Ihren Erfolg 1995, S. 268)

Das nächste Beispiel betrifft eine *Vorrichtung zum Reinigen von gebrauchten Öl-Wasser-Emulsionen*. Derartige Emulsionen fallen im Werkzeugmaschinenbau in großem Umfang als Kühlschmiermittel an (so als Bohr- Schneid- und Schleifemulsionen). Dementsprechend ist ein bevorzugtes Anwendungsgebiet die Reinigung kreislaufgeführter Öl-Wasser-Emulsionen an Maschinensystemen und Einzelmaschinen.

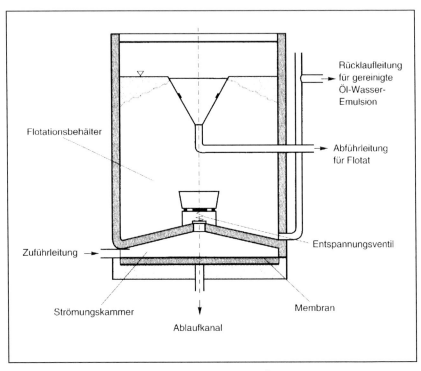

Abb. 51 **Vorrichtung zum Reinigen von gebrauchten Öl-Wasser-Emulsionen**
(Ideen für Ihren Erfolg 1995, S. 156/157)

Erfindungsgemäß wird die zu reinigende Öl-Wasser-Emulsion unter Zusatz einer bestimmten Luftmenge über eine Zuführungsleitung tangential in die Strömungskammer geführt. Durch das federbelastete Entspannungsventil entsteht ein Überdruck in der Strömungskammer, der dazu führt, dass sich die zugesetzte Luft in der Emulsion löst. Wasser und niedermolekulare Verunreinigungen verlassen durch die semipermeable Membran die Strömungskammer. Beim Überleiten der Emulsion durch das Entspannungsventil kommt es zur Druckentspannung. Dabei werden Gasblasen frei, welche die Flotation der Verunreinigungen bewirken.

Die gereinigte Öl-Wasser-Emulsion tritt dann über die Rücklaufleitung aus dem Flotationsbehälter aus (Ideen für Ihren Erfolg 1995, S. 156/57). Der „Von Selbst"-Gesichtspunkt ist bei diesem Beispiel durch die Verwendung einer Feder gegeben. Die Luft muss zunächst unter Druck gelöst werden, damit das Verfahren anschließend, in der Entspannungsphase, mithilfe der frei gesetzten Gasbläschen (*Selterswasser*-Effekt) funktionieren kann. Das Arbeiten gegen eine Feder in der Überdruckphase ist die einfachste Form der Energiespeicherung. In der Entspannungsphase verläuft dann die Bildung der Gasbläschen, welche die gewünschte Flotation der Öltröpfchen bewirken, *von selbst* (Abb. 51).

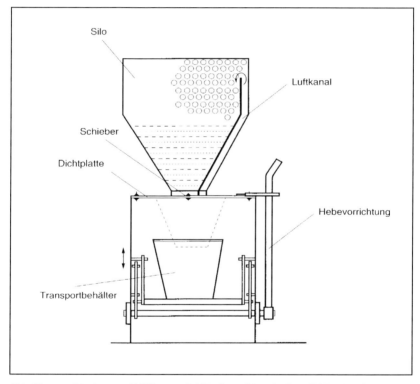

Abb. 52   Staubarmes Abfüllen von Schüttgütern (Ideen für Ihren Erfolg 1995, S.158)

Das nächste Beispiel steht für das Wirken des „Von Selbst"-Prinzips mithilfe der Mehrzwecknutzung. Ein großes Problem bei der Abfüllung von Schüttgütern aus einem Silo in einen Transportbehälter ist die Entstaubung. Gewöhnlich wird die beim Befüllen eines Behälters zwangsläufig verdrängte – stark staubhaltige – Luft in einer zusätzlichen Anlage mehr oder minder aufwändig gereinigt. Ein neuartiges Verfahren zum staubarmen Abfüllen von Schüttgütern lässt das Problem gar nicht erst aufkommen. Während des Abfüllvorganges ist die Schnittstelle Transportbehälter-Silo nahezu staubdicht. Nach dem Öffnen des Schiebers rieselt das Schüttgut aus dem Silo in den Transportbehälter. Die bei diesem Vorgang aus dem Transportbehälter verdrängte Luft wird über ein Leitblech in das Innere des Silos geleitet. Es bildet sich ein geschlossener Luftkreislauf aus (Abb. 52). Das Verfahren ist insofern ein Musterbeispiel, als *ausschließlich mit den vorhandenen Ressourcen* gearbeitet wird: Silo; Transportbehälter; Druckdifferenz, die sich in der Abfüllphase einstellt. Wenn der Luftdruck im Silo sinkt, steigt der Luftdruck im Transportbehälter; diese Druckdifferenz bewirkt dann die Rückströmung der staubhaltigen Luft zum Silo.

Ein „Vollautomatisches Transportsystem für Photomasken" illustriert das „Von Selbst"-Prinzip ebenfalls perfekt. Photomasken werden zur Herstellung integrierter Schaltungen benötigt. Nach erfolgter Herstellung werden sie in Kontrollgeräten auf Fehler in der aufgebrachten Struktur geprüft. Es ist dabei notwendig, die Masken unter Reinraumbedingungen und mit großer Zuverlässigkeit zwischen den einzelnen Geräten bzw. Stufen zu transportieren. Das erfindungsgemäße Transportsystem ist ein Linearmotor. Die Photomaske ist Teil des Transportsystems.

Abb. 53

Vollautomatisches Transportsystem für Photomasken
(Ideen für Ihren Erfolg 1995, S. 262/263)

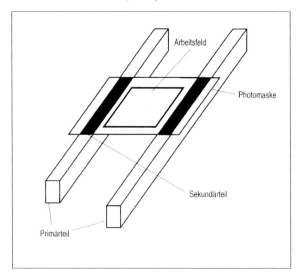

Linearmotor, dessen Sekundärteil in die zu transportierende Photomaske integriert ist

Der feststehende Primärteil besteht aus zwei lang gestreckten, genuteten Magnetkörpern, welche die Wicklungen tragen und zwei ebene Magnetkreise ergeben. Die Photomaske weist an mindestens zwei Randzonen jeweils eine Struktur auf, die den Sekundärteil des Motors darstellt, so dass der gewünschte Transport der Maske bei Inbetriebnahme des Motors *von selbst* erfolgt (Abb. 53; Ideen für Ihren Erfolg 1995, S. 262).

Herrlich (1982, 1988) hatte ein eigenes Prinzip „Umweltenergienutzung" postuliert. Indes besteht für eine solche Erweiterung der Prinzipienliste wohl kaum Bedarf, denn Umweltenergien im hier betrachteten Sinne fallen unter das Von Selbst-Prinzip, da sie kostenlos − und innerhalb ihres heutigen Wirkungsbereiches praktisch unerschöpflich − zur Verfügung stehen (z. B. Auftrieb, Gravitation, Solarenergie). So fällt beispielsweise auch folgende militärische Neuentwicklung unter das Von Selbst-Prinzip: *Strom aus der Zeltplane.* Die U.S. Army will mithilfe sauberen Sonnenstromes ihre Hightech-Kampfeinheiten mobiler machen. Bisher mussten Generatoren oder schwere Batterien mitgeschleppt werden. Die Solarzelte hingegen lassen sich im Rucksack verstauen. Stehen sie aufgebaut in der Sonne, so bringen die flexiblen Solarzellen der Fa. *Iowa Thin Film Technologies* auf dem Zeltdach immerhin eine Leistung von rund einem Kilowatt. Die Technologie bringt zudem einen Sicherheitsgewinn für die Soldaten: Gegnerische Wärmebildkameras orten zwar in Betrieb befindliche Generatoren, nicht aber die neuartigen Solarzelte (SPIEGEL 2004, Nr. 28). Im Falle dieses Beispieles erfolgt die konkrete technische Umsetzung des *Von Selbst*-Universalprinzips ganz offensichtlich mithilfe der minder universellen Prinzipen „Mehrzwecknutzung" sowie „Verwenden elastischer Umhüllungen und dünner Folien".

Die folgenden fünf Beispiele hat mir freundlicherweise mein Methodiker-Kollege *R. Hartmann* (Hückeswagen) zur Verfügung gestellt; er sammelt besonders eindrucksvolle „Von Selbst"-Muster und nutzt die sich ergebenden Analogien gezielt in seiner Beratertätigkeit.

Sind organische Chlorverbindungen erst einmal in den Wasserkreislauf gelangt, so verschwinden sie leider nicht schnell genug von allein. Besonders unangenehm, zumal cancerogen, sind Polychlorierte Biphenyle (PCB). Eine Möglichkeit zu ihrer Beseitigung ist der katalytische Abbau. Wird Zinkoxid in Wasser suspendiert und mit UV-Licht bestrahlt, so beginnt der Stoff grün zu fluoreszieren. Nach Zugabe bereits kleinster Mengen an PCB verliert die Fluoreszenz deutlich an Intensität: PCB unterdrückt offensichtlich die Leuchterscheinung. Nach einigen Stunden Bestrahlung fluoresziert das suspendierte Zinkoxid wieder so stark wie vor dem PCB-Zusatz. Die Analyse des kontaminierten Wassers zeigt, dass das PCB inzwischen abgebaut worden ist.

Mit dem Zinkoxid steht also ein Katalysator zur Verfügung, der PCB anzeigt, dann vernichtet, und schließlich auch noch meldet, wann die Reaktion beendet ist. Dank dieser Eigenschaften ließe sich der Abbau-Prozess automatisieren. Die energieintensive UV-Bestrahlung würde nur dann eingeschaltet, wenn die Polychlorierten Biphenyle auch wirklich zugegen sind Nach deren Zerstörung würde der Prozess durch die abermals einsetzende Fluoreszenz automatisch gestoppt (Wieser 2002).

Eine mit Urin betriebene Mini-Batterie wurde von *Ki Bang Lee* entwickelt. Die Einzelzelle besteht aus einem mit Kupferchloridlösung behandelten und nachfolgend getrockneten Filterpapier, das zwischen einem Magnesium- und einem Kupferstreifen angeordnet ist. Mehrere Filterpapier- und Magnesium-Schichten, jeweils durch eine Kupferschicht getrennt, werden sandwichartig zusammengebaut (Reihenschaltung). Die Batterie wird mit etwas Urin, der vom Filterpapier aufgesaugt wird, in Betrieb gesetzt. Mit dieser Batterie, so hofft der Forscher, könnten beispielsweise Diabetes-Testkits betrieben werden, die den Glucosegehalt im Harn unabhängig von einer externen Spannungsquelle messen (Journal of Micromechanics and Microengineering 2005). Dieses Beispiel ist in methodischer Hinsicht besonders überzeugend, denn das Medium, dessen Eigenschaften gemessen werden sollen, schafft die messtechnisch dazu erforderlichen Voraussetzungen *selbst.*

Bienen sind nicht – wie bisher meist angenommen – perfekte Architekten, die ihre Waben in Form regelrechter Sechsecke bauen. Vielmehr bauen sie aus dem Wachs ganz schlichte Zylinder, die dann bei der Arbeitstemperatur von 40°C zu fließen beginnen, und zwar nicht irgendwo hin, sondern *von selbst* in die energetisch günstigste Form – das regelmäßige Sechseck. Bei diesem Beispiel wirken somit ganz allein die Selbstorganisationskräfte der Natur. Die Biene als solche hat die sechseckige Wabe jedenfalls *nicht* erschaffen.

Das beschriebene Prinzip der Selbstorganisation dürfte für industrielle Zwecke mehr und mehr an Bedeutung gewinnen. *Mirtsch* und Mitarbeiter entwickelten in den letzten Jahren Technologien, bei denen sich dünnes Blech unter Belastung selbst eine optimale neue Form sucht. Das Blech wird über einen Kern aus mehreren Ringen mit gleichen Abständen gelegt und hydraulisch angedrückt. Werden stabile Ringe benutzt, entstehen gleichmäßige Vierecke, bei flexiblen Ringen den Bienenwaben ähnliche Strukturen. Das Verfahren funktioniert ohne Anwendung der bisher gebräuchlichen Formwerkzeuge; die stabilen Wölbstrukturen bilden sich von selbst aus, zudem ohne die bei den gängigen Press-, Drück- und Tiefzieh-Verfahren unvermeidlich hohen Dehnungen des Materials. Die ursprünglichen Materialeigenschaften, insbesondere die Oberflächenstruktur, bleiben erhalten. Das wölbstrukturierte Blech weist eine hohe Biegesteifigkeit in allen Richtungen auf, wie sie sonst nur durch Sicken erreichbar ist. Die wölbstrukturierten Bleche werden für Leichtbauzwecke aller Art, insbesondere im Automobilbau, eingesetzt (Mirtsch et. al., Pat 1996/2002 sowie Pat. 1997/2002)

Um Dokumente aus Papier oder Kunststoff fälschungssicher zu machen, wird üblicherweise eine Markierung mittels Chips vorgenommen. Das ist eigentlich unnötig, wenn man folgende innovative Methode damit vergleicht: Es reicht aus, die normale Oberflächenstruktur des Materials zu vermessen. Die gewöhnlichen Erhebungen, Senken und Fasermerkmale lassen sich mit einem Scanner mit fokussiertem Laser und vier Detektoren sicher erfassen. Ein angeschlossener Computer vergleicht das Muster mit der zuvor abgespeicherten Vorlage des Originals. Selbst zwischenzeitlich geknitterte, bei 180°C erhitzte, oder auch in Wasser eingeweichte und anschließend wieder getrocknete – bzw. auch mit dickem Textmarker beschmierte – Papiere werden nach dieser Methode sicher erkannt (Nature 2005). Das Beispiel steht für die überzeugende Nutzung der vorhandenen Ressourcen: keine zusätzlich „aufgepfropften" Merkmale, sondern die Merkmale des Objekts selbst dienen zu seiner Identifizierung. Diese Art des Herangehens ist verallgemeinerungsfähig. Wohl fast jedes Objekt bzw. Verfahren bietet eine Fülle von internen Ressourcen, die grundsätzlich ausgeschöpft werden sollten, ehe eine „aufgepfropfte" Lösung auch nur erwogen wird.

Wir kommen nun in methodischer Hinsicht zu einer gewissen Zäsur. Die bisher im Zusammenhang mit allen Beispielen behandelte Arbeitsweise geht von einer jeweils konkreten erfinderischen Aufgabe aus, deren Lösung den Einsatz eines ganz bestimmten technischen Mittels bzw. eines ganz bestimmten Effekts erfordert.

Die entgegengesetzte – für den weit blickenden Erfinder aber mindestens ebenso wichtige – Arbeitsweise betrifft hingegen den konsequenten Einsatz eines bestimmten Effekts für die Lösung sehr verschiedenartiger Aufgaben. Der Erfinder stellt sich dabei folgende Fragen: *Wozu kann ich diesen Effekt noch nutzen? Für welche Fälle, die ich im Augenblick nicht bearbeite, oder die vordergründig gar nicht zu meinem Aufgabengebiet bzw. zur gerade bearbeiteten Aufgabenstellung gehören, wäre dieser Effekt voraussichtlich noch einsetzbar? Wie weit kann ich das sich eröffnende Denkfeld mit meinen (zunächst sehr begrenzten) Kenntnissen praktisch ausdehnen?* Dabei ist kaum von Belang, ob es sich um einen bekannten oder um einen selbst gefundenen Effekt handelt. Bekannte Effekte, in einem bisher solchermaßen noch nicht bearbeiteten technischen Umfeld genutzt, sind nicht selten ebenso erfolgsträchtig wie selbst gefundene Effekte. Bei den selbst gefundenen Effekten handelt es sich nicht immer um echte „Mini-Entdeckungen", sondern manchmal auch um Phänomene, die an sich durchaus bekannt sind. Solche Effekte haben aber für den Erfinder einen gewissermaßen mentalen Neuheitswert, eben weil sie *ihm selbst* zuvor nicht bekannt waren. Vor allem beim Experimentieren tritt häufig der Fall ein, dass einem selbst etwas erstmalig auffällt. Das weitere Vorgehen des routinierten Erfinders hängt dann wesentlich von seinem Typ, der Mentalität und den Arbeitsgewohnheiten ab. Manche nutzen, obwohl sie mindestens ahnen, dass die Sache kaum neu sein kann, zunächst einmal ihre Unbefangenheit, und denken sich vor Beginn ihrer Literaturrecherche eine Reihe divergenter Anwendungsvorschläge aus („romantischer" Typ nach *Ostwald*). Andere fangen mit einer Literaturrecherche an und ordnen den beobachteten Fall sorgfältig in den vorhandenen Wissensfundus ein. Erst dann beginnen sie – vorsichtig, aber zugleich zäh und konsequent – mit individuellen Experimenten und ziehen eigene Schlüsse („klassischer" Typ nach *Ostwald*).

Das folgende Beispiel einer nicht durch Literaturstudium, sondern durch eine zufällige Beobachtung ausgelösten Ideenkette zeigt, wie der Erfinder vorgehen kann. Die einzelnen Schritte sind so wiedergegeben, wie sie von mir real gegangen wurden. Der Umstand, dass es sich beim hier genutzten physikalischen Phänomen um eine ganz einfache Sache handelt, erscheint mir in didaktischer Hinsicht eher vorteilhaft.

Eine Trübe sollte filtriert werden. Die verfügbaren Wasserstrahlpumpen waren blockiert. Da ohnehin noch andere Experimente liefen, wurde die Labornutsche (Saugflasche, durchbohrter Gummistopfen, Porzellan-Nutsche) nebenbei unter Normaldruck betrieben. Das Filtrat tropfte durch das Filtertuch und füllte allmählich die Saugflasche. Um den Vorgang nicht unterbrechen zu müssen, wurde ein Schlauch als Filtratüberlauf auf den Evakuierungsstutzen gesteckt. Die Saugflasche stand auf dem Labortisch, der Schlauch führte in einen auf dem Fußboden stehenden Eimer (Abb. 54). Beim Nachgießen weiterer Trübe war zu beobachten, dass plötzlich die Filtrationsgeschwindigkeit stark anstieg. Die an sich nahe liegende Vermutung, dass dafür die Saugwirkung des durch den Schlauch ablaufenden Filtrats verantwortlich sein müsste, wurde durch folgende Beobachtungen erhärtet:

- Mit dem Filtrat zusammen werden Luftblasen durch den Schlauch transportiert.

- Besonders hohe Filtrationsgeschwindigkeiten werden erreicht, wenn der Filtratstrom per Schlauchklemme leicht angedrosselt wird.

- Die Filtrationsgeschwindigkeit erhöht sich, wenn der Niveauunterschied vergrößert wird.

- Gleichmäßige Filtration lässt sich nur bei getaucht betriebenem Ablaufschlauch erreichen.

Abb. 54

Schnellfiltration unter Eigenvakuum mithilfe einer „hängenden" bzw. langsam herab strömenden Filtratsäule: Ideale Demonstration der „Von Selbst"- Arbeitsweise (Prinzip 25) mithilfe *hydraulischer Effekte* (Prinzip 29):

Die für den Prozess erforderliche beschleunigende Triebkraft wird vom Medium während des Bearbeitungsvorganges *selbst* erzeugt. Das ablaufende Klarfiltrat (Produkt) sorgt für schnellere Filtration *(→ mehr Produkt).*

1 Porzellan-Nutsche
2 Filtertrübe
3 Saugflasche
4 Gummischlauch für das ablaufende Filtrat, welches das zur Beschleunigung der Filtration erforderliche Arbeitsvakuum selbst erzeugt
5 Filtratbehälter (Reservoir und Tauchung)

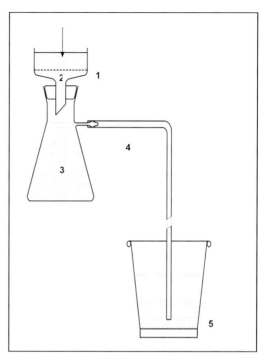

Zweifellos handelt es sich bei dem Vorgang um eine ganz einfache Sache. Sicherlich ist die geschilderte oder eine ähnliche Vorrichtung bereits von anderen Experimentatoren verwendet worden. Im Übrigen wird man beispielsweise an den *Jenaer Analysentrichter für schnelle Filtration* erinnert. Wir haben es demnach mit dem bestens bekannten, sehr einfachen Physikalischen Effekt *Saugende Wirkung einer „hängenden" bzw. langsam herab strömenden Flüssigkeitssäule* und gleichzeitig mit Altschullers Prinzip 29 „Nutzung pneumatischer und hydraulischer Effekte" zu tun. Weil nunmehr die im Sinne der angestrebten Mehrfachnutzung der Idee zu wählende Denkrichtung bereits klar bestimmt ist, wollen wir zunächst einmal überlegen, wo der Effekt technisch bereits genutzt wird.

Unter Berücksichtigung der sofort verfügbaren Erfahrungen und Kenntnisse zeigt sich, dass es bereits einzelne industrielle Anwendungsbeispiele gibt (z. B. die automatische Kolonnensumpfentwässerung, den Einspritzkondensator). Zum Assoziationsmaterial dürfte neben dem *Jena*er Analysentrichter für schnelle Filtration auch der Kaffee-Filtereinsatz (bitte sehen Sie ihn sich genau an!) und, im weiteren Sinne, auch das *Torricelli*-Barometer gehören. Was ganz offensichtlich fehlt, ist aber die umfassende und systematische Nutzung des Effekts.

Die nächste Stufe war zunächst nicht eine umfangreiche Recherche, sondern die Übertragung der beschriebenen Laboratoriumsvorrichtung auf eine im technischen Maßstab funktionierende Nutsche, die mit Hilfe des ablaufenden Filtrats ihr Arbeitsvakuum *selbst* erzeugt.

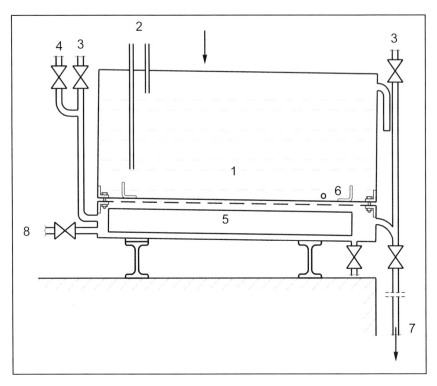

Abb. 55 **Verfahren und Vorrichtung zur Filtration unter autogenem Vakuum** (Zobel et al., Pat. 1979/1980)

1 Filtertrübe 2 Minimum-Maximum-Sonde 3 Entlüftungsstutzen 4 Vakuum-Messstutzen
5 Filtratraum mit Stützrippen 6 Filtertuchrahmen 7 Filtratablaufleitung 8 Spülstutzen

Wir entwickelten einen solchen Apparat (Abb. 55). Die Vorrichtung erzeugt, ausreichenden Niveauunterschied vorausgesetzt, ihr Arbeitsvakuum selbst. Vakuumpumpen sind überflüssig. Je nach Widerstand des Filterkuchens werden Unterdruckwerte von etwa 670 bis 970 hPa (500 bis 730 mm Hg), entsprechend einem absoluten Gasdruck von etwa 260 bis 30 mm Hg, im System erreicht. Die Vorrichtung arbeitet bis zum Versetzen der Filterfläche vollautomatisch (nahezu ideale „Von Selbst"-Lösung).

Bei erheblichem Feststoffgehalt der Trübe stellen sich die dann für eine passable Filtrationsgeschwindigkeit benötigten hohen Unterdruckwerte automatisch ein; bei geringen Feststoffgehalten werden entsprechend höhere Filtrationsgeschwindigkeiten trotz geringerer Arbeitsvakua erreicht (Prinzip „Anpassung"). Klare Filtrate sind, insbesondere nach erfolgter Zugabe von etwas Filterhilfsmittel zur Trübe, immer gewährleistet (Zobel et al., 1979/1980).

Die Vorrichtung wurde über längere Zeit im 2-m^3-Maßstab erfolgreich betrieben. Es wurden Mutterlaugen der Trinatriumphosphatproduktion sowie aufkonzentrierte Hypophosphitlösungen filtriert. Bedienungs- und Wartungsaufwand sind gering. Die Vorrichtung braucht nicht beaufsichtigt zu werden, da das erneute Anfahren, falls die Nutsche versehentlich einmal leer gelaufen ist, nur wenige Minuten beansprucht.

Interessanterweise fanden sich nicht nur bei Gesprächen mit Fachkollegen, sondern auch in der Literatur erhebliche Bedenken gegen die Realisierbarkeit der an sich nahe liegenden, recht einfach anmutenden Idee. So schlugen entsprechende Versuche im Wasserwerk der Stadt Harrisburg, ausgeführt an einem Trinkwasserschnellfilter, offensichtlich fehl (Ziegler 1919, S. 137).

Übrigens hatten wir, und das zeigte sich erst nach Erteilung des Patentes, nicht sorgfältig genug recherchiert. Tatsächlich erwies sich die Lösung schließlich als durchaus nicht neu. In der Diskussion zu einem erfindungsmethodischen Vortrag wies mich *Heidrich* (1986) darauf hin, dass annähernd vergleichbare Apparate („Läuterbottiche") in Brauereien älterer Bauart durchaus üblich waren. Der Ablauf erfolgte zwar nicht über ein ausschließlich senkrechtes Rohr, sondern über einen so genannten *Schwanenhals*; dieses Detail ist aber für die Tatsache, dass der von uns angemeldete Apparat im Prinzip eben nicht neu ist, sekundär. Das Beispiel ist auch in dieser Hinsicht interessant. Sorgfältiges Recherchieren in der älteren allgemeinen Technik-Literatur (und eben nicht nur in der Patentliteratur) wäre zweifellos erforderlich gewesen; eine reine Patentrecherche genügt in derartigen Fällen offensichtlich nicht. Beim besprochenen Beispiel lag immerhin der Verdacht nahe, dass es sich möglicherweise um alte Technik handeln könnte. Typisches Einsatzfeld für alte (Filtrations-)Technik ist aber z. B. das frühere Brauereiwesen, wie auch ohne nähere Fachkenntnis leicht vorstellbar: Seit Jahrhunderten – vielleicht Jahrtausenden – wird gebraut, und trübes Bier wollte schon damals niemand trinken.

Das Beispiel zeigt auch, dass ein erteiltes Patent durchaus kein Beweis für den Neuheitswert einer Sache ist. Was die Erfinder übersehen hatten, fiel auch dem Prüfer nicht auf – ein Fall, der in der Praxis nicht eben selten vorkommt.

Wir kennen nun bereits drei Anwendungsfälle: die unter autogenem Vakuum arbeitende Nutsche (Abb. 55) bzw. den Läuterbottich, den Einspritzkondensator, wie er z. B. in Zuckerfabriken gebräuchlich ist, sowie die automatische Kolonnensumpfentwässerung – mittels Schwanenhalses – aus der Erdölraffinerie. Überlegen wir nun, wo die „hängende" bzw. langsam herab strömende Flüssigkeitssäule außerdem noch eingesetzt werden könnte, und sehen uns zu diesem Zweck Abb. 55 noch einmal etwas näher an.

Zunächst tröpfelt durch den mit einem Filtertuch belegten Siebboden das Filtrat unter Normaldruck in den mit Stützrippen versehenen Filtratraum 5. Die Luft entweicht über die Entlüftungsstutzen 3. Ist der Filtratraum gefüllt, so werden die Entlüftungen geschlossen und das Filtratablaufventil 7 geöffnet. Das Filtrat setzt, während es in das Reservoir fließt, den Filtratraum unter Vakuum. Öffnet man nun vorsichtig die Entlüftung 3, so vermindert sich erwartungsgemäß das Vakuum, da nunmehr Luft einströmt. Beim normalen Betrieb der Nutsche bleibt die Entlüftung zwar geschlossen, das Gedankenexperiment soll aber nur zeigen, dass das Einströmen („Ansaugen") von Luft der Ansatzpunkt zum Weiterdenken ist.

Der nächste Schritt ist gedanklich einfach. Anstelle von Filtrat soll nun Destillat (z. B. Wasser) verwendet werden, und die Aufgabe soll nicht mehr in der Lösung eines Filtrationsproblems, sondern in der Anwendung des gleichen Prinzips für Zwecke der Eindampfung bzw. der Destillation bestehen. Wir kommen auf diesem Wege in Anwendung des gleichen Prinzips fast zwanglos zu einer Destillationsvorrichtung, die analog der Nutsche arbeitet, obgleich sie ihr äußerlich kein bisschen ähnlich sieht (Abb. 56).

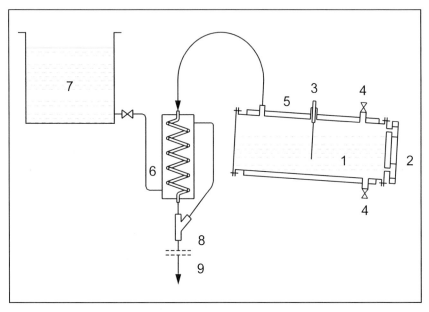

Abb. 56 Anordnung zur Destillation unter vermindertem Druck (Zobel und Jochen, Pat. 1982/1984) 1 Verdampfer 2 Standglas 3 Siedekapillare 4 Einfüll- und Produktstutzen 5 Heizmantel 6 Kondensator 7 oberes Reservoir 8 „y-Passstück" 9 zum unteren Reservoir

Das Wasser strömt aus einem oberen Reservoir 7 durch einen Kondensator 6 in das so genannte y-Passstück 8, dessen Form – allerdings nur rein äußerlich – Ähnlichkeiten zur Wasserstrahlpumpe aufweist. Während aber bei der Wasserstrahlpumpe mit einer Düse (Stauabschnitt/Diffusorabschnitt) gearbeitet wird, fließt hier das Wasser langsam, ohne intermediäre Geschwindigkeitsveränderung, herab. Das y-Passstück enthält keine Einbauten. Funktionell ist es, und das ist wichtig, somit etwas völlig anderes als eine Wasserstrahlpumpe. Der Wasserverbrauch, verglichen mit einer Wasserstrahlpumpe, ist sehr gering. Auch arbeitet die Vorrichtung, ganz im Gegensatz zur Wasserstrahlpumpe, absolut rückschlagsicher (Zobel u. Jochen, Pat. 1982/1984). Das aus 1 ständig nachverdampfende Destillat gelangt nach erfolgter Kondensation zusammen mit dem aus dem oberen Reservoir stammenden Treibmittel (Wasser) in das y-Passstück und von dort aus in das untere Reservoir. Dabei erfüllt das Wasser aus dem Reservoir 7 im Kondensator 6 zunächst seine Funktion als Kühlmittel und wirkt anschließend im y-Passstück 8 als Vakuum erzeugendes Mittel.

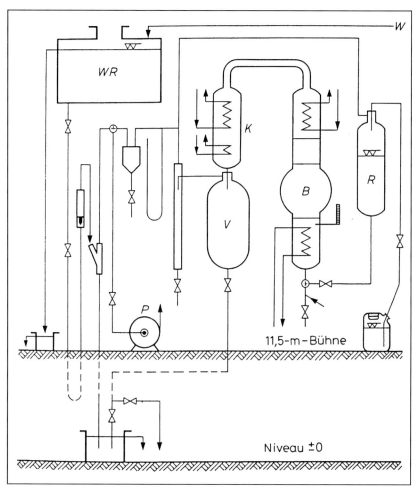

Abb. 57 Halbtechnische Destillationsanlage nach dem in Abb. 52 erläuterten Prinzip
WR: Reservoir, aus dem über Sicherheitsschleife und Rotameter das y-Passstück mit Wasser beschickt wird   R: Reservoir für verdünnte Säure   B: Destillationsblase   K: Kondensator   V: Vorlage für das abdestillierte Wasser   P: Ölpumpe, die nur zum Anfahren verwendet, und dann abgeschaltet wird.

Abb. 56 zeigt die Versuchsanlage, an der wir die Funktionsweise erprobten und die betrieblichen Finessen durchprüften. Im praktischen Betrieb erwies sich die Apparatur gemäß Abb. 57 als noch zweckmäßiger. Diese von *Ebersbach* modifizierte Apparatur, eine handelsübliche Destillationsanlage aus *Jena*er Glas, wurde vom Vakuumpumpenbetrieb auf den Betrieb mit der hängenden Wassersäule umgerüstet. Nur zum Anfahren wird die Ölpumpe benutzt, danach wird umgeschaltet. Die Anlage läuft dann ohne jegliches Bedienpersonal völlig wartungsfrei.

Wir konzentrierten in dieser Apparatur verdünnte Unterphosphorige Säure (H_3PO_2) gefahrlos unter Vakuum auf. Übrigens lässt sich das Prinzip der automatischen Vakuumkolonnensumpfentwässerung auch für das Abziehen der aufkonzentrierten Fertigsäure nutzen: Ausreichenden Niveauunterschied vorausgesetzt, fließt die Fertigsäure über einen Schlauch ab, wobei B unter stabilem Vakuum verbleibt, falls der Ablauf getaucht betrieben wird. Das Ausgangsmaterial (die aufzukonzentrierende Säure) wird bei Bedarf aus einem Kanister in das Reservoir R gesaugt. Der für das Erreichen des Maximalvakuums erforderliche Niveauunterschied beträgt, wie nicht näher erläutert werden muss, für Wasser ca. 10 m. In der Praxis wird einfach auf den verfügbaren Bühnen (Normhöhe) gearbeitet, hier auf der 11,5 m - Bühne (Abb. 57).

Abb. 58

Destillationsanlage
(Nehring, Pat. 1985/1986)

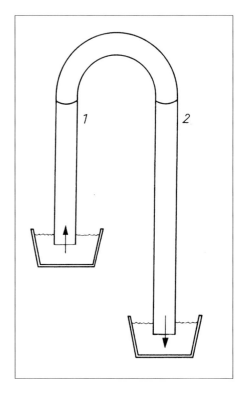

Wir haben hier das Musterbild einer „Von Selbst"-Lösung vor uns. Noch einfacher geht es nun wirklich nicht.

Die einzudampfende Flüssigkeit und die siedende Säule befinden sich links (1), das Kondensat und die getaucht betriebene Kondensatsäule (2) rechts.

Das Beispiel zeigt überzeugend, wie nahe man bei konsequentem Vorgehen dem Idealen Endresultat kommen kann.

Nach Erteilung unseres Schutzrechtes (Zobel u. Jochen, Pat. 1982/1984) fanden wir das Referat einer Offenlegungsschrift, die sichtlich auf ganz ähnlichen Gedankengängen beruht. Diese höchst einfache Vorrichtung besteht aus einem umgestülpten U-Rohr mit unterschiedlich langen Schenkeln. Beide Rohrenden tauchen in mit Flüssigkeit gefüllte Gefäße ein (Abb. 58). Die einzudampfende bzw. zu verdampfende Lösung sei links, das Kondensatgefäß rechts angeordnet. Die linke (kürzere) Flüssigkeitssäule siedet; sie wird von der rechten (kälteren, schwereren) am Sieden erhalten. Die rechte Wassersäule entsteht durch Kondensation aus dem Dampf, der sich beim Sieden der linken Wassersäule bildet.

Dass (und warum) mit ungleich langen Rohrschenkeln zugunsten der Kondensat-Seite gearbeitet werden muss, ist dem Leser gewiss klar. Der Anspruch lautet:

„Destillationsanlage, dadurch gekennzeichnet, dass die kondensierende Wassersäule kälter ist als die siedende Wassersäule, und ihr Übergewicht zur Förderung genutzt wird, ohne dass sie dabei zu sieden beginnt, wie die erste Wassersäule, die zu destillieren ist." (Nehring, Pat. 1985/1986).

Die bisher behandelten Anwendungsfälle ergeben sich einigermaßen zwanglos aus dem ihnen allen zugrunde liegenden Effekt. Deshalb sind erfinderische Schritte im eigentlichen Sinne beim Übergang von einem zum nächsten Anwendungsfall gar nicht notwendig, was wir jedoch dem Patentprüfer nicht unbedingt mitteilen müssen. Man könnte nun meinen, mit der Destillation sei das Prinzip bezüglich seiner Anwendbarkeit erschöpft. Ein weiteres eigenes Beispiel soll zeigen, dass dies durchaus nicht der Fall ist.

Betrachten wir Abb. 59 (Zobel et al., Pat. 1984/1985). Dargestellt ist die *automatische Vakuumentgasung* einer Flüssigkeit, wobei das Arbeitsvakuum wiederum von der Flüssigkeit selbst erzeugt wird. In R 1 befindet sich die zu entgasende Flüssigkeit. Der Entgasungsvorgang findet in E statt, wobei mit Hilfe der Ventile 1 und 2 Zu- und Abfluss unter Berücksichtigung des erreichten Arbeitsvakuums sowie der Viskosität des Mediums reguliert werden können. Der Entgasungsvorgang wird durch scharfkantige, poröse Füllkörper in E unterstützt, die nach dem Prinzip der Siedeperlen arbeiten. Handelt es sich um ein mit einfachen Mitteln absorbierbares Gas, so wird der abgesaugte Gasstrom zunächst durch die Absorptionsflüssigkeit A geleitet, ehe er in das y-Passstück eintritt. Aber auch für den Fall, dass der direkte Weg gewählt wird (bei geschlossenen Ventilen 4 und 5 und geöffnetem Ventil 3), beobachten wir eine partielle Selbst-Entgasung der im Reservoir R 2 aufgefangenen Flüssigkeit. Der Sauerstoffgehalt von Leitungswasser kann so immerhin auf 65% des ursprünglichen Gehaltes abgesenkt werden.

Dieses Ergebnis überrascht uns zunächst, denn die Luft, welche entfernt werden soll, wird ja schließlich in Form von Blasen vom entgasten Medium mit nach unten transportiert. Die Sache wird jedoch klar, wenn man den Verteilungsgrad der Luft in R 1 mit dem Verteilungsgrad der Luft unterhalb des y-Passstückes vergleicht. Zunächst liegt die Luft gelöst vor, vom y-Passstück an wird sie jedoch in Form vergleichsweise großer Blasen nach unten transportiert. Kontaktfläche und Kontaktzeit reichen dann offensichtlich nicht aus, um das Gas wiederum völlig zu lösen. Im Übrigen steht das System insgesamt unter Vakuum, so dass der in R 1 gegebene O_2-Wert ohnehin nicht wieder erreicht werden kann. Gasblasen und Flüssigkeit trennen sich im unteren Reservoir R 2; die Ablaufleitung muss auch bei diesem Verfahren getaucht betrieben werden.

Der Erfinder sollte zweckmäßigerweise nach Durchlaufen einer solchen Assoziationskette (Einspritzkondensator, Automatische Kolonnensumpf-Entwässerung, Vakuumfiltration, Vakuumdestillation, Vakuumentgasung) noch einmal selbstkritisch das Niveau seiner neuen Lösungen unter denkmethodischen Gesichtspunkten zusammenfassend bewerten. Dazu gehört zunächst, alle bekannten und alle neu gefundenen Anwendungsfälle so zu ordnen, dass die

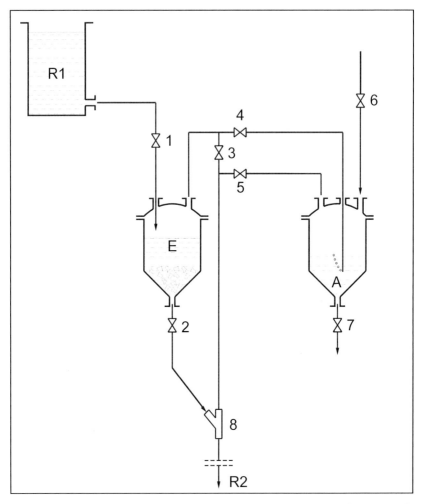

Abb. 59 Verfahren und Vorrichtung zum Entgasen von Flüssigkeiten (Zobel et al., Pat. 1984/1985) R 1 Reservoir (Hochbehälter) E Entgaser A Absorber R 2 zum unteren Reservoir (mit Tauchung) 1,2 Regulierventile 3,4,5 Bedienventile für die Fahrweise mit oder ohne Absorber 6 Druckausgleich für den Abfahr-Vorgang 7 Ablassventil für die Absorptionsflüssigkeit 8 y-Passstück

z. T. unterschwellig abgelaufenen Assoziationen im Nachhinein erklärt werden können. Dies ist zweckmäßig, weil der erfahrene Erfinder mit einem bestimmten experimentellen und theoretischen Grundwissen arbeitet, dessen Vorhandensein und dessen Wirken er sich beim Nachdenken normalerweise nicht ständig vor Augen hält. Es fließt anscheinend unmittelbar in den Denkprozess ein. Somit ist das Zusammenstellen des vorhandenen Assoziationsmaterials und das Verdeutlichen der Beziehungen zwischen vorhandenem Assoziationsmaterial und alten wie neuen Anwendungsfällen nicht nur für methodisch Interessierte zu empfehlen (Abb. 60). Dazu gehört auch, dass die Recherchetätigkeit bzw. Literaturarbeit niemals als abgeschlossen betrachtet werden sollte, und äußerst kritisch – vor allem selbstkritisch – zu bewerten ist.

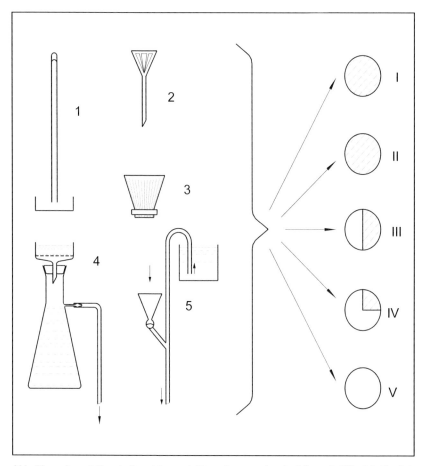

Abb. 60   Assoziationskette: „hängende" bzw. langsam herab strömende Flüssigkeitssäule

Linke Bildhälfte: Allgemein verfügbares Assoziationsmaterial. 1 *Torricelli*-Manometer 2 *Jena*er Analysentrichter   3 Kaffee-Filtereinsatz   4 Anordnung gemäß Abb. 54   5 Heber zum „Angießen"
Rechte Bildhälfte: Bereits bekannte sowie neu gefundene Lösungen. I: Vakuumkolonnensumpf-Entwässerung (bekannt, voll schraffiert) II: Einspritzkondensator (ebenfalls bekannt); III: Filtration unter autogenem Vakuum (Schutzrecht erteilt, Läuterbottich jedoch bereits bekannt, halb schraffiert) IV.: Destillation unter vermindertem Druck (Schutzrecht erteilt, aber Erfindungshöhe bei strenger Auslegung einer alten Quelle (Raschig 1915, S. 409) nicht sehr hoch) V: Verfahren und Vorrichtung zum Entgasen von Flüssigkeiten (Schutzrecht erteilt, ganz *neue* Lösung, ohne Schraffur)

So gab bereits *Raschig* (1915, S. 409), wie uns erst nach Erteilung unseres Schutzrechtes bewusst wurde, eine Anordnung zur *Vakuumdestillation mit frei auslaufendem Destillat* an (sinngemäß entspricht dies der Arbeitsweise bei der Vakuumkolonnensumpfentwässerung):

„*Bei dieser Anordnung ist an den Kühler ein Abfallrohr angeschlossen, welches so lang sein muss, wie es die Dichte des Destillates zur Überwindung des Atmosphärendruckes erfordert. Es werden Abfallrohre bis zu 10 m Länge und darüber benötigt*" (Ullmann 1931, S. 738).

Auch zeigte sich beim ergänzenden Literaturstudium im Falle vorliegender Ideenkette (Abb. 60), dass neben dem für jedermann vorhandenen Assoziationsmaterial (*Torricelli*-Barometer, *Jena*er Analysentrichter für schnelle Filtration, Kaffeefiltereinsatz, Labornutsche gemäß der im Text beschriebenen Anordnung) in der älteren Literatur (Szigeti 1915, S.122) auch ein Hebertyp bereits beschrieben ist, der durch Angießen mit Flüssigkeit in Betrieb gesetzt wird und der demgemäß besonderen assoziativen Wert (Querverbindung: „y-Passstück") gehabt hätte, falls diese einfache Apparatur (Pos. 5 in Abb. 54) uns bereits *vor* Beginn der geschilderten Arbeiten bekannt gewesen wäre. Dieser Hergang mag nicht gerade schmeichelhaft sein. Ich habe die wirkliche Abfolge der Arbeitsschritte jedoch ungeschminkt dargestellt, weil sich analoge Schnitzer täglich – und dies an wahrlich wichtigeren Objekten – immer und immer wiederholen. Ich rate dringend, stets sehr selbstkritisch vorzugehen. Insbesondere beim Verdacht, dass z.T. alte Technik mit im Spiel sein könnte, ist sorgfältigst zu recherchieren. In diesem Sinne dürfte das erläuterte (bewusst einfach gewählte) Beispiel Branchen übergreifend von didaktischem Wert sein.

Abb. 60 zeigt auch die phänomenologische Seite der erfinderisch stets wichtigen *Mikro-Makro*-Frage: Labor- und Haushaltgeräte (linker Bildteil Abb. 60) können Assoziationen auslösen, die zu großtechnisch nutzbaren Apparaten führen. In physikalischer Hinsicht geschieht in allen Fällen das Gleiche. Somit findet weder der Übergang vom Makrosystem zum Mikrosystem (M - m), noch der Übergang vom Mikrosystem zum Makrosystem (m - M) statt.

Zweifellos kommen die automatische Filtration (bzw. Eindampfung, bzw. Entgasung) dem Idealbild einer „Von Selbst"-Lösung bereits recht nahe. Betrachten wir ein weiteres Beispiel, das den Grad der möglichen Annäherung an das IER noch besser demonstriert, zugleich allerdings auch zeigt, dass eine extrem einfache Lösung immer ihren Preis hat.

Bekannt ist, dass bei einem Haufwerk, z. B. einem lose aufgeschütteten Kies-Kegel, die Grobanteile bevorzugt nach außen abrollen. Gegenüber dem Kern des Schüttkegels bzw. seiner Spitze erfolgt somit eine deutliche Klassierung zugunsten gröberer Anteile in den Außenbereichen. Dieser allgemein bekannte, bei vielen Gütern auftretende, als *Segregation* bezeichnete Effekt ist auch beim Befüllen eines Bunkers zu beobachten. Der Effekt ist hochgradig unerwünscht, denn gewöhnlich wird das Ausspeichern eines Produktes mit reproduzierbarem Kornband angestrebt. Das ist, falls nicht produktbedingt ohnehin ein einheitliches Nennkorn vorliegt, nicht gerade einfach. Wegen des Segregationseffektes läuft die Aufgabe darauf hinaus, dass auch im Bunker beim Befüllvorgang von selbst partiell nach Kornklassen entmischte Material in einer Weise auszuspeichern, die per Vermischung der unterschiedlich zusammengesetzten Teilmengen den Segregationseffekt wieder aufhebt. In den hier betrachteten Fällen möchte der Produzent dem Kunden stets gleichmäßig gemischtes Material ausliefern, um nicht irgendwann auf dem groben (bzw. auch dem feinen) Materialanteil sitzen zu bleiben, oder aber durch eine von Lieferung zu Lieferung variierende Körnung des Gutes beim Kunden Reklamationen zu provozieren

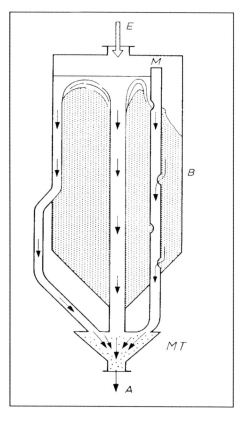

Abb. 61

Einrichtung zum Mischen von Schüttgut
(Krambrock und Kolitschus, Pat. 1985/1986)

Vorrichtung, mit deren Hilfe die beim Befüllen von Bunkern stets eintretende Materialentmischung wieder rückgängig gemacht werden kann.

B Bunker
E Eintragsöffnung
A Austragsöffnung
M Mischrohr mit mehreren Einlauföffnungen
MT Mischtrichter

Am Mischvorgang sind nicht nur die durch M vereinigten Fraktionen beteiligt, sondern im gleichen Sinne wirkt auch der zentrale Materialaustrag in Kombination mit dem mittig angesetzten Materialablauf.

Eine zur Beseitigung dieses Problems geschaffene „Einrichtung zum Mischen von Schüttgut" (Krambrock u. Kolitschus, Pat. 1985/1986) beruht auf dem gleichzeitigen Abzug des inhomogenen Materials über die gesamte Bunkerhöhe, wobei u. a. ein senkrechtes, über die gesamte Bunkerhöhe mit mehreren Einlauföffnungen versehenes Materialabzugsrohr die Funktion der Vorrichtung sichert (Abb. 61). So fließen die zuvor durch Segregation separierten Kornfraktionen einigermaßen vollständig wieder zusammen, was übrigens auch für den in Abb. 30 dargestellten und im Zusammenhang mit den Separationsprinzipien abgehandelten Bunker zutrifft. Demgemäß haben wir es bei diesem Beispiel wenigstens noch mit einer halbwegs funktionierenden Von Selbst-Wiedervermischung zu tun. Andere Vorrichtungen sind komplizierter, vor allem, falls vollständige Rückvermischung gefordert wird.

Sie arbeiten mehr oder minder mit regulären mechanischen Mischvorrichtungen. Es wird demnach bei der üblichen Aufgabenstellung ein ganz erheblicher Aufwand getrieben, den hier äußerst unerwünschten Segregationseffekt durch Vermischen der Fraktionen wieder mehr oder minder vollkommen rückgängig zu machen.

Versuchen wir nunmehr, den vermeintlichen *Negativeffekt* methodisch konsequent (Umkehrdenken!) als *Positiveffekt* zu sehen, und ihn für ein höchst einfaches *Trennverfahren* zu nutzen. Kehren wir deshalb zu unserem Schüttkegel zurück und verfahren gemäß *Altschullers* Prinzip „Übergang zur kontinuierlichen Arbeitsweise". Ziel soll nunmehr sein, die beim Aufbau des Kegels sich *von selbst* trennenden Materialien kontinuierlich abzuführen, d.h. eine Vorrichtung zu bauen, die das *„Von Selbst"*-Trennprinzip konsequent ausnutzt, um Siebe und andere konventionelle Trennvorrichtungen überflüssig zu machen. Der Schüttkegel darf zu diesem Zweck offensichtlich nicht stationär aufgebaut, sondern muss dynamisch betrieben werden. Dies wiederum setzt abgestimmten Materialzu- und -ablauf voraus. Setzen wir uns ferner das Ziel, die zu diesem Zweck anzustrebende Vorrichtung möglichst einfach zu halten und das Trennprinzip, das uns die Natur mit der *„Von Selbst"*-Trennung per Segregation vorführt, möglichst unverfälscht direkt zu nutzen.

Methodische Anmerkung: Wird eine Aufgabe derart präzis formuliert und führt uns die Natur zudem direkt vor, „wie es geht", so können sehr viele ARIZ-Stufen getrost weggelassen werden. Deshalb wird die technische Ausführung hier ohne Umwege direkt geschildert. Auch wird begründet, warum jede Abweichung vom Schüttkegel unbedingt vermieden werden sollte, selbst wenn konstruktive Gesichtspunkte dafür zu sprechen scheinen.

Eine genannten Anforderungen entsprechende Vorrichtung wurde nun entworfen und von uns erprobt. Abb. 62 zeigt das *Verfahrensfunktionsprinzip*. Das Schüttgut rieselt auf eine mittig durchbohrte kreisrunde Scheibe. Feinkorn läuft kontinuierlich innen, Grobkorn bevorzugt über die Flanken nach außen ab. Die Arbeitsweise kommt in ihrer Einfachheit dem Wesensbild der Idealen Maschine (hier: der Idealen Vorrichtung) recht nahe. Dafür müssen nicht unwesentliche Einschränkungen bezüglich der Trennschärfe hingenommen werden („Unvollständige Lösung"). Auch ist die Verfahrensweise für nicht frei rieselnde Güter selbstverständlich ungeeignet. Für das automatische Abtrennen des Feingutanteils von Schüttgütern, wie bestimmten Salzen, bei denen Schwing- oder Trommelsiebe nicht vorteilhaft oder zu aufwändig sind, ist die Vorrichtung hingegen recht gut geeignet.

Auch unmittelbar nach ihrer Herstellung frei rieselnde, später aber wegen ihrer ungünstigen Kornzusammensetzung („Betonkiesspektrum") zum Verbacken und zur Brückenbildung neigende Salze lassen sich in dieser Weise recht vorteilhaft klassieren. Besonders günstig ist, mehrere Trennapparate in Kaskadenschaltung zu betreiben (wesentliche Verbesserung der Trennschärfe). Erprobt wurde die Vorrichtung von uns bisher für Sand, Trinatriumphosphat ($Na_3PO_4 \cdot 12\ H_2O$) und Natriumhypophosphit ($NaH_2PO_2 \cdot H_2O$).

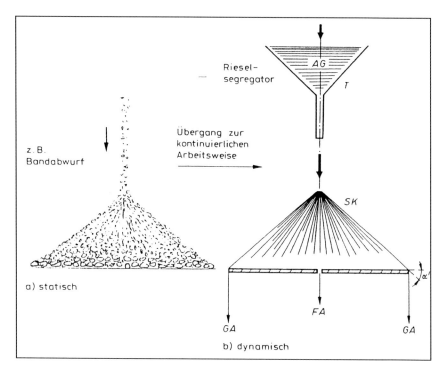

Abb. 62 **Prinzip des Verfahrens zum automatischen Klassieren von Schüttgütern**
AG Aufgabegut   Aufgabetrichter   SK Schüttkegel   GA Grobanteile   FA Feinanteile
(Abb. 63, s. d., zeigt die technische Ausführungsform. Sie ist dermaßen einfach, dass tatsächlich fast von einer Idealen Vorrichtung gesprochen werden kann)

Allerdings führen bereits wenige Körner mittleren Durchmessers, die wegen der nicht vollständigen Trennung manchmal in den Feingutstrom gelangen, zum Versagen der Vorrichtung durch Versetzen des zentralen Loches. Die extreme Einfachheit des Trennapparates scheint ihren Preis zu fordern: eingeschränkte Funktionssicherheit. Was nun? Eine einfache Hilfsvorrichtung löst das Problem: In den Aufgabegutstrom wird ein kleines starres Kegelsieb mit der Charakteristik eines *Mogensen*-Sizers eingebracht. Es führt funktionell nicht etwa zurück zum konventionellen Sieb für das gesamte Gut, sondern arbeitet nur als Abweiser, der die Grobanteile vom Zentralbereich des Kegels fern hält. Direkt unter dem kleinen Kegelsieb, das über der Schüttkegelspitze im frei zulaufenden Gutstrom angebracht ist, bildet sich dann eine Delle im Schüttkegel, die jedoch die Funktion der Vorrichtung bei richtig dimensioniertem Zu- und Ablauf nicht beeinträchtigt. Auch den Ersatz des *Mogensen*-Sizers durch einen massiven Kegel haben wir erprobt. Nicht beherrschbar sind allerdings starke Schwankungen im Kornspektrum des Aufgabegutes. Es ist dann, auch bei Anwendung der geschilderten Hilfsmaßnahmen, nur noch eine Frage der Zeit, bis die Vorrichtung versagt. Offenbar können wir bei einer derart starken Annäherung an das ideale „Von Selbst"-Verfahren nicht auch noch Universalität verlangen.

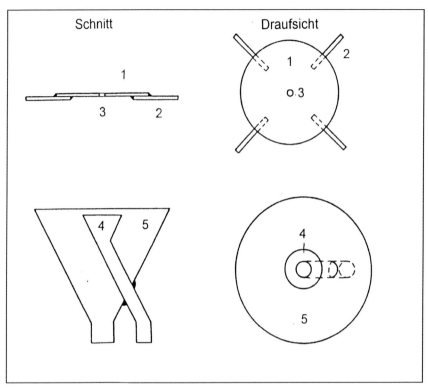

Abb. 63 Vorrichtung zum automatischen Klassieren von Schüttgut (Zobel et al., Pat. 1982/1984) 1 Lochscheibe 2 Distanzstücke (Auflageelemente) 3 Feingutauslauföffnung (variierbar) 4 Innentrichter für das Feingut 5 Außentrichter für das Grobgut

Wir gelangten nur über einen Umweg zu der verblüffend einfachen Lösung gemäß Abb. 63. Dieser Umweg sei hier erläutert, da er methodisch in mehrfacher Hinsicht interessant ist. Obwohl der Ausgangspunkt aller Überlegungen das Bild des Schüttkegels war, wurde zunächst ein kastenförmiges Funktionsmodell gebaut, das die Aufgabe des Gutes sowie die Abfuhr der Fraktionen über Schlitze vorsah (Abb. 64). Wahrscheinlich können auch erfahrene Erfinder nur schwer der Versuchung widerstehen, bereits mit der Konstruktion zu beginnen, ehe noch das Verfahrensfunktionsprinzip in aller Konsequenz bis zum Kern zurückverfolgt und gründlich durchdacht worden ist. So verlief die Sache auch im vorliegenden Falle. Im Sinne der Konstruktion wirkt Abb. 64 durchaus „technikgemäß", verglichen mit Abb. 63. Der Apparat hat nur einen kleinen Mangel: *Er funktioniert nicht.* Im Nachhinein ist, wie immer in solchen Fällen, der Grund für den Misserfolg durchaus klar. Bei der Segregation über einen Schüttkegel (Abb. 62 und 63) führt sich das VerfahrensfunktionsPrinzip in geradezu idealer Weise selbst vor:

Abb. 64

Nicht funktionierender Vorläufer der Vorrichtung gemäß Abb. 63

AT Aufgabetrichter S Schieber zum Regulieren der Schlitzbreite SB Segregationsbunker F Feingut G Grobgut R 1,2,3 Regulierschrauben zum Verstellen der Winkeleisen, die zum Variieren der Ablaufschlitzbreite dienen sollten.

Das Modell funktioniert nicht, weil vorzeitig rein konstruktive Gesichtspunkte berücksichtigt wurden. Nicht ein sattelförmiges Haufwerk (wie bei der gezeigten Konstruktion), sondern nur ein kegelförmiges Haufwerk gemäß Abb. 62 u. 63 gewährleistet einen maximalen Trenneffekt und somit auch die *maximale Annäherung an das idealisierte Verfahrensfunktionsprinzip* (siehe dazu die nähere Beschreibung im Text)

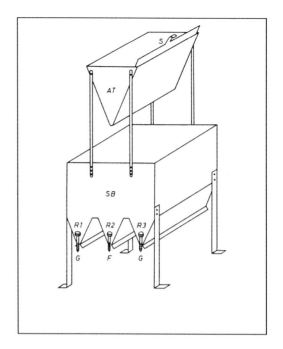

Am Aufgabepunkt, der Kegelspitze, beginnt die Trennung; sie endet grobkornseitig auf einer Linie maximaler Länge, eben jener Kreislinie, die am Fuße des Schüttkegels liegt, und deren Länge durch die Höhe des Kegels und den materialbedingten Schüttwinkel bestimmt ist.

Alle überhaupt denkbaren Konstruktionen sollten deshalb unmittelbar von der Notwendigkeit eines dynamisch betriebenen Schütt-Kegels ausgehen, da *jede Abweichung von der Schüttkegelgeometrie sichtlich vom Idealen Endresultat wegführt.* Im Nachhinein ist das vollständig klar, und ich hätte mir bei rechtzeitiger Berücksichtigung des prinzipiellen Sachverhaltes die vergleichsweise unsinnige Konstruktion gemäß Abb. 64 ersparen können. Sie weicht vom unverfälschten Schüttkegelprinzip ab, arbeitet mit einem – durch die Aufgabe über eine Schlitz bedingt – sattelförmigen Haufwerk und ist, wie die Praxis bestätigte, insbesondere ablaufseitig zum Scheitern verurteilt. Bereits wenige mittelgroße Körner versetzen den über ein Winkeleisen regulierbaren Feingut-Ablaufschlitz. Das in diesem Bereich äußerst unerwünschte sporadische Auftreten mittlerer oder gar grober Fraktionen ist aber bei einem sattelförmigen Haufwerk sehr viel wahrscheinlicher als im Falle eines echten Schüttkegels (s. o.). Hinzu kommt, dass der Schlitz extrem schmal sein muss, damit die Vorrichtung nicht unkontrolliert leer läuft. Genau deshalb aber dürfen noch nicht einmal mittlere Fraktionen im Feinkornanteil erscheinen.

Der Kreis schließt sich: Wegen der erheblichen Abweichung vom materialisierten *Verfahrensfunktions-Ideal* (hier: vom Schüttkegel) wird klar, dass eine solche Vorrichtung nur schlecht oder gar nicht funktionieren kann.

Erfindungsmethodisch lassen sich die folgenden Schlüsse ziehen:
Die einfachste Konstruktion (Abb. 63) ist dann vorhersehbar die beste Konstruktion, wenn sie unmittelbar dem Verfahrensfunktionsprinzip in seiner idealen Ausprägung (hier: dem *Schüttkegel*) entspricht. Funktioniert der Apparat dennoch nicht, bestehen sehr gute Aussichten, ihn mit einfachen Hilfsvorrichtungen (hier: einem kegelförmigen *Mogensen*-Sizer oder einem massiven Kegel im Aufgabegutstrom, der als Abweiser wirkt) funktionstüchtig zu machen, ohne das Verfahrensfunktionsprinzip verlassen zu müssen.

Kompliziertere Konstruktionen sind nur dann gerechtfertigt, wenn sie nicht vom Idealen Endresultat wegführen. Eine Konstruktion führt dann vom IER weg, wenn das Verfahrensfunktionsprinzip nicht bis zur Idealausprägung, die im vorliegenden Fall die Ausführungsform bestimmt, zurückverfolgt worden ist.

In der Methodikliteratur finden sich keine vergleichbaren Beispiele dieser Art. Auch wurden bisher keine verallgemeinernden Schlussfolgerungen gezogen. Ich möchte deshalb die gewonnenen Erfahrungen in Form eines eigenen, von anderen Autoren bisher nicht berücksichtigten Meta-Gesetzes der Entwicklung Technischer Systeme zusammenfassen:

"Die Funktionssicherheit eines Systems wird primär nicht durch konstruktive Gesichtspunkte, sondern durch die sich aus dem Verfahrensfunktions-Prinzip ergebenden Notwendigkeiten bestimmt" (Zobel 1991).

Abschließend wollen wir noch ein Beispiel behandeln, das alle wesentlichen Aspekte des *"Von Selbst"*-Prinzips besonders überzeugend demonstriert und somit eine angemessene Würdigung dieses unbedingt zu favorisierenden Elementarprinzips gestattet:

Situation, Problem

In einem Rührwerksreaktor wurden die Stoffe A und B miteinander zur Reaktion gebracht. Das dabei gebildete Gas C führte dazu, dass der Reaktorinhalt stark schäumte. Wegen der Explosibilität des (zudem toxischen) Gases C beim Kontakt mit Luftsauerstoff musste der Reaktor unter Schutzgas (Stickstoff) gefahren werden, wobei das während der Reaktion entstehende Gas unter Eigendruck abgeleitet und alsdann kontrolliert verbrannt werden sollte. Gefährlich war, dass der Reaktorinhalt gelegentlich überschäumte, wobei der stark verschmutzte Schaum in das Gasaustrittsrohr geriet oder gar über die Sicherheitsschleife ins Freie austrat. Zu lösen ist demnach das technische Problem, die Schaumentwicklung hintan zu halten bzw. das Überschäumen des Inhalts des Rührwerksreaktors zu verhindern.

Bekannte technische Lösungen

Bekannt ist, dass man Flüssigkeiten durch Zugabe oberflächenaktiver Mittel entschäumen kann. Diese Möglichkeit schied jedoch aus, da sich im vorliegenden Falle derartige Mittel zersetzen, bevor sie ihre Wirkung entfalten können. In anderen Fällen führt die Anwendung eines Spezialrührers, der den Schaum trombenartig nach unten zieht, zum Ziel. Dieses Verfahren versagte in unserem Falle jedoch ebenfalls.

Bekannt ist ferner, dass man Schaumblasen durch plötzliches Entspannen des Gasraumes oberhalb der Schaumschicht zum Zerplatzen bringen kann. Es gibt dafür beispielsweise die Möglichkeit, den Schaum in einem Entspannungsraum durch plötzliches Ändern der Druckverhältnisse zu zerstören. Auch das pulsierende Beeinflussen der Druckverhältnisse durch Anwenden von äußerem Zwang (intermittierendes Absperren eines Druck- bzw. Vakuumstutzens, wechselnder relativer Überdruck und relativer Unterdruck mithilfe pulsierender Zugabe eines inerten Gases von außen) ist für den gleichen Zweck bereits vorgeschlagen worden. Die letztgenannten Varianten sind vergleichsweise kompliziert und wurden deshalb nicht erprobt. Jedoch schien der Grundgedanke der *pulsierenden Fahrweise* prinzipiell Erfolg versprechend. Dafür sollte eine wesentlich einfachere Lösung gefunden werden.

Vermeintlich völlig unabhängig vom Problem existierender Sachverhalt (zunächst ist keine Verbindung zur Aufgabe erkennbar)

Chemikern und vielen Nichtchemikern ist das Prinzip der *Laboratoriumswaschflasche* geläufig. Ein Gas „blubbert" durch eine Flüssigkeitsschicht, wobei ein glatt abgeschnittenes oder mit einer Fritte versehenes Tauchrohr Verwendung findet. Die vorgelegte Flüssigkeit bewegt sich im Rhythmus der sie passierenden Gasblasen auf und ab. Die Waschflasche wird (bis auf Eintritts- und Austrittsrohr) gasdicht betrieben, d. h., die Zwangsführung des gesamten Gases durch die Flüssigkeit ist gewährleistet. Eine solche Vorrichtung dient – je nach vorgelegter Flüssigkeit – z. B. zum Befeuchten oder zum Trocknen von Gasen. Auch lässt sich über die Zahl der Blasen pro Zeiteinheit eine für viele Zwecke ausreichend genaue Gasmengenmessung durchführen („Blasenzähler"). Ferner lassen sich vom Gasstrom mitgerissene Feststoffe (Stäube) abtrennen. Schließlich kann man z. B. wasserlösliche Gase bequem aus Gasgemischen auswaschen. Dies sind Anwendungsfälle, die sämtlich bekannt sind, und die mit der zu lösenden Aufgabe anscheinend nichts zu tun haben.

Verknüpfung von „Eigenschaften einer Waschflasche" und damit anscheinend nicht zusammenhängender Aufgabe

Bisher wurde offensichtlich noch nicht darüber nachgedacht, dass die in allen genannten Anwendungsfällen auf- und abschaukelnde Flüssigkeitssäule im eintretenden Gasstrom Phasen relativer Kompression, wechselnd mit Phasen relativer Dekompression, verursacht. Ehe eine Blase die Flüssigkeitsschicht passieren kann, muss die Flüssigkeit im Tauchrohr nach unten gedrückt werden, was einen Druckanstieg im eintretenden Gas bewirkt. Tritt die „portionierte" Gasmenge dann als Blase aus, wippt die Flüssigkeitssäule zurück, bis die nächste Blase entsteht. Der aus diesem Grund im eintretenden Gasstrom pulsierende Druck lässt sich mit einem seitlich angeschlossenen U-Rohr-Manometer direkt beobachten. Nun ist dieser Sachverhalt, so könnte man einwenden, zwar im Zusammenhang mit der Funktion einer Waschflasche vielleicht bisher nicht beachtet worden, jedoch ist er funktionell bedeutungslos. Hier aber hat unser nunmehr durch TRIZ geschultes Denken einzusetzen: Was heißt „funktionell bedeutungslos"? In unserem Falle bedeutet es nur, dass dieser Sachverhalt zwar für die *bisher* bekannten Anwendungen unwichtig sein mag, im Übrigen jedoch zum Weiterdenken anzuregen hat *(Wo kann ich das anwenden? Handelt es sich dabei möglicherweise um ein weiteres – bezogen auf den bisherigen Kenntnisstand – neues Einsatzgebiet für Waschflaschen? Wenn, wie die Literatur angibt, Schäume durch Druckstöße zu beeinflussen sind, könnte man hier nicht eine sinnvolle Verknüpfung zur gerade bearbeiteten Aufgabe herstellen?).*

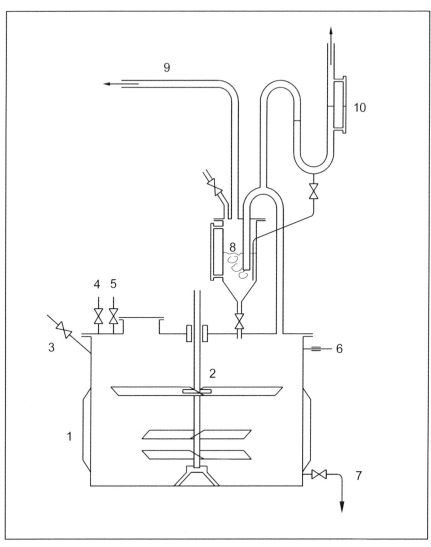

Abb. 65 Verfahren zur Verminderung bzw. Vermeidung der Schaumbildung bei der technischen Durchführung chemischer Reaktionen
(Zobel, Pat. 1976/1980)

1 Dampfmantel 2 Rührwerksreaktor 3 Spülstutzen 4,5 Stutzen für die Zugabe der Reaktionskomponenten 6 Stickstoff-Stutzen 7 Ablassstutzen für die ausreagierte Masse 8 Wasservorlage mit Standglas 9 Phosphin-Wasserstoff-Gasgemisch zur Verbrennung in der Phosphorsäureanlage 10 Sicherheitsschleife mit Standglas

Rückkehr zur Aufgabe, Lösung

Durch Kopplung der unter den bekannten technischen Lösungen favorisierten Variante *Schaumbeeinflussung durch Druckdifferenzen* mit der durch Beobachtung bestätigten Annahme, dass eine in der Waschflasche auf und ab schaukelnde Flüssigkeitssäule *automatisch* die gleiche Funktion ausüben könnte, nähern wir uns der Lösung: Dem Rührwerksreaktor ist im Bereich des Gasaustritts eine getaucht betriebene Flüssigkeitsvorlage nachzuschalten, die konstruktiv einer gewöhnlichen Laboratoriums-Waschflasche entspricht. Die unserem 20 m^3-Reaktor nachgeschaltete Wasservorlage (Abb. 65, Pos. 8) hat sich im Dauerbetrieb bei der Produktion von Natriumhypophosphit aus Phosphorschlamm seit 1976 bestens bewährt. Wenn man einen Blick durch das auf dem Reaktordeckel angebrachte – mit einer Silikatglasscheibe verschlossene – Mannloch wirft, sieht man die Schaumschicht im Rhythmus der austretenden Gasblasen (Pos. 8) sich auf und ab bewegen. Über ein tolerierbares Maß hinaus steigt die pulsierende Schaumschicht nicht mehr an (Zobel 2015).

Typisch für dieses Beispiel ist, dass es sich um eine offensichtlich sehr einfache Lösung handelt. Als technisch günstig und im besonderen Maße nützlich ist zu werten, dass Frequenz und Intensität der Druckstöße einerseits durch die Reaktionsgeschwindigkeit, andererseits durch die Höhe des Flüssigkeitsspiegels in der Wasservorlage zu beeinflussen sind. Bezüglich der Frequenz handelt es sich sogar um ein *sich selbst regulierendes* System, denn mit steigender Reaktionsgeschwindigkeit, hier verbunden mit verstärkter Gasentwicklung, erhöht sich die Frequenz der Druckstöße automatisch. Dies kommt wiederum den praktischen Erfordernissen bzw. der verfahrenstechnisch gegebenen Notwendigkeit, die Schaumentwicklung gerade dann besonders stark bremsen zu müssen, entgegen. Je heftiger die Reaktion verläuft, und je mehr Schaum sich demzufolge pro Zeiteinheit bildet, desto intensiver wird durch die in der Flüssigkeitsvorlage immer heftiger werdenden Druckstöße automatisch gegengesteuert. Frequenz und Amplitude der Druckstöße lassen sich über ein kommunizierendes Standglas (links neben Pos. 8) bequem verfolgen und zum Maß der Fahrweise machen: Auch die Dosierung der Reaktionskomponenten lässt sich so automatisch steuern (Zobel, Pat. 1976/1980).

Natürlich löst man mit einer solchen Anmeldung beim Patentprüfer nicht gerade Jubel und Begeisterung aus, erscheint doch die der Waschflasche direkt „nachempfundene" Lösung dermaßen trivial, dass weder der Laie noch der Fachmann so recht einsehen wollen, worin der Neuheitswert der Sache eigentlich besteht. So war es auch im Falle dieses Patentes. Erst während der Anhörung, die dem Erfinder die Möglichkeit gibt, sich im Patentamt mündlich zur Sache zu äußern, konnte Klarheit geschaffen werden. Insbesondere konnte ich darlegen, dass dem Erfindungsgedanken zwar ein *im Nachhinein klarer, bislang aber noch nicht in Betracht gezogener Physikalischer Effekt* zugrunde liegt, d. h. also, dass eine eigene, per se nicht schutzfähige (Mini)-Entdeckung zur Basis der Erfindung gemacht wurde.

Der beschriebene Apparat (d. h. die „hypertrophierte Waschflasche") ist ohne Zweifel banal. Nicht banal hingegen ist die Nutzung im oben erläuterten Zusammenhang. Sehr wahrscheinlich hatte bisher tatsächlich niemand an die eingangsseitigen Druckverhältnisse in einer Waschflasche gedacht, vor allem nicht im Zusammenhang mit einer bestimmten technischen Nutzung. Jedenfalls existierte zum Zeitpunkt der Anmeldung keine Veröffentlichung, die eine getaucht betriebene Flüssigkeitsvorlage für einen derartigen Zweck zum Gegenstand gehabt bzw. genügend klar beschrieben hätte.

Beim prinzipiell ähnlich funktionierenden *Gärröhrchen* sind offenbar derartige Beobachtungen noch nicht gemacht worden, wohl bedingt durch die sehr kleinen Druckdifferenzen und die im Gärballon entstehenden feinblasigen, oft recht zähen Schäume. Im Ernstfall passiert der Schaum, wie passionierte Obstweinfans bestätigen wer-den, das Gärröhrchen zur Freude der Fruchtfliegen meist ungehindert. Das Gärröhrchen war es jedenfalls nicht, welches mich auf die Idee mit der Wasservorlage im Sinne einer industriell tauglichen Schaumbremsvorrichtung gebracht hat.

In der Patentspruchpraxis wird auf den hier diskutierten Sachverhalt übrigens sinngemäß Bezug genommen: Die Benutzung einer bekannten Vorrichtung wird dann als erfinderisch angesehen, wenn sie ohne die Aufdeckung einer unbekannten Wirkung dieser bekannten Vorrichtung unterblieben wäre. Wir haben es demnach tatsächlich mit der erfinderischen Nutzung einer „Mini-Entdeckung", d. h. eines zwar immer schon existierenden, aber bisher noch nicht be(ob)achteten Ursache-Wirkungs-Zusammenhanges zu tun. Beim Formulieren des Patentanspruches ist in solchen Fällen zu berücksichtigen, dass der benutzte Apparat, weil sattsam bekannt, nicht mehr zum Gegenstand der Anmeldung gemacht werden darf. Infrage kommt dann nur ein Verfahrenspatent. Entsprechend lautet Im Falle unseres Beispiels der Patentanspruch:

„Verfahren zur Verminderung bzw. Vermeidung der Schaumbildung bei unter Gasentwicklung verlaufenden Reaktionen durch intervallmäßige Druckänderung, dadurch gekennzeichnet, dass die intervallmäßige Druckänderung in Abhängigkeit von der Reaktionsgeschwindigkeit durch den über die Flüssigkeitsvorlage autogen regulierten stoßweisen Gasaustritt erfolgt, wobei die Druckdifferenz über das horizontal glatt abgeschnittene Gaseintrittsrohr sowie über die vorgelegte Flüssigkeitsmenge gesteuert wird" (Zobel, Pat. 1976/1980)

Verehrter Leser, Sie haben nun die Grundlagen des Systems TRIZ sowie die TRIZ- Denkweise in diversen Ausprägungen und unter verschiedenen Blickwinkeln kennen gelernt. Zahlreiche Beispiele aus diversen Branchen – aber auch außertechnische Beispiele – wurden von mir zur Erläuterung herangezogen.

Wie eingangs bereits angemerkt, ist TRIZ gewöhnungsbedürftig. Ich hoffe aber, dass ich die Besonderheiten dieser faszinierenden Methode in einer Weise erläutert habe, die meinen Lesern bereits jetzt praktischen Nutzen bringt. In diesem Sinne wünsche ich Ihnen viel Freude an der schöpferischen Arbeit sowie Glück und Erfolg.

7 Zusammenfassung

Es gibt bereits zahlreiche Methoden zur Ideensuche bzw. zum Gewinnen kreativer Ergebnisse. Die bekannteste und am häufigsten angewandte Methode ist das Brainstorming, das auf den Spontanideen eines mehr oder minder befähigten Teams beruht. Jedoch neigt der Mensch dazu, das zu denken, was andere vor ihm auch schon gedacht haben. Er denkt überwiegend in Richtung des „Trägheitsvektors". Deshalb sind die meisten der so gewonnenen Ideen nicht wirklich neu, sondern eher banal. Wegen ihrer Vielzahl müssen sie zwecks Auswahl zudem aufwändig bewertet werden. Nur äußerst selten wird dabei ein „Goldkörnchen" gefunden. Auch beinhalten die meisten der Ideen einen typischen Kompromiss *(„Etwas ein bisschen besser machen, selbst wenn es dafür an einer anderen Stelle etwas schlechter wird")*. Deshalb liefern die klassischen Methoden, falls schwierigere Aufgaben bearbeitet werden müssen, höchstens zufällig die erforderlichen hochwertigen Lösungen.

TRIZ, die *Theorie zum Lösen Erfinderischer Aufgaben*, geht mit einem grundsätzlich neuen Konzept an die Lösung schwieriger Aufgaben heran. Zunächst wird definiert, wie die ideale Lösung aussehen müsste. Dieses so genannte *Ideale Endresultat* („IER") ist eine Wunschkonstruktion etwa der Art: *„Eine Maschine, die ihre Funktion erfüllt, die aber als Maschine (fast) gar nicht (mehr) da ist"*. Der nächste Schritt befasst sich mit der Formulierung der *Widersprüche*, welche die Erreichbarkeit des IER mit herkömmlichen Mitteln verhindern. Erfinderische Aufgaben sind dadurch gekennzeichnet, dass einander widersprechenden Bedingungen ohne wechselseitige Behinderung erfüllt werden müssen (ein System muss z.B. zugleich *heiß* und *kalt*, oder zugleich *feucht* und *trocken* sein). In konventioneller Weise sind solche Widersprüche grundsätzlich unlösbar. Kompromisse kommen aber nicht infrage („heiß" und „kalt" darf nicht „lau" ergeben). TRIZ liefert nun verschiedene *Lösungsstrategien*, mit deren Hilfe die vermeintlich unlösbaren Widersprüche auf *erfinderischem Niveau* gelöst werden können. Es sind dies insbesondere:

- Einfache Standards zum Lösen von Erfindungsaufgaben,
- Prinzipien zum Lösen Technischer Widersprüche,
- Separationsprinzipien zum Trennen der einander behindernden Systemparameter,
- Stoff-Feld-Regeln zur Lösung auf physikalischem Niveau,
- Gesetze der Technischen Entwicklung,
- Physikalische Effekte (Ursache-Wirkungs-Beziehungen),
- Das Modell der kleinen intelligenten Figuren („Zwergmodell").

TRIZ basiert auf den Ideen des genialen Erfinders und Erfindungsmethodikers *G.S. Altschuller*. Ihm war aufgefallen, dass die meisten Patente aus den unterschiedlichsten Fachrichtungen auf vergleichsweise wenigen Prinzipien beruhen. Er schlussfolgerte nun, dass diese Prinzipien auch zum Lösen neuer Aufgaben geeignet sein müssten, was zugleich bedeutet, dass auch vermeintlich originelle Aufgaben gar so neu nicht sein können. *Altschuller* belegte das Wirken der Prinzipien überwiegend anhand von Beispielen aus dem Maschinenbau.

Vorliegendes Buch fußt auf den jahrzehntelangen TRIZ-Erfahrungen des Verfassers. Erläutert wird die sukzessive Arbeitsweise (*Algorithmus zum Lösen Erfinderischer Aufgaben*) in ausführlicher sowie verkürzter Form, ferner die punktuelle Arbeit mit einzelnen Lösungsstrategien. Es werden zahlreiche neue Beispiele, darunter eigene Erfindungen, methodisch erläutert. TRIZ arbeitet Branchen übergreifend. Der Verfasser hat deshalb die neueren Beispiele verschiedenen Gebieten außerhalb des Maschinenbaus, wie der Chemischen Technologie, der Medizin und der Medizinischen Technik, entnommen. Das „TRIZ-gemäße" Denken ist jedoch nicht nur innerhalb der Technik, sondern grundsätzlich von besonderer Bedeutung. TRIZ kann als geradezu universelle Denkstrategie betrachtet werden. Dies wird vor allem anhand von Beispielen aus der Literatur, der Werbung und der Karikaturistik belegt. Insbesondere die Strategien des *Umkehrdenkens*, der *universellen Lösungsprinzipien* sowie der *Widersprüche* (bzw. Paradoxien) sind geeignet, das systematische Erarbeiten hoch schöpferischer Lösungen zu ermöglichen.

Ausführlich werden die Quellen des von *Altschuller* favorisierten widerspruchsorientierten Denkens besprochen. Bei den innerhalb und außerhalb der Technik wirkenden Widersprüchen, die das Erreichen eines Ergebnisses mit konventionellen Mitteln verhindern, handelt es sich nicht um logische, sondern um dialektische Widersprüche. Auch für alle anderen TRIZ-Bausteine bildet die Dialektik das übergreifende Denkprinzip. Mithilfe dieser angewandten Dialektik lassen sich schwierigste Aufgaben lösen, ohne in das übliche Kompromissdenken zu verfallen. Ich habe die *Altschuller*-Methode in entscheidenden Punkten erweitert und modifiziert. Eine Hierarchie der Prinzipien zum Lösen Technischer Widersprüche sichert den Einsatz universeller Strategien. Die Widerspruchsnomenklatur wird als Mittel zum Formulieren Erfolg versprechender Patentschriften erläutert. Elemente des TRIZ-Denkens werden zum Bewerten derzeitiger bzw. neu geschaffener Technologien empfohlen. Ungewöhnliche Beispiele demonstrieren den Wert des Operators „Abmessungen, Zeit, Kosten". Die Art der Darstellung ist so gewählt, dass der Leser ohne Umwege die kreative Arbeit auf seinem Gebiet wesentlich verbessern kann.

8 Literatur

Angaben zu den Schutzrechten:

DOS: Deutsche Offenlegungsschrift (Bundesrepublik Deutschland); DE-PS: Deutsche Patentschrift (Bundesrepublik Deutschland); DD-PS: Deutsche Patentschrift (DDR); F.P.: Französisches Patent; J.P.: Japanisches Patent; Oe.P.: Oesterreichisches Patent; UdSSR-Pat: Urheberschein der UdSSR; offengel.: offengelegt; ausg.: ausgegeben; ert.: erteilt. Bei den zitierten Schutzrechten wird stets das Anmeldedatum sowie das Datum der Offenlegung bzw. Erteilung angegeben. Neueste Anmeldungen sind im methodisch-didaktischen Zusammenhang nicht unbedingt zu favorisieren, so dass auch ältere (z.T. abgelaufene) Schutzrechte mit herangezogen werden, sofern sie zur Erläuterung des jeweiligen Sachverhaltes besonders geeignet erscheinen.

Adams, S. (2000) Dilbert-Future. Der ganz normale Wahnsinn geht weiter. Heyne Allgemeine Reihe, Taschenbucherstausgabe 10/2000 Nr. 01/13128, München
Ärztezeitung (2002) Kunstherz ist wieder raus. Nr. 232, S. 10
Ärztezeitung (2003) R. Messner: „Meine größte Herausforderung ...". Schnell-stark-dauerhaft: *Zoloft*. Nr. 5 v. 13. 01. 2003
Ärztezeitung (2003) Eisen-Magnet-Chemotherapie – eine neue Option. Nr. 105 v. 6./7. 6. 2003, S. 4
Ärztezeitung (2003) Mini-Magnete ermöglichen minimal-invasive Bypass-Op. Nr. 139 v. 28. 7. 2003
Ärztezeitung (2003) „Kurz notiert". Nr. 139 v. 28. 07. 2003, S. 4
Ärztezeitung (2003) Magnethyperthermie auch in Jena erforscht. Nr. 143 v. 1./2. 08. 2003, S. 8
Ärztezeitung (2004) Nr. 117 v. 25./26. Juni 2004, S. 16
Ärztezeitung (2005) Nr. 131 v. 18. Juli 2005, S. 16
Ärztezeitung (2005) Nr. 140 v. 29./30. Juli 2005, S. 16
Ärztezeitung (2005) Nr. 142 v. 2. August 2005, S.16
Altmann, K. (1983/1984) WC-Spülkasten. DOS 3 321 453 v. 14. 6. 1983, offengel. 20. 12. 1984
Altow, G. (1984) I tut pojavilsa izobretat`jel. Izdat`jelstvo „Djetskaja Literatura", Moskva
Altow, G. (1986) Der Hafen der steinernen Stürme. 3. Aufl., Verlag Das Neue Berlin, Berlin
Altschuller, G.S., Shapiro, R.B. (1956) Zur Psychologie der Erfindertätigkeit (russ.) In: Voprosy psichologii 6/ 56, S. 37-49
Altschuller, G.S. (1973) Erfinden – (k)ein Problem? Anleitung für Neuerer und Erfinder. Tribüne, Berlin
Altschuller, G.S., Seljutzki, A., (1983) Flügel für Ikarus. Verlag MIR/Urania-Verlag, Moskau; Leipzig-Jena-Berlin
Altschuller, G.S. (1984) Erfinden – Wege zur Lösung technischer Probleme. Hrsg.: R. Thiel, H. Patzwaldt. Verlag Technik, Berlin
Altschuller, G.S., Zlotin, B.L., Filatov, V.J. (1985) Professija – poisk novogo. Kartja moldovenjaske, Kishinjow
Altschuller, G.S. (1998) Erfinden – Wege zur Lösung technischer Probleme. Limitierter Nachdruck der Ausgabe von 1984 in Lizenz des Verlags Technik, Berlin. Mit Vorworten von M.G. Möhrle und T. Pannenbäcker sowie R.Thiel. Hrsg. von M.G. Möhrle
v. Ardenne, M. (1931) Über neue Fernsehsender und Fernsehempfänger. In: Fernsehen 2, S.65
v. Ardenne, M., Musiol, G., Reball, S. (1989) Effekte der Physik und ihre Anwendungen. Deutscher Verlag der Wissenschaften, 1989
v. Ardenne, M. (1996) Entstehen des Fernsehens. Verlag Historischer Technikliteratur Freundlieb, Herten

Bloch, A. (1985) Gesammelte Gründe, warum alles schiefgeht, was schiefgehen kann. Wilhelm Goldmann-Verlag, München
Böttcher, H. Epperlein, J. (1984) Moderne photographische Systeme. Deutscher Verlag für Grundstoffindustrie, Leipzig
de Bono, E. (1980) Große Denker. Verlagsgesellschaft Schulfernsehen - vgs -, Köln

Borodastov, G.V., et al. (1979) Verzeichnis physikalischer Erscheinungen und Effekte zur Lösung von Erfindungsaufgaben (russ.). Zentrales wiss. Forschungsinst. f. Informationen u. techn.-wiss. Untersuchungen zur Atomwissenschaft u. Technik, Moskau
Breuer, M. (1985/1987) Verfahren u. Vorrichtung zur Förderung von klebriger Kohleelektrodenmasse. DOS 3 536 059 v. 9. 10.1985, offengel. 9.4.1987
Brix, J. (1984/1986) Vorrichtung zur Einblasung von Luft in verunreinigte Gewässer. DOS 3 424 153 v. 30. 6. 1984, offengel. 9. 1. 1986
Brockhaus (1929) Der Große Brockhaus, Handbuch des Wissens in zwanzig Bänden. 15., völlig neubearbeitete Auflage, 4. Band, S. 733. F. A. Brockhaus, Leipzig
Broikanne, G., Magnier, P. (1984/1985) Verfahren zum Formen von Metallen mit Wegwerf-Modellen, Modelle zur Durchführung dieses Verfahrens und Verfahren zur Herstellung dieser Modelle. DOS 3 444 027 v. 3. 12. 1984, offengel. 12. 9. 1985
Brüning, M., Möller, W., Kohler, M., Glaeser, J. (1984/1985) Anwendung einer Strömung zum Vermischen von Medien und Vorrichtung zur Erzeugung einer Strömung. DOS 3 406 868 v. 25. 2. 1984, offengel. 12. 9. 1985
Bublath, J. (1987) Das knoff-hoff-Buch. G+S Urban-Verlag, München

Carelman, J. (1987) Katalog erstaunlicher Dingelinge. Verlag Volk und Welt, Berlin
Christian, P. (1979/1981) Vorrichtung zum Abscheiden von Flüssigkeiten und Feststoffen aus einem Gasstrom. DOS 2 946 256 v. 16. 11. 1979, offengel. 21. 5. 1981
Ciais, A., Variot, G. (1984) Dünnschichtverdampfungsverfahren sowie Vorrichtung und Anlage zur Durchführung des Verfahrens. DOS 3 404 531 v. 9. 2. 1984, offengel. 16. 8. 1984
CRE Information (1999) NdFeB Applied in Liquor Treatment. Vol. 5, No. 2

Deysson, C. (1999) Die Kraft des Einfachen. In: Wirtschaftswoche H. 49 v. 2.12.1999
Dienstmann, H. (1995) Kerzenwachs & Fliegengitter. Neuer Pawlak Verlag, Köln
Dirlewanger, A. (2016) Innovation der Innovation. Vom Innovations-Management zum Science & Fiction Management. Peter Lang, Bern, Berlin, Bruxelles, Frankfurt a.M., New York, Oxford, Wien
Dore, J.E. (1978/1979) Vorrichtung zum Filtrieren von geschmolzenem Metall. DOS 2 838 504 v. 4. 9. 1978, offengel. 5. 4. 1979
Dornhege, B. (1981/1983) Verfahren zum Reinigen eines verstopften Siphons und Einrichtung zur Durchführung des Verfahrens. DOS 3 128 687 v. 21. 7. 1981, offengel. 10. 2. 1983
Drews, R., Linde, H. (1995) Innovationen gezielt provozieren mit WOIS-Erfahrungen aus der Automobilindustrie. In: Konstruktion 47, S. 311-317. Springer-Verlag, Heidelberg
Dulger, V., Ernst, F. (1979/1980) Dosierpumpe mit Pulsationsdämpfer zur Einstellung eines konstanten Drucks in der Säule einer Vorrichtung zur Niederdruck-Flüssigkeits-Chromatographie. Oe. P. 355 544 v. 15. 8. 1979, ausg. 3. 10. 1980
Dworschak, M. (2005) Zwergenarmeen im Kopf. In: SPIEGEL Nr. 30 v. 25. 07. 2005, S. 114-116

Eder, J.M. (1927/1929) Ausführliches Handbuch d. Photographie. 3. Aufl., Verlag von Wilhelm Knapp, Halle a. d. Saale
Eder, J.M., u. Trumm, A. (1929) Die Lichtpausverfahren, die Platinotypie und verschiedene Kopierverfahren ohne Silbersalze. (Kopierverfahren mit Eisen-, Uran-, Kupfer-, Mangan-, Quecksilber-, Kobalt-, Zerium-, Vanadium-, Molybdän-, Wolfram-, Blei-, Zinn-, Verbindungen. Photomechanische Lichtpausdrucke. Diazotypie, Ozalid, Primulin) Dritte gänzlich umgearbeitete und vermehrte Auflage. Verlag von Wilhelm Knapp, Halle a. d. Saale
Ehrensberger, C. (2013) Helium: Überfluss im Weltall, Mangel auf der Erde. In: Nachrichten aus der Chemie 61 / Nov. 2013, S. 1109 ff. (Zeitschrift der Gesellschaft Deutscher Chemiker)
Eichler, W., Büttner, L., Graichen, E., Daniel, D., Benkwitz, H. (1988) Säuresäge für materialschonendes Trennen von Kristallen. In: Wiss. Z. Martin-Luther-Universität Halle, 37, H. 5. S. 16-19
Eisel, H., Siemsen, W., Keucher, J. (1980/1981) Recycling von Betonen. DD - PS 219 621 v. 13. 3. 1980, ausg. 22. 7. 1981
E. L. W. (1753) Der curieus- und offenhertzige Wein = Artzt. Nebst einem Anhang von etlichen hundert bewährt = und nutzlich = ökonomisch = physisch = magisch = und medicinischer Kunst = Stücke. Frankfurt und Leipzig
Epperlein, J. (1984) Die Silberhalogenidphotographie und das Silberproblem. In: Chemische Technik 36, H. 6. Deutscher Verlag für Grundstoffindustrie, Leipzig.
Epperlein, J. (1988) Einige Aspekte erfinderischer Tätigkeit in der technischen Chemie I. In: Wiss. Z. TU Karl-Marx-Stadt 30, H. 2

Epperlein, J. (1988) Einige Aspekte erfinderischer Tätigkeit in der technischen Chemie II. In: Wiss. Z. TU Karl-Marx-Stadt 30, H. 5

Epperlein, J., Keller, S. (1989) 150 Jahre Fotografie – Entdeckungen, Erfindungen und Patente. In: Bild und Ton 42, H. 11, Berlin

Fischer, A. (1987) ERFINDEN: Vom Problem zur Idee, zum Patentamt. In: DABEI-Handbuch für Erfinder und Unternehmer, VDI-Verlag, Düsseldorf, S. 86

FOCUS (1999) Teflon - Kaugummi. H. 47 v. 22. 11. 1999, S. 13

FOCUS (2002) Tragfähige Seitenwand – der neue DSST-Reifen zeigt, was alles möglich ist. Nr. 48/02

Fuchs, U., Reimann, H. (1984/1985) Vorrichtug zur Reinigung von Abgas. DOS 3 428 798 v. 4. 8. 1984, offengel. 1. 8. 1985

Geisler, H. (1980/1982) Toilettenspülkasten mit differenzeirter Wasserabgabe. DOS 3 030 518 v. 13. 8. 1980, offengel. 11. 3. 1982

Gerlach, M., Burmeister, J., Posselt, H.-J. (1980/1981) Vorrichtung zum Schweißen mit magnetisch bewegtem Lichtbogen. DD - PS 150 859 v. 27. 5. 1980, ausg. 23. 9. 1981

Geschka, H., Moger, S., Rickards, T. (1994) Creativity and Innovation – The Power of Synergy. Proceedings of the Fourth European Conference on Creativity and Innovation, 25.-28. 8. 1993. Geschka & Partner Unternehmensberatung, Darmstadt.

Geschka, H. (2003) Methodiken zur Lösung technischer Probleme. www.triz-online-magazin.de/03_03

Gilde, W. (1978) Schöpfertum im Forschungsprozeß.- In: „Einheit" 33, H. 7 / 8, S. 756. Berlin

Gimpel, B., Herb, R., Herb, T. (2000) Ideen finden, Produkte entwickeln mit TRIZ. Hanser-Fachbuch

Gisbier, D., Liedloff, B., Rust, R., Pietzner, E., Stachowski, K.-H. (1983/1985) Verfahren zur Herstellung von Monoammoniumdihydrogenphosphat mit Reiskornstruktur. DD - PS 230 516 v. 19. 10. 1983, ert. 4. 12. 1985

Goethe, J.W.v. (1941) Maximen und Reflexionen (Hrsg.: J. Hecker). Koehler & Amelang, Leipzig

Gordon, W.J.J. (1961) Synectics, the development of creative capacity. New York / Evanston / London

Greguss, F. (1988) Patente der Natur: Unterhaltsames aus der Bionik. 2. Aufl., Verlag Neues Leben, Berlin

Gundlach, C., Nähler, H., Montua, S. (2002) TRIZ – Theorie des erfinderischen Problemlösens, www.triz-online-magazin.de, I / 2002

Gundlach, C. (2002) Was ist das System der Operatoren? www.triz-online-magazin.de, IV / 2002

Gutzer, H. (1978) Mitdenken erwünscht – Neue Wege zur Ideenfindung. Reihe nl-konkret Nr. 3. Verlag Neues Leben, Berlin

Hais, J.M., Macek, K. (1963) Paper Chromatography – A Comprehensive Treatise. Publishing House of the Czechoslovak Academy of Science, Prague

Hauschild, F. (1958) Pharmakologie und Grundlagen der Toxikologie. VEB Georg Thieme Verlag, Leipzig

Hauschild, H., Görisch, V. (1963) Einführung in die Pharmakologie und Arzneimittelverordnungslehre. VEB Georg Thieme Verlag, Leipzig

Heidrich, G. (1986) KDT-Erfinderschule Biotechnologie am 7. 11. 1986 in Philadelphia

Heim, W. (1982/1984) Mauersäge. DOS 3 240 471 v. 2. 11. 1982, offengel. 3. 5. 1984 offengel. 10. 7. 1986

Heinz, D., Asijev, R., Müller, I.F. (1979) On the theory and practice of the phosphorus oxidation. Vortrag, Int. Conference on Phosphorus Chemistry (ICPC` 79), 19. 9. 1979, Halle

Herb, R., Herb, T., Kohnhauser, V. (2000) TRIZ – Der systematische Weg zur Innovation. verlag moderne industrie, Landsberg a. Lech

Herrig, D. (1986) Rechnerunterstütztes Erfinden – eine Einführung. Bezirksneuererzentrum, Suhl

Herrig, D. (1988) Programmpaket HEUREKA. Manuskriptdruck. Bauakademie der DDR, Berlin

Herrlich, M., Zadek, G. (1982) KDT-Erfinderschule. Lehrmaterial Teil I. und II., Eigenverlag der KDT, Berlin

Herrlich, M. (1988) Erfinden als Informationsverarbeitungs- und -generierungsprozeß, dargestellt am eigenen erfinderischen Schaffen am Vorgehen in KDT-Erfinderschulen. Dissertation A, TH Ilmenau

Hertel, T. (2004) Kohlenstoff-Nanoröhren: Bausteine der Mikroelektronik von Morgen. In: Nachrichten aus der Chemie 52, Febr. 2004, S. 137 - 140

Hill, B. (1999) Naturorientierte Lösungsfindung – Entwickeln und Konstruieren nach biologischen Vorbildern. expert-verlag, Renningen-Malmsheim

Hilscher, E., et al. (1977/1979) Wasserbauwerk und Verfahren zu seiner Herstellung. DOS 2 747 504 v. 22. 10. 1977, offengel. 3. 5. 1979
Hirsch, R.-W., Rothbart, K. (1985/1988) Verfahren zur Regenerierung von verbrauchten Gefrierschutzmittel-Wasser-Mischungen. DD - PS 255 247 v. 30. 12. 1985, ert. 30. 3. 1988
H * n (1797) Bewährte Vorschriften aus dem Gebiete der Chemie und Technologie, mit beständiger Beziehung auf die chemischen Gründe derselben. C.G. Rabenhorst, Leipzig
Heuter, P. (1979/1981) Geruchsverschluß. DOS 2 930 464 v. 22. 7. 1979, offengel. 5. 2. 1981
Hölter, H., Ingelbüscher, H., Gresch, H., Dewert, H. (1980/1982) Langzeit-Wäscher: DOS 3 045 686 v. 4. 12. 1980, offengel. 22. 7. 1982
Holliger-Uebersax, H. (1989) Handbuch der Allgemeinen Morphologie. Manuskriptdruck, copyright by Peggy Holliger-Uebersax. MIZ-Verlag, Zürich
Horn, F. (1978/1979) Verfahren zur Reinigung von Abwässern. DOS 2 808 961 v. 2. 3. 1978, offengel. 6. 9. 1979
Hubert, W. (2002) Süßsaure Erfindung mit amtlichem Patent. In: Wirtschaftswoche Nr. 21 v. 16. 5. 02, S. 104

Ideen für Ihren Erfolg (1996) DD-PS 249 495 (in: Booklet erloschener DDR-Patente mit innovativem Wert, Band 2, S. 182/183. Qualifizierungs- und Strukturförderungsgesellschaft mbH, Genthin)
Ideen für Ihren Erfolg (1995) Booklet erloschener DDR-Patente mit innovativem Wert. Qualifizierungs- und Strukturförderungsgesellschaft mbH, Genthin
- S. 156/157, DD - PS 288 173, DD - PS 288 174
- S. 158/159, DD - PS 273 040
- S. 262/263, DD - PS 288 484
- S. 268/269, DD - PS 299 917
Innovationsforum im Deutschen Erfinderverband e.V. (2005) Fehlbeurteilungen technischer Erfindungen. H. 2/05, S. 20
Irrling, H.-J. (1977) Die staatliche Prüfung von Erfindungen in der DDR. Lehrbrief der Humboldt-Universität, Berlin

Journal of Micromechanics and Microengineering (2005) 15: S. 210-214. s.a.: www.wissenschaft-online.de/abo/ticker/787066
Jungbluth, V. (1998) Ideenmaschinen – Kreativitätswerkzeuge im Vergleich. In: Computertechnik (c` t) H. 20/98, S. 142-147
Junge, K.H. (1986) Legierung mit „Gedächtnis". In: Technische Gemeinschaft 34, H. 11, Berlin
Jurjev, W. (1949) Eine große Erfindung. In: Aus dem Reiche der Entdeckungen. SWA - Verlag, Berlin

Katsura, Y. (1981/1983) Method for loading coal slurry and vibrator to be used. J. P. 58 - 111 894 (A) v. 4. 7. 1983, Appl. No. 56 - 213 910 v. 25. 12. 1981
Kersten, J. (1980/1982) Vorrichtung und Verfahren zum Reinigen eines Gasstroms. DOS 3 046 218 v. 9. 12. 1980, offengel. 8. 7. 1982
Kimura, M. (1984/1985) Preparation of filter element having concentrically folded structure. J. P. 60 - 248 207 (A) v. 22. 5. 1984, Appl. No. 59 - 101 826 v. 7. 12. 1985
Klassen, V.J. (1982) Omagnitivanije vodnych sistem (russ.). Izdatjelstvo „Chimija", Moskva
Klein, B. (2002) TRIZ/TIPS – Methodik des erfinderischen Problemlösens. Oldenbourg-Verl., München
Klein, S., Wirths, W. (1987/1989) Anfahr- u. Bremshilfe für Kraftfahrzeuge. DOS 3 722 239 v. 6. 7. 87, offengel. 19. 1. 1989
Knieß, M. (1995) Kreatives Arbeiten – Methoden und Übungen zur Kreativitätssteigerung. Beck - Wirtschaftsberater im Deutschen Taschenbuchverlag, München
Kolditz, L. (1988) Emulsionen – Ersatz für Blut und Medikament. In: Neues Deutschland v. 17./18. 9. 1988, S. 12, Berlin
Koller, R. (1999) Produktinnovation und Konstruktionslehre. In: Tagungsband „The hidden pattern of innovation" des 4. WOIS-Symposiums, 11. 6. 1999, FH Coburg
Koller, R. (1971) Ein Weg zur Konstruktionsmethodik. In: Konstruktion 23, H. 10, S. 388-399
Kolumbuseier (o. J.) Eine Sammlung unterhaltender und belehrender physikalischer Spielereien. 2. Aufl., Union Deutsche Verlagsgesellschaft, Stuttgart – Berlin – Leipzig
Krambrock, W., Kolitschus, H.-L. (1985/1986) Einrichtung zum Mischen von Schüttgut. DOS 3 512 538 v. 6. 4. 1985, offengel. 19. 6. 1986
Kraus, K. (1974) Anderthalb Wahrheiten. Aphorismen. 2. Aufl., Rütten & Loening, Berlin

Krug, H.F. (2003) Nanopartikel: Gesundheitsrisiko? Therapiechance?. In: Nachrichten aus der Chemie 51, Dezember 2003, S. 1241 - 1246
Kühnhenrich, P.H. (1980/1981) Isolier- und Schallschutzbauelement. DOS 3 004 102 v. 5. 2. 1980, offengel. 13. 8. 1981
Kunze, M., Reimann, W., Gröbner, L. (1984/1985) Vorrichtung zum Sanieren von Schornsteinen. DD - PS 227 185 v. 30. 7. 1984, ausg. 11. 9. 1985
Kursawe, W., Zobel, D., Hornauer, W., Nagel, M., Burkhardt, M., Rathmann, H. (1983/1985) Vorrichtung zum Abscheiden feinteiliger Flüssigkeitströpfchen aus einem Gasstrom. DD-PS 225 844 v. 26. 7. 1983, ert. 7. 8. 1985

Lammers, A. (1985/1986) Abgas-Reinigung. DOS 3 526 381 v. 24. 7. 1985, offengel. 17. 4. 1986
Lengren, Z. (1980) Das dicke Lengren-Buch. Hrsg.: H. Arnold. Eulenspiegel Verlag, Berlin
Lerner, L. (1991) Genrich Altshuller – Father of TRIZ (Internet-Excerpt from an article written by Leonid Lerner, published in the Russian Magazine „Ogonjok" in 1991)
Leva, M. (1981/1982) Füllkörper. DOS 3 144 517 v. 9. 11. 1981, offengel. 24. 6. 1982
Lichtenberg, G. Chr. (1963) Aphorismen – Essays – Briefe (Hrsg.: K. Batt). Dieterichsche Verlags-Buchhandlung, Leipzig
Liedloff, B., Gisbier, D. (1975/1978) Verfahren zur Herstellung von Trinatriumphosphat-Dodecahydrat mit würfel- bzw. kugelähnlicher Kristallform. DD - PS 121 502 v. 5. 9. 1975, ert. 26. 4. 1978
Linde, H. (1988) Strategiemodell zur Bestimmung von Entwicklungsaufgaben mit erfinderischer Zielstellung. Dissertation, TU Dresden
Linde, H., Hill, B. (1993) Erfolgreich erfinden. Widerspruchsorientierte Innovationsstrategie für Entwickler und Konstrukteure. Hoppenstedt Technik Tabellen Verlag, Darmstadt
Linde, H., Mohr, K.-H., Neumann, U. (1994) Widerspruchsorientierte Innovationsstrategie (WOIS) – ein Beitrag zur methodischen Produktentwicklung. In: Konstruktion 46, S. 77-83
Linde, H. (1999) Einführung zum 4. WOIS-Symposium „The hidden pattern of innovation", 11. 6. 1999, FH Coburg
Linde, H., u. Mitarbeiter (2002) Taschen WOIS 2002, Hrsg.: WOIS Institute for Innovation Research, Am Hofbräuhaus 1, Coburg
Livotov, P., Petrov, V. (2002) TRIZ Innovationstechnologie, Produktentwicklung und Problemlösung. Handbuch, TriSolver Consulting, Hannover
Lohmar, E. (1982/1983) Verfahren zur Herstellung von Wegwerfmaterial mit vorbestimmter Lebensdauer. DOS 3 208 568 v. 10. 3. 1982, offengel. 15. 9. 1983
Lorenz, F.R. (1978/1979) Schwimmröhren-Tunnel. DOS 2 814 127 v. 1. 4. 1978, offengel. 4.10.1979
Lüttich, K. (1977/1979) Kontinuierlich arbeitende Schlammfilterpresse. DOS 2 751 849 v. 19.11.1977, offengel. 23. 5. 1979

Mann, D., Domb, E. (1999) 40 Inventive (Business) Principles with Examples. www.triz-journal.com/archives/1999/09/index.htm
Mann, D., O' Cathain, C. (2001) 40 Inventive (Architecture) Principles with Examples. www.triz-journal.com/archives/2001/07/b/index.htm
Mann, D., Winkless, B. (2001) 40 Inventive (Food) Principles with Examples. www.triz-journal.com/archives/2001/10/b/index.htm
Mann, D., Dewulf, S. (2002) Evolving the World`s Systematic Creativity Methods. In: TRIZ-Journal 4. www.triz-journal.com/archives/2002/04/c/03.pdf
Mann, D. (2005) New and Emerging Contradiction Elimination Tools. In: Creativity and innovation management, Vol. 14, No. 1, march 2005, S. 14. Blackwell Publishing Ltd, Oxford
Margraf, A. (1983/1985) Vorrichtung zur Abtrennung von Partikeln aus Gasen. DOS 3 323 484 v. 30. 6. 1983, offengel. 10. 1. 1985
Mattheck, C., Götz, K. (1999) Bionik und computergestützte Entwicklung. In: Tagungsband „The hidden pattern of innovation" des 4. WOIS-Symposiums, 11. 6. 1999, FH Coburg
Matthias, W. (1954) Serienuntersuchungen mit Hilfe einer neuen Form der Streifen-Papierchromatographie. In: Naturwissenschaften 41, Berlin –Heidelberg
Mayr, K.P. (1981/1983) Gewächshaus, best. aus ineinanderschiebbaren Schalen. DOS 3 140 210 v. 9. 10. 1981, offengel. 28. 4. 1983
Mehlhorn, G., u. Mehlhorn, H.-G. (1979) Heureka – Methoden des Erfindens, nl konkret Nr. 39. Verlag Neues Leben, Berlin
Mertke, K.-P., Matzeit, J., Rose, K., Goering, W., Huth, W., Schäfer, D. (1985/1988) DD - PS 256 798 v. 12. 4. 1985, ert. 25. 5. 1988

Mirtsch, F., Büttner, O., Matschiner, F. (1996/2002) Verfahren zur oberflächenschonenden, versteifenden Strukturierung dünner Materialbahnen. DE-PS (AN) 96914934 v. 18.04.1996/15.10. 2002
Mirtsch, F., Büttner, O., Ellert, J. (1997/2002) Verfahren zum Beulstrukturieren dünner Materialbahnen DE-PS (AN) 97916376 v. 22. 03. 1997, veröff. 15. 02. 2002
Mitsukawa, Y. (1982/1984) Grain Tank. J. P. 59 112 828 (A) v. 17. 12. 1982, ausg. 29. 6. 1984. Appl.-No. 57-220 180
Möhrle, M.G., Pannenbäcker, T. (1997a) Das Konzept der Problemzentrierten Invention - Rahmenmodell und Grundlagen. In: Wissenschaftsmanagement 3, H. 4, S. 176-182
Möhrle, M.G., Pannenbäcker, T. (1997b) Das Konzept der Problemzentrierten Invention – Transformationswerkzeuge und Ablaufgestaltung. In: Wissenschaftsmanagement 3, H. 5, S. 232-240
Möhrle, M.G., Pannenbäcker, T. (1998a) Kompetenz, Kreativität und Computer – Der „Invention Machine TechOptimizer 2.5" im Konzept der problemzentrierten Erfindung. In: Wissenschaftsmanagement 4, H. 2, S. 27-36
Möhrle, M.G., Pannenbäcker, T. (1998b) Kompetenz, Kreativität und Computer – Die „Ideation International Innovation WorkBench 2.0" im Konzept der problemzentrierten Invention. In: Wissenschaftsmanagement 4, H. 3, S. 11-21
Möhrle, M.G. (2005) What is TRIZ? From conceptual Research to a Framework for Research. In: Creativity and innovation management, Vol. 14, No. 1, March 2005, S. 3. Blackwell Publishing Ltd., Oxford
Müller, S. (2005) The TRIZ Ressource Analysis Tool for Solving Management Tasks: Previous Classifications and their Modification. In: Creativity and innovation management, Vol. 14, No. 1, March 2005, S. 43. Blackwell Publishing Ltd., Oxford
Müller-Merbach, H. (1987) Fünf - Felder - Analyse. In: Dichtel, E., Issing, O. (Hrsg.) Vahlens Großes Wirtschaftslexikon, Bd. 2, S. 656, München

Nachrichten aus der Chemie (2002) Individualisierte Chemie – Chance oder Risiko? Jg. 50, Juli/Aug. 02, S. 819
Nachrichten aus der Chemie (2002) Mechanisch kontrollierte Bruchkontakte zur Kontaktierung einzelner Moleküle. Jg. 50, Nov. 02, S. 1214
Nachtigall, W., Blüchel, K.G. (2000) Das große Buch der Bionik. Dt. Verlagsanstalt, Stuttgart/München
Nähler, H. (2002) Zusammenhang zwischen technischen und physikalischen Widersprüchen. www.triz-online-magazin.de IV / 2002
Nakai, Y. (1984/1985) Rolling of noodle pastry, or such. J.P. 60 - 237 955 (A) v. 26. 11. 1985. Appl. No. 59 - 95257 v. 11. 5. 1984
Nature (2005) 436: 475. s.a.: www.wissenschaft-online.de/abo/ticker/784453
ND / Neues Deutschland (1981) Was sonst noch passierte. 2. 1. 1981, Berlin
Nehring, A. (1985/1986) Destillationsanlage. DOS 3 522 660 v. 25. 6. 1985, offengel. 6. 3. 1986
Neis, C. (1988) Vitrokeramik als Knochenersatz. In: Neues Deutschland v. 15./16. 10. 1988, S. 12
Neubauer, J. (1982/1984) Reaktor für die Erzeugung von Biogas. DOS 3 228 391 v. 29. 7. 1982, offengel. 5. 1. 1984
Niedlich, W. (1999) Erfindungshöhe und Erfindungswidersprüche. In: Tagungsband „The hidden pattern of innovation" des 4. WOIS-Symposiums, 11. 6. 1999, FH Coburg
Nikol, F. (1939) Ein Tag physikalisch, S.86. C. Buchners Verlag, Bamberg
Nitsche, E. (1974) Der entscheidende Gedanke. Verlag Neues Leben, Berlin
Nowatzyk, H. (1980/1981) Konstruktion einer Filteranlage, insbesondere zur Filtration von Flüssigkeiten mit kolloidalem Schmutzanteil, zur Blankfiltration von wässrigen Lösungen, basierend auf schwimmenden Filterkörpern, die von unten nach oben durchströmt werden. DOS 3 004 614 v. 8. 2. 1980, offengel. 13. 8. 1981
Nussbaum, H. (1978/1980) Halbzeug für Sandwich-Leichtbauweisen, hergestellt aus Röhrchen von Vlies-Werkstoff, z.B. aus Papier. DOS 2 836 418 v. 19. 8. 1978, offengel. 28. 2. 1980

Obernik, H. (1999) INVENT-Handbuch. Hrsg.: T.IN.A. Technologie- und Innovationsagentur Brandenburg GmbH, Potsdam
Orloff, M. A. (2000) Meta-Algorithmus des Erfindens. Lege Artis M & V Orloff GbR, Berlin
Orloff, M. A. (2002) Grundlagen der klassischen TRIZ. Ein praktisches Lehrbuch des erfinderischen Denkens für Ingenieure. Springer-Verlag, Berlin-Heidelberg
Osborn, A. (1953) Applied Imagination – Principles and Procedures of Creative Thinking, New York

Pacik, D. (1982/1983) Verfahren und Vorrichtung zur Erzeugung eines pulsierenden Flüssigkeitsstromes. DOS 3 205 361 v. 15. 2. 1982, offengel. 25. 8. 1983
Pahl, G., Beitz, W. (1997) Konstruktionslehre – Methoden und Anwendung. 4. Aufl., Springer, Berlin – Heidelberg – New York
Panholzer, W. (1983/1984) Verfahren zur Nachbehandlung von Klärschlamm sowie Vorrichtung zur Durchführung des Verfahrens. DOS 3 322 023 v. 18. 6. 1983, offengel. 20. 12. 1984
Pannenbäcker, T. (2001) Methodisches Erfinden in Unternehmen – Bedarf, Konzept, Perspektiven für TRIZ-basierte Erfolge. Gabler, Wiesbaden
Petzold, D., u. Autorenteam (o. J.) Karl Hans (Joachim) Janke, Erfinder – Künstler – Visionär, Patient der Psychiatrie. Hrsg.: Vorst. d. Rosengarten e.v., Schloss Hubertusburg, 04779 Wermsdorf
Piontek, G. (1981/1983) Spülkasten für Toilettenbecken. DOS 3 131 706 v. 11. 8. 1981, offengel. 3. 3. 1983
Pfaundler, L. (1904) Die Physik des täglichen Lebens. Deutsche Verlagsanstalt, Stuttgart – Leipzig
Polovinkin, A.I. (1976) Methoden der Suche neuer technischer Lösungen. Hrsg. d. deutschen Ausgabe: J. Müller u. B. Schüttauf. Zentralinst. f. Schweißtechn., TWA des ZIS Nr. 121, Halle
Prokop, G. (1983) Der Samenbankraub. Kriminalgeschichten aus dem 21. Jahrhundert. Verlag Das Neue Berlin

Raebiger, N., Zehner, P., Kuerten, H. (1977/1979) Hubmischer. DOS 2 753 153 v. 29. 11. 1977, offengel. 7. 6. 1979
Rädecker, W., Graefen, H. (1956) Betrachtungen zum Ablauf der interkristallinen Spannungsrißkorrosion weicher unlegierter Stähle. In: Stahl u. Eisen 76, H. 24, S. 1616-1626, Düsseldorf
Raschig, F. (1915) Z. angew. Chem. 28, S. 409
Raudsepp, E. (1980) Games to make you more creative. In: Chem. Engng. H.10/1980, S. 155-166
Rechenberg, J. (1973) Evolutionsstrategie – Optimierung technischer Systeme nach Prinzipien der biologischen Evolution, Fromann-Holzboog, Stuttgart
Rieger, H. (1982/1983) Verfahren und Vorrichtung zum Rühren des Inhaltes eines Gärbottichs. DOS 3 229 582 v. 7. 8. 1982, offengel. 17. 3. 1983
Rindfleisch, H.-J., Berger, W. (1983/1988) Vorrichtung für einen automatischen Schleifkörperwechsel. DD-PS 256 097 v. 15. 08. 1983, ert. 27. 04. 1988
Rindfleisch, H.-J., Thiel, R. (1986) Programm zum Herausarbeiten von Erfindungsaufgaben. Schulungsmaterial, Bauakademie der DDR. Manuskriptdruck, Berlin
Rindfleisch, H.-J., Thiel, R. (1989) Programm „Herausarbeiten von Erfindungsaufgaben und Lösungsansätzen in der Technik" In: Baustein KDT-Erfinderschule, Lehrbrief 2. KDT, Berlin
Rindfleisch, H.-J., Thiel, R. (1994) Erfinderschulen in der DDR. trafo-verlag. dr. wolfgang weist, Berlin
Roth, K.-H. (1982) Konstruieren mit Konstruktionskatalogen. Springer, Berlin – Heidelberg – New York
Rüdrich, G., Grünberg, H.U. (1988) Nutzung von naturgesetzmäßigen Effekten und Wirkprinzipien zur kreativen Bearbeitung techn.-naturwiss. Probleme. Bauakademie der DDR, Berlin
Rudy, H. (1960) Altes und Neues über kondensierte Phosphate. J. A. Benckiser GmbH, Ludwigshafen

Sakai, T. (1982/1983) Flocculation Tank. J. P. 58 205 507 (A) v. 24. 5. 1982, ausg 30. 11. 1983. Appl.-No. 57-86557
Scheiber, A., Muschelknautz, E. (1978/1979) Verfahren und Vorrichtung zum Falschzwirnen von Garnen mit Fremdantrieb. DOS 2 812 614 v. 22. 3. 1978, offengel. 27. 9. 1979
Schlicksupp, H. (1983) Innovation, Kreativität und Ideenfindung. 3. Aufl., Vogel-Verlag, Würzburg
Schmidt, H.-W., Grummert, U., Bödecker, V., Perl, H. (1982/1983) Wegwerf-Filter. DOS 3 205 229 v. 13. 2. 1982, offengel. 25. 8. 1983
Schmitt, E. (1974) Berufslexikon: Karikaturen. 4. Aufl., Eulenspiegel-Verlag, Berlin
Schmitt, E. (1981) Berufslexikon: Karikaturen. 4. Aufl., Eulenspiegel-Verlag, Berlin
Schnetzler, N. (2004) Die Ideenmaschine. 3. Aufl., Wiley - VCH Verlag GmbH & Co. KgaA, Weinheim
Schrauber, H. (1985) Der Generationswechsel läßt sich programmieren. In: Technische Gemeinschaft 33, H. 3, Berlin
Schubert, G.S. (1796) Der ökonomische Künstler. Oder neuentdeckte Geheimnisse für Künstler, Professionisten, Jäger, Haus- und Landwirthe, Frankfurt
Schubert, J. (1984) Physikalische Effekte. 2. Aufl., Verlag Physik, Weinheim/Bergstraße
Schülke, U. (1978) Strukturgesteuerte Synthese von polymeren Phosphaten. In: Chemisch-Technische Umschau 10, H.1, S. 43-48, Piesteritz
Schütt, E. (1982/1983) Aufsatz für Schüttelkolben. DOS 3 210 730 v. 24.3.1982, offengel. 6.10.1983

Schulze, M. (2003) Sonnenstrom aus hauchdünner Folie. In: Mitteldeutsche Zeitung, Halle, v. 28. 02. 2003, S. 8
Schweizer, P. (2001) Systematisch Lösungen realisieren. vdF Hochschulverlag an der ETH, Zürich
Schwerdtfeger, E. (1954) Naturwissenschaften 41, S. 18, Berlin – Heidelberg
Simon, D. (1976) Eine ganze Milchstraße von Einfällen. Aphorismen von Lichtenberg bis Raabe. Hinstorff, Rostock
SPIEGEL (2004) Strom aus der Zeltplane. In: Nr. 28 v. 05. 07. 2004, S. 145
SPIEGEL (2013) Materialforschung: Leichtgewicht. In: Nr. 13 v. 25. 03. 2013, S. 119
Szigeti, W. (1915) Chemiker-Ztg. 39, S. 122 (zit. nach: Lux, H., Anorganisch-chemische Experimentierkunst. 3. Aufl., J. A. Barth, Leipzig 1970)

Technische Gemeinschaft (1984) Selbstschärfende Schneidplatten. TG 32, H. 4, S. 15, Berlin
Technische Gemeinschaft (1986) Memory-Legierungen für die Praxis. TG 34, H. 5, Berlin
Teichmann, H. (1984) Geschockt und bestrahlt. In: Neues Deutschland 7./8. 1. 1984, S. 12
Terninko, J., Zusman, A., Zlotin, B. (1998) TRIZ – Der Weg zum konkurrenzlosen Erfolgsprodukt (Hrsg.: Herb, R.). verlag moderne industrie, Landsberg a. Lech
Teufelsdorfer, H., Conrad, A. (1998) Kreatives Entwickeln und innovatives Problemlösen mit TRIZ/TIPS. Einführung in die Methodik und ihre Verknüpfung mit QFD. Verlag Publicis MCD
Thiel, R. (1999) Marx und Moritz. Unbekannter Marx, Quer zum Ismus 1945-2015. 2. durchgesehene Aufl., trafo verlag dr. wolfgang weist, Berlin
Toyoshima, K., Kaki, H., Kanagawa, S., Kooji, N., Ogawa, Y. (1977/1979) Verfahren zur Herstellung von Automobil-Windschutzscheiben. DOS 2 742 897 v. 23. 9. 1977, offengel. 5. 4. 1979
Tsuda, J. (1985/1987) Desalting device of sea water by utilizing solar heat. J. P. 62 - 140 691 (A) v. 24. 6. 1987. Appl. No. 60 - 283 639 v. 17. 12. 1985

Ullmanns Encyclopädie der technischen Chemie (1931) 2. Aufl., Bd. 8, S. 738. Verlag Urban & Schwarzenberg, Berlin
Unland, G., Driemeier, G. (1984/1986) Verfahren und Anlage zur Herstellung von Zementklinker mit niedrigem Alkaligehalt. DOS 3 431 197 v. 24. 8. 1984, offengel. 6. 3. 1986

Valery, P. (1985) In: Wissenschaft im Zitat (Hrsg.: M. Strich u. P. Hossfeld). VEB Bibliographisches Institut, Leipzig
Vallourec, S.A. (1979) Verfahren zur Wärmebehandlung von Rohren. DOS 2 904 846 v. 9. 2. 1979, offengel. 23. 8. 1979
Vercors & Coronel (1969) Das Verkaufsgenie. Verlag Volk und Welt, Berlin
Vorschrift zur Verarbeitung von Karbidkalkhydrat (1983) Informationsdienst Nr.135, Zementkombinat

Wagner, H. (1896) Illustriertes Spielbuch für Knaben. 16. Aufl., Verlag von O. Spamer, Leipzig
Warburg, E. (1899) Lehrbuch der Experimentalphysik. 4. Aufl., Verlag J.C.B. Mohr, Freiburg/Breisgau
Weber, E. (1979/1981) Sparspülkasten. DOS 2 928 645 v. 16. 7. 1979, offengel. 12. 2. 1981
Wessel, H. (1985/1987) Bürste zum Reinigen der Oberfläche rohrförmiger Körper. DOS 3 546 340 v. 30. 12. 1985, offengel. 2. 7. 1987
Wiedholz, R., Beier, G., Hager, C. (1977/1978) Verf. zur Zerstörung von Schäumen. DOS 2 702 867 v. 25. 1. 1977, offengel. 27. 7. 1978
Wieser, M. (2002) www.wissenschaft-online.de/abo/ticker/586620 (nach: Journ. Phys. Chem. B 106 (4): S. 788 - 794 (2002))
wikipedia (2005) www.occm.de/occam´s-razor/html
Wirtschaftswoche (2000) Nr. 40
Wirtschaftswoche (2002) Wunden heilen schneller. Nr. 22 v. 23. 05. 02, S. 120
Wirtschaftswoche (2002) Die schmerzenden Gelenke produzieren ihre Medikamente selbst. Nr. 37 v. 5. 09. 02, S. 89
Wirtschaftswoche (2002) Reklame „ Mein Unternehmen...". Nr. 38 vom 12. 09. 02
Wirtschaftswoche (2004) Nr. 10 v. 26. 2. 2004, S,. 182

Yamamoto, M. (1981/1983) Prevention of wine in wine bottle. J.P. 58 - 111 677 (A) v. 2. 7. 1983. Appl. No. 56 - 208967 v. 23. 12. 1981

Ziegler, P. (1919) Schnellfilter – ihr Bau und Betrieb. Verlag von O. Spamer, Leipzig
Zobel, D. (1976/1980) Verfahren zur Verminderung bzw. Vermeidung der Schaumbildung bei der techn. Durchführung chemischer Reaktionen. DD - PS 121 030 v. 12. 7. 1976, ert. 28. 5. 1980
Zobel, D. (1976) Über die Abfassung von Patentschriften. In: Chemisch-Technische Umschau 8, H. 2, Piesteritz
Zobel, D. (1977/1979) Verfahren zur Herstellung reiner Alkalihypophosphitlösungen. DD – PS 137 799 v. 29. 3. 1977, ert. 26. 9. 1979
Zobel, D. (1979/1980) Verfahren zur Herstellung reiner Salze aus schwierig zentrifugierbaren Kristallsuspensionen. DD – PS 143 733 v. 11. 5. 1979, ausg. 10. 9. 1980
Zobel, D., Jochen, R., Rust, R. (1979/1980) Verfahren und Vorrichtung zur Filtration unter autogenem Vakuum. DD – PS 214 904 v. 10. 8. 1979, ert. 20. 8. 1980
Zobel, D., Ebersbach, K.-H., Wenzel, R., Mühlfriedel, J. (1980/1983) Verfahren zur Herstellung weitgehend lagerstabiler Calciumhydroxidsuspensionen. DD - PS 158 477 v. 6. 12. 1980, ert. 19. 1. 1983
Zobel, D., Jochen, R. (1982/1984) Anordnung zur Destillation unter vermindertem Druck. DD-PS 208 453 v. 23. 2. 1982, ert. 2. 5. 1984
Zobel, D., Gisbier, D., Busch, W. (1982/1984) Verfahren und Vorrichtung zum automatischen Klassieren von Schüttgütern. DD - PS 206 882 v. 10. 3. 1982, ausg. 8. 2. 1984
Zobel, D. (1982) Systematisches Erfinden in Chemie und Chemischer Technologie. In: Chemische Technik 34, H. 9, S. 445-450, Leipzig
Zobel, D., Gisbier, D., Konerding, K., Erthel, L., Ebersbach, K.-H. (1982/1984) Verfahren zur Herstellung von Natriumhypophosphit mit definiertem Reinheitsgrad. DD-PS 212 496 v. 19. 11. 1982, ert. 15. 8. 1984
Zobel, D. (1984/1986) Verfahren zur Herstellung von reinem Natriumhypophosphit. DD-PS 233 746 v. 23. 01. 1984, ert. 12. 3. 1986
Zobel, D., Gisbier, D., Pietzner, E., Mühlfriedel, I. (1984/1985) Verfahren und Vorrichtung zum Entgasen von Flüssigkeiten. DD - PS 224 221 v. 6. 6. 1984, ausg. 3. 7. 1985
Zobel, D. (1985) Erfinderfibel – Systematisches Erfinden für Praktiker. VEB Deutscher Verlag der Wissenschaften, Berlin (2. Aufl. 1987)
Zobel, D. (1991) Erfinderpraxis – Ideenvielfalt durch Systematisches Erfinden. Deutscher Verlag der Wissenschaften, Berlin
Zobel, D. (1999) Die Altschuller – Methodik und die Prinzipien zum Lösen Technischer Widersprüche. In: Tagungsband „The hidden pattern of innovation" des 4. WOIS-Symposiums, 11. 6. 1999, FH Coburg
Zobel, D. (2001 a) Kreativität braucht ein System – Die Altschullermethode und die Prinzipien zum Lösen Technischer Widersprüche. In: Wissenschaftsmanagement 7, H. 2, S. 16-23. Lemmens Verlags-& Mediengesellschaft mbH, Bonn
Zobel, D. (2001 b) Kein Privileg von Tüftlern und Genies. In: Unternehmermagazin 49, H. 11/01, S. 17. Unternehmerwirtschaft Verlags GmbH, Bonn
Zobel, D. (2001) Systematisches Erfinden – Methoden und Beispiele für den Praktiker. 1. Auflage. expert verlag, Renningen (2. Aufl. 2002, 3. überarbeitete und erweiterte. Aufl. 2004, 4. Aufl. 2006, 5. vollständig überarbeitete und erweiterte Aufl. 2009)
Zobel, D. (2003 a) Widerspruchssituationen und das Wirken der Lösungsprinzipien im nichttechnischen Bereich. Vortrag auf dem 3. Europäischen TRIZ-Kongress, 19.-21. 03. 03, Zürich
Zobel, D. (2003 b) ARIZ und TRIZ – nichts ist so praktisch wie eine gute Theorie. In: Innovations-Forum im Deutschen Erfinderverband 3/03, S. 16/17. Beutter & Langen, Köln
Zobel, D. (2009) Systematisches Erfinden – Methoden und Beispiele für den Praktiker. 5., vollständig überarbeitete und erweiterte Auflage. expert verlag, Renningen
Zobel, D. (2015) Anorganische Phosphorchemie und Technische Sicherheit. expert verlag, Renningen
Zobel, D., u. Hartmann, R. (2016) Erfindungsmuster. TRIZ: Prinzipien, Analogien, Ordnungskriterien, Beispiele. 2. Auflage. expert verlag, Renningen
Zwicky, F. (1966) Entdecken, Erfinden, Forschen im morphologischen Weltbild. Droemer und Knaur, München/Zürich
Zwicky, F. (1971) Jeder ein Genie. Herbert Lang, Bern; Peter Lang, Frankfurt / M.

9 Sachwörterverzeichnis

Abfallstoffe 241
Abschrecken 82
ABS (Antiblockiersystem) 266
Abstraktion 145
Abtrennen 40, 192
Aggregation 48, 194
Aggregatzustand 137
Algorithmus 12, 13
Analogie, Analogisieren 9, 10, 55, 164
Analogieeffekte 164
Analogieweite 182
Anlagenbau, einmal anders gesehen 197
Anpassen 68, 72
Antizipierende Fehlererkennung 222, 223
Antagonismus 50
ARIZ 12 ff., 26 ff., 109 ff., **249 ff.**
Aspektverschiebung 69
Assoziation 70, 94, 106, 284, 285
Asymmetrie 46, 133
Aufgabe 15, 16, 19, 31, 109, 230, 250
Auftrieb 40, 57, 228, 232
AZK-Operator 29, 110, 177, **238**, 254, 264

Barnett-Effekt 163
Bastlerbücher 158
Bausteinprinzip 144
Belichtungs- und Entwicklungseffekte 166
Belichtungszeit 246
Betonkiesspektrum 41, 288
Bewegungsform 77
Bewerten (TRIZ-orientiert) 122, 203, 267
„Bibelstechen" 11
Bildzerleger 34
Biogasfermentierbehälter 97, 98
Bionik 8
Blutersatzmittel 91
Bosch-Reaktor 86
Brainstorming 2, 6, 190
*Braun*sche Röhre 35
Breitwandfilm 119
Bügeleisen 208
Bunsen-Brenner 88

Carbidkalkhydrat 160
Carbidofengas 43
Chlorophyll 244, 247
Ciliarmuskel 8
Coffein 50
Cokristallisation 78
Computer unterstütztes Erfinden 26, 212, 221
Cotton-Mouton-Effekt 165

Deduktion, deduktives Denken 174

Demister 44
Denken 14, 15, 174, 277, 284, 296
Denkmethodik 240, 241, 246, 248, 255
Denkstrategie 184
Destillation 280, 281, 285
Dialektik 3, 169, 170, 190
Drageeherstellung 65
Dreckeffekt 167
Dünnschichtverdampfer 49
Dufour-Effekt 163
Dynamisierung 113, 134, 261

Effekt (Wirkung) 47, 50, 84, 115, 156, 161, 276
Effizienz (von Erfindungen) 127
Eierschneider 194
Eigenvakuum 277
Einfachheit 173, 196
Einspritzkondensator 277
Einstein-De Haas-Effekt 163
Einwegprinzip 93
Elektrostriktion 165
Empathie 10, 155, 177
Entdeckung 157, 159, 165, 296
Entgasen (von Flüssigkeiten) 284, 285
Entwicklung (technischer Systeme) 36, 121
Erfinderisches Handeln 106
Erfindungsgenese **249 ff.**
Erfindungshöhe 139, 234
Ersetzen (Langlebigkeit durch Kurzlebigkeit) 92
Ersetzen (mechan. durch Feld-Systeme) 136
Evolutionsgesetze techn. Systeme 121, 211
Evolutionsspirale 183
Extraktion 37, 247

Fachmännisches Handeln 21, 68, 106, 161, 182
Falschzwirnen 87
Farbveränderung 136
Feldüberdeckung, totale 176, 236
Fernsehen 34
Filter 16, 45, 56, 64, 91
Filterpresse 81
Filtration 79, 277, 285
Filtriertiegel 55
Fischauge 8
Fischer-Dübel 90
Flockungsbecken 119
Flüssigkeitssäule, „hängende" 166, 277, 279, 285
Flüssigkristall 102
Förderanlagen 17, 52
Folien 96, 136
Fotografische Effekte 167
Fotosynthese 244
Fünf-Felder-Rahmenmodell 211

308

Gärröhrchen 296
Gasreinigungapparat 39, 48, 53, 139
Gebilde-Funktions-Prinzip 71
Gebilde-Struktur-Prinzip 71
Gedächtnislegierung 58, 91
Gedankenexperiment 254, 279
Gel-Sol-Umwandlung 105
Gegengewicht, Gegenmasse 56, 133
„Genie und Irrsinn" 233
Geruchsverschluss 97
Geschwindigkeitssynchronisation 10
Gewächshaus (Matrjoschka-Beispiel) 56
Grundoperationen (*unit operations*) 182

Haber-Bosch-Verfahren 86
Hall-Effekt 165, 166
Haushaltschere 47
Heber 285, 286
Heliomatic-Brllle 101
Heureka 213
Heuristik 39, 87, 179
Hierarchie (d. Lösungsprinzipien) 139, 141, 143
Hinterlader 171
Historische Methode 121, 158
Höhere Formen 93
Hohlelektrode 43
Holzschliff 243
Homogenität 137
Hydraulische Effekte 96, 136, 251
Hypnosewirkung (exist. Gebilde) 17, 64, 106
Hypophosphit: siehe Natriumhypophosphit

Ideale Maschine 13, 16, 18, 61
Ideales Endresultat („IER") 13, 18, 57, 111, 210
Ideenbewertung 203
Ideengeschichte 129
Ideenkette 276, 286
Ideenmaschine 1, 212
Impulsarbeitsweise 79, 208
Induktion, induktives Denken 174
Industriezweigalgorithmen 181
Innovationscheckliste 114, 222
Innovative Prinzipien 131
Innovation WorkBench 215
Invention Machine 214
IPC (Int. Pat. Classification) 55

*Jena*er Analysentrichter 285

Kaleidoskop-Prinzip 225
Kaliumpyrophosphat 192
Kaltrührer 41
Kaltvulkanisation 192
Karikaturen 81, **191 ff.**
Kaugummi 99
KDT-Erfinderschulen 89, 171

Keilstreifen-Papierchromatographie 131
Kerr-Effekt 165
Klassieren 41, 289
Knetmaschine 77
Knochenverlängerung 56
Kohärer 168
Kohleelektrodenmasse 102
Kohlenstoff-Nanoröhrchen 123
Kolonnensumpfenentwässerung 277, 285
Kombination 47, 100, 195
Kommunikationsbreite 182
Komplementärprinzipien 139, 143
Komplexon 78
Kompromiss 34, 47, 171, 194, 207
Konflikt, technischer 256
Konstruktionsmethodik 144
Konstruktiv-paradoxe Entwicklungsforderung 179, 207, 209, 266
Kontinuierliche Arbeitsweise 80, 135
Kopieren 136
Kopierverfahren 239
Kopplung 133
Kornspeicher 119
Korrosion 85
Kostenlose Verfahren **241 ff.**
Kraftstoff-Einspritzung
Kristallisationsprozess 41, 67, 83, 202
Kristallstruktur 67
Kristalltracht 78
Kürzester Weg 61
Kugelähnlichkeit 137
Kugelschreiber 62
Kunstherz 92

Laboratoriumswaschflasche 53, 293
Läuterbottich 279
Langlebigkeit 92-
Langzeit-Wäscher 139
Lebenslinien (technischer Systeme) 125, 127
Leichtbauweise 38, 233
Leistungsgrenze 128
Leitstrahl 12, 16
Lösungsansatz 230
Lösungsgenossen 67, 78
Lösungsstrategien 28, 71
Lösungsprinzipien 181, 182
LSD (Lysergsäurediäthylamid) 51
Luftschiff 228

Magdeburger Halbkugeln 233
Magnetfeld 147
Magnetisierung 99
Magnetostriktion 165
Makroebene, Mikroebene 123, 286
Matrix: siehe *Widerspruchsmatrix*
Matrjoschka (russ. Steckpuppe) 54, 133

Mauersäge 77
Meerwasserentsalzung 89
Mega-Trends 207
Mehrzwecknutzung 48, 52, 90, 268
Memory-Legierung: siehe *Gedächtnislegierung*
Menschenverstand, „gesunder" 234
Mittel, technische 157, 161
Mittel-Zweck-Beziehung 68, 156
Modellarbeitsweise 91
Modell (der Aufgabe) 110, 258
Mogensen-Sizer 289
Morphologie 7
Morphologische Analyse 226, 237
Morphologischer Kasten 177, 226
Morphologische Tabelle 7, 175, 209, **225 ff.**
Multifunktionalisierung 144

Na-Ca-Polyphosphat 59
Nacharbeiten (von Erfindungen) 129
Natriumhypophosphit 42, 52, 201, 249 ff., 288
Naturgesetzmäßige Effekte 156
NdFeB-Magnet 100
*Nernst*scher Verteilungssatz 37
Nipkow-Scheibe 34
Niveau (von Erfindungen) 127
Nutsche 277, 279

Oberprinzipien 141, 143
Oberprogramm 26
Obersystem 152
Occam's razor (Ockham's Rasiermesser) 172
Öl-Wasser-Emulsion 244
Örtliche Qualität 133
Operator AZK : siehe *AZK-Operator*
Optimale Bedingungen 44
Optimierung 8, 21, 169
Opto-mechanisches Fernsehen 34
Oszillierende Arbeitsweise 79
Oxidationsmittel 137, 323

Papierchromatographie 130
Paradoxa (Paradoxien) 179, 187
„Patent-Chinesisch" 68
Partielle Wirkung 134
Patentfähigkeit 112
Patentspruchpraxis 270, 296
Peltier-Effekt 163
Periodische Wirkung 135
Persönliche Analogie 9
Pflichtenheft 211
Phasenübergang 137, 323
Phosphorschlamm 295
Phosphorwasserstoff (Phosphin) 53, 294
Photographie (Fotografie) 24, 166
Physikalischer Effekt 112, 157, 260, 296
Physikalischer Widerspruch 22, 111
Piezoelektrischer Effekt 163

Prinzipien zum Lösen Technischer Widersprüche 26, 30, 35, 108, **132 ff**., 260, **323**
Prinzipienhierarchie 139, 141, 143
Priorität 74
Problemzentrierte Invention 210
Prozessanalyse 122

Quenchen (Schockkühlen) 83

„*Raffiniert einfache*" Lösung 76, 107, 124, 166, 204, 205, 211
Raschig-Ringe 95
Reiskorn-Struktur 67
Regenerierung 89
Relativitätstheorie 180
Rezeptsammlung 158
Rieselsegregator 289
Righi-Leduc-Effekt 164
Rückentwicklung (der Technik) 192
Rückkopplung 135
Rückwärtsarbeiten 25, 186
Rührwerksreaktor 294

Säuresäge 147
Sandwichkonstruktion 94
Schallschutzbauelement 95
Schaltschütz 79
Schlämmen 62, 150
Schlauchleitung 97
Schlepper 100, 146
Schaum 292, 294
Schaumbremsvorrichtung 296
Schaumstoff 230
Schneeballeffekt 7
Schneller Durchgang 81, 135, 194
Schnellfiltration (unter Eigenvakuum) 277
Schornsteinsanierung 104
Schüttgut 271, 287, 289
Schüttkegel 286, 288, 290, 292
Schwanenhals (Ablaufschleife) 279
Schweizer Militärmesser 193
Schwimmröhrentunnel 40
Seebeck-Effekt 163
*Segner*sches Wasserrad 96
Segregation 120, 286, 288
Selbstbedienung 53, 87, 135
Selbstorganisation 274
Selbstreinigung 52, 53
Selbst regulierendes System 295
Separationsprinzipien 117, 188, 219
Sicherheitsglas 61
Silberhalogenidverfahren 22, 23, 239
Siphon: siehe *Wasserschleife*
Solartechnik (zur Meerwasserentsalzung) 89
Sperrholz 242
Sphärische Form 66
Spornfragen (nach *Osborn*) 6, 177

Standardlösungen (einfache) 147, 252
Standardlösungen (Stoff-Feld-Analyse) 151, 266
Stand der Technik 252
Stapelfähigkeit 54, 55
Stoff-Feld-Darstellung 57, 123, 145, 210
Stoßheber („Widder") 96
Strukturkatalog (für bionische Analogien) 9
Suchwinkel, Suchraum 15, 16, 29, 237, 239
Synektik 9, 155, 177, 207
Synergie, Synergismus 48, 50, 169, 180, 194
Systemanalyse 34, 57, 114, 116, 197, 225

Taumelmischer 77
Technischer Widerspruch 22, 34, 111
Technische Evolution 121
TechOptimizer 214
Teilsystem-Funktionsanalyse 44, 121, 211
„Terra-Venussa" 233
Thermodiffusions-Intervalltrocknung 65, 149
Torricelli-Manometer 285
Trägheitsvektor („TV") 5, 6, 16
Transformation 235
Transport, idealer 18
Trial and error 5
Triebkraft (von Prozessen) 45
Trinatriumphosphat 288
TriSolver 217
TRIZ-analoges Denken **184 ff.**

Übergang (in eine andere Dimension) 76, 134
Überraschungseffekt 52, 68, 226, 234
Überschüssige Wirkung 134
Umgehungsaufgabe 27, 28, 109, 115, 251
Umkehrdenken 65, 74, 178, 189, 267, 288
Umkehreffekte 163
Umkehrprinzipien 39, 138, 143, 185
Umkehrung 63, 74, 178
Umwandeln (Schädliches in Nützliches) 83, 135
Umweltenergienutzung 273
Universalkünstler 194
Universalprinzipien 143
Unterkühlung 165
Unterprinzip 54
Unterverfahren 141
Unvollständige Lösung 75, 232, 241, 288
Urheberschein (der UdSSR) 35
Ursache-Wirkungs-Zusammenhang 157, 296

Vakuum 228
Vakuumentgasung *(von selbst)* 284, 285
Vakuumdestillation *(von selbst)* 280, 281, 285
Vakuumfiltration *(von selbst)* 278, 285
Verändern (von Farbe u. Durchsichtigkeit) 101
Verändern (der Struktur) 104
Verändern (der Umgebung) 78
Verfahrensfunktionsprinzip 288, 290, 292
Vernicklung, reduktiv-chemische 118

Verunreinigungen 101, 235, 255
Visuelle Konfrontation 11
Viskosität 261, 263, 264
„Von Selbst "-Prinzip 15, 16, 53, 62, 63, 87, 124, 147, 150, 166, 172, 202, 248, **267**, 271, 278, 289
Vorbeugen 60
Vorführeffekt 167, 168
Vorherige Gegenwirkung 133
Vor-Ort-Arbeitsweise 62, 193
Vorspannung 58

Waschflasche 293, 295
Wasserbauwerk 94
Wassermagnetisierung 99
Wasserschleife (Siphon) 97
Wasserstrahlpumpe 280
Wasservorlage 294, 295
Wasserzusatz 234, 236, 239
Wechselwirkung 110, 163, 172, 189, 210
Wegwerftechnologien 92, 136
Werbung 186, 198
Widder: siehe *Stoßheber*
Widerspruch 12, 22, 57, 200, 260, 267, 298
Widerspruchsmatrix (nach *Altschuller*) **32**, 57, 108, 113, 138, 142, 210, 235, 260, 266, **313**
Widerspruchsformulierung (Pat.-Anmeldung) 200
Widerspruchsorientierte Innovationsstrategie 206
Widerspruchsterminologie 22, 266
Wirkung: siehe Effekt
Wölbstrukturierung 274
WOIS: Widerspruchsorientierte Innov.-Strategie

Y-Passstück 280

Zauberwürfel 227
Zeitlupen-Arbeitsweise 139
Zeitungspapier (kostenloses Kopierpapier) 243
Zeppelin 229
Zerlegen 37, 143, 151
Zersetzung 227
Zündquelle 161
Zulassen (des Unzulässigen) 85
Zuordnung 142
Zusammengesetzte Stoffe 137
Zuschlagstoff 147
Zwerge-Modell 154, 177
Zyklon 43, 76

10 Anhang
Altschullers Widerspruchsmatrix sowie die Liste der 40 Prinzipien zum Lösen Technischer Widersprüche

Die auf den folgenden Seiten komplett dargestellte Widerspruchsmatrix (Tab. 9) dient nach dem Konzept von *Altschuller* dazu, nicht immer alle 40 Prinzipien auf ihre mögliche Verwendbarkeit zum Lösen der jeweiligen Aufgabe durchsehen zu müssen. Der Grundgedanke ist, dass nach Formulierung des zu lösenden Widerspruchs mit dieser Matrix ermittelt werden kann, welche Prinzipien zum Lösen der anstehenden erfinderischen Aufgabe *besonders* geeignet sind. Dazu werden die zu verbessernden bzw. zu verändernden Parameter (linke Leiste) unter dem Gesichtspunkt betrachtet, welche Parameter sich *unzulässig verschlechtern* (Kopfleiste), falls man das Problem in *konventioneller* Weise zu lösen versucht. Sodann werden die auf den entsprechenden Kreuzungspunkten per Ordnungsnummer aufgeführten Lösungsprinzipien („Innovativen Prinzipien") sowie besonders überzeugende Beispiele (hier in Tab.10 nur kurz dargestellt; siehe dazu insbesondere Kap. 3.5, S. 131 - 145) zur Basis der weiteren erfinderischen Arbeit gemacht. Dieses Konzept ist derart verlockend, dass viele TRIZ-Nutzer – und leider auch nicht wenige Berater – die Matrix und die Tabelle der Lösungsprinzipien als beinahe deckungsgleich mit der Gesamtmethode TRIZ ansehen. TRIZ besteht jedoch, wie in den Kapiteln 3, 5 und 6 ausführlich erläutert, aus einer Fülle wertvoller systemanalytischer und systemschaffender Werkzeuge, von denen die Matrix eben nur eines ist. Deshalb warne ich an dieser Stelle meine Leser noch einmal, sich nicht ausschließlich auf die Matrix zu verlassen, sondern sich beispielsweise auch der im Kapitel 3.5 behandelten und in meinen Büchern zum Thema erläuterten *Prinzipienhierarchie* zu bedienen (Zobel 1985, 2001, Zobel und Hartmann 2016). Hinzu kommt, dass es manchmal recht schwierig ist, die für ein bestimmtes Problem genau zutreffende Parameter-Paarung zu finden. Misslingt dies, so sucht man mit Hilfe der Matrix die zur Lösung tauglichen Prinzipien vergebens. Nähere Einzelheiten zum Nutzen der Matrix, insbesondere aber zu ihren Anwendungsgrenzen, findet der interessierte Leser in unserem neuen Buch „Erfindungsmuster" (Zobel u. Hartmann 2016). Dort wird erläutert, dass auch für zutreffende – d. h. den vorliegenden Widerspruch exakt beschreibende – Parameterpaarungen die Signifikanz der jeweils empfohlenen Lösungsprinzipien sehr zu wünschen übrig lässt. Die Folge ist, dass viele TRIZ-Nutzer inzwischen recht hemdsärmelig an die Sache herangehen. Sie verzichten ganz auf die Matrix, gehen Tab. 10 der Reihe nach durch, und lassen sich von den Begriffen samt zugehöriger Beispielsammlung (siehe z. B. Kap. 3.5) direkt inspirieren.

Tab. 9 Matrix zum Auffinden speziell zu empfehlender Lösungsprinzipien : Widerspruchsmatrix

Zu verbessernder Parameter ⇩ \ Sich verschlechternder Parameter ⇨		1 Masse des beweglichen Objekts	2 Masse des unbeweglichen Objekts	3 Länge des beweglichen Objekts	4 Länge des unbeweglichen Objekts	5 Fläche des beweglichen Objekts	6 Fläche des unbeweglichen Objekts	7 Volumen des beweglichen Objekts	8 Volumen des unbeweglichen Objekts	9 Geschwindigkeit	10 Kraft	11 Spannung oder Druck	12 Form	13 Stabilität d. Zusammensetzung des Objekts
1	Masse des beweglichen Objekts			15, 8, 29,34		29, 17, 38, 34		29, 2, 40, 28		2, 8, 15, 38	8, 10, 18, 37	10, 36, 37, 40	10, 14, 35, 40	1, 35, 19, 39
2	Masse des unbeweglichen Objekts				10, 1, 29, 35		35, 30, 13, 2		5, 35, 14, 2		8, 10, 19, 35	13, 29, 10, 18	13, 10, 29, 14	26, 39, 1, 40
3	Länge des beweglichen Objekts	8, 15, 29, 34				15, 17, 4		7, 17, 4, 35		13, 4, 8	17, 10, 4	1, 8, 35	1, 8, 10, 29	1, 8, 15, 34
4	Länge des unbeweglichen Objekts		35, 28, 40, 29				17, 7, 10, 40		35, 8, 2,14		28, 10	1, 14, 35	13, 14, 15, 7	39, 37, 35
5	Fläche des beweglichen Objekts	2, 17, 29, 4		14, 15, 18, 4				7, 14, 17, 4		29, 30, 4, 34	19, 30, 35, 2	10, 15, 36, 28	5, 34, 29, 4	11, 2, 13, 39
6	Fläche des unbeweglichen Objekts		30, 2, 14, 18		26, 7, 9, 39					1, 18, 35, 36	10, 15, 36, 37		2, 38	
7	Volumen des beweglichen Objekts	2, 26, 29, 40		1, 7, 4, 35		1, 7, 4, 17				29, 4, 38, 34	15, 35, 36, 37	6, 35, 36, 37	1, 15, 29, 4	28, 10, 1, 39
8	Volumen des unbeweglichen Objekts		35, 10, 19, 14	19, 14	35, 8, 2, 14					2, 18, 37	24, 35	7, 2, 35	34, 28, 35, 40	
9	Geschwindigkeit	2, 28, 13, 38		13, 14, 8		29, 30, 34		7, 29, 34			13, 28, 15, 19	6, 18, 38, 40	35, 15, 18, 34	28, 33, 1, 18
10	Kraft	8, 1, 37, 18	18, 13, 1, 28	17, 19, 9, 36	28, 10	19, 10, 15	1, 18, 36, 37	15, 9, 12, 37	2, 36, 18, 37	13, 28, 15, 12		18, 21, 11	10, 35, 40, 34	35, 10, 21
11	Spannung oder Druck	10, 36, 37, 40	13, 29, 10, 18	35, 10, 36	35, 1, 14, 16	10, 15, 36, 28	10, 15, 36, 37	6, 35, 10	35, 24	6, 35, 36	36, 35, 21		35, 4, 15, 10	35, 33, 2, 40
12	Form	8, 10, 29, 40	15, 10, 26, 3	29, 34, 5, 4	13, 14, 10, 7	5, 34, 4, 10		14, 4, 15, 22	7, 2, 35	35, 15, 34, 18	35, 10, 37, 40	34, 15, 10, 14		33, 1, 18, 4
13	Stabilität der Zusammensetzung des Objekts	21, 35, 2, 39	26, 39, 1, 40	13, 15, 1, 28	37	2, 11, 13	39	28, 10, 19, 39	34, 28, 35, 40	33, 15, 28, 18	10, 35, 21, 16	2, 35, 40	22, 1, 18, 4	

Widerspruchsmatrix nach G. S. Altshuller   Design modifiziert nach : www.c4pi.de / www.triz-online.de

Tab. 9 Fortsetzung
Widerspruchsmatrix

Zu verbessernder Parameter \ Sich verschlechternder Parameter		14 Festigkeit	15 Haltbarkeit des beweglichen Objekts	16 Haltbarkeit des unbeweglichen Objekts	17 Temperatur	18 Sichtverhältnisse	19 Energieverbrauch des beweglichen Objekts	20 Energieverbrauch des unbeweglichen Objekts	21 Leistung, Kapazität	22 Energieverluste	23 Materialverluste	24 Informationsverluste	25 Zeitverluste	26 Materialmenge
1	Masse des beweglichen Objekts	28, 27, 18, 40	5, 34, 31, 35		6, 29, 4, 38	19, 1, 32	35, 12, 34, 31		12, 36, 18, 31	6, 2, 34, 19	5, 35, 3, 31	10, 24, 35	10, 35, 20, 28	3, 26, 18, 31
2	Masse des unbeweglichen Objekts	28, 2, 10, 27		2, 27, 19, 6	28, 19, 32, 22	19, 32, 35		18, 19, 28, 1	15, 19, 18, 22	18, 19, 28, 15	5, 8, 13, 30	10, 15, 35	10, 20, 35, 26	19, 6, 18, 26
3	Länge des beweglichen Objekts	8, 35, 29, 34	19		10, 15, 19	32	8, 35, 24		1, 35	7, 2, 35, 39	4, 29, 23, 10	1, 24	15, 2, 29	29, 35
4	Länge des unbeweglichen Objekts	15, 14, 28, 26	1, 40, 35	3, 35, 38, 18	3, 25				12, 8	6, 28	10, 28, 24, 35	24, 26,	30, 29, 14	
5	Fläche des beweglichen Objekts	3, 15, 40, 14	6, 3		2, 15, 16	15, 32, 19, 13	19, 32		19, 10, 32, 18	15, 17, 30, 26	10, 35, 2, 39	30, 26	26, 4	29, 30, 6, 13
6	Fläche des unbeweglichen Objekts		40		2, 10, 19, 30	35, 39, 38			17, 32	17, 7, 30	10, 14, 18, 39	30, 16	10, 35, 4, 18	2, 18, 40, 4
7	Volumen des beweglichen Objekts	9, 14, 15, 7	6, 35, 4		34, 39, 10, 18	2, 13, 10	35		35, 6, 13, 18	7, 15, 13, 16	36, 39, 34, 10	2, 22	2, 6, 34, 10	29, 30, 7
8	Volumen des unbeweglichen Objekts	9, 14, 17, 15		35, 34, 38	35, 6, 4			30, 6		10, 39, 35, 34			35, 16, 32 18	35, 3
9	Geschwindigkeit	8, 3, 26, 14	3, 19, 35, 5		28, 30, 36, 2	10, 13, 19	8, 15, 35, 38		19, 35, 38, 2	14, 20, 19, 35	10, 13, 28, 38	13, 26		10, 19, 29, 38
10	Kraft	35, 10, 14, 27	19, 2		35, 10, 21		19, 17, 10	1, 16, 36, 37	19, 35, 18, 37	14, 15	8, 35, 40, 5		10, 37, 36	14, 29, 18, 36
11	Spannung oder Druck	9, 18, 3, 40	19, 3, 27		35, 39, 19, 2		14, 24, 10, 37		10, 35, 14	2, 36, 25	10, 36, 3, 37		37, 36, 4	10, 14, 36
12	Form	30, 14, 10, 40	14, 26, 9, 25		22, 14, 19, 32	13, 15, 32	2, 6, 34, 14		4, 6, 2	14	35, 29, 3, 5		14, 10, 34, 17	36, 22
13	Stabilität der Zusammensetzung des Objekts	17, 9, 15	13, 27, 10, 35	39, 3, 35, 23	35, 1, 32	32, 3, 27, 15	13, 19	27, 4, 29, 18	32, 35, 27, 31	14, 2, 39, 6	2, 14, 30, 40		35, 27	15, 32, 35

Widerspruchsmatrix nach G. S. Altshuller   Design modifiziert nach: www.c4pi.de / www.triz-online.de

Tab. 9 Fortsetzung Widerspruchsmatrix

Zu verbessernder Parameter \ Sich verschlechternder Parameter		27 Zuverlässigkeit	28 Meßgenauigkeit	29 Fertigungs-genauigkeit	30 Von außen wirkende schädliche Faktoren	31 Vom Objekt erzeugt schädliche Faktoren	32 Fertigungs-freundlichkeit	33 Bedienkomfort	34 Instandsetzungs-freundlichkeit	35 Adaptionsfähigkeit, Universalität	36 Kompliziertheit der Struktur	37 Kompliziertheit der Kontrolle / Messung	38 Automatisierungsgrad	39 Produktivität
1	Masse des beweglichen Objekts	3, 11, 1, 27	28, 27, 35, 26	28, 35, 26, 18	22, 21, 18, 27	22, 35, 31, 39	27, 28, 1, 36	35, 3, 2, 24	2, 27, 28, 11	29, 5, 15, 8	26, 30, 36, 34	28, 29, 26, 32	26, 35 18, 19	35, 3, 24, 37
2	Masse des unbeweglichen Objekts	10, 28, 8, 3	18, 26, 28	10, 1, 35, 17	2, 19, 22, 37	35, 22, 1, 39	28, 1, 9	6, 13, 1, 32	2, 27, 28, 11	19, 15, 29	1, 10, 26, 39	25, 28, 17, 15	2, 26, 35	1, 28, 15, 35
3	Länge des beweglichen Objekts	10, 14, 29, 40	28, 32, 4	10, 28, 29, 37	1, 15, 17, 24	17, 15	1, 29, 17	15, 29, 35, 4	1, 28, 10	14, 15, 1, 16	1, 19, 26, 24	35, 1, 26, 24	17, 24, 26, 16	14, 4, 28, 29
4	Länge des unbeweglichen Objekts	15, 29, 28	32, 28, 3	2, 32, 10	1, 18		15, 17, 27	2, 25	3	1, 35	1, 26	26		30, 14, 7, 26
5	Fläche des beweglichen Objekts	29, 9	26, 28, 32, 3	2, 32	22, 33, 28, 1	17, 2, 18, 39	13, 1, 26, 24	15, 17, 13, 16	15, 13, 10, 1	15, 30	14, 1, 13	2, 36, 26, 18	14, 30, 28, 23	10, 26, 34, 2
6	Fläche des unbeweglichen Objekts	32, 35, 40, 4	26, 28, 32, 3	2, 29, 18, 36	27, 2, 39, 35	22, 1, 40	40, 16	16, 4	16	15, 16	1, 18, 36	2, 35, 30, 18	23	10, 15, 17, 7
7	Volumen des beweglichen Objekts	14, 1, 40, 11	25, 26, 28	25, 28, 2, 16	22, 21, 27, 35	17, 2, 40, 1	29, 1, 40	15, 13, 30, 12	10	15, 29	26, 1	29, 26, 4	35, 34, 16, 24	10, 6, 2, 34
8	Volumen des unbeweglichen Objekts	2, 35, 16		35, 10, 25	34, 39, 19, 27	30, 18, 35, 4	35		1		1, 31	2, 17, 26		35, 37, 10, 2
9	Geschwindigkeit	11, 35, 27, 28	28, 32, 1, 24	10, 28, 32, 25	1, 28, 35, 23	2, 24, 35, 21	35, 13, 8, 1	32, 28, 13, 12	34, 2, 28, 27	15, 10, 26	10, 28, 4, 34	3, 34, 27, 16	10, 18	
10	Kraft	3, 35, 13, 21	35, 10, 23, 24	28, 29, 37, 36	1, 35, 40, 18	13, 3, 36, 24	15, 37, 18, 1	1, 28, 3, 25	15, 1, 11	15, 17, 18, 20	26, 35, 10, 18	36, 37, 10, 19	2, 35	3, 28, 35, 37
11	Spannung oder Druck	10, 13, 19, 35	6, 28, 25	3, 35	22, 2, 37	2, 33, 27, 18	1, 35, 16	11	2	35	19, 1, 35	2, 36, 37	35, 24	10, 14, 35, 37
12	Form	10, 40, 16	28, 32, 1	32, 30, 40	22, 1, 2, 35	35, 1	1, 32, 17, 28	32, 15, 26	2, 13, 1	1, 15, 29	16, 29, 1, 28	15, 13, 39	15, 1, 32	17, 26, 34, 10
13	Stabilität der Zusammen-setzung des Objekts		13	18	35, 24, 30, 18	35, 40, 27, 39	35, 19	32, 35, 30	2, 35, 10, 16	35, 30, 34, 2	2, 35, 22, 26	35, 22, 39, 23	1, 8, 35	23, 35, 40, 3

Widerspruchsmatrix nach G. S. Altshuller   Design modifiziert nach : www.c4pi.de / www.triz-online.de

Tab. 9 Fortsetzung Widerspruchsmatrix

Zu verbessernder Parameter \ Sich verschlechternder Parameter		1 Masse des beweglichen Objekts	2 Masse des unbeweglichen Objekts	3 Länge des beweglichen Objekts	4 Länge des unbeweglichen Objekts	5 Fläche des beweglichen Objekts	6 Fläche des unbeweglichen Objekts	7 Volumen des beweglichen Objekts	8 Volumen des unbeweglichen Objekts	9 Geschwindigkeit	10 Kraft	11 Spannung oder Druck	12 Form	13 Stabilität d. Zusammensetzung des Objekts
14	Festigkeit	1, 8, 40, 15	40, 26, 27, 1	1, 15, 8, 35	15, 14, 28, 26	3, 34, 40, 29	9, 40, 28	10, 15, 14, 7	9, 14, 17, 15	8, 13, 26, 14	10, 18, 3, 14	10, 3, 18, 40	10, 30, 35, 40	13, 17, 35
15	Haltbarkeit des beweglichen Objekts	19, 5, 34, 31		2, 19, 9		3, 17, 19		10, 2, 19, 30		3, 35, 5	19, 2, 16	19, 3, 27	14, 26, 28, 25	13, 3, 35
16	Haltbarkeit des unbeweglichen Objekts		6, 27, 19, 16		1, 40, 35				35, 34, 38					39, 3, 35, 23
17	Temperatur	36,22, 6, 38	22, 35, 32	15, 19, 9	15, 19, 9	3, 35, 39, 18	35, 38	34, 39, 40, 18	35, 6, 4	2, 28, 36, 30	35, 10, 3, 21	35, 39, 19, 2	14, 22, 19, 32	1, 35, 32
18	Sichtverhältnisse	19, 1, 32	2, 35, 32	19, 32, 16		19, 32, 26		2, 13, 10		10, 13, 19	26, 19, 6		32, 30	32, 3, 27
19	Energieverbrauch des beweglichen Objekts	12,18, 28,31		12, 28		15, 19, 25		35, 13, 18		8, 15, 35	16, 26, 21, 2	23, 14, 25	12, 2, 29	19, 13, 17, 24
20	Energieverbrauch des unbeweglichen Objekts		19, 9, 6, 27								36, 37			27, 4, 29, 18
21	Leistung, Kapazität	8, 36, 38, 31	19, 26, 17, 27	1, 10, 35, 37		19, 38	17, 32, 13, 38	35, 6, 38	30, 6, 25	15, 35, 2	26, 2, 36, 35	22, 10, 35	29, 14, 2, 40	35, 32, 15, 31
22	Energieverluste	15, 6, 19, 28	19, 6, 18, 9	7, 2, 6, 13	6, 38, 7	15, 26, 17, 30	17, 7, 30, 18	7, 18, 23	7	16, 35, 38	36, 38			14, 2, 39, 6
23	Materialverluste	35, 6, 23, 40	35, 6, 22, 32	14, 29, 10, 39	10, 28,24	35, 2, 10, 31	10, 18, 39, 31	1, 29, 30, 36	3, 39, 18, 31	10, 13, 28, 38	14, 15, 18, 40	3, 36, 37, 10	29, 35, 3, 5	2, 14, 30, 40
24	Informationsverluste	10, 24, 35	10, 35, 5	1, 26	26	30, 26	30, 16		2, 22	26, 32				
25	Zeitverluste	10, 20, 37, 35	10, 20, 26, 5	15, 2, 29	30, 24, 14, 5	26, 4, 5, 16	10, 35, 17, 4	2, 5, 34, 10	35, 16, 32, 18	10, 37, 36,5	37, 36,4	4, 10, 34, 17	35, 3, 22, 5	
26	Materialmenge	35, 6, 18, 31	27, 26, 18, 35	29, 14, 35, 18		15, 14, 29	2, 18, 40, 4	15, 20, 29		35, 29, 34, 28	35, 14, 3	10, 36, 14, 3	35, 14	15, 2, 17, 40

Widerspruchsmatrix nach G. S. Altshuller   Design modifiziert nach : www.c4pi.de / www.triz-online.de

Tab. 9 Fortsetzung
Widerspruchsmatrix

Zu verbessernder Parameter ↓ / Sich verschlechternder Parameter →		14 Festigkeit	15 Haltbarkeit des beweglichen Objekts	16 Haltbarkeit des unbeweglichen Objekts	17 Temperatur	18 Sichtverhältnisse	19 Energieverbrauch des beweglichen Objekts	20 Energieverbrauch des unbeweglichen Objekts	21 Leistung, Kapazität	22 Energieverluste	23 Materialverluste	24 Informationsverluste	25 Zeitverluste	26 Materialmenge
14	Festigkeit		27, 3, 26		30, 10, 40	35, 19	19, 35, 10	35	10, 26, 35, 28	35	35, 28, 31, 40		29, 3, 28, 10	29, 10, 27
15	Haltbarkeit des beweglichen Objekts	27, 3, 10			19, 35, 39	2, 19, 4, 35	28, 6, 35, 18		19, 10, 35, 38	28, 27, 3, 18	10		20, 10, 28, 18	3, 35, 10, 40
16	Haltbarkeit des unbeweglichen Objekts				19, 18, 36, 40			16		27, 16, 18, 38	10		28, 20, 10, 16	3, 35, 31
17	Temperatur	10, 30, 22, 40	19, 13, 39	19, 18, 36, 40			32, 30, 21, 16	19, 15, 3, 17	2, 14, 17, 25	21, 17, 35, 38	21, 36, 29, 31		35, 28, 21, 18	3, 17, 30, 39
18	Sichtverhältnisse	35, 19	2, 19, 6		32, 35, 19		32, 1, 19	32, 35, 1, 15	32	13, 16, 1, 6	13, 1	1, 6	19, 1, 26, 17	1, 19
19	Energieverbrauch des beweglichen Objekts	5, 19, 9, 35	28, 35, 6, 18		19, 24, 3, 14	2, 15, 19			6, 19, 37, 18	12, 22, 15, 24	35, 24, 18, 5		35, 38, 19, 18	34, 23, 16, 18
20	Energieverbrauch des unbeweglichen Objekts		35				19, 2, 35, 32			28, 27, 18, 31				3, 35, 31
21	Leistung, Kapazität	26, 10, 28	19, 35, 10, 38	16	2, 14, 17, 25	16, 6, 19	16, 6, 19, 37		10, 35, 38	28, 27, 18, 38	10, 19		35, 20, 10, 6	4, 34, 19
22	Energieverluste	26			19, 38, 7	1, 13, 32, 15			3, 38		35, 27, 2, 37	19, 10	10, 18, 32, 7	7, 18, 25
23	Materialverluste	35, 28, 31, 40	28, 27, 3, 18	27, 16, 18, 38	21, 36, 39, 31	1, 6, 13	35, 18, 24, 5	28, 27, 12, 31	28, 27, 18, 38	35, 27, 2, 31			15, 18, 35, 10	6, 3, 10, 24
24	Informationsverluste				10	10		19		10, 19	19, 10		24, 26, 28, 32	24, 28, 35
25	Zeitverluste	29, 3, 28, 18	20, 10, 28, 18	28, 20, 10, 16	35, 29, 21, 18	1, 19, 26, 17	35, 38, 19, 18	1	35, 20, 10, 6	10, 5, 18, 32	35, 18, 10, 39	24, 26, 28, 32		35, 38, 18, 16
26	Materialmenge	14, 35, 34, 10	3, 35, 10, 40	3, 35, 31	3, 17, 39		34, 29, 16, 18	3, 35, 31	35	7, 18, 25	6, 3, 10, 24	24, 28, 35	35, 38, 18, 16	

Widerspruchsmatrix nach G. S. Altshuller   Design modifiziert nach : www.c4pi.de / www.triz-online.de

Tab. 9 Fortsetzung Widerspruchsmatrix

Zu verbessernder Parameter \ Sich verschlechternder Parameter		27 Zuverlässigkeit	28 Meßgenauigkeit	29 Fertigungsgenauigkeit	30 Von außen wirkende schädliche Faktoren	31 Vom Objekt erzeugt schädliche Faktoren	32 Fertigungs- freundlichkeit	33 Bedienkomfort	34 Instandsetzungs- freundlichkeit	35 Adaptionsfähigkeit, Universalität	36 Kompliziertheit der Struktur	37 Kompliziertheit der Kontrolle / Messung	38 Automatisierungsgrad	39 Produktivität
14	Festigkeit	11, 3	3, 27, 16	3, 27	18, 35, 37, 1	15, 35, 22, 2	11, 3, 10, 32	32, 40, 28, 2	27, 11, 3	15, 3, 32	2, 13, 28	27, 3, 15, 40	15	29, 35, 10, 14
15	Haltbarkeit des beweglichen Objekts	11, 2, 13	3	3, 27, 16, 40	22, 15, 33, 28	21, 39, 16, 22	27, 1, 4	12, 27	29, 10, 27	1, 35, 13	10, 4, 29, 15	19, 29, 39, 35	6, 10	35, 17, 14, 19
16	Haltbarkeit des unbeweglichen Objekts	34, 27, 6, 40	10, 26, 24		17, 1, 40, 33	22	35, 10	1	1	2		25, 34, 6, 35	1	20, 10, 16, 38
17	Temperatur	19, 35, 3, 10	32, 19, 24	24	22, 33, 35, 2	22, 35, 2, 24	26, 27	26, 27	4, 10, 16	2, 18, 27	2, 17, 16	3, 27, 35, 31	26, 2, 19, 16	15, 28, 35
18	Sichtverhältnisse	11, 15, 32	3, 32	15, 19	35, 19, 32, 39	19, 35, 28, 26	28, 26, 19	15, 17, 13, 16	15, 1, 19	6, 32, 13	32, 15		2, 26, 10	2, 25, 16
19	Energieverbrauch des beweglichen Objekts	19, 21, 11, 27	3, 1, 32		1, 35, 6, 27	2, 35, 6	28, 26, 30	19, 35	1, 15, 17, 28	15, 17, 13, 16	2, 29, 27, 28	35, 38	32, 2	12, 28, 35
20	Energieverbrauch des unbeweglichen Objekts	10, 36, 23			10, 2, 22, 37	19, 22, 18	1, 4					19, 35, 16, 25		1, 6
21	Leistung, Kapazität	19, 24, 26, 31	32, 15, 2	32, 2	19, 22, 31, 2	2, 35, 18	26, 10, 34	26, 35, 10	35, 2, 10, 34	19, 17, 34	20, 19, 30, 34	19, 35, 16	28, 2, 17	28, 35, 34
22	Energieverluste	11, 10, 35	32		21, 22, 35, 2	21, 35, 2, 22		35, 32, 1	2, 19		7, 23	35, 3, 15, 23	2	28, 10, 29, 35
23	Materialverluste	10, 29, 39, 35	16, 34, 31, 28	35, 10, 24, 31	33, 22, 30, 40	10, 1, 34, 29	15, 34, 33	32, 28, 2, 24	2, 35, 34, 27	15, 10, 2	35, 10, 28, 24	35, 18, 10, 13	35, 10, 18	28, 35, 10, 23
24	Informationsverluste	10, 28, 23			22, 10, 1	10, 21, 22	32	27, 22				35, 33	35	13, 23, 15
25	Zeitverluste	10, 30, 4	24, 34, 28, 32	24, 26, 28, 18	35, 18, 34	35, 22, 18, 39	35, 28, 34, 4	4, 28, 10, 34	32, 1, 10	35, 28	6, 29	18, 28, 32, 10	24, 28, 35, 30	
26	Materialmenge	18, 3, 28, 40	3, 2, 28	33, 30	35, 33, 29, 31	3, 35, 40, 39	29, 1, 35, 27	35, 29, 25, 10	2, 32, 10, 25	15, 3, 29	3, 13, 27, 10	3, 27, 29, 18	8, 35	13, 29, 3, 27

Widerspruchsmatrix nach G. S. Altshuller   Design modifiziert nach : www.c4pi.de / www.triz-online.de

Tab. 9 Fortsetzung
Widerspruchsmatrix

Zu verbessernder Parameter \ Sich verschlechternder Parameter		1 Masse des beweglichen Objekts	2 Masse des unbeweglichen Objekts	3 Länge des beweglichen Objekts	4 Länge des unbeweglichen Objekts	5 Fläche des beweglichen Objekts	6 Fläche des unbeweglichen Objekts	7 Volumen des beweglichen Objekts	8 Volumen des unbeweglichen Objekts	9 Geschwindigkeit	10 Kraft	11 Spannung oder Druck	12 Form	13 Stabilität d. Zusammensetzung des Objekts
27	Zuverlässigkeit	3, 8, 10, 40	3, 10, 8, 28	15, 9, 14, 4	15, 29, 28, 11	17, 10, 14, 16	32, 35, 40, 4	3, 10, 14, 24	2, 35, 24	21, 35, 11, 28	8, 28, 10, 3	10, 24, 35, 19	35, 1, 16, 11	
28	Meßgenauigkeit	32, 35, 26, 28	28, 35, 25, 26	28, 26, 5, 16	32, 28, 3, 16	26, 28, 32, 3	26, 28, 32, 3	32, 13, 6		28, 13, 32, 24	32, 2	6, 28, 32	6, 28, 32	32, 35, 13
29	Fertigungsgenauigkeit	28, 32, 13, 18	28, 35, 27, 9	10, 28, 29, 37	2, 32, 10	28, 33, 29, 32	2, 29, 18, 36	32, 28, 2	25, 10, 35	10, 28, 32	28, 19, 34, 36	3, 35	32, 30, 40	30, 18
30	Von außen wirkende schädliche Faktoren	22, 21, 27, 39	2, 22, 13, 24	17, 1, 39, 4	1, 18	22, 1, 33, 28	27, 2, 39, 35	22, 23, 37, 35	34, 39, 19, 27	21, 22, 35, 28	13, 35, 39, 18	22, 2, 37	22, 1, 3, 35	35, 24, 30, 18
31	Vom Objekt erzeugte schädliche Faktoren	19, 22, 15, 39	35, 22, 1, 39	17, 15, 16, 22		17, 2, 18, 39	22, 1, 40	17, 2, 40	30, 18, 35, 4	35, 28, 3, 23	35, 28, 1, 40	2, 33, 27, 18	35, 1	35, 40, 27, 39
32	Fertigungsfreundlichkeit	28, 29, 15, 16	1, 27, 36, 13	1, 29, 13, 17	15, 17, 27	13, 1, 26, 12	16, 40	13, 29, 1, 40	35	35, 13, 8, 1	35, 12	35, 19, 1, 37	1, 28, 13, 27	11, 13, 1
33	Bedienkomfort	25, 2, 13, 15	6, 13, 1, 25	1, 17, 13, 12		1, 17, 13, 16	18, 16, 15, 39	1, 16, 35, 15	4, 18, 39, 31	18, 13, 34	28, 13, 35	2, 32, 12	15, 34, 29, 28	32, 35, 30
34	Instandsetzungsfreundlichkeit	2, 27, 35, 11	2, 27, 35, 11	1, 28, 10, 25	3, 18, 31	15, 13, 32	16, 25	25, 2, 35, 11	1	34, 9	1, 11, 10	13	1, 13, 2, 4	2, 35
35	Adaptionsfähigkeit, Universalität	1, 6, 15, 8	19, 15, 29, 16	35, 1, 29, 2	1, 35, 16	35, 30, 29, 7	15, 16	15, 35, 29		35, 10, 14	15, 17, 20	35, 16	15, 37, 1, 8	35, 30, 14
36	Kompliziertheit der Struktur	26, 30, 34, 36	2, 26, 35, 39	1, 19, 26, 24	26	14, 1, 13, 16	6, 36	34, 26, 6	1, 16	34, 10, 28	26, 16	19, 1, 35	29, 13, 28, 15	2, 22, 17, 19
37	Kompliziertheit der Kontrolle und Messung	27, 26, 28, 13	6, 13, 28, 1	16, 17, 26, 24	26	2, 13, 18, 17	2, 39, 30, 16	29, 1, 4, 16	2, 18, 26, 31	3, 4, 16, 35	30, 28, 40, 19	35, 36, 37, 32	27, 13, 1, 39	11, 22, 39, 30
38	Automatisierungsgrad	28, 26, 18, 35	28, 26, 35, 10	14, 13, 17, 28	23	17, 14, 13		35, 13, 16		28, 10	2, 35	13, 35	15, 32, 1, 13	18, 1
39	Produktivität	35, 26, 24, 37	28, 27, 15, 3	18, 4, 28, 38	30, 7, 14, 26	10, 26, 34, 31	10, 35, 17, 7	2, 6, 34, 10	35, 37, 10, 2		28, 15, 10, 36	10, 37, 14	14, 10, 34, 40	35, 3, 22, 39

Widerspruchsmatrix nach G. S. Altshuller   Design modifiziert nach : www.c4pi.de / www.triz-online.de

Tab. 9 Fortsetzung Widerspruchsmatrix

Zu verbessernder Parameter \ Sich verschlechternder Parameter		14 Festigkeit	15 Haltbarkeit des beweglichen Objekts	16 Haltbarkeit des unbeweglichen Objekts	17 Temperatur	18 Sichtverhältnisse	19 Energieverbrauch des beweglichen Objekts	20 Energieverbrauch des unbeweglichen Objekts	21 Leistung, Kapazität	22 Energieverluste	23 Materialverluste	24 Informationsverluste	25 Zeitverluste	26 Materialmenge
27	Zuverlässigkeit	11, 28	2, 35, 3, 25	34, 27, 6, 40	3, 35, 10	11, 32, 13	21, 11, 27, 19	36, 23	21, 11, 26, 31	10, 11, 35	10, 35, 29, 39	10, 28	10, 30, 4	21, 28, 40, 3
28	Meßgenauigkeit	28, 6, 32	28, 6, 32	10, 26, 24	6, 19, 28, 24	6, 1, 32	3, 6, 32		3, 6, 32	26, 32, 27	10, 16, 31, 28		24, 34, 28, 32	2, 6, 32
29	Fertigungsgenauigkeit	3, 27	3, 27, 40		19, 26	3, 32	32, 2		32, 2	13, 32, 2	35, 31, 10, 24		32, 26, 28, 18	32, 30
30	Von außen wirkende schädliche Faktoren	18, 35, 37, 1	22, 15, 33, 28	17, 1, 40, 33	22, 33, 35, 2	1, 19, 32, 13	1, 24, 6, 27	10, 2, 22, 37	19, 22, 31, 2	21, 22, 35, 2	33, 22, 19, 40	22, 10, 2	35, 18, 34	35, 33, 29, 31
31	Vom Objekt erzeugte schädliche Faktoren	15, 35, 22, 2	15, 22, 33, 31	21, 39, 16, 22	22, 35, 2, 24	19, 24, 39, 32	2, 35, 6	19, 22, 18	2, 35, 18	21, 35, 2, 22	10, 1, 34	10, 21, 29	1, 22	3, 24, 39, 1
32	Fertigungsfreundlichkeit	1, 3, 10, 32	27, 1, 4	35, 16	27, 26, 18	28, 24, 27, 1	28, 26, 27, 1		1, 4	27, 1, 12, 24	19, 35	15, 34, 33	32, 24, 18, 16	35, 28, 34, 4	35, 23, 1, 24
33	Bedienkomfort	32, 40, 3, 28	29, 3, 8, 25	1, 16, 25	26, 27, 13	13, 17, 1, 24	1, 13, 24		35, 34, 2, 10	2, 19, 13	28, 32, 2, 24	4, 10, 27, 22	4, 28, 10, 34	12, 35
34	Instandsetzungsfreundlichkeit	11, 1, 2, 9	11, 29, 28, 27	1	4, 10	15, 1, 13	15, 1, 28, 16		15, 10, 32, 2	15, 1, 32, 19	2, 35, 34, 27		32, 1, 10, 25	2, 28, 10, 25
35	Adaptionsfähigkeit, Universalität	35, 3, 32, 6	13, 1, 35	2, 16	27, 2, 3, 35	6, 22, 26, 1	19, 35, 29, 13		19, 1, 29	18, 15, 1	15, 10, 2, 13		35, 28	3, 35, 15
36	Kompliziertheit der Struktur	2, 13, 28	10, 4, 28, 15		2, 17, 13	24, 17, 13	27, 2, 29, 28		20, 19, 30, 34	10, 35, 13, 2	35, 10, 28, 29		6, 29	13, 3, 27, 10
37	Kompliziertheit der Kontrolle und Messung	27, 3, 15, 28	19, 29, 39, 25	25, 34, 6, 35	3, 27, 35, 16	2, 24, 26	35, 38	19, 35, 16	19, 1, 16, 10	35, 3, 15, 19	1, 18, 10, 24	35, 33, 27, 22	18, 28, 32, 9	3, 27, 29, 18
38	Automatisierungsgrad	25, 13	6, 9		26, 2, 19	8, 32, 19	2, 32, 13		28, 2, 27	23, 27	35, 10, 18, 5	35, 33	24, 28, 35, 30	35, 13
39	Produktivität	29, 28, 10, 18	35, 10, 2, 18	20, 10, 16, 38	35, 21, 28, 10	26, 17, 19, 1	35, 10, 38, 19	1	35, 20, 10	28, 10, 29, 35	28, 10, 35, 23	13, 15, 23		35, 38

Widerspruchsmatrix nach G. S. Altshuller   Design modifiziert nach: www.c4pi.de / www.triz-online.de

Tab. 9 Fortsetzung Widerspruchsmatrix

Zu verbessernder Parameter ↓ / Sich verschlechternder Parameter →		27 Zuverlässigkeit	28 Meßgenauigkeit	29 Fertigungsgenauigkeit	30 Von außen wirkende schädliche Faktoren	31 Vom Objekt erzeugt schädliche Faktoren	32 Fertigungs- freundlichkeit	33 Bedienkomfort	34 Instandsetzungs- freundlichkeit	35 Adaptionsfähigkeit, Universalität	36 Kompliziertheit der Struktur	37 Kompliziertheit der Kontrolle / Messung	38 Automatisierungsgrad	39 Produktivität
27	Zuverlässigkeit		32, 3, 11, 23	11, 32, 1	27, 35, 2, 40	35, 2, 40, 26		27, 17, 40	1, 11	13, 35, 8, 24	13, 35, 1	27, 40, 28	11, 13, 27	1, 35, 29, 38
28	Meßgenauigkeit	5, 11, 1, 23			28, 24, 22, 26	3, 33, 39, 10	6, 35, 25, 18	1, 13, 17, 34	1, 32, 13, 11	13, 35, 2	27, 35, 10, 34	26, 24, 32, 28	28, 2, 10, 34	10, 34, 28, 32
29	Fertigungsgenauigkeit	11, 32, 1			26, 28, 10, 36	4, 17, 34, 26		1, 32, 35, 23	25, 10		26, 2, 18		26, 28, 18, 23	10, 18, 32, 39
30	Von außen wirkende schädliche Faktoren	27, 24, 2, 40	28, 33, 23, 26	26, 28, 10, 18			24, 35, 2	2, 25, 28, 39	35, 10, 2	35, 11, 22, 31	22, 19, 29, 40	22, 19, 29, 40	33, 3, 34	22, 35, 13, 24
31	Vom Objekt erzeugte schädliche Faktoren	24, 2, 40, 39	3, 33, 26	4, 17, 34, 26							19, 1, 31	2, 21, 27, 1	2	22, 35, 18, 39
32	Fertigungsfreundlichkeit	1, 35, 12, 18		24, 2				2, 5, 13, 16	35, 1, 11, 9	2, 13, 15	27, 26, 1	6, 28, 11, 1	8, 28, 1	35, 1, 10, 28
33	Bedienkomfort	17, 27, 8, 40	25, 13, 2, 34	1, 32, 35, 23	2, 25, 28, 39		2, 5, 12		12, 26, 1, 32	15, 34, 1, 16	32, 26, 12, 17		1, 34, 12, 3	15, 1, 28
34	Instandsetzungs- freundlichkeit	11, 10, 1, 16	10, 2, 13	25, 10	35, 10, 2, 16		1, 35, 11, 10	1, 12, 26, 15		7, 1, 4, 16	35, 1, 13, 11		34, 35, 7, 13	1, 32, 10
35	Adaptionsfähigkeit, Universalität	35, 13, 8, 24	35, 5, 1, 10		35, 11, 32, 31		1, 13, 31	15, 34, 1, 16	1, 16, 7, 4		15, 29, 37, 28	1	27, 34, 35	35, 28, 6, 37
36	Kompliziertheit der Struktur	13, 35, 1	2, 26, 10, 34	26, 24, 32	22, 19, 29, 40	19, 1	27, 26, 1, 13	27, 9, 26, 24	1, 13	29, 15, 28, 37		15, 10, 37, 28	15, 1, 24	12, 17, 28
37	Kompliziertheit der Kontrolle und Messung	27, 40, 28, 8	26, 24, 32, 28	22, 19, 29, 28	2, 21	5, 28, 11, 29	2, 5	12, 26	1, 15	15, 10, 37, 28			34, 21	35, 18
38	Automatisierungsgrad	11, 27, 32	28, 26, 10, 34	28, 26, 18, 23	2, 33	2	1, 26, 13	1, 12, 34, 3	1, 35, 13	27, 4, 1, 35	15, 24, 10	34, 27, 25		5, 12, 35, 26
39	Produktivität	1, 35, 10, 38	1, 10, 34, 28	18, 10, 32, 1	22, 35, 13, 24	35, 22, 18, 39	35, 28, 2, 24	1, 28, 7, 19	1, 32, 10, 25	1, 35, 28, 37	12, 17, 28, 24	35, 18, 27, 2		

Widerspruchsmatrix nach G. S. Altshuller   Design modifiziert nach : www.c4pi.de / www.triz-online.de

Tab.10 Altschullers 40 Prinzipien zum Lösen Technischer Widersprüche in der heute üblichen Formulierung als so genannte *Innovative Prinzipien* (Nähere Erläuterungen dazu: siehe das Kapitel 3.5)

Prinzip Nr.	Bezeichnung	Kurze Erläuterung
1	Zerlegen	Zerlegbarkeit; voneinander unabhängige Teile
2	Abtrennen	... des störenden Teils; des notwendigen Teils
3	Örtliche Qualität	homogen – inhomogen, diverse Funktionen
4	Asymmetrie	Übergang zu asymmetrischen Objekten
5	Kopplung	Objekte und/oder Operationen koppeln
6	Universalität	Das Objekt erfüllt unterschiedliche Funktionen
7	Steckpuppe (Matrjoschka)	Eins im Anderen – ganz oder teilweise
8	Gegenmasse	Kompensation durch Gegenmasse/Gegenkraft
9	Vorherige Gegenwirkung	Bereits vorab eine Gegenwirkung vorsehen
10	Vorherige Wirkung	Erforderliche Wirkung bereits vorher erzielen
11	„Kissen vorher unterlegen"	Schadensvorbeugende Mittel einsetzen
12	Äquipotenzialprinzip	Objekt weder anheben noch absenken
13	Funktionsumkehr	Im weiteren Sinne: Universelles Umkehrprinzip!
14	Kugelähnlichkeit	Präferieren: Ellipsoide, Eiform-Strukturen etc.
15	Dynamisierung	Vom starren zum beweglichen Objekt
16	Partielle/überschüss. Wirk.	Nicht 100%, sondern etwas weniger bzw. mehr
17	Höhere Dimensionen	Etagen; Dreidimensionalität; Rückseiten nutzen
18	Mechan. Schwingungen	Resonanzfrequenz, Ultraschall, Piezoeffekt
19	Periodische Wirkung	Impulsarbeitsweise incl. Ausnutzen der Pausen
20	Kontinuierliche Prozesse	Gleichbleibende Volllast ohne Diskontinuitäten
21	Schnelle Passage	Gefährliche Stufen sehr schnell durchfahren
22	Schädliches zu Nützlichem	Schädliches nützen / wandeln / umdrehen
23	Rückkopplung	Anwenden / Verstärken der Rückkopplung
24	Vermittler	Arbeiten mit Zwischenobjekten / Adaptern
25	Selbstbedienung	Objekt bedient sich selbst; Naturkräfte nutzen!
26	Kopieren	Kopie statt Original für den Prozess einsetzen
27	Billige Kurzlebigkeit	.... statt teurer/langlebiger Objekte/Prozesse
28	Ersatz mechan. Prinzipien	Elektr./opt./ magnet. statt mechan. Prozesse
29	Pneumo- od. Hydrokonstr.	Kraftübertr. mit gasförmigen / flüssigen Medien
30	Elast. Hüllen, dünne Folien	Einsatz elastischer / folienartiger Materialien
31	Poröse Werkstoffe	Leicht und dennoch stabil: poröse Systeme
32	Farbveränderung	Farbe und/oder Durchsichtigkeit verändern
33	Gleichartigk., Homogenität	Systemteile aus gleichem/ähnlichem Werkstoff
34	Beseitigen/Regenerieren	Verbrauchtes beseitigen/regenerieren/wandeln
35	Aggregatzustand ändern	fest/flüssig/gasförmig, Thixotropie, Rheopexie
36	Phasenübergänge	Volumenveränderung, Wärmeentwicklung etc.
37	Wärmeausdehnung	Dehnung/Kontraktion für Konstruktionen nutzen
38	Starke Oxidationsmittel	Anreicherung mit Sauerstoff, Ozoneinsatz
39	Träges Medium	Reaktionsträges Medium oder Vakuum nutzen
40	Zusammengesetzte Stoffe	Statt gleichartiger: verschiedenartige Stoffe

Erlesene Weiterbildung®

Dipl.-Ing. Nick Eckert

Innovationskraft steigern mit LOBIM

Eine praxisnahe Methodenkopplung von TRIZ und Bionik – Entwicklung und Konstruktion; Maschinen und Maschinenelemente

2017, 234 S., 143 farb. Abb., 39,00 €, 51,00 CHF
(Reihe Technik)
ISBN 978-3-8169-3325-0

Zum Buch:

Das vorliegende Buch bietet dem Leser eine Vielzahl von Lösungsangeboten anhand innovativer Grundprinzipien aus Natur und Technik. Die klassischen 40 TRIZ Grundprinzipien werden durch bionische Prinzipien zu einer sehr einfachen, neuen Methode erweitert und anhand von Beispielen erklärt. Das Buch soll außerdem zu Innovation motivieren und Mut machen. Dazu wird erklärt, dass Innovation ein immanenter Bestandteil der natürlichen und menschlichen Evolution ist. Durch neueste Erkenntnisse der Kreativitätsforschung und anhand von Erfinderbiografien wird versucht, die innovative Persönlichkeit und den kreativen Prozess zur erklären. Es wird auf die Rahmenbedingungen für ein innovatives Klima ebenso eingegangen, wie auf die Notwendigkeit neuer Innovationsmethoden.

Inhalt:
Chemische, biologische und physikalische Evolution und Innovation – Kurze Geschichte der menschlichen Innovation – Merkmale innovativer Persönlichkeiten mit beispielhaften Biografien – Erkenntnisse aus der Kreativitätsforschung zum kreativen Prozess – Rahmenbedingungen für Innovation in Unternehmen – Kurzer Abriss bekannter Innovationsmethoden – LOBIM als neuartiger, praxisnaher Methodenverbund aus TRIZ und Bionik – Beispiele zur schnellen Inspiration bei der Lösungssuche – Anwendungsbeispiele von LOBIM aus der Automobilindustrie

Die Interessenten:
Das Buch ist ein Gewinn für Entwicklungsingenieure, private und professionelle Erfinder, Manager und Mitarbeiter von F&E, ebenso für technisch, naturwissenschaftlich und auch wirtschaftlich interessierte Studenten und Lehrer

Blätterbare Leseprobe und einfache Bestellung unter:
www.expertverlag.de/3325

Rezensionen:

»Das vorgelegte Buch ist hervorragend! Sorgfältig strukturiert, mit vielen konkreten Beispielen und Bildern visualisiert, regt es die Phantasie zum Erfinden an. Es sollte sowohl in der Lehre als auch in Entwicklungs- und Konstruktionsabteilungen gute Impulse generieren«
GFPMagazin – Gesellschaft für Produktionsmanagement e.V.

Der Autor:
Nick Eckert, geboren 1968. Maschinenbauingenieur, seit 2002 Entwicklungsingenieur bei einem globalen Zulieferer für automobile Sicherheit. 2000 – 2002 Vertriebsingenieur und Produktingenieur bei verschiedenen anderen Industrieunternehmen. 1995 – 2000 Konstruktionsingenieur in der Automobilindustrie. Zahlreiche Patente auf dem Gebiet der Fahrzeugsicherheit. Seit 2004 Tätigkeit als TRIZ – Moderator. Beschäftigt sich nebenberuflich mit Bionik. Mitglied des Berliner Arbeitskreises TRIZ

Bestellhotline:
Tel: 07159 / 92 65-0 • Fax: -20
E-Mail: expert@expertverlag.de

Erlesene Weiterbildung®

Doz. Dr. rer. nat. habil. Dietmar Zobel

Verfahrensentwicklung und Technische Sicherheit in der Anorganischen Phosphorchemie

2., überarb. und wesentlich erw. Aufl. 2018, 297 S., 45 Abb., 10 Tab., 69,80 € (Reihe Technik)
ISBN 978-3-8169-3421-9

Zum Buch:
Das Buch befasst sich mit der Herstellung elementaren Phosphors sowie wichtiger anorganischer Folgeprodukte. Der Verfasser bringt umfangreiche technologische, sicherheitstechnische und erfindungsmethodische Erfahrungen ein. Die Prozesse zur Phosphorschlamm-Aufarbeitung, zur Hypophosphitproduktion und zur Herstellung Kondensierter Phosphate wurden von ihm entscheidend weiter entwickelt. Technologische Details werden unter sicherheitstechnischen Aspekten analysiert. Das Systematische Erfinden wird als auch für andere Branchen zu empfehlende Methode der Verfahrensentwicklung an Beispielen behandelt. So schlägt das Buch eine Brücke zu den erfindungsmethodischen Publikationen des Verfassers.

Inhalt:
Phosphor; Phosphorschlamm, Verfahren z. Aufarbeitung (Bisherige Verfahren; Phosphitfahrweise; Hypophosphitherstellung); Phosphorraffination; P4S10 PCl3; Thermische Phosphorsäure; Monophosphate u. Polyphosphate; Verfahrensentwicklung durch Systematisches Erfinden; Kenntnis- u. Kommunikationsdefizite; Unterlassungen u. Verwechslungen; Schlussfolgerungen u. Empfehlungen.

Die Interessenten:
Chemiker aller Sparten, Verfahrenstechniker und Konstrukteure, Systemanalytiker, Toxikologen, Arbeitsmediziner, Innovationsmanager, Erfindungsmethodiker, TRIZ-Trainer, Patentingenieure, Studenten naturwissenschaftlicher und technischer Fachrichtungen

Blätterbare Leseprobe
und einfache Bestellung unter:
www.expertverlag.de/3421

Rezensionen:
»Eine besondere Stärke des Buches ist die qualifizierte Beschreibung der engen Verknüpfungen zwischen Technologie und technischer Sicherheit. Dies betrifft nicht nur die Herstellung und direkte Weiterverarbeitung des ganz besonders gefährlichen elementaren Phosphors, sondern alle beschriebenen Technologien.
Vieles davon ist zudem sinngemäß auf andere Gebiete der Technik übertragbar, sodass auch Nicht-Spezialisten in Sicherheitsfragen von der Lektüre profitieren können. Abschließend werden die unter sicherheits-technischen Gesichtspunkten allgemein gültige Regeln, basierend auf konkreten Beispielen aus dem Fachgeiet, überzeugend abgehandelt.« *Dr. Herfried Richter, Lutherstadt Wittenberg*

Der Autor:
Dietmar Zobel, Jahrgang 1937. Chemiker, Erfinder, Methodiker, Systemanalytiker. Studium 1957 bis 1962 an der TH für Chemie Leuna-Merseburg. Leitende Industrietätigkeit im Stickstoffwerk Piesteritz 1962 bis 1992. Promotion 1967, Habilitation 1974 (jeweils als Externer). Zahlreiche Patente und Publikationen. Autor der im expert verlag erschienenen Bücher "Systematisches Erfinden", "TRIZ FÜR ALLE", "Kreatives Arbeiten" sowie "Erfindungsmuster" (letzteres mit R. Hartmann). Seit 1993 selbstständig tätig als Gutachter, Berater, Methodik-Dozent und TRIZ-Trainer (www.dietmar-zobel.de)

Bestellhotline:
Tel: 07159 / 92 65-0 • Fax: -20
E-Mail: expert@expertverlag.de

Erlesene Weiterbildung®

Doz. Dr. rer. nat. habil. Dietmar Zobel
Dr.-Ing. Rainer Hartmann

Erfindungsmuster

TRIZ: Prinzipien, Analogien,
Ordnungskriterien, Beispiele

2., durchges. Auflage 2016, 218 S., 28 Abb., 12 Tab.,
44,00 €, 57,50 CHF
(Reihe Technik)
ISBN 978-3-8169-3244-4

Zum Buch:
TRIZ, die faszinierende Theorie zum Lösen Erfinderischer Aufgaben, wurde von G. S. Altschuller bereits vor etwa 60 Jahren geschaffen. Seit etwa zwei Jahrzehnten gewinnt die Methode in der industriellen Praxis international mehr und mehr an Bedeutung. Ein besonders beliebtes TRIZ-Instrument sind die 40 Prinzipien zum Lösen technischer Widersprüche, wobei die zur Lösung eines bestimmten Problems empfohlenen Prinzipien über eine Zuordnungs-Matrix ausgewählt werden. Das Buch befasst sich mit einer kritisch-konstruktiven Analyse dieser Vorgehensweise. Von den Autoren wird vorgeschlagen, anstelle bzw. in Ergänzung der Matrix mit einer Hierarchie der Lösungsprinzipien zu arbeiten. Ausführlich werden das erfinderisch besonders wichtige Umkehrprinzip sowie das Konzept der »Von Selbst«-Lösungen behandelt. Alle methodischen Vorschläge werden anhand neuerer und neuester (z.T. eigener) Beispiele näher erläutert. Das Buch ergänzt die widerspruchsorientierte methodische Literatur in für den Erfindungspraktiker wesentlichen Punkten.

Inhalt:
TRIZ als Erfindungslehre und Denkstrategie – Die Hierarchie der Lösungsprinzipien – Beispiele zum Wirken ausgewählter Universalprinzipien – Neuere Beispiele zu den Prinzipien-Kategorien

Die Interessenten:
Manager und Mitarbeiter der Bereiche F & E, Kreativitäts-Methodiker, Produktionspraktiker, alle an Neuerungen und Erfindungen Interessierte, Gymnasial-, Hochschul- und Fachhochschullehrer, Studenten naturwissenschaftlicher und technischer Fachrichtungen

Rezensionen:
Buchvorstellungen sind erschienen in der »Konstruktion – Zeitschrift für Produktentwicklung und Ingenieur-Werkstoffe«, bei der »TRIZ Consulting Group – www.triz-cosulting.de«, beim »Erfinderclub-Berlin.de« und bei der »Deutschen Aktionsgemeinschaft Bildung-Erfinden-Innovation www.dabei-ev.de.

Blätterbare Leseprobe und einfache Bestellung unter:
www.expertverlag.de/3244

Die Autoren:
Dietmar Zobel, Jahrgang 1937. Industriechemiker, Erfinder, Fachautor, Methodiker. Industrietätigkeit 1962 – 1992. Promotion 1967, Habilitation 1974. Zahlreiche Patente und Fachpublikationen (meist auf dem Gebiet der Anorganischen Phosphorchemie). Heute tätig als Gutachter, Berater, Methodikdozent sowie – Branchen übergreifend – als TRIZ-Trainer. (www.dietmar-zobel.de)
Rainer Hartmann, Jahrgang 1946. Ingenieur, Methodiker, Erfinder. Hochschultätigkeit 1972-1981. Promotion 1982. Heute tätig als selbstständiger Berater und TRIZ-Trainer (www.trizconsult.de).

Bestellhotline:
Tel: 07159 / 92 65-0 • Fax: -20
E-Mail: expert@expertverlag.de